走向深远海

——中国海洋研究委员会年会论文集

Go to the Deep Blue

Proceedings of Annual Meeting of Chinese Scientific Committee on Oceanic Research

中国海洋研究委员会　编

海洋出版社

2013年·北京

图书在版编目(CIP)数据

走向深远海:中国海洋研究委员会年会论文集/中国海洋研究委员会编.—北京:海洋出版社,2013.2
ISBN 978－7－5027－8467－6

Ⅰ.①走… Ⅱ.①中… Ⅲ.①深海－海洋开发－文集 Ⅳ.①P72－53

中国版本图书馆 CIP 数据核字(2012)第 309475 号

责任编辑:于秋涛　潘　峰
责任印制:赵麟苏
海洋出版社　出版发行
http://www.oceanpress.com.cn
北京市海淀区大慧寺路 8 号　邮编:100081
北京旺都印务有限公司印刷　　新华书店北京发行所经销
2013 年 2 月第 1 版　2013 年 2 月第 1 次印刷
开本:880 mm×1230 mm　1/16　印张:15.25
字数:483 千字　定价:68.00 元
发行部:62132549　邮购部:68038093　总编室:62114335

《走向深远海——中国海洋研究委员会年会论文集》
编委会

序

一部人类史，也可以从人与海洋的关系来解读。从海岸到远洋，从海面到海底，就是人类社会发展的踪迹。16世纪的“地理大发现”跨海越洋，在平面上扩大了经济圈，造就了一批欧洲强国；当代的海洋经济从海面拓展到海底，又在垂向上扩大了人类在海洋的活动空间，也预兆着21世纪海洋强国的出现。走向深远海，是当前的国际趋势，更是我国海洋界的新任务，是建设“海洋强国”的必由之路。

中国海洋研究委员会(中国SCOR)是我国对应于国际海洋研究委员会成立的全国性海洋组织。成立后的近30年间，在增进我国与国际海洋界的相互交流和合作，团结全国海洋科学工作者，繁荣我国海洋科学事业等方面取得了丰硕成果。为交流与分享我国深远海科学研究成果，以深海研究为主线，2011年中国SCOR年会就深海环境和资源，包括生物多样性保护、气候变化与大洋的相互作用、海底矿产资源、油气资源、生物基因资源等主题展开了交流和研讨，是我国促进深远海科学研究的盛举。

回顾20世纪中叶，深海探索方兴未艾。1960年人类首次下潜一万多米到达深渊海底，1968年开始深海钻探、证实了海底扩张，1977年发现黑烟囱和热液生物群，1978年大西洋底发现“深海风暴”……。进入21世纪，深海开发的步伐更加迅猛，2004年世界石油产量已有1/3来自海底，近十年来新发现的大油气田60%在深海为主的海底，海洋油气已经超过全球海洋总产值的1/2、成为海洋开发的主体。经济的发展，又反过来驱动着深海科技的发展和海洋权益的争夺。据说世界剩下的石油1/4在北冰洋，2004年欧洲三条破冰船的冰上大洋钻探加强了这种信念，接着就是2007年俄罗斯的深潜，将国旗插到了北冰洋4 000米的海底。然而认识深海不能只靠短暂的深潜，更要有长期原位的海底观测。2009年底，当前最大的海底观测网“加拿大海王星”建成启用，2014年更大的海底观测系统将由美国建成，将传感器送入海洋深处，在海底铺网作长期观测，一个海洋科学的新时期正在来临。

我国的海洋事业，正在经历着郑和下西洋以来六百年不遇的最佳时期；华夏大地的上空，也正在回旋着向深远海进军的号角声。2006年我国开始在南海找到深海油气田，2007年在南海发现可燃冰，2010年底建成“海上大庆”，现在我国的石油勘探已经进入三大洋。在国际海底的矿床方面，“大洋一号”资源勘探船多年来完成了27个考察航次，1991年我国获得了太平洋7.5万平方公里的多金属结核专属勘探区，2011年获得印度洋1万平方公里的金属硫化物专属勘探区，成为当前国际海底资源勘探最活跃的国家之一。我国的进展说明：深海探测，已经不再是发达国家的专利；远洋极地，也不再是发达国家的属地。近年来我国的“大洋一号”执行环球航次，“雪龙号”在北冰洋和南大洋游弋，2012年6月又有“蛟龙号”深潜器潜入7 062米，标志着我国已经具备深海远洋探测的能力。同时，我国也通过国际计划向深远海推进。1998年中国加入国际大洋钻探计划之后不久，在我国科学家的设计和主持下，就在1999年春成功实施了南海首次大洋钻探。现在，南海的第二次国际大洋钻探，也将在2014年春举行。2002年，中国正式加入Argo国际计划，参与全大洋剖面浮标网的实时观测，十年来已经取得重大进展。2010年，西北太平洋海洋环流与气候试验（NPOCE）国际计划启动，成为海洋领域里第一项由我国发起的大型国际合作计划。与此同时，我国设立了深海基础研究的大型计划，2011年国家基金委启动的“南海深部过程演变”重大研究计划，就是目前规模最大的一项。

国内外深远海科学研究的成绩与展望，正是2011年中国SCOR年会交流的内容。为了总结年会所取得的丰硕成果，会后成立了“走向深远海”论文集编委会，编制了2011年中国海洋研究委员会论文集。这本论文集对国际和我国深海研究的总结和展望加以综述，并归纳了我国科学家发表在《海洋学报》中、英文版上有关深远海研究方面的论文，反映了我国在深远海研究方面的部分成果和新的进展，提出了一些新的认识。欣闻论文集即将出版，借此机会向长期工作在深海研究第一线的科技人员表示祝贺和敬佩。同时也希望该论文集的出版能够进一步促进我国深海科学技术研究的发展。

中国科学院院士
同济大学教授　汪品先
2013年2月

前　言

国际海洋研究委员会(SCOR)成立于1957年,是国际科学联合会(ICSU)属下的第一个多学科组织,也是历史最悠久,规模最大,影响也最大的国际海洋学界非政府学术组织。SCOR还是联合国教科文组织政府间海洋学委员会(UNESCO－IOC)的科学咨询机构。SCOR旨在推动和协调国际海洋科学研究,解决海洋研究中的方法学和概念性问题,SCOR强调各国科学家在自愿基础上参与其学术活动。多年来,SCOR在发起和组织大型海洋研究计划,推动海洋前沿领域研究等方面起了重要作用。

1984年10月,中国代表团参加了在法国罗斯科夫举行的SCOR大会,并成为SCOR的正式成员。中国海洋研究委员会(中国SCOR)是我国对应于国际海洋研究委员会成立的全国性海洋组织,其宗旨是增进我国海洋界与国际海洋界之间的相互交流和合作,团结全国海洋科学工作者,繁荣我国海洋科学事业。中国科学家苏纪兰院士、汪品先院士和洪华生教授曾先后当选国际SCOR执委和副主席,我国许多科学家参与了SCOR大型国际海洋研究计划的科学指导委员会。中国科学家有7位是国际SCOR工作组组长,彰显中国科学家在国际海洋研究中的重要作用。

我国在改革开放以后,就提出了“进军三大洋”的口号,进入新世纪以来,国家重视深海大洋研究,并将其作为海洋战略的重要组成部分,海洋局正在制定深海研究计划,我国自行设计、自主研制的“蛟龙号”载人深潜器2012年6月已能潜至水下7 060米,还建立了深海研究基地管理中心。但我国对深海的探索还处于初级阶段,离发达国家尚有较大的差距。

中国SCOR2011年会以深海研究为主线,就深海环境和资源,包括生物多样性保护,气候变化与大洋的相互作用,海底矿产资源、油气资源、生物基因资源等主题展开交流和讨论。年会结束后,成立了“走向深远海”论文集编委会。着手编辑2011年中国海洋研究委员会论文集。内容包括对国际和我国深海研究总结和展望的综述和我国科学家在深远海研究方面发表在《海洋学报》中、英文版等刊物上的论文。旨在介绍我国在深远海研究上的部分成果,也为我国深海战略和总体规划提供咨询。

《走向深远海——中国海洋研究委员会年会论文集》编委会

2012年7月

目次

综述

论文

深海生态系统研究进展

孙松[1],孙晓霞[1]

(1. 中国科学院海洋研究所,山东 青岛 266071)

摘要: 重点介绍国际海洋生物普查计划(Census of Marine Life, CoML)中三种典型深海生态系统——海山生态系统、深海化能合成生态系统和深渊生态系统的研究区域与内容、科学问题和研究进展,旨在提供国际深海生态系统研究的最新动态,为我国开展深海研究与决策提供参考。

关键词: 深海;海山生态系统;化能合成生态系统;深渊生态系统

海洋的平均深度是 3 733 m,90%的区域水深大于 1 000 m。人类对 200 m 以浅的真光带了解得比较多,而对水深超 1 000 m 的深海的了解非常少,而深海是地球系统中非常关键的部分。当前对海洋生物多样性的了解主要集中于近海陆架及大洋表层。深海作为地球上最大的生物区系,是地球系统中最关键、最缺乏了解的部分。深海拥有丰富的海洋资源以及世界上最大的生物圈资源。人口增长以及海洋资源消耗的增加所带来的压力,使得深海资源成为人们迫切关注的问题。同时我们需要理解人类通过污染、资源开采以及气候变化对深海环境产生的影响,以及深海对人类的影响。因此需要通过深海研究来提高我们对这一知之甚少的环境的了解,反过来将促进对人类活动所引起的变化带来的影响预测,并促使通过可持续的方式来开采海洋资源。

深海蕴藏着巨大的海洋生物多样性。从深海中采集的样品 90%的物种为新种,深海被认为是海洋生物多样性的巨大宝库和生物进化新理论研究的重要场所。据统计,在过去的 25~30 年间,平均每个月可发现两个新的物种,极大地丰富了深海生物多样性的研究成果。深海是提高科学认知的重要领域,是战略性资源发现与利用的新途径,也是国家海洋科技实力展示的重要窗口。

近几十年来,国际上针对深海生态系统开展了大量的调查研究工作,其中一个非常重要的计划是国际海洋生物普查计划(Census of Marine Life, CoML,2001—2010)。该计划由美国斯隆基金会(Sloan Foundation)发起,是国际上第一个针对全球海洋生物多样性及相关控制过程进行系统研究的大型计划。其主要目标是评估和解释海洋物种的不断变化的多样性、分布和丰度,从而了解海洋生命的过去和现在,并预测其未来的发展趋势。全球 80 多个国家、2 000 余名科研人员参与了该计划的研究。在 CoML 的 14 个现场研究计划中,有半数以上的计划和深海有关。对这部分的研究工作也是近十年来 CoML 的亮点所在,有许多新的发现,取得了重要进展。到 2009 年,科学家已经在光线无法到达的 200 m 以下深海确认了 17 650 个物种。其中有约 6 000种是在 1 000 m 以下的海水中发现的。本文主要介绍深海生境中几类典型的生态系统,即海山生态系统、深海化能合成生态系统、深渊生态系统的研究进展。

1 海山生态系统

海山是一种分布广泛的海底地形,经常因火山活动而形成。据估计全球范围内高度超过 1 000 m 的海山数量可能达到 10 万个(见图 1)。尽管人们知道海山由来已久,但对海山的研究很少(见图 2),绝大部分集中在太平洋。在这些研究中,生物学的研究非常缺乏,许多是孤立的研究,仅局限于海山生态系统的某一个方面。现在已知海山上支持着高度的生物多样性和独特的生物群落,其上的物种具有高度的地方性。海山在海洋生物地理学格局中也可能发挥重要作用。海山通常被认为是高生产力的生

作者简介: 孙松,研究员,博导,主要从事海洋生态学研究。E-mail:sunsong@qdio.ac.cn

态系统，并可作为鱼类、海洋哺乳动物与海洋鸟类的索饵场。但这些方面还缺乏清晰的证据，它们可能作为生物学热点区域的原因也不清楚。它们是渔业和采矿业的目标区域，因此易受海洋开发的影响。现在已经得到研究的海山数量很少，因此在全球尺度上对海山生物多样性的了解很少。我国对该领域的研究基本处于空白状态。

对于海山生态系统的研究，重点关注以下科学问题(CenSeam，2009)：

(1)在整个海山尺度上和海山内单个生境尺度上，驱动海山生物群落结构、多样性、生产力、物种地方性的关键因素是什么？

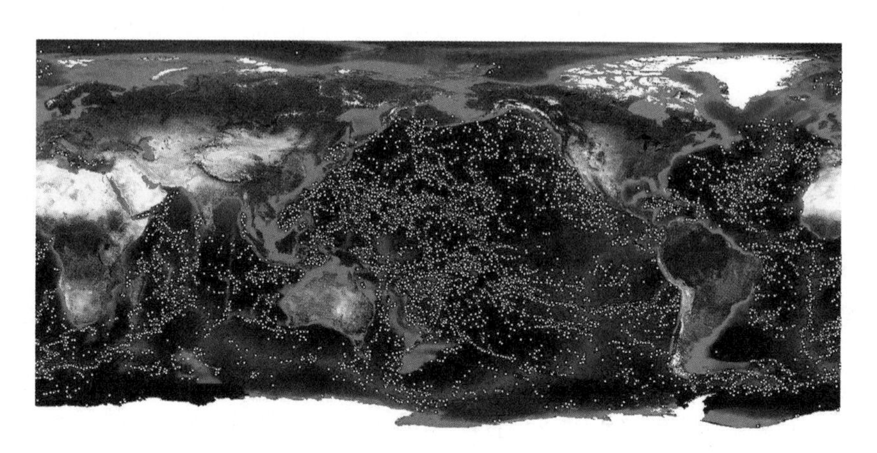

图1　全球海山分布(CenSeam，2009)

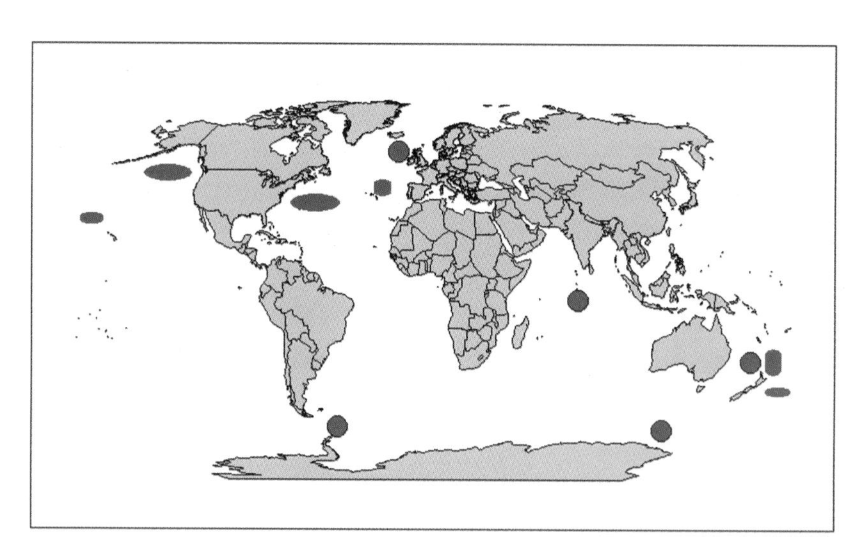

图2　进行过系统研究的海山区域(CenSeam，2009)

单个海山上的生物多样性通常很高，但是海山之间的变化很大，即使是距离很近的海山。同样，物种地方化的速率在不同海山间也有很大差别。因此应致力于识别影响海山生物多样性和群落的因素(如海山所处深度、形状和大小、位置、空间上的隔离、表层生产力、水文学、地质年代、底质类型等)。这有可能形成一种预测工具，模拟未开发海山的生物多样性水平，并在此基础上了解海山对海洋生物多样性的贡献，了解一些重要海山如何成为物种分化的场所。

(2)影响海山和非海山区域间、海山之间，以及海山内部不同生境之间群落差异的关键过程是什么？

这一主题将聚焦于海山进化生物学，因而具有更大的空间和功能尺度。海山群落遗传隔离的程度有多大？海山动物区系的组成是否是由于有限的扩张或补充而形成的？海山与周围的深海生境之间相互作用的程度有多大？什么样的功能特征支持着海山上的高生物量？

(3)海洋开发(渔业、采矿)对海山生物群落结构和功能的影响是什么？

许多海洋渔业针对海山进行开发，但是海山开发的位置、频率、程度等详细信息却非常缺乏。因此需要解决的关键问题是：海山已经开发的程度有多大？渔业活动对海山群落的可能影响是什么？

为了阐明上述问题，海山研究计划（CenSeam）在不同的区域开展了海山生态系统的综合研究，其中在东北大西洋的 Seldo 海山和 Seine 海山的研究（被称为 OASIS 计划）较为典型。OASIS 的目标是描述海山生态系统的功能特征，通过特定的方法，整合水文学、生物地球化学和生物学信息。基于两个海山个例研究，OASIS 希望进一步理解海山生态系统以及它们对周围大洋的影响。这些科学结果，浓缩在概念和质量平衡生态模型中，将被用来形成一种模式化的管理计划，以及专门针对海山的管理计划。OASIS 强调了 5 个方面的研究内容（Christiansen and Wolff，2009）：

① 认识和描述影响海山生态系统的物理驱动机制；

② 评估海山上水体内和表层沉积物中颗粒有机物的来源、质量和动力学；

③ 描述海山生物区的生物多样性和生态学，评估它们的动力学以及生产过程的维持机制；

④ 模拟海山生态系统的营养生态学；

⑤ 应用科学的知识进行实际的保护。

这一计划的研究结果表明了海山生态系统是复杂的和多变的，与我们通常所认为的海山生态系统是高生产力、高生物现存量的认识不同，这两个海山的生物量都较低。然而，这个项目的结果表明了海山生态系统在水动力学、生物地球化学和生物学方面与周围的大洋相比具有清晰的海山效应，尤其是在流场、颗粒物通量以及底栖和浮游动物的分布和组成方面受地形特征的强烈影响。主要的研究进展如下（Chiristiansen and Wolff，2009）：

水动力学方面：对 Seldo 和 Seine 海山的研究结果表明，两个海山都具有非常复杂的水动力学特征，海山位于亚热带大西洋相似的生物地理学范围内，具有相似的动力学特征。两个海山都有可能接受来自上游的具有重要生物学意义的物质或营养盐的输入，围绕山顶，有典型的反气旋环流模式。对于 Seldo 海山的精细观测表明，这种环流可能受各种背景流的影响，尤其受地中海水的漩涡影响。这对于物质在海山附近的被动传输和存留具有重要意义。

呼吸代谢方面：电子传输系统在水体中的测定表明，海山上层的呼吸作用在不同季节间和不同海山间的变化很大，亚热带 Seine 海山的值较高，但两个海山中层（200～1 000 m）的值与之类似，呼吸作用随深度呈指数降低。与距离海山较远的对照区域相比，两个海山附近的呼吸作用和沉降作用并没有显著提高，表明海山对有机物的局部聚集作用并不如较大时空尺度的物理过程重要。中层呼吸的碳有15%～35%来自上层颗粒物的沉降。溶解有机碳和颗粒有机物在水柱中分布的季节和空间变化表明悬浮的颗粒有机碳在全年都形成一个非常稳定的池，与沉降的颗粒有机物池形成对比。

颗粒有机物研究方面：发现悬浮的颗粒有机物具有很强的浮游植物特征，也有大量的粪便和一些浮游动物。在冬季，Seldo 海山表层水中悬浮颗粒有机物 ^{15}N同位素的值与 Seine 海山相似，但在夏季，Seldo 海山^{15}N 同位素的值很高。对于两个海山，悬浮颗粒有机物的质量都随深度降低。Seine 海山氮同位素的值反应了有机物在水体中的异养作用、夏季的层化作用以及可能存在的有机物横向对流作用。这一结果表明，在海山上部的水体存在新鲜的、营养丰富的颗粒有机物。由于缺乏初级生产力的数据，认为这种有机物的富集机制可能是由于悬浮物质在两个研究站点的对流作用，在夏季已观测到脂类的富集作用，进一步支持同位素数据的结果。

生物学研究方面：Seldo 海山和 Seine 海山具有软底和硬底两种生境。在海山上并没有发现生物现存量增加的现象，但海山的效应在其他方面有所体现。与海山外围及周围的大洋相比，海山顶部浮游动物群落的生物量较低，平均大小较小，与海山上生产力增强的假说并不一致。在 Seldo 海山，低的浮游动物生物量与山顶上悬浮颗粒有机物质量的降低相一致。与此相对应，植食性的底栖浮游鱼类的现存量在山顶区域也较低。另一方面，长期的渔获量的数据表明，其中至少一个海山上支持着重要经济鱼类的产卵场。对于以软体动物为主的大型底栖动物多样性的研究表明，在 Seldo 海山上鉴定了 408 种，而在 Seldo 海山上仅有 54 种，两个海山的动物类群差别很大，路西塔尼亚物种和西非物种对 Seine 海山的影响较大，而 Seldo 海山与大西洋中脊的动物区系较为密切。共发现 19 个物种是科学上的新种。

营养动力学模式方面：东北大西洋海山的营养动力学模型表明，这些海山是不成熟的，处于早期发展时期的系统。模式支持了这种系统中通常缺乏充足的资源来维持大型渔场的假说，认为这类海山生态系统主要受外来物质的支持，对于水体中初级生产和有机物的实际测定也说明了这一点。

2 深海化能合成生态系统

深海化能合成生态系统主要包括热液、冷泉和其他还原型生态系统如鲸骨生态系统等。海底热液喷口及其独特生物群落的发现是20世纪后期最显著的科学发现之一。海底热液群落是深海化能合成生态系统的重要组成部分。自1977年从加拉帕戈斯发现热液活动以来，几乎从每个海盆都可以找到海底热液喷口的证据(图3)。大洋中脊延伸6万千米，但迄今为止只针对极少部分的洋脊进行了热液研究。冷泉发现于1984年，现在认为在活跃的和不活跃的陆架边缘都存在冷泉系统(Sibuet and Olu，1998)。在其他深海也发现了由高度还原性沉积物支持的化能合成群落。微生物通过分解死亡鲸鱼的骨骼而释放硫化物，维持着硫化物氧化菌和以化能合成生产为基础的无脊椎动物群落(Smith et al.，1989；Smith and Baco，2003)。沉降的木材、聚集的有机物以及低氧区与陆架边缘海或海山的交错区，也会产生高度还原型生境，支持以化能合成为基础的生物群落(Levin，2003)。目前，对于化能合成系统生物地理学的了解仅局限于对少数地点的研究。在这些研究中，热液系统可能是了解最多的。热液喷口系统呈现一种线形的、全球尺度的分布，在时间和空间上是动态的、不连续的，有详细的物理和化学参数，它们的动物区系局限于以化能合成为基础的食物网。这些特征的结合使热液系统成为生物地理学研究的理想场所。冷泉和其他还原型底质是较为开放的系统，迄今为止了解较少。研究上述系统中物种功能的多样性、营养路径和进化扩散对于我们了解所有化能合成驱动群落之间的关系是非常重要的。

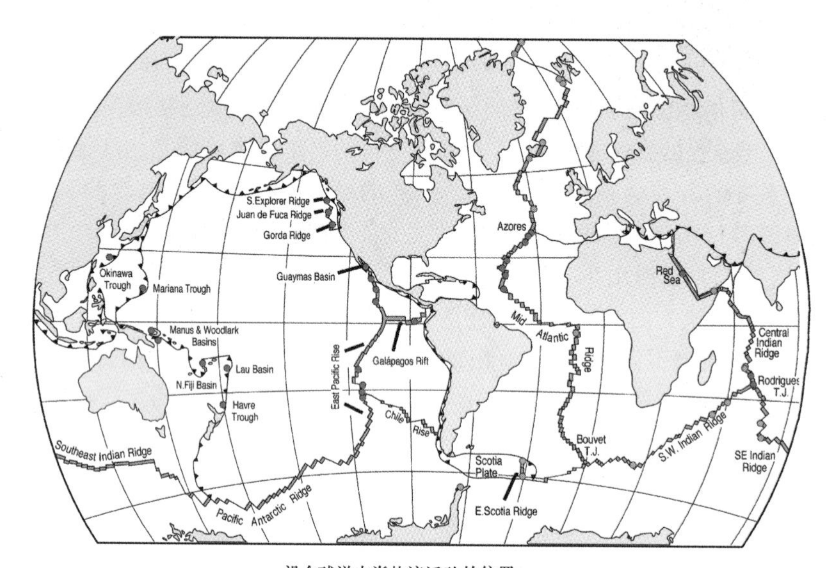

沿全球洋中脊热液活动的位置

• 表示已知的热液活动的位置，• 表示由中层水化学异常反映出的热液活动位置

图3 全球热液分布区(ChEss，2005)

根据不同的研究目标，ChEss将其研究区域分为两类：组合区和具体区域(见图4)。ChEss对于组合区给予特别的关注，因为这些区域的研究需要高度的国际合作。每一组合区所包含的区域范围都很广，有不同的化能合成系统和大量的生态学、地质学、进化学和地形学参数可以结合。研究这些区域的主要目的是评估不同系统间动物区系的关系，了解驱动其分布格局形成的关键过程。组合区主要包括：赤道大西洋带东、南太平洋区域、新西兰区域。具体区域是进一步研究的关键区域，已经在国家和国际水平上引起关注。每一个具体的区域对于阐明化能合成系统的生物地理学问题都很重要。具体区域主要包括：加克(Gakkel)洋中脊、挪威—格陵兰海(超)慢洋脊、冰岛和亚述尔热点区之间的北大西洋中脊、巴西陆架边缘海、东斯科舍(East Scotia)洋脊和布兰斯菲尔德(Bransfield)海峡、西南印度洋脊、

中印度洋脊(ChEss,2005)。

根据化能合成生态系统的类型,深海化能合成生态系统(ChEss)的研究内容主要包括3个方面:热液、冷泉和其他还原型生境的生物多样性和生物地理学。通过对不同类型化能合成生态系统的研究,有大量新的发现,包括新的物种、新的物种之间的联系、微生物的新用途以及与地球化学环境之间的不同寻常的结合。在此基础上,总结了大量的生物学规律,从自然历史到分子微生物生态学、从繁殖、寄生和种群遗传学到生理学、行为、实验生态学、生物地理学和古生态学。这些研究提高了我们对这类特殊生境的了解,清楚地阐明了化能合成生态系统的研究已经进入了实验时代和"超越化学的时代"。现在已经有可能培养热液喷口动物和鲸骨动物,有可能在海底创造同样的鲸骨化能合成生境。我们了解到在甲烷冷渗生态系统中,双瓣类的生长迅速,而管状蠕虫的生长则非常缓慢。动物生理学的研究揭示了对金属和硫化物毒性的新的适应策略,也发现了能够生活在几乎完全缺氧环境中的生物群落或者从木材中得到营养的生物群落。在热液喷口,共生的现象非常普遍,有许多新奇的发现:如第一个原生动物-细菌共生体、管状蠕虫体内的多重共生等。根据脂类和稳定同位素标记的研究,动物对热液和冷泉化能合成食物来源的利用非常复杂,具有多种途径。对化石记录的研究发现了管状蠕虫的特殊种群分化、桡足类特殊的繁殖模式、双瓣类系统发生方面的局限性,并将继续发现鲸骨等化能合成生态系统中心的物种和适应对策。这些研究涵盖了北太平洋、西太平洋和东太平洋,以及大西洋和黑海(Levin et al.,2007)。近年来,这一学科在全球范围内高度协作,但仍需不断加深对不同化能合成生态系统生态和进化间相互作用的了解。

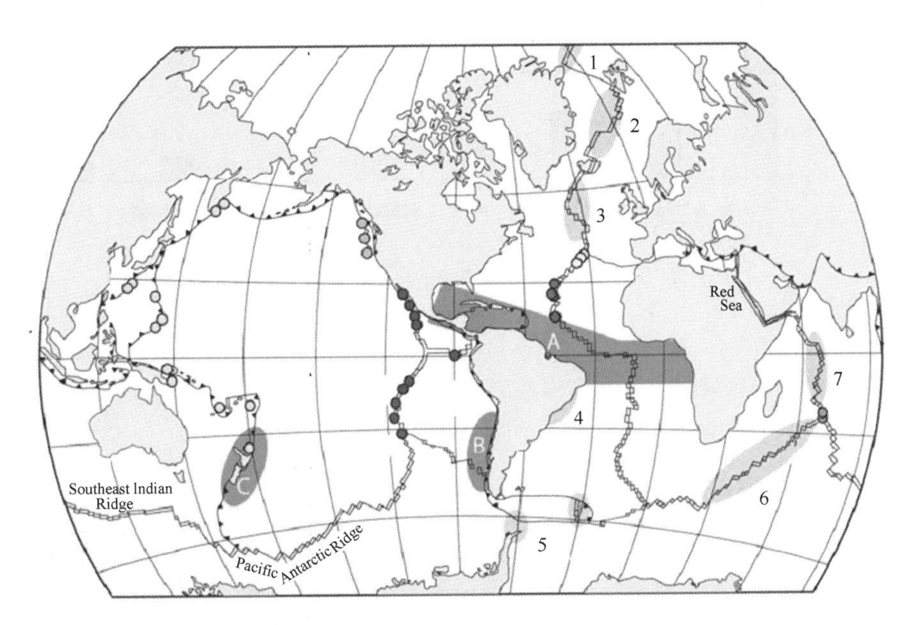

图4　ChEss现场研究的关键区域(ChEss,2005)

第Ⅰ类:组合区,A—赤道大西洋带,B—东南太平洋区域,C—新西兰区域;第Ⅱ类:具体区域,1—冰层覆盖的加克(Gakkel)洋中脊,2—挪威-格陵兰海(超)慢洋脊,3—冰岛和亚述尔热点区之间的北大西洋中脊,4—巴西陆架边缘海,5—东斯科舍(East Scotia)洋脊和布兰斯菲尔德(Bransfield)海峡,6—西南印度洋脊,7—中印度洋脊

概括深海化能合成生态系统(ChEss)主要研究成果,可归纳为3部分:(1)新物种的发现:自2002年以来,从热液、冷泉和鲸骨生态系统中发现了大约200个新种,25个新属和2个新科;(2)深海化能合成生态系统全球生物地理格局;(3)幼虫生态学,由于化能合成生境的斑块分布以及短暂的特征,幼虫的适应性对这些物种的存活具有显著的影响(Baker and Ramirez-Llodra,2010)。

3　深渊生态系统

地球上50%的面积被深度超过3 000 m的深海所覆盖。与原来的认识不同,现在我们已经知道,深海平原的特点是生物的丰度和生物量很低,但物种的丰富度却很高,从深海中采集的样品90%的物种为新种。因此,深海被认为是海洋生物多样性的巨大宝库和生物进化新理论研究的重要场所,但关于深海物种分布、丰度以及控制因素的了解非常缺乏。CoML 深渊生物多样性研究计划(CeDAMar)的目标是:记录深海平原真实的物种多样性,为全球变化研究、为更好地了解调控深海生物多样性的历史原因和生态因子奠定基础。深渊生物多样性研究最关注的两个方面是:(1)深海中有多少物种?它们是如何分布的?每一个物种所栖息的面积有多大?这些信息对于我们估计全球海洋中物种的丰富度的作用?(2)这些新的物种在成千上万平方公里看似均一的环境中是如何进化的?是否存在其他重要的方面(Ebbe et al.,2010)?

为解决上述问题,CoML 深渊生物多样性研究计划针对大西洋、太平洋、印度洋、南大洋、地中海等典型区域开展大量的现场调查和研究,对深海动物分布格局及其生物学方面获得了很多新的认识。同时,也发现、鉴定和描述了大量新的物种。从 2000 年至 2009 年年间,所发现的物种数目已达到 414 种。目前估计深海中的物种数量在 5 千万至 1 亿个之间变动。

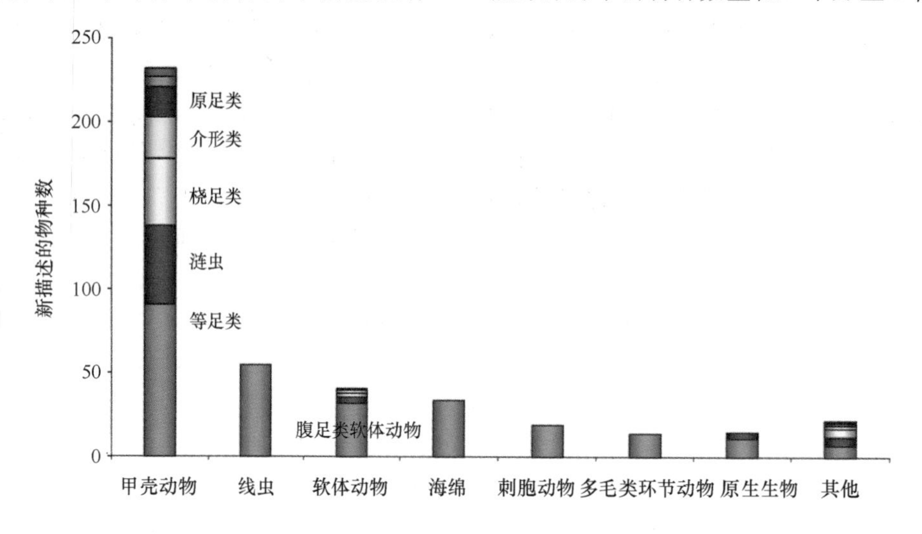

图 5 深渊生态系统研究项目新描述的物种

(引自:Ebbe et al.,2010)

为了更好地了解全球不同区域深海生物多样性的特点,CoML 深渊计划针对不同的区域特点设置了不同的研究项目(CeDAMar,2010)。主要包括 9 个项目(图 6),分述如下:

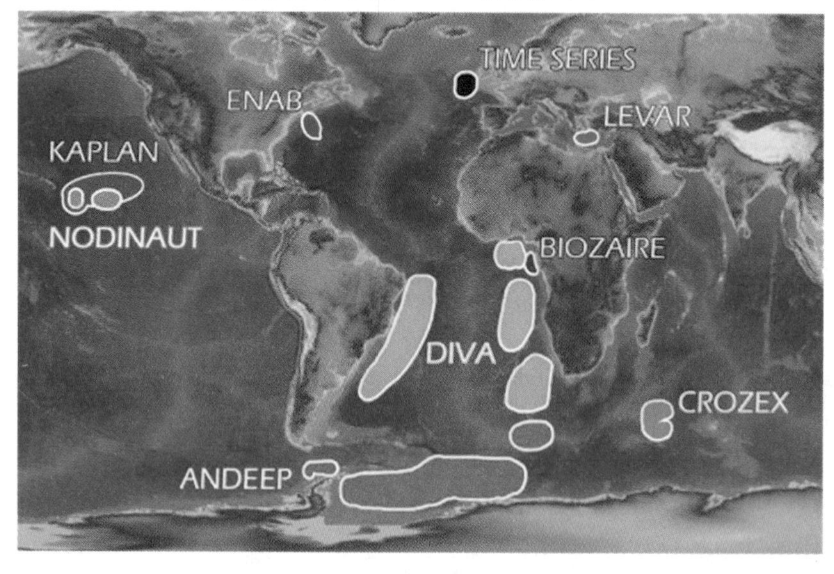

图 6 深渊生态系统重点研究区域

(引自:Ebbe et al.,2010)

ANDEEP 计划——南极底栖深海生物多样性：集群的历史与近期的群落格局

南大洋是地球上最遥远的海域，在 ANDEEP 计划之前，对这一区域几乎没有研究。ANDEEP 计划主要研究：(1)与当前生物多样性及其分布格局有关的进化过程和海洋学变化；(2)与地质年代史上海底地理学变化有关的深海动物区系的集群和交换过程；(3)海底生境的多样性对物种和遗传多样性的影响；4)南极地区作为其他大洋深海底栖生物门类可能发源地的重要性。目前的研究结果可以证明在南半球从赤道到极地，生物多样性不存在纬度梯度。该计划分别从深度和地理分布两个角度研究生物多样性的分布格局。南极陆架向下延伸至 800 m，与其他大洋相比要深很多。可能与陆架较深的底边界有关，陆架动物区系向深海物种转变的的深度明显深于其他已知的海域，约为 2 500～3 000 m。广深性水生生物和地方性物种的水平随生物门类而不同。地方性物种的分布与不同生物的繁殖生物学有关，特别是与幼体是否存在扩散阶段有关。在 ANDEEP 计划之后会跟进 SYSTCO 计划，进行系统的耦合，并研究大气、水体和深海海底之间如何联系在一起。预期这一计划的结果将有助于预测全球气候变化如何对深海底栖动物造成影响。

BIOZAIRE 计划——扎伊尔峡谷(现称之为刚果峡谷)对深海底栖生物群落的影响研究

该计划主要研究西非几内亚湾的底栖生物群落以及主要的环境物理、化学特征。该研究区域的特点是其环境状况主要受全球最大、最活跃的海底峡谷所影响。受剧烈的混浊流的影响，刚果峡谷传送大量来自陆地的颗粒物。在 4 000 m 深处，最活跃的混浊流能够通过向海底输送大量的陆源有机物，对周围数千米范围内的生境造成影响。BIOZAIRE 计划的目标是了解能量输入的动力学、来源、及其对底栖生物群落多样性的影响。对于两个不同位置(分别选在受刚果峡谷影响和不受刚果峡谷影响两个区域)的研究结果表明，群落结构中 3 个主要级别的动物(巨型动物、大型动物和小型动物)差异显著。巨型动物似乎受刚果峡谷有机输入的影响较大，而大型动物和小型动物的密度主要受其他要素的影响，在两个研究位置比较均衡。几内亚湾深海底栖群落的多样性和复杂性可能与不同的环境参数有关，如有机物的来源、数量和营养输入的机制，以及相关的扰动。

CROZEX 计划——Crozet 地区自然的铁丰富与输出实验

深海底栖动物的丰度和多样性与表层有机物的输入密切相关，但是，通常很难将表层生产力对底栖生态系统的影响从其他的环境因子中区分开来。为了进一步了解海底有机物的通量和过程，Crozex 计划在 Crozet 高原附近选取了两个生产力机制不同的区域(约 4 200 m 水深)，研究底栖生态系统对不同生产力响应的变化。其中一个区域位于 Crozet 岛东部，经常受表层持续的季节性浮游植物藻华的影响，另一个区域位于南部的高营养盐低叶绿素区(HNLC)。两个区域所有其他的环境因子都是相似的。初步的研究结果表明，两个区域底栖动物的优势种类相差很大，似乎与不同的有机输入有关。尤其值得注意的是，北部富营养区域的海参(占巨型动物生物量的 90%)与相距 16 000 km 远的东北大西洋的海参表现出很大的相似性，而与距离 460 km 远的南部 HNLC 区域相似性较低。两个区域其他环境要素如叶绿素、总有机碳的差别也很显著，但总氮的含量是相似的。研究结果进一步证实了藻华区域向海底输送的有机物通量更高。这在活的和死的底栖有孔虫的丰度和多样性中都能够得到体现。

DIVA——大西洋深海生物多样性的纬度梯度研究

这一项目的目标是研究东南大西洋深海盆地的生物多样性，从而有助于揭示南北两极之间底栖动物的分布、起源和关系。到目前为止，已经沿非洲西海岸进行了两个航次的研究。动物学家发现了许多新的、奇特的甲壳类和蠕虫新种。

ENAB——北美海盆进化研究

该项目主要在北大西洋西部沿从马萨诸塞到百慕大的断面采集半深海和深海动物。目标是定量研究深海软体动物遗传变化模式，验证几个与此生态系统相关的进化假说。主要强调几个关键问题：(1)新物种形成的地理尺度和深度尺度；(2)隔离屏障的性质和规模；(3)进化在造成生物地理分布和深度分布格局中所起的作用；(4)大西洋深部生物集群的方向与速度。这些结果将为深海生物多样性的进化提供新的见解。

KAPLAN——太平洋深海矿结核区的生物多样性、物种范围和基因流：预测和管理深海底采矿的影响

该项目主要研究太平洋锰结核采矿区的生物多样性、物种分布范围和基因流动。在几个主要航次中，首次结合分子和形态学研究，使用一种专门的"DNA 友好技术"进行热带深海大洋生物多样性的研究。研究结果以有孔虫为例，表明太平洋深海区存在高的物种多样性。例如，仅在一个采样站位就识别了 250 多个形态种，其中只有 17 个种与其他两个站位相同。此外，隐藏种非常普遍。对于多毛类，分子异质性和隐藏物种分化比预期要高，在形态学相似但地理隔离的种群间没有发现高水平基因流动的证据。尽管深海多毛类形态学特征的进化可能较慢，但仍然存在物种分化与隔离。

LEVAR——地中海东部海盆生物多样性变化研究

地中海深海环境非常特殊，即使是在深渊区，水温也可以达到 13℃，这是由于地中海与大西洋之间的狭窄通路所引起的。LEVAR 项目的目标是发现造成这个极端寡营养区深海底生物多样性格局形成的最重要的因子。估计浮游生产（表层海水中的藻类，以海洋雪的形式沉降到海底）和横向传输（沉积物中的营养盐通过陆坡流向深海海盆）的相对重要性是本项目的主要目标。

NODINAUT——太平洋中部锰结核区生物多样性研究

该计划的目标是获得太平洋中部锰结合区底栖生物群落自然状态、栖息地特征的基础知识，作为锰结核开发的影响研究基线。进行了底栖群落结构和环境参数的研究，以验证栖息地特征对底栖群落空间变化的影响，研究范围涵盖了从微型生物到巨型动物的所有动物粒级。通过研究我们了解了该区域底栖群落结构区域尺度上的分布格局以及驱动这种格局形成的环境参数。在结核区和表层沉积物中，巨型动物和大型动物的群落结构随食物的质量和可利用性以及理化环境的异质性而不同。进一步的研究表明，结核区为底内动物群落提供了一种独特的生境，大型和较小型动物的丰度与是否存在结核有关。

PAP——Porcupine 深海平原

Porcupine 深海平原位于东北大西洋爱尔兰的西南沿海，在 140 年前是著名的深海动物捕捞区。PAP 时间序列项目是为数极少的深海海底长期研究项目，该项目的数据对于研究全球气候变化及人类活动对深海的影响提供了非常宝贵的信息。PAP 项目的一个重要发现是所谓的 Amperima 事件，1996 年海参 *Amperima rosea* 的丰度显著增加了 100 倍，后来证明是群落生物的短期暴发引起的。造成这一变化的最可能的原因是沉降至海底的颗粒物的质量发生了变化。最值得关注的是，食物质量的变化可能很小，但海底大型动物的组成却发生了巨大的变化。

通过对深渊生态系统的研究，从根本上改变了原来人类对深渊生态系统的认知。这一改变可归纳为两个方面，即原来认为的极端环境中的生物在深渊生态系统中是极为正常的，原来认为的稀有物种在深渊生态系统中是非常普通的。主要研究成果聚焦在如下几个方面：（1）深渊底栖生物多样性，具体包括：全球海洋初级生产力的时空变化及其对深渊生物群落的影响；大西洋生物多样性的纬度/深度梯度变化；南极深海动物区系生物多样性与生物地理学；地中海—温带深海多样性格局；深渊多样性热点区域；（2）深渊底栖生物丰度；（3）深渊底栖生物分布格局；（4）深渊生物进化和物种分化。下一步将重点针对深渊生物的自然历史及影响深渊生物群落结构的环境因子、深渊物种分化、深渊物种的数量和分类学开展研究。

4 未来发展趋势与建议

综上所述，国际上深海大洋研究的未来发展趋势表现为：（1）研究重点趋向于全球深海大洋中的不同生境，包括海山生态系统、深海化能合成生态系统、深渊生态系统、洋中脊生态系统等，注重不同深海生态系统之间的关系研究。（2）研究内容和方法趋向多学科交叉、渗透和综合，包括物理海洋学、化学海洋学、地球物理、生态过程、生物多样性与资源潜力。（3）研究方式趋向全球化和国际化。深海研究技术难度大，基础薄弱，深海大洋各种过程错综复杂，不从全球化的观点和高度，不用国际合作的方式去组织研究、开展综合调查实验，不管从人力物力，还是技术势力来说，都是非常困难的。（4）研究手段不断采用高新技术，并向全覆盖、立体化、自动化和信息化方向发展。

随着我国国力的提高和国家海洋战略的改变，开展深海研究与探索的时机已经成熟。技术与装备水平的提高，如新型综合科学考察船的建造使我们具备了深海大洋综合探测与研究的能力。思想认识上的提高，使我们意识到海洋强国的重要标志之一是具有深海研究与探索的能力，而且近几十年海洋上的重大发现大部分出现在深海。深海研究同时也是科学与技术有机结合的良好体现，对技术发展具有重要的推动作用。虽然国际上针对深海已经开展了一定的研究,但是对于对我国近海有重大影响的西太平洋深海大洋区,基本没有涉及。西太是全球海洋生物多样性最高的区域之一,要提升对深海生命的探索与科学发现,加强海洋高新技术的研发,开展西太平洋深海大洋生态系统的研究至关重要。

目前我国在海洋古环境方面具有一定优势,应当在其优先发展的同时逐步拓宽研究范围,大力推进深海热液系统、深部生物圈等方面的研究,早日形成一支深海研究队伍。为此,应根据我们的国情和能力,制定详细可行的深海研究计划,包括研究靶区,拟解决的关键科学问题,将深海观测系统列入中长期发展规划,无论从2020年实现经济大国的目标还是能源与安全的保障出发,都要求将深海大洋列为科技发展的重点。同时,密切追踪国际深海观测技术发展动态,有计划地同发达国家开展合作和技术交流,取得先进技术及经验。在技术支撑方面,研发具有我国自主知识产权的深海探测装备,如:原位探测设备、可视化探测设备、高保真采样设备、极端条件的培养设备、载人深潜设备、大洋钻探设备等,积极进行国际合作,取得经验,为我所用。在机制体制上,建立科学考察船、深海装备、深海大洋数据和样品库共享机制,建设深海研究平台,建立一支多学科深海大洋研究团队,为深海大洋研究提供基础条件的保障。

参考文献:

Baker M C,Ramirez-Llodra E Z. 2010. Biogeography,ecology and vulnerability of chemosynthetic ecosystems in the deep sea[M]// McIntyre A D. Life in the World's Ocean. Oxford:Wiley-Blackwell:161—182.

CeDAMar. 2010. http://www. cedamar. org

CenSeam. 2009. http://CenSeam. niva. co. nz

ChEss. 2005. http://www. noc. soton. ac. uk/chess

ChEss steering committee. 2005. Developing a long term field phase for understanding the biogeography of deep-water chemosynthetic ecosystems at the global scale[R]. ChEss Science Plan:1—10.

Christiansen B,Wolff G. 2009. The oceanography,biogeochemistry and ecology of two NE Atlantic seamounts:the OASIS project[J]. Deep-Sea Research Ⅱ,56(25):2579—2581.

Consalvey M,Clark M R,et al. 2010. Life on Seamounts[M]//McIntyre A D. Life in the World's Ocean. Oxford:Wiley-Blackwell:123—138.

Ebbe B,Billett D S M,et al. 2010. Diversity of abyssal marine life[M]// McIntyre A D. Life in the World's Ocean. Oxford:Wiley-Blackwell:139—160.

Levin L A. 2003. Oxygen minimum zone benthos:adaptation and community response to hypoxia[J]. Oceanography and Marine Biology:an Annual Review,41:1—45.

Levin L A,Barry J P,Felbeck H,et al. 2007. Advances in vent,seep,whale and wood-fall biology[J]. Marine Ecology,28:1—2.

Sibuet M,Olu K. 1998. Biogeography,biodiversity and fluid dependence of deep-sea cold-seep communities at active and passive margins[J]. Deep-Sea Research Ⅱ,45:517—567.

Smith C R,Baco A R. 2003. The ecology of whale falls at the deep-sea floor[J]. Oceanography and Marine Biology:an Annual Review,41:311—354.

Smith C R,Kukert H,Wheatcroft R A,et al. 1989. Vent fauna on whale remains[J]. Nature,341:27—28.

Progress on the deep sea ecosystem research

SUN Song[1],SUN Xiaoxia[1]

(1. *Institute of Oceanology, Chinese Academy of Sciences, Qingdao* 266071,*China*)

Abstract: The research progress of three typical deep sea ecosystems was reviewed in this paper, including seamount ecosystem, chemosynthetic ecosystem and abyssal plain ecosystem, which were also the important habitat focused by program of Census of Marine Life (CoML). It is anticipated to provide the latest progress of the deep sea ecosystem research and provide the reference for the research and decision in the deep sea research in China.

Key words: deep sea;seamount ecosystem; chemosynthetic ecosystem; abyssal plain ecosystem

物理海洋学研究进展与分析

乔方利[1,2],戴德君[1,2],夏长水[1,2],尹训强[1,2]

(1. 海洋环境科学与数值模拟国家海洋局重点实验室,山东 青岛 266061;2. 国家海洋局 第一海洋研究所,山东 青岛 266061)

摘要: 物理海洋学是研究海水运动、海水温度、盐度、密度分布及其演变特征的一门学科。本文从海洋观测、数值模拟、理论研究和室内实验 4 个方面评述该学科研究的重要进展,并分析了未来发展趋势。

关键词: 物理海洋学;海洋观测;海洋数值模拟;理论研究;海洋实验模拟

1 引言

海洋学是地球科学的一个分支,其主要研究对象是近海、大洋、海冰及与之密切关联的大气圈、岩石圈和生物圈之间的相互作用。物理海洋学是海洋学的重要组成部分,主要研究海水运动及海水温度、盐度、密度分布演变特征(冯士筰等,1999)。由于海洋过程均发生在运动的水体环境下,因此,物理海洋学是海洋科学的基础。海水运动通常可划分为海浪、环流和潮波系统,研究海水运动及温度、盐度、密度的时空分布和演变特征具有重要的科学意义。全球气候变化是目前科学界和公众最为关注的、也是影响人类生存环境的重大科学问题之一,海洋是全球气候变化的控制因素,用于预测未来情景的气候模式无一不包含海洋。海水运动,特别是极端条件下的海浪、风暴潮等,对海上及近岸工程、船只航行安全等也存在严重威胁,准确的预报和合理的工程设计参数对于防灾减灾、海洋工程等具有重要意义。

本文主要从海洋观测、数值模式、理论研究、实验室实验 4 个方面回顾了海浪、海流、潮汐潮流方面的研究历史,综述了其中的重要成果,并作了简要的发展趋势分析,希望能够为深入开展物理海洋学研究提供一些借鉴。

2 海洋观测研究进展

物理海洋学本质上是一门实验科学,海洋观测是认识海洋物理过程的基础和必要手段。早期的航海探险,如哥伦布于 1492—1504 年横渡大西洋到达南美洲,1519—1522 年麦哲伦完成环球航行等,积累了人类对物理海洋学的初步认识。1872—1876 年英国“挑战者”号开展了环球航行和数百个站位的科学考察(在 362 个站位上进行了水文观测;在 492 个站位上做了深度测量;在 133 个站位进行了深水拖网),进行了多学科的综合观测,获得了大量研究成果,被认为是现代海洋学科学研究的开端(冯士筰等,1999)。随后,德国、英国、美国、苏联等也先后进行了环球探险调查,积累了大量资料,观测到了很多新的海洋现象。由于紧迫的军事需求,第二次世界大战对海洋科学、特别是与军事活动紧密相关学科的发展如波浪观测和预报有很大的影响和推动。2005 年 4 月 2 日至 2006 年 1 月 20 日我国海洋调查船“大洋一号”进行了首次环球调查,取得了大量宝贵资料。

20 世纪 50 年代开始,大型的国际合作调查研究开展起来,如国际印度洋调查(1957—1965),热带大西洋国际合作调查(1963—1964),黑潮及邻近水域合作研究(1965—1977)等。在 1980 年之后,全球海洋学家开展了诸如世界大洋环流实验(WOCE),热带大洋与全球大气计划(TOGA 和 TOGA-COARE)、联合全球海洋通量研究(JGOFS)、气候变异与预测研究计划(CLIVAR)、地转海洋学实时

作者简介: 乔方利(1966—),男,山东省庆云县人,博士,研究员,博士生导师,主要从事海洋环流数值模拟、海洋与气候数据分析方法与应用、海洋在气候变化中作用研究。E-mail:qiaofl@fio.org.cn

观测阵(ARGO)计划等海洋合作调查研究(侍茂崇等,2008)。我国海洋学者以中美双边合作形式参加了 TOGA 和 TOGA-COARE 研究计划,作出了重要贡献,也是我国走向深海大洋的首次成功尝试。

海洋调查总是伴随着海洋观测方法和调查仪器的革新而发展的。早期的调查仪器以机械式仪器为主,如利用钢丝绳测深、利用颠倒温度计测量水温、利用透明度盘和水色计测量水色、透明度等。20 世纪 60 年代以后,计算机、微电子、声学、光学及遥感技术已经被广泛应用到海洋调查领域,温盐深仪(CTD)和声学多普勒流速剖面仪(ADCP)等新型调查仪器的出现使得海洋调查步入了现代化行列。同时海洋观测方法也由单船走航调查发展到多船联合调查、立体化海洋调查。遥感技术的发展开辟了海洋观测的新时代,使得大范围、长时间、重复海洋观测成为可能。通常海洋遥感可分为航空遥感(即利用飞机携带传感器进行观测)和卫星遥感(或航天遥感)。20 世纪 60 年代初 Tiros-1 号气象卫星取得了若干海洋学信息之后,随即兴起了利用航天遥感技术研究海洋的热潮,目前所用的传感器主要有可见光传感器、红外传感器、微波传感器等,遥感观测的主要要素包括海表特征及海面要素,如海表面温度(SST)、海面风场、水位、波高、海冰、叶绿素等,以卫星遥感为主生产的海洋数据产品已有多家网站向全球科研与业务应用用户免费提供。我国自 2002 年 5 月 15 日成功发射海洋一号卫星(HY-1A)后,海洋卫星系列蓬勃发展。ARGO 是物理海洋学观测历史上的又一重大进展。ARGO 克服了卫星遥感仪监测表层或上层海洋的不足,使得物理海洋学观测进入了 2 000 米以浅监测时代。冯士筰等(1999)编著的《海洋科学导论》和侍茂崇等(2008)编著的《海洋调查方法导论》有较为全面的海洋调查方面的综述,对此领域感兴趣的作者可以参看这些著作以了解更多详细内容。

3 数值模式研究进展

海洋数值模式是 20 世纪中叶随着计算机技术的发展而兴起的一种物理海洋学研究手段。海洋数值模式采用不同数值方法如有限插分、有限元和有限体积法等方法将海水运动的控制方程离散化,依靠计算机技术建立各种海洋数值模式。和海洋观测相比,其优点是花费少,可以设计各种定量化数值试验进行海水运动的机理研究,并可以开展海洋环境要素预报。最初由于计算能力和对各类物理现象认识程度的制约,不得不把海洋数值模式分为环流模式、潮汐潮流模式、海浪模式等。其中环流模式和潮汐潮流模式由于控制方程一致也可以归为一类。随着计算能力的飞速提高,在海洋动力系统框架下建设无缝衔接的覆盖多类物理海洋过程的数值模式成为新的发展趋势(袁业立和乔方利,2006)。

3.1 海洋环流模式

早在 20 世纪 60 年代,Sarkisyan(1966)就提出了大洋环流的诊断计算方法。Bryan 和 Cox(1968a,b)发展了第一个全球大洋环流模式,并成为以后 MOM 系列模式的基础。20 世纪 70 年代,苏联科学家发展了大洋环流的多种诊断计算模式,并将其应用于大西洋、太平洋以及南极环流等计算中。美国的 Holland 和 Hirschman(1972)对大西洋环流用诊断模式进行了计算。那时的大洋环流模式总体分为两大类:第一类是为了理解大洋环流物理过程,海区的几何形状尽可能简化,这类模式可以称为“机制性的”(mechanistic);第二类是为了获得能与海洋学观测进行比较的解,一般需要大洋区域的实际几何形状,也需要较为精确的边界条件,这类模式可以称为“模拟性的”(simulation)。

目前海洋环流模式中三维模式为主流。表 1 给出了国内外几个典型数值模式的特征。这些模式在水平网格上基本上采用 Arakawa B(如 MOM 等)或者 C 网格(如 POM 等)。大部分模式都是采取有限插分(有限体积)格式,但也有少数采用有限元格式(如 QUODDY)或谱离散模式。有些模式还附加了具有其他功能的模块,比如 ROMS 包括了生物学模块等。

表 1 中的三维模式的控制方程均采用 Boussinesq 近似,绝大多数采用准静压近似(MITgcm 除外)。垂向分层则种类较多,如 MOM 采用的深度坐标(Z 坐标),POM 采用的 σ 坐标,MICOM 和 HIM 采用的等密面坐标(ρ 坐标),HYCOM 采用的混合坐标(在开阔的层化海洋中采用等密面 ρ 坐标,并平滑过渡到在浅海或陆架区域的随地 σ 坐标,而在混合层或层化不明显的海域则采用深度 Z 坐标),ROMS 则采用的伸展坐标(S 坐标,σ 坐标再作变换)等。表 2 给出了不同垂向分层方式的优缺点。

表 1 中的 ZOM 模式是由方国洪等(方国洪,于克俊,1998;于克俊,方国洪,1998)发展的。国内较

有影响的海洋模式还有中国科学院大气物理研究所大气科学和地球流体力学数值模拟国家重点实验室(LASG)发展的多层海洋环流模式(Zhang et al.,2003),以及中国海洋大学的冯士筰(1992)等发展的三维 Lagrange 浅海流体动力学模型。TOM 则是建立在高野健三 20 世纪 60 年代末开发的 UCLA 大洋环流模型基础上,由中国科学院南海海洋研究所参与改进的(Zhou,2002a,b)。国家海洋局第一海洋研究所新近发展的环流模式已经经过测试,将于近期发布。

表 1　国内外典型海洋环流数值模式的主要特征

模式	控制方程[1]	表面[2]	垂直离散[3]	水平离散[4]	时间格式[5]	参考文献
ECOM-si	H	F	σ-FD	C-C-FD	S/Si	Blumberg 等(1987)
GFDL/MOM	H	R/F[7]	z-FD	R-B-FD	SpE,LF	Pacanowski(1995)
HAMSO	H	F	z-FD	R-C-FD	S/Si	Backhaus(1985)
MICOM	H	F	ρ-FD	R-C-FD	SpE,LF	Bleck 等(1992)
HIM	H	F	ρ-FD	C-C-FD	Sp3	Hallberg(1997)
HYCOM*	H	F	h-FD	R-C-FD	SpE,LF	Bleck(2002)
FVCOM	H	F	σ-FD	C-C-FE	SpE,LF	Chen 等(2003)
MITgcm	H/NH	R	z-FD	R-C-FD	LF	Marshall 等(1997a,b)
OCCAM	H	F	z-FD	R/P-B-FD	LF	Gwilliam(1995)
ROMS	H	F	s-FD	C-C-FD	SpE	Shchepetkin 等(2005)
POM/CUPOM	H	F	σ-FD	C-C-FD	SpE,LF	Mellor(1996)
TOM	H	R	z-FD	R-B-FD	LF	Takano(1974)
ZOM	H	F	z-FD	R-C-FD	SpE,LF	方国洪等(1998)

注:表中缩写含义如下:[1]H—准静压近似,NH—非静压近似;[2]R—刚盖近似,F—自由海表面;[3]z—深度坐标,σ—随地坐标,ρ—等密面坐标,s—伸展坐标,h—杂交坐标,FD—有限差分,S—谱离散,FE—有限元;[4]R—正规的经/纬度坐标,C—正交曲线坐标,A、B、C、E—Arakawa A、B、C、E 网格,FD—有限差分,FE—有限元;[5]LF—蛙跳,S/Si—同步半隐式,SpE—外模态分离,Sp3—三路时间分离(正压、斜压和热力过程)。

表 2　不同垂向分层方式的优缺点比较

垂向分层	优　点	缺　点	代表模式
深度 Z 坐标 (较适合大洋)	不存在因地形陡峭引起的压强梯度力计算误差	阶梯结构与实际地形差别较大; 跨等密面虚假混合较小,但仍存在	MOM MITgcm HAMSOM
随地 σ 坐标 (较适合陆架海洋)	编程简单; 较准确模拟地形效应	地形陡峭处,压强梯度力计算误差大; 跨等密面虚假混合强	POM ECOM-si QUODDY
等密面 ρ 坐标 (不适合陆架区)	消除了虚假跨等密面混合; 能够进行气候时间尺度积分	两极区垂直分辨率降低	MICOM HIM

模式嵌套技术和资料同化技术是目前海洋数值模式中常用的技术。嵌套网格技术是指对大尺度区域(如全球)采用较低的分辨率,对所关心的区域采用较高的分辨率,这样既适应现有的计算机水平又可以较好地模拟中小尺度的海洋现象和水平梯度较大的海洋环境要素。嵌套模式按照不同分辨率网格之间相互作用的不同可以分为单向和双向两种。单向嵌套是指粗网格模式和细网格模式单独计算,粗网格模式首先积分,并为细网格模式提供边界条件,而细网格模式所模拟出的海洋现象和过程不再反馈

到粗网格模式中。双向嵌套是指粗网格积分为细网格提供随时间变化的边界条件,而细网格的模拟值不断刷新相对应的粗网格的值。双向嵌套优点是细网格模式模拟出的海洋现象和过程能够反馈到粗网格模式中,其缺点是编程比较复杂,粗、细网格模式需同时积分。目前多数海洋模式都是采用单向嵌套。

关键物理过程的参数化是海洋模式中的核心问题,目前对于海洋混合过程的科学认知与大气中云物理过程的认识一样,具有很大的不确定性。Mellor 和 Yamada 提出的二阶半湍流封闭方案被应用到 POM 等环流模式中,在该参数化方案中,垂向湍黏性系数 K_M 和垂向湍扩散系数 K_H 可以通过采用 2½阶湍封闭模型(Mellor and Yamada,1982)来定量化确定。MOM 模式的垂向混合方案则包括 Pacanowski 和 Philander(1981)的 PP 方案以及 Large 等(1994)的 KPP 方案。在 KPP 垂直混合方案中,垂直混合包括 3 个物理过程:垂直剪切混合、内波混合和双扩散作用,垂直扩散、黏性系数由这 3 个物理过程分别参数化后相加得到。针对海洋模式模拟的海洋表层温度过高,上混合层深度偏浅(Martin,1985;Kantha and Clayson,2000)的问题,袁业立等(1999)、Qiao 等(2004)建立了非破碎波浪致垂直混合理论,数值模拟结果显示该参数化方案能显著地改善不同环流模式对上层海洋的模拟结果(Qiao et al.,2010;Xia et al.,2006)。海气通量的参数化是海洋环流模式的另一个关键问题。目前常用的风应力参数化方案是利用海面 10 m 高度处风速、空气的密度和拖曳系数得到。常用的热通量参数化由感热通量、潜热通量、净长波辐射通量和净短波辐射通量等组成,需要的数据有海表面风速、海表面温度、海表面气温、海表面比湿、海表面气压、长波辐射通量和短波辐射通量等。然而,目前海气动量通量、热量通量的参数化形式仅适用于较低风速情况,高风速特别是极端条件下(如台风)的海气间动量、热量交换极为活跃,但是由于缺乏系统观测,目前对其了解有限。

3.2 海浪模式

海浪数值模式自 20 世纪 50 年代发展至今历经三代:60 年代的第一代模式、70 年代的第二代模式、80 年代发展起来的物理上最为先进的第三代模式。海浪数值模式的划分主要基于处理非线性相互作用源函数的能力和技术,Venice 模式是典型的第一代海浪数值模式;英国的 BMO 模式是第二代模式的代表;WAMDI Group(1988)发展的 WAM 模式是第三代模式的代表。90 年代以来,在此基础上又相继发展了 WAM cycle4(Gunther et al.,1992)、Wave Watch III(Tolman,1992)、JWA3G(Suzuki et al.,1994)以及荷兰的 SWAN 等模式。目前欧洲和美国等已经开展了海浪业务化数值预报。

我国在“七五”、“八五”及“九五”科技攻关计划中进行了海浪数值预报模式的研制。Wen 等(1989)发展了一种混合型海浪数值模式,杨春成等(1996)开展了该模式在深水大洋区域与 WAM 模式在近海与浅水区域的嵌套计算研究,尹宝树等(1994)发展了 YW-SWP 第二代海浪数值预报模式,利用文氏理论风浪谱进行非线性能量转移项的计算。袁业立等(1992a,b)建立了 LAGFD-WAM 第三代海浪数值模式,首次在数值模式中考虑了波流相互作用源函数,数值计算上提出了物理上更为合理直观的复杂特征线嵌入计算格式,该模式广泛应用到中国近海的数值模拟和海洋工程参数估算中。该模式的耗散源函数有效克服了第三代海浪数值模式大浪模拟系统偏差问题。

3.3 资料同化方法

资料同化(data assimilation,又称数据同化)方法将观测资料和数值模式有机结合起来,可以得到更合理的模拟结果或提高预测的精度。在海洋研究中使用的资料同化方法主要包括最优插值(OI;Eliassen,1954;Gandin,1963;Kruger,1964;Eddy,1964,1967),变分同化(3D-Var 和 4D-Var,LeDiment and Talagrand,1986)以及滤波方法(线性和非线性滤波)。相比其他同化方法,OI 同化方法在同化过程中所需的计算量少,是目前业务化预报系统的主流方法。尽管 OI 同化研究中的一些工作集中在现场观测如温度剖面同化方面(Alves et al.,2001),但是海洋卫星资料的同化仍是其主要方向,其中关键问题是如何将表层观测投影到下层(Haines,1991;Ezer and Mellor,1994)。若不对其进行投影,模式的限制条件就不够充分(Pinardi et al.,1995)。基于表层海洋要素距平与表层以下要素距平的相关,Mellor 和 Ezer(1991)、Ezer 和 Mellor(1997)研究了在大西洋湾流附近卫星高度计资料、卫星 SST 资料、XBT 资料等的同化,通过对温度和盐度的调整取得了较好的模拟结果,计算量仅增加 10%~20%。还有许多其他投影技术,如利用表面和次表面压力相关(De Mey and Robinson,1987)、SST资料的映射方法(Robinson et al.,1989,Cummings and Ignaszewski,1991)、海面高度异常和位涡相关(Holland and Malanotte-Rizzoli,1989;Alves et al.,2001)、海面高度和速度场的地转平衡(Ishikawa et al.,2001)、利用热成风关系将次表层流场转化为密度场(Oschlies and Willebrand,1996)等多种方法,另外还有一种投影方法,假定水柱的T/S关系保持不变,同时认为海底的压强不变,这样可以将海表高度投影成海水垂向密度剖面的变化(Alves et al.,2001)。

变分同化是国内外同化方法研究的热点之一。乔方利等(2002)研究了各种同化方法的统一性,并将变分同化方法按照目标泛函定义的空间分为两类:(1)三维变分(3-Dimensional Variational,简称3D-Var),其目标泛函定义在三维空间(不包括时间)上,由于该方案中的误差协方差矩阵不随时间变化,可以视为改进的OI同化方法(Vossepoel and Behringer,2000;Jim and Behringer,2000)。(2)四维变分(4-Dimensional Variational,简称4D-Var),其目标泛函定义在四维空间(包括时间)上。变分同化方法的关键问题在于目标泛函梯度的求解,以及目标泛函优化方案的设计。四维变分同化方法考虑了更全面的动力约束条件,但是计算量和存储量的要求也相应增加。因此,在四维变分同化的框架下进行全球大洋环流模式的资料同化有很多困难,将其应用于业务化系统仍有一段距离。在海洋研究方面,利用4D-Var方法研究的问题主要包括:定常流与环流问题、表面热通量、边界条件、初始条件和重要参数等。

滤波同化方法也是当前同化方法研究中的一个热点。20世纪90年代,该方法一直是以线性滤波为主(Gelb,1974)。Miller等(1994)将Kalman滤波技术应用于强非线性问题;Todling等(1994)研究了Kalman滤波过程中系统稳定性对误差产生的影响并提出了亚优Kalman滤波法。为了刻画系统演变的非线性特征,Kalman-Bucy滤波法被扩展为集合Kalman滤波方法。在这种方法中,系统状态的集合从模式积分结果中获取概率密度分布(PDF),然后用Kalman-Bucy滤波法对集合中的每一个成员进行分析。在早期实施这一方法时,是通过从观测误差分布中采样扰动观测值,得到观测分布的样本集合(Houtekamer and Mitchell,1998,2001;Van Leeuwen,1999;Keppenne,2000;Mitchell and Houtekamer,2000;Hamill et al.,2001)。在此基础上,针对非线性问题发展起来了一系列改进的滤波同化方法,如变形Kalman滤波(Bishop et al.,2001)、扩展Kalman滤波(Reif et al.,1999)、集合Kalman滤波和集合调整Kalman滤波(Anderson,2001)等。与传统滤波方法相比,这些改进的同化方法不但在计算量和存储量上都有较大改善,而且尽可能地保留了高阶距信息,解决了滤波同化中的一些问题。随着相关问题的逐步完善和解决,这些方法有望在业务化运行中使用。

4 理论研究进展

这里我们主要评述海浪、大洋波动、海流、潮汐等海水运动方面的理论研究进展。

4.1 大洋环流及大洋波动

大洋环流是物理海洋学的核心问题。海流是发生在海洋中的一种流速相对稳定的非周期性运动,这里我们主要针对海盆尺度的大洋环流综述理论方面的研究进展。通常根据产生机制的不同,可以将大洋环流分为风生环流和热盐环流(叶安乐和李凤岐,1992)。风生环流是主要受海面风的作用而产生的海流,其影响范围限于海洋的上层和中层。热盐环流的产生机制是热力学,不同纬度太阳辐射的差异使得海面受热不均匀,从而产生海洋表面温度的南北梯度,同时蒸发、降水的差异也会产生盐度分布不均匀,温度和盐度共同导致的密度差异是热盐环流的驱动力。热盐环流既可以发生在海洋的上层,也可以发生在海洋的中层和深层。

针对风生环流,我们主要介绍Ekman漂流、通风温跃层理论和位涡均匀化理论方面的研究。Ekman漂流理论由Ekman于1905年提出,所谓漂流是指定常恒速的风经久地作用于无限宽广的海面上而产生的一种定常海水运动,在此种情况下科氏力与垂直摩擦力相平衡。针对北半球无限深海洋,Ekman漂流表层流速在风应力右偏45°方向,并且流速随深度加深逐渐右偏,形成Ekman螺旋结构。Ekman漂流对应的水平体积输运在垂直于风向的方向上,在北半球朝风向的右方输运,在南半球向左。有限深海的漂流与无限深海洋情况略有不同。近代大洋环流的理论的开拓性工作为Sverdrup(1947)所建立的Sverdrup关系($\beta V = f\frac{\partial w}{\partial z}$)和

Sverdrup 平衡($\beta V = curl\frac{\vec{\tau}}{\rho_0}$)。Sverdrup 关系确立了大洋内区混合层以下径向运动与行星涡度拉伸的关系,Sverdrup 平衡表明大洋内区整个水柱的径向输运由风应力旋度控制(Pedlosky,1996)。虽然 Sverdrup 理论是大洋环流理论的基石,但仅限于描绘大洋内区环流场的情况。β 效应的存在使得大洋环流在西边界存在强化现象,针对西边界强化现象,在均质模型的基础上,Munk(1950)考虑了侧摩擦、Stommel(1948)考虑了底摩擦作用,建立了西向强化理论的原始模型,无论侧摩擦模型还是底摩擦模型,其基本思路是在内区源和边界层耗散之间建立起局地的涡度平衡,边界层耗散使得强西边界流在边界层内运动时,恰好耗散掉异常的涡度。Munk 模型和 Stommel 模型的流场结构非常依赖于摩擦系数,需调整摩擦系数以使获得的流动模态接近实际情况。鉴于此,Charney(1955)和 Morgan(1956)提出了惯性西边界流模型,惯性理论很好地描述了西边界流的形成阶段,但是纯惯性模型却不能得到向 Sverdrup 内区平滑过渡的流场结构。

为了更好地解释大洋温跃层结构及其相关的环流特征,20 世纪 80 年代之后,海洋学家发展了风生环流的斜压理论,提出了位涡均匀化理论和通风温跃层理论,这也是风生环流理论的重要进展(Pedlosky,1996;吴德星和陈学恩,2002)。位涡均匀化理论是关于没有下潜和通风等位涡源的流体层如何产生环流的理论,由 Rhines 和 Young(1982)提出,其主要思想是在非通风层中,在位涡闭合区域流体运动须朝着满足位涡均匀化的方向发展。通风温跃层理论由 Luyten 等 (1983)提出。所谓通风温跃层,简单来讲就是温跃层的上层通过与混合层的物质交换,能够直接感受到海气相互作用;与之相对,较深的温跃层与直接的海气相互作用隔离,称为不通风温跃层。Luyten 等(1983)将上层海洋分为三层,各层内密度均匀且处于运动状态,层间的密度界面在不同纬度露头,底层假设为静止。与海面直接接触的水体受 Ekman 抽吸直接作用,第二、三层潜沉水体在露头线处获得位势涡度,该位势涡度在向深层运动中守恒。依据这样的理论模型,最终海盆尺度海水运动可以分为:混合区、通风区、阴影区和位势涡度均匀区。Luyten 等 (1983)的通风温跃层理论仅适用于大洋内区。随后 Pedlosky 和 Young (1983),Pedlosky 和 Robbins(1991),Huang(1988,1989a,b)等对通风温跃层理论和位涡均匀化理论进行了进一步的发展和完善。

针对大洋深层的运动,Stommel(1958),Stommel 等(1958),Stommel 和 Arons(1960a,b)作了奠基性的工作,他们把整个海洋简化为两层模型,在两极存在从上层到下层的水体沉降过程,同时假定这些下沉水体在大洋内区从下层均匀涌升到上层,从下层水体的角度来看,均匀涌升过程实际上作为下层水体的汇而存在着,将 Sverdrup 关系应用到下层流体,即可得到深层环流,即内区的汇驱动了大洋深层环流(下层流体)。Stommel 等的理论是在没有考虑深层环流的斜压性和海底地形影响的基础上发展的,而实际上海底地形对深层环流结构有重要影响。Kawase(1987)对 Stommel-Arons 理论进行了拓展,探讨了深层环流的建立过程以及斜压波动在其中的作用。

热盐环流也是大洋环流的重要组成部分,针对热盐环流的定义目前还存在争议,Wunsch(2002)在 Science 上专门撰文讨论了热盐环流问题,列出了 7 种目前常用的热盐环流定义并进行了评述。简单来讲,热盐环流就是由于太阳辐射、蒸发、降水等的不均匀导致的海盆尺度的密度差异诱发的环流,但是密度差仅仅是热盐环流发生的前提,而不是控制热盐环流强弱的最重要因素。早期的观点认为,热盐环流是个热机,太阳辐射、大气强迫(海气热交换、蒸发、降水等)的不均匀产生的高密度的水从高纬度对流下沉,从而驱动了热盐环流。然而,如果没有海洋混合,这种高纬度对流下沉是不能持久的,因为在没有跨越等密度面混合的情况下,高密度的水体不断下沉将很快注满深层海洋,其结果是整个海洋可能仅在上层有明显的密度梯度和环流结构,这明显与当前的海洋状态不符。风和潮汐是海洋混合所需机械能的主要来源,海浪在上层海洋混合中起关键作用(Qiao et al.,2010; Qiao and Huang,2012)。由于在大洋环流中的重要作用,近 20 年来海洋能量和混合问题逐渐成为物理海洋学研究的热点问题之一(Wunsch and Ferrari,2004)。这里还需指出的是,虽然人们习惯上将大洋环流分为风生环流和热盐环流,但这种分类方法只是有助于理解复杂的海洋过程,实际上二者是无法完全分开的。

大洋波动也是大洋环流理论的重要组成部分。早在 19 世纪末,Hough(1897,1899)就在球面坐标体系下研究了旋转流体中的行星波动问题。Rossby 等(1939,1940)在直角坐标系下将 Hough 的工作进行了简化,提出了由于地球旋转的效应产生的行星尺度波动的解析解,由于 Rossby 在该波动理论方面的奠基性工作,这类波动被称为 Rossby 波。Rossby 波在大洋中异常信号的传播和动力过程的调整过程中起着重要的作用。在理论研究中,通常将 Rossby 波分为正压和斜压两种情况开展研究。Kelvin 波也是大洋波动的重要形式,Kelvin 波是 Kelvin(1879)以一个无限长的海峡为模型导出的,Kelvin 波的典型特征是其传播方向的右侧(北半球)必须有界,同时其振幅沿传播方向的左侧指数衰减,因而 Kelvin 波又被称为右界波或左减波。由于南半球和北半球的科氏参数符号相反,赤道地区可以看作大洋波动的波导区(wave guide),赤道波动也是大洋波动理论的重要组成部分。

4.2 海浪

海浪的理论研究进展主要表现在水波动力学以及海浪的统计理论方面。研究海浪的经典方法是利用流体力学方程研究理想的规则波动。表面规则重力波方面的研究是流体力学的一个重要分支。表面波可以大致分为线性波动和非线性波动,而且表面波问题基本都是基于理想流体并在无旋假定下开展研究工作。对于小振幅波动,可以将波动控制方程进行线性化,在此基础上,可以得到表面波在深水和浅水情况下的解析解。线性波动的特点是所有波动形式可以线性叠加,每一个基本波动可以独立的传播。对于有限振幅波动,必须考虑非线性作用,目前有多种针对不同情况的非线性波动解,如 Stokes 波、摆线波、椭圆余弦波和孤立波等(文圣常和余宙文,1985)。Stokes 波是 Stokes 于 1847 年导出的,与线性波动相比,小振幅假定不再适用,但同时保留了运动无旋、不可压缩、理想流体等假定。将自由表面视为一条流线,即可从数学上导出 Stokes 波对应的波面起伏。Stokes 波的典型特征是其波峰和波谷的不对称,峰尖谷圆的特征与表面波的实际情况更为相符。从 Stokes 波理论中可以推导出 Stokes 漂,即流体水质点在一个周期内并没有回到起始点,而是沿波动传播方向有一个净位移。摆线波是在去掉小振幅假定,同时认为水质点运动轨迹为圆或椭圆的情况下推导出来的,顾名思义,摆线波的波剖面为一条摆线。但是摆线波的运动是有旋的,而且不存在 Stokes 漂。摆线波同样能够解释实测波面的峰、谷不对称性。椭圆余弦波是一种浅水波动,其波剖面可以用椭圆余弦函数来描述,孤立波是椭圆余弦波在波长趋于无限时的一种极限情况。对于以上描述的水波动力学,文圣常和余宙文(1985)编著的《海浪理论与计算原理》,叶安乐和李凤岐(1993)编著的《物理海洋学》以及蒋德才(1992)编著的《海洋波动动力学》均有详细的叙述,读者可参看这些著作了解更多信息。近期 Yuan 和 Huang(2012)对海浪研究和未来发展方向做了系统性综述。

海洋中发生的海浪现象具有很大的随机性,将海浪视为一个随机过程来研究海浪的统计特征无疑是一个有效的方法。平稳性和各态历经性是将海浪作为随机过程的前提(文圣常和余宙文,1985)。在线性和窄谱意义下,海浪波面高度服从正态分布,波高服从瑞利分布,非线性作用使得实测海浪的波面高度和波高分布与正态分布和瑞利分布有一些偏离。除了海浪参量的分布特征之外,海浪谱即海浪能量随频率、波数等的分布情况,是描述海浪的有效手段,目前常用的海浪谱有 Neumann 谱、PM 谱和 JONSWAP 谱等,海浪谱的具体形式多从实测资料中拟合获得。海浪谱高频段存在平衡域现象,由于平衡域谱段对应小尺度重力波,其对于微波遥感和海气间动量通量具有重要意义,国内外学者针对平衡域的形成机制,提出了一些理论上的分析。Phillips(1958)提出了饱和域的概念,在量纲分析时,认为重力起重要作用,给出了饱和域中海浪能量随频率的−5 次幂衰减关系。越来越多的观测表明平衡域中海浪谱值随频率的−4 次幂衰减,随后 Kitaigorodskii(1983)、Phillips(1985)从风输入能量、能量耗散和波−波相互作用之间相互平衡的观点出发,对平衡域现象进行了解释。波−波相互作用是海浪理论中重要的研究成果,也是目前第三代海浪模式中的重要组成部分。

在海浪研究中,风浪的生成问题一直是一个研究重点,早在 20 世纪 20 年代中期,Jeffreys(1924,1925a)就提出了遮拦理论,即假定波面附近的气流于波峰的避风侧与水面分离,然后在下一个波峰的迎风侧与波面接触,由于波峰两侧的压力不对称,空气对波面做功,向波浪输入能量,当输入的能量大于耗散的能量时,波浪随时间成长。Phillips(1957)提出了共振模型,认为风中的压力、涡等参量以平均风速在水面上运动,假定水气界面处随机的气流压力起伏和波面均由若干不同波数的组成波构成,建立适合描述海气界面过程的动力学方程,气流压力起伏作为强迫场,当水波波数与气流压力部分满足某种关系时出现共振。但 Phillips 的理论中认为风中的流场结构不因波面运动而受影响,因而该模型是非耦合的,即便如此,Phillips 共振机制在风浪的生成理论中占有重要地位。目前风浪生成理论中的较为公认的观点是:风浪首先通过 Phillips 共振机制生成,然后根据 Miles(1957,1959a,b)不稳定机制成长。Miles 剪切流不稳定机制的基本思想是,假定水面上气流平均速度具有垂向衰减特征,即越接近水面风速越小,气流下侧受到小振幅波动的扰动,由于大气向海洋传输能量,海气界面会失稳,从而水波振幅随时间增大。随后的一系列工作对 Miles 的工作进行了改进和推广,虽然 Miles 模型本身作为一种风浪生成主要机制有很大限制,但是其核心思想—— 剪切流不稳定性仍然是目前风浪生成理论所依据的基本概念之一。

4.3 潮汐

海水在月球和太阳引潮力作用下产生规律性上升下降运动,这种海面的升降现象称为海洋潮汐。潮汐方面的主要研究工作体现在平衡潮理论、潮波动力学理论和潮汐调和分析方法。早在 17 世纪,牛顿利用万有引力定律解释潮汐现象,并提出了平衡潮理论。平衡潮理论是从静力学的角度来处理潮汐问题,平衡潮理论有以下 3 个较重要的假定:地球表面完全被海水覆盖;忽略摩擦和惯性的作用;在任一时刻和地球上任一位置,水面与引潮力和重力的合力相垂直。利用这 3 个假定,可以得到任一时刻海面的平衡状态。由于引潮力存在周期变化,因而在平衡潮的理论框架下,海面也具有周期性的起伏变化。平衡潮理论成功解释了一些潮汐现象,如大洋中的潮差等,同时平衡潮理论也包含了很多重要的概念,直到现在仍在使用,如潮汐椭球、分潮和调和常数的概念等。Laplace(1775,1776)提出了潮波动力学理论,考虑了地球旋转的影响,将全球大洋中的潮波看成在月球和太阳引潮力作用下的强迫运动,并在几种理想情况下对全球海洋进行了求解。后人对 Laplace 理论进行了修改和发展。潮汐动力学理论加深了人们对潮波运动规律的认识,也可以说明一些由静力学理论无法解释的现象,然而解析解仅在有限的一些简单几何形状的理想海区才能获得,并且只能定性的说明一些实际海洋现象。

潮汐的调和分析在潮汐数据的分析和预报中占有重要地位。所谓调和分析,就是将实际观测到的潮汐视为多个分潮的叠加,求出分潮的调和常数(方国洪等,1986;叶安乐和李凤岐,1993;黄祖珂和黄磊,2005)。1883 年 Darwin 提出了 Darwin 分析方法,其主要特点是首先将不同的分潮系从观测资料中分离出来,而后再将分潮从分潮系中分析出来,最后求出各个分潮的调和常数。利用早期的月球运动理论,Darwin 将月球和太阳的平衡潮各展开成 63 项,每一项称为一个调和分潮。然而,从严格意义来讲,Darwin 展开得到的调和分潮并不能称为调和分潮,因为其振幅随时间缓慢变化,但是其有关分潮的周期、角速度和相角等基本参量至今仍在使用。Doodson(1928,1954)提出了 Doodson 展开方法,首先将不同的分潮族(分潮中周期相近的分潮称为分潮族)从实测资料中分离出来,而后将分潮族中的各个分潮分离出来。在 Doodson 展开中,共有 386 个调和分潮,其振幅不再随时间变化。Doodson 展开方法在 1954 年的国际潮汐会议上被公认为标准的展开。随后 Cartwright(1971,1973)采用谱方法对引潮势进行展开,郗钦文(1987,1991)在 Doodson 展开的基础上进行了精密展开,得到 3 000 多个分潮。

5 室内实验进展与分析

室内实验也是物理海洋学研究的重要手段之一。与外海观测相比,室内实验的优点在于可以在环境相对可控的条件下探讨物理过程的生成、发展机制,其缺点在于无论是水槽实验还是物模实验,都无法真实地刻画海洋的实际情况。

利用旋转实验平台开展大尺度环流研究是室内实验的一个重要方向。早在 1958 年,Stommel 等就开展了深层环流实验,其基本思想是利用扇形容器代表海盆,绕一垂直轴旋转,在达到平衡时,水体厚度沿着径向增加,从而可以利用水体厚度的变化模拟实际海洋中的 β 效应。Stommel 等设计了不同源(汇)位置的实验,实验结果佐证了其提出的深层环流理论。也有很多作者利用旋转平台开展西边界流方面的研究工作,如 Baines 和 Hughes(1996)研究了西边界流的分离和弯曲,Sheremet 和 Kuehl(2007)利用转盘实验研究了西边界流过边界豁口时的形变过程与多重解问题。

前边已经提到,热盐环流是大洋环流的重要组成部分,而赤道和极地海域的温差以及盐度差是热盐环流产生的前提。针对水平温差能否驱动环流这一非常基本的物理海洋学问题，不少研究者开展了实验研究。早在1908年Sandstrom就通过室内实验指出，当热源位置的等势面比冷源高的时候，不可能存在环流。随后，Jeffreys(1925b)认为由于水平密度差的存在，Sandstrom实验(当热源位置的等势面比冷源高的时候)中应当能够观察到环流的存在，但流动比较弱。Miller(1968)通过水槽实验证实了Jeffreys的观点，但Miller(1968)的实验仅是定性的，没有给出定量结果。而海洋中的实际情况是，如果不考虑短波穿透和海底热源的影响，可以近似认为热源和冷源在同一等势面上，针对这种情况，Rossby(1965)开展了系列室内实验，结果表明在水槽的整个水体中均存在稳定的环流结构。考虑到Rossby(1965)开展实验时尚不具备现代化的测量条件，实验水槽没有完全封闭，实验时间小于10 h(整个系统可能并未达到平衡态)等因素，Wang和Huang(2005)设计了绝热水槽，采用激光粒子测速系统(PIV)测量水槽中的流体运动，实施了水平温差驱动环流的室内实验研究，结果表明：如果冷源和热源在同一等势面上，存在稳定的环流结构，但该环流表现为靠近边界的浅层环流，并不能影响整层水体。

以上是有关环流方面的室内实验研究状况，实际上开展室内实验研究最多的一个研究方向当属海浪。国内外很多研究机构，如美国航空航天局(NASA)Wallops飞行中心、美国马里兰大学、美国迈阿密大学、波兰科学院水利水电工程研究所、中国海洋大学、大连理工大学等都建有高标准的波浪水槽，国家海洋局第一海洋研究所建设的现代风浪流水槽已经完成。通过水槽实验可以研究海浪统计特征、波浪破碎、波浪反射、波致混合等多种物理过程。

物模实验也是物理海洋室内实验研究的重要方向。早在20世纪70年代，为了研究和治理濑户内海的污染问题，日本在广岛建立了世界上最大的物模实验室——濑户内海大型水理模型实验室(毛汉礼等，1981；刘学海和袁业立，2006)，该实验室占地17 000 m^2，可模拟水域面积达30 000 km^2，涵盖整个濑户内海及相关陆域。利用该实验室，研究者模拟了污染物的运移和扩散情况，评估了濑户内海各处填海工程对水动力和水质的影响。国际上还有很多国家建立了物模实验室或基地，如美国北卡州DUCK海岸实验场，荷兰代尔夫特水动力研究所的大型水动力实验室等。国内也较重视物模实验，有些物模实验室专注于海洋工程方面，如南京水科院和天津交通部水运所等单位建设的物模水池多为港口、河道、航道服务，国家海洋局第一海洋研究所与胜利油田联合建设的滩海工程模拟实验室主要研究波浪条件下近海、近岸平台等的冲刷、淤积和防波等问题；有些物模实验室侧重于特定区域的模拟和科学研究，如浙江水利河口研究所的钱塘江河口模型，水利部珠江水利委员会建设的珠江河口大型模型等。国家海洋局第一海洋研究所建设了胶州湾物模实验室。

6 结语

物理海洋学总体而言是一门实验科学，现场观测是认知海洋现象、发现运动规律、深入开展物理海洋学研究的基础，同时观测数据也是检验数值模拟和理论研究结果合理与否的唯一标准。随着科学技术的进步，海洋调查已经发展到多船联合调查，长期连续、多学科、多参量、立体化、系统化调查的时代。海上大面调查和长期观测系统的现代化程度越来越高，仪器精度和分辨率也越来越高。卫星、浮标、ARGO浮标、海床基等组成的立体观测系统是目前观测发展的主流方向。依据现代观测手段开展针对性海上科学实验是加深物理过程理解的关键。

海洋数值模拟是物理海洋学研究、物理过程理解和预报保障的核心手段。随着计算机技术的发展，模式时空分辨率越来越高。但是，数值技术的改进和模式分辨率的提高并不能代替实际海洋过程的真实物理描述和关键物理过程参数化的进步。深入认知海洋过程，改进包括海洋湍流过程、海气界面通量过程等的参数化方案仍然是海洋模式面临的重大问题。在海洋动力系统框架下建立多运动形态物理耦合的无缝海洋模式应该是未来发展的主流方向。

理论研究也是探索海洋运动规律的重要手段，由于纳维斯托克斯(Navier-Stokes)方程的高度非线性，针对具体科学问题，需进行适当的归纳、抽象、简化，建立合理的数学物理框架，而后应用数学手段获得所研究问题的解析解或半解析解。就目前物理海洋学研究的现状而言，较为重要的理论方面的突破几乎都是在百年前或上世纪中叶完成的，近几十年来鲜有里程碑式的理论研究成果。然而，作为一种研究手段，理论研究成果对于我们深入认识物理过程，深入理解物理机制仍是非常重要的。物理海洋本质上是一门物理学科，最需要的是清晰的物理概念和图像，而不是繁复的数学公式的推演和微分方程的求解。

总之，海洋观测依赖于对海洋的经费投入和观测技术发展，海洋数值模式更多体现对海洋科技的综合实力，理论研究更能揭示物理现象的本质，而实验模拟则是在可控条件下理解物理过程。海洋科学研究的一个重要目的是支撑业务海洋学发展，保障人类海上活动和减灾防灾。

参考文献：

方国洪，郑文振，陈宗镛，等．1986．潮汐和潮流的分析和预报[M]．北京：海洋出版社．

方国洪，于克俊．1998．斜压海洋动力学的一种三维数值模式：Ⅰ．动力学方程数值格式[J]．海洋与湖沼，29(3)：232－240．

冯士筰．1992．浅海环流物理及数值模拟[M]// 冯士筰，孙文心．物理海洋数值计算(科学与工程计算丛书)．郑州：河南科技出版社：543－610．

冯士筰，李凤岐，李少菁．1999．海洋科学导论[M]．北京：高等教育出版社．

黄祖珂，黄磊．2005．潮汐原理与计算[M]．青岛：中国海洋大学出版社．

蒋德才．1992．海洋波动动力学[M]．青岛：青岛海洋大学出版社．

刘学海，袁业立．2006．海洋环境动力学物理模拟的尺度分析及相似条件[J]．海洋科学进展，24(3)：285－291．

毛汉礼，庄国文，王清志，等．1981．日本海洋污染模型实验概况[J]．海洋科学，5(4)：54－56．

乔方利，Zhang Shaoqing．2002．现代海洋/大气资料同化方法的统一性及其应用进展[J]．海洋科学进展，20(4)：79－93．

侍茂崇，高郭平，鲍献文．2008．海洋调查方法导论[M]．青岛：中国海洋大学出版社．

文圣常，余宙文．1985．海浪理论与计算原理[M]．北京：科学出版社．

吴德星，陈学恩．2002．大洋环流理论[M]．北京：海洋出版社．

郗钦文．1991．精密引潮位展开及某些诠释[J]．地球物理学报，34：182－194．

郗钦文，侯天航．1987．新的引潮位完全展开[J]．地球物理学报，30：349－362．

杨春成．1996．一种台风浪的数值预报方法[J]．海洋学报，18(1)：1－12．

叶安乐，李凤岐．1993．物理海洋学[M]．青岛：青岛海洋大学出版社．

尹宝树，王涛，范顺庭．1994．YW-SWP海浪数值预报模式及其应用[J]．海洋与湖沼，25(3)：293－300．

于克俊，方国洪．1998．斜压海洋动力学的一种三维数值模式：Ⅱ．温度、盐度和垂直涡动粘性系数的计算[J]．海洋与湖沼，29(4)：381－388．

袁业立，华锋，潘增弟，等．1992a．LAGFD-WAM海浪数值模式：Ⅱ．区域性特征线嵌入格式及其应用[J]．海洋学报，14(6)：12－24．

袁业立，潘增弟，华锋，等．1992b．LAGFD-WAM海浪数值模式：Ⅰ．基本物理模型[J]．海洋学报，14(5)：1－7．

袁业立，乔方利．2006．海洋动力系统与海洋数值模式[J]．自然科学进展，16(10)：1257－1267．

袁业立，乔方利，华锋，等．1999．近海环流数值模式的建立：部分Ⅰ．海波的搅拌和波流相互作用[J]．水动力学研究与进展：A辑，14(4B)：1－8．

Alves J O S，Haines K，Anderson D L T. 2001. Sea level assimilation experiments in the tropical Pacific[J]. J Phys Oceanogr，31：305－323.

Anderson J L. 2001. An ensemble adjustment kalman filter for data assimilation[J]. Mon Wea Rev，129：2884－2903.

Backhaus J O. 1985. A three dimensional model for simulation of shelf sea dynamics[J]. Dtsch Hydrograph Z，38：165－187.

Baines P G，Hughes R L. 1996. Western boundary current separation：inferences from a laboratory experiment[J]. J Phys Oceanogr，26：2576－2588.

Bishop C H，Etherton B J，Majumdar S. 2001. Adaptive sampling with the ensemble transform Kalman filter，part Ⅰ[J]. Mon Wea Rev，129：420－436.

Bleck R，Rooth C，Hu D，et al. 1992. Salinity-driven thermohaline transient in a wind－and thermohaline-forecd isopycnic model of the North Atlantic[J]. J Phys Oceanogr，22：1486－1505.

Bleck R. 2002. An oceanic circulation model framed in hybrid Isopycnic-cartesian coordinates[J]. Ocen modeling，1：55－88.

Blumberg A F，Mellor G L. 1987. A description of a three-dimensional coastal ocean model[M]//Heaps N S，Ed. Three Dimensional Coastal Ocean Models. Washington D C：American Geophysical Union：1－16.

Bryan K，Cox M D. 1968a. A nonlinear model of an ocean driven by wind and differential heating：Part I. Description of the three-dimensional velocity and density fields[J]. Journal of the Atmospheric Sciences，25(6)：945－967.

Bryan K，Cox M D. 1968b. A nonlinear model of an ocean driven by wind and differential heating：Part Ⅱ. An analysis of the heat，vorticity，and energy balance[J]. Journal of the Atmospheric Sciences，25(6)：968－978.

Bryan K. 1969. A numerical method for the study of the circulation of the world ocean[J]. Journal of Computational Physics，4(3)：347－376.

Cartwright D E，Tayler R J. 1971. New computations of the tide-generating potential[J]. Geophys J R Astr Soc，23：45－74.

Cartwright D E，Edden A C. 1973. Corrected tables of tidal harmonics[J]. Geophys J R Astr Soc，33：253－264.

Charney J C. 1955. The Gulf Stream as an inertial boundary layer[J]. Proc Natl Acad Sci,USA,41:731—740.

Chen C,Liu H,Beardsley R C. 2003. An unstructured,finite-volume,three-dimensional,primitive equation ocean model:application to coastal ocean and estuaries[J]. Journal of Atmospheric and Oceanic Technology,20:159—186.

Cummings J A,Ignaszewski M J. 1991. The fleet numerical oceanography center regional ocean analysis system[C]. New Orleans:Proc Marine Technology Society:1123—1129.

Darwin G H. 1883. Report of a committee for the harmonic analysis of tidal observations[R]. Brit Ass For Adv Sci:49—118.

De Mey P,Robinson A R. 1987. Assimilation of altimeter eddy fields in a limited-area quasi-geostrophic model[J]. J Phys Oceanogr,17:2280—2293.

Doodson A T. 1928. The analysis of tidal observations[J]. Phil Trans Roy Soc,London,A227: 223—279.

Doodson A T. 1954. The harmonic development of the tide-generating potential[J]. Intern Hydrogr Rev,31:37—61.

Eddy A. 1964. The objective analysis of horizontal wind divergence fields[J]. Quart J Roy Meteor Soc,90:424—440.

Eddy A. 1967. The statistical objective analysis of scalar data fields[J]. J Appl Meteor,4:597—609.

Eliassen A. 1954. Provisional report on calculation of spatial covariance and autocorrelation of the pressure field[R]. Inst Weather and Climate Res Acad Sci Oslo Rept:5.

EkmanV W. 1905. On the influence of the earth's rotation on ocean currents[R]. Arkiv f Matem,Astr O Fysik (Stockholm) Bd. 2,No. 11:53.

Ezer T,Mellor G L. 1994. Continuous assimilation of GEOSAT altimeter data into a three dimensional primitive equation Gulf Stream model[J]. J Phys Oceanogr,24:832—847.

Ezer T,Mellor G L. 1997. Data assimilation experiments in the Gulf Stream region:How useful are satellite—derived surface data for nowcasting and the subsurface fields? [J]. J Atmos Oceanic Technol,14:1379—1391.

Gandin L. 1963. Objective Analysis of Meteorological Field[M]. English translation. Jerusalem:Israel Program for Scientific Translation.

Gelb A. 1974. Applied Optimal Estimation[M]. Cambridge,M A:M I T Press:374.

Gunther H,Hasselmann S,Janssen P. 1992. Wamodel cycle 4 (revised version) [R]//Technical Report 4. Deutsches Klimarechnenzentrum, 1992.

Gwilliam C S. 1995. The OCCAM Global Ocean Model. Coming of Age (The Proceedings of the Sixth ECMWF Workshop on the Use of Parallel Processors in Meteorology) [J]. World Scientific,446—454.

Hamill T M,Whitaker J S,Snyder C. 2001. Distance-dependent filtering of backgrand error covariance estimates in an ensemble Kalman filter [J]. Mon Wea Rev,129:2776—2790.

Haines K. 1991. A direct method for assimilating sea surface height data into ocean models with adjustments to the deep circulation[J]. J Phys Oceanogr,21:843—868.

Hallberg R. 1997. Stable Split time stepping schemes for large-scale ocean modeling[J]. J Comp Phys,135 (1):54—65.

Holland W R,Hirschman A D. 1972. A Numerical circulation of the circulation in the North Atlantic Ocean[J]. J Phys Oceanogr,2:336—352.

Holland W R,Malanotte-Rizzoli P. 1989. Assimilation of altimeter data into a ocean model: Space versus time resolution studies[J]. J Phys Oceanogr,19:1507—1534.

Hough S S. 1897. On the application of harmonic analysis to the dynamical theory of the tides[J]. Phil Roy Soc London,A189:201—257.

Hough S S. 1899. On the application of harmonic analysis to the dynamical theory of the tides[J]. Phil Roy Soc London,A191:139—185.

Houtekamer P L,Mitchell H L. 1998. Data assimilation using an ensemble Kalman filter technique[J]. Mon Wea Rev,126:796—811.

Houtekamer P L,Mitchell H L. 2001. A sequential ensemble Kalman filter for atmospheric data assimilation[J]. Mon Wea Rev,129:123—137.

Huang R X. 1988. On boundary value problems of the ideal-fluid thermocline[J]. J Phys Oceanogr,18:619—641.

Huang R X. 1989a. The generalized eastern boundary conditions and the three-dimensional structure of the ideal fluid thermocline[J]. J Geophys Res,94:4855—4865.

Huang R X. 1989b. On the three-dimensional structure of the wind-driven circulation in the North Atlantic[J]. Dyn Atmos And Ocean,15:117—159.

Ishikawa Y,Awaji T,Komori N. 2001. Dynamical initialization for the numerical forecasting of ocean surface circulations using a variational assimilation system[J]. J Phys Oceanogr,31:75—93.

Jeffreys H. 1924. On the formation of waves by wind[J]. Proc Roy Soc A,107:189—206.

Jeffreys H. 1925a. On the formation of waves by wind II[J]. Proc Roy Soc A,110:341—347.

Jeffreys H. 1925b. On the motions produced by differences of temperature and humidity[J]. Q J R Met Soc,51:347—356.

Jim Reynolds R W,Behringer D. 2000. Use of TOPEX/Poseidon sea level data for ocean analysis and ENSO prediction:Some early results[J]. J Climate,13:216—231.

Kantha L H,Clayson C A. 2000. Numerical Models of Oceans and Oceanic Processes[M]. International Geophysics Series,Volumn 66. San Diego,CA:Academic Press.

Kawase M. 1987. Establishment of deep ocean circulation driven by deep-water production[J]. J Phys Oceanogr, 17:2294—2317.

Keppenne C L. 2000. Data assimilation into a primitive-equation model with a parallel ensemble Kalman filter[J]. Mon Wea Rev, 128:1971—1981.

Kitaigorodskii S A. 1983. On the theory of the equilibrium range in the spectrum of wind-generated gravity waves[J]. J Phys Oceanogr, 13:816—827.

Kruger H. 1964. A Statistical-dynamical Objective Analysis Scheme[M]. Canadian Meteorological Memoirs, No. 18:47—64.

Laplace P S. 1775. Recherches sur plusieurs points du systeme du monde[J]. Memoires de U Academie royale des Science, 88:75—182.

Laplace P S. 1776. Recherches sur plusieurs points du systeme du monde[J]. Memoires de U Academie royale des Science, 89:177—267.

Large W G, McWilliams J C, Doney S C. 1994. Oceanic vertical mixing: a review and a model with a nonlocal boundary layer parameterization[J]. Rev Geophys, 32:363—403.

Le Dimet F X, Talagrand O. 1986. Variational algorithms for analysis and assimilation of meteorological observations: Theoretical aspects[J]. Tellus, 38A:97—110.

Luyten J R, Pedlosky J, Stommel H. 1983. The ventilated thermocline[J]. J Phys Oceangr, 13: 292—309.

Marshall J, Hill C, Perelman L, et al. 1997a. Hydrostatic, quasi-hydrostatic, and nonhydrostatic ocean modeling[J]. J Geophys Res, 102:5733—5752.

Marshall J, Adcroft A, Hill C, et al. 1997b. A finite-volumn, incompressible Navier—Stokes model for studies of the ocean on parallel computers [J]. J Geophys Res, 102:5753—5766.

Martin P J. 1985. Simulation of the mixed layer at OWS November and Papa with several models[J]. J Geophys Res, 90:581—597.

Mellor G L, Ezer T. 1991. A Gulf Stream model and an altimetry assimilation scheme[J]. J Geophys Res, 96:8779—8795.

Mellor G L, Yamada T. 1982. Development of a turbulence closure model for geophysical fluid problems[J]. Rev Geophys Space Phys, 20:851—875.

Mellor G L. 1996. Users Guide for a Three-Dimensional, Primitive Equation, Numerical Ocean Model[R]. Rev. ed. Princeton University Report, Princeton, N J:39.

Miles J W. 1957. On the generation of surface waves by shear flows[J]. J Fluid Mech, 3:185—204.

Miles J W. 1959a. On the generation of surface waves by shear flows, Part. 2[J]. J Fluid Mech, 6: 568—582.

Miles J W. 1959b. On the generation of surface waves by shear flows, Part. 3[J]. J Fluid Mech, 6: 583—598.

Miller R C. 1968. A thermally convecting fluid heated non-uniformly from below, PhD thesis, MIT.

Miller R N, Ghil M, Gauthiez P. 1994. Advanced data assimilation in strongly nonlinear dynamical system[J]. J Atmos Sci, 51:1037—1056.

Mitchell H L, Houtekamer P L. 2000. An adaptive ensemble Kalman filter[J]. Mon Wea Rev, 128:416—433.

Morgan G W. 1956. On the wind-driven circulation[J]. Tellus, 8:301—320.

Munk W H. 1950. On the wind-driven ocean circulation[J]. J Meteor, 7:79—93.

Oschlies A, Willebrand J. 1996. Assimilation Geosat of altimeter data into an eddy-resolving primitive equation model of the North Atlantic Ocean[J]. J Geophys Res, 101(C6):14175—14190.

Pacanowski R C. 1992. MOM2 Documentation, User's Guide and Reference Manual[R]// Ocean technical report 3. Geophysical Fluid Dynamics Laboratory.

Pacanowski R C, Philander G. 1981. Parametrization of vertical mixing in numerical models of the tropical ocean[J]. Journal of Physical Oceanography, 11:1442—1451.

Pedlosky J, Robbins P. 1991. The role of finite mixed layer thickness in the structure of the ventilated thermocline[J]. J Phys Oceanogr, 21:1018—1031.

Pedlosky J, Young W R. 1983. Ventilation, potential-vorticity homogenization and the structure of the ocean circulation[J]. J Phys Oceanogr, 13: 2020—2037.

Pedlosky J. 1996. Ocean Circulation Theory [M] . Berlin and New York: Springer.

Phillips O M. 1957. On the generation of waves by turbulent wind[J]. J Fluid Mech, 2:417—445.

Phillips O M. 1958. The equilibrium range in the spectrum of wind-generated waves[J]. J Fluid Mech, 4:426—434.

Phillips O M. 1985. Spectral and statistical properties of the equilibrium range in wind-generated gravity waves[J]. J Fluid Mech, 156: 505—531.

Pinardi N, Rosati A, Pacanowski R C. 1995. The sea surface pressure formulation of rigid lid models: Implications for altimetric data assimilation studies[J]. J Mar Syst, 6:109—119.

Qiao F, Yuan Y, Yang Y, et al. 2004. Wave-induced mixing in the upper ocean: Distribution and application to a global ocean circulation model [J]. Geophys Res Lett, 31:L11303, doi:10. 1029/2004GL019824.

Qiao Fangli, Yuan Yeli, Tal Ezer, et al. 2010. A three-dimensional surface wave-ocean circulation coupled model and its initial testing. Ocean Dynamics,60(5):1339—1355.

Reif K,Gunther S,Yaz E,et al. 1999. Stochastic Stability of the Discrete-Time Extended Kalman Filter[J]. IEEE Trans. Automatic Control, 44(4):714—728.

Rhines P B,Young W R. 1982a. A theory of the wind-driven circulation: Ⅰ. Mid-ocean gyres[J]. J Marine Res,40(supp):559—596.

Rhines P B,Young W R. 1982b. Homogenization of potential vorticity in planetary gyres[J]. J Fluid Mech,122:347—367.

Robinson A R,Spall M A,Walsted L J,et al. 1989. Data assimilation and dynamic interpolation in Gulf-cast experiment[J]. Dyn Atmos Oceans, 13:301—316.

Rossby C G. 1939. Relation between variations in the intensity of the zonal circulation of the atmosphere and the displacement of the semi-permanent centers of action[J]. J Marine Res,2:38—55.

Rossby C G. 1940. Planetary flow patterns in the atmosphere[J]. Q J R Meteorol Soc,66: 68—87.

Rossby T. 1965. On thermal convection driven by non-uniform heating from below:an experimental study[J]. Deep-Sea Res,12:9—16.

Sandstrom J W. 1908. Dynamicsche versuche mit meerwasser,Annln Hydrograph[J]. Martimen Met,36:6—23.

Sarakisyan A S. 1966. The Combined effect of baroclinicity and bottom topography as an important factor in the dynamics of ocean currents[J]. Atmos Ocean Phys,10:1173—1188.

Shchepetkin A F,McWilliams J C. 2005. The regional oceanic modeling system:a split-explicit,free-surface,topography-following-coordinate ocean model[J]. Ocean Modelling,(9):347—404.

Sheremet V A,Kuehl J. 2007. Gap-leaping western boundary current in a circular tank model[J]. J Phys Oceanogr,37:1488—1495.

Stokes G G. 1947. On the theory of oscillatory waves[J]. Trans Camb Phil Soc,8:441—450.

Stommel H. 1948. The westward intensification of wind-driven ocean current[J]. Trans Am Geophys Union,29:202—206.

Stommel H. 1958. The abyssal circulation[J]. Deep-Sea Res (Letters),5:80—82.

Stommel H,Arons A B. 1960a. On the abyssal circulation of the world ocean: Ⅰ. Stationary planetary flow patterns on a sphere[J]. Deep-Sea Res,6:140—154.

Stommel H,Arons A B. 1960b. On the abyssal circulation of the world ocean: Ⅱ. An idealized model of the circulation pattern and amplitude in oceanic basins[J]. Deep-Sea Res,6:217—233.

Stommel H,Arons A B,Faller A J. 1958. Some examples of stationary planetary flow patterns in bounded basins[J]. Tellus,10:179—187.

Suzuki Y,Isozaki I,Takahashi T. 1994. On the Development of a Global Ocean Wave Model JWA3G[C]. Proceedings of the International Conference on Hydro-technical Engineering for Port and Harbor Construction (1994).

Sverdrup H U. 1947. Wind-driven currents in a barotropic ocean:with application to the equatorial currents of the eastern Pacific[J]. Proc Natl Acad Sci,33:318—326.

Takano K. 1974. A general circulation model for the world ocean[R]//Tech Rept No. 8,Numer Predict Weather and Climate,Dept Meteorol, UCLA,Los Angeles:46.

Thomson W (Lord Kelvin). 1879. On gravitational oscillations of rotating water[J]. Proc Roy Soc Edinburg,10(60):109—116.

Todling R,Ghil M. 1994. Tracking Atmospheric Instabilities with the Kalman Filter:Part I. Methodology and One-layer Results[J]. Monthly Weather Review,122:183—204.

Tolman H L. 1992. Effects of numerics on the physics in a third-generation wind-wave model[J]. J Phys Oceanogr,22:1095—1111.

Van Leeuwen P J. 1999. Comment on Data assimilation using an ensemble Kalman filter technique[J]. Mon Wea Rev,127:1374—1377.

Vossepoel F C,Behringer D W. 2000. Impact of sea level assimilation on salinity variability in the weastern equatorial Pacific[J]. J Phys Oceanogr,30:1706—1721.

Wang W,Huang R X. 2005. An experimental study on thermal circulation driven by horizontal differential heating[J]. J Fluid Mech,540:49—73.

Wen S,Zhang D,Chen B,et al. 1989. A hybrid model for numerical wave forecasting and its implementation: Ⅰ. the wind wave model[J]. Acta Oceanologica Sinica,8:1—14.

Wunsch C. 2002. What is the thermohaline circulation[J]. Science,298:1179—1180.

Wunsch C,Ferrari R. 2004. Vertical mixing,energy,and the general circulation of the ocean[J]. Annu Rev Fluid Mech,36:281—314.

Xia C,Qiao F,Yang Y,et al. 2006. Three-dimensional structure of the summertime circulation in the Yellow Sea from a wave-tide-circulation coupled model[J]. J Geophys Res,111:C11S03,doi:10. 1029/2005JC003218.

Yuan Y, Huang N E. 2012. A reappraisal of ocean wave studies[J]. J Geophys Res, 117: C00J27, doi:10. 1029/2011JC007768.

Zhang X,Zhong L. 2003. A numerical world ocean general circulation model[J]. Adv Atmos Sci,6 (1):43—61.

Zhou W. 2002a. A proper time integration with split stepping for the explicit free-surface modeling[J]. Adv in Atmos Sci,19:255—265.

Zhou W. 2002b. An alternative leapfrog scheme for the surface-gravity-wave equations[J]. Atmos Oceanic Technol,19:1415—1423.

Progress in the research of physical oceanography

QIAO Fangli[1,2], DAI Dejun[1,2], XIA Changshui[1,2], YIN Xunqiang[1,2]

(1. *Key Laboratory of Marine Science and Numerical Modeling, State Oceanic Administration, Qingdao* 266061, *China*; 2. *First Institute of Oceanography, State Oceanic Administration, Qingdao* 266061, *China*)

Abstract: Physical oceanography mainly focuses on water movements with different scales and distribution and variation of the water temperature, salinity, and density. Research history and important progresses in physical oceanography including surface waves, ocean circulation and tide, are reviewed from the following four aspects: observation, numerical modeling, theoretical study, and laboratory experiment. Research direction of physical oceanography is also briefly analyzed.

Key words: physical oceanography; observation; numerical modeling; theoretical study; laboratory experiment

深海大洋海洋环境预报现状与展望

王辉[1]

（1. 国家海洋环境预报中心，北京 100081）

摘要： 本文回顾了国内外全球海洋预报系统的发展现状和趋势，结合国家对深海大洋预报保障工作的需求，介绍了国家海洋环境预报中心开发和建立深海大洋环境预报系统的进展情况，对今后深海大洋预报的发展提出了展望，并指出未来深海大洋预报的研究重点。

关键词： 深海大洋；预报；现状；展望

1 引言

随着经济全球化进程的加快，海洋经济在国民经济中的地位逐步提高，已成为我国经济新的增长点，远洋运输、海洋渔业、海洋资源开发、海洋权益维护、大洋极地科考等各个方面都对全球海洋环境保障提出了新的要求。根据我国全球海洋环境预报的现状，以及我国海上能源、物资运输安全和海军护航任务的迫切需求，结合《国家中长期科学和技术发展规划纲要（2006－2020 年）》，十分需要加强全球深海大洋海洋环境数值预报能力建设，建立和完善大洋主要渔场、海上主要航线和北极航道的海洋环境综合保障系统，提升我国远洋保障能力，为维护国家安全、保障我国经济的可持续发展提供技术支撑。

保障我国领海不受侵犯，维护重要海上能源运输通道的安全，由沿岸向近海、边缘海，乃至远海发展必然带来预报保障向深海大洋拓展，这对我国海洋环境预报工作提出了更高的要求。对印度洋亚丁湾护航等维护国家海洋权益行动的保障服务也提出了我国的海洋环境预报工作要从近岸走向大洋乃至全球的更高要求。为适应当前国际形势，需要发展远洋渔业，合理开发利用海洋渔业资源，也是我国实施“走出去”发展战略的重要组成部分。开发利用深海渔业资源，提供渔场分布及大洋流场的分布，为捕捞作业现场提供海洋环境保障对全球海洋环境预报工作提出了更高的要求，这些都要求我们尽快建立完善我国自己的深海大洋海洋环境数值预报系统。同时，极地地区资源丰富，战略地位非常重要。近年来各国皆加强了对两极的科学考察力度，为将来的资源开发打下基础。我国每年的极地科学考察都需要精准的大洋环境和海冰预报作为保障。发展全球海洋环境数值预报，特别是建立海冰数值预报系统，可以为极地科学考察计划的制定和执行提供准确的信息支持和航线预报保障，以满足国家决策和科学研究的迫切需求。

本文将基于国家海洋环境预报中心已经和正在形成的点线面相结合的深海大洋环境预报支撑平台，结合当前全球海洋预报的预报要素，介绍全球海洋环境预报的发展现状及对未来展望。

2 深海大洋海洋环境预报现状

2.1 国内外深海大洋预报发展现状

目前，国外海洋预报机构均发展并建立了各自的全球预报业务系统，发布全球风场，全球海浪及全球海洋环流预报服务。美国国家环境预报中心（NCEP）的全球天气数值预报系统（GFS）（Chen et al.，2003）包含全球资料同化（GDAS）和模式两部分，其模式在 1970 年代后发展为全球模式，是全球最具影响力的全球天气数值预报系统之一，提供全球每 6 小时（00，06，12，18UTC）的预报，预报时效为 384 h。欧洲中期天气预报中心（ECMWF）（Simmons et al.，1989）的数值天气预报模式是世界上最

作者简介： 王辉（1962—），男，安徽濉溪人，研究员，博士生导师，主要从事海洋动力学、海洋预报理论与方法和业务化海洋学等研究。E-mail：wangh@nmefc.gov.cn

先进的全球业务化模式之一，提供的全球预报包括10 d确定性预报，51个成员的集合预报系统，32 d的月预报以及3 d确定性预报。在全球海浪业务化预报方面，美国国家大气管理局（NOAA）运用WAVEWATCH Ⅲ（Tolman，2009）海浪模式分别建立了全球和阿拉斯加、西北大西洋、东北太平洋、北大西洋飓风等海域嵌套网格的业务化海浪预报系统，提供全球每3小时1次，预报时效为180 h的全球海浪预报，并取得了很好的效果。此外，国外海洋机构为提供全球海洋环流预报服务，建立了全球海洋环流业务化预报系统。如法国麦卡托海洋中心（Mercator Ocean）逐步建立了2°全球大洋预报系统，(1/4)°全球大洋预报系统，(1/12)°全球大洋预报系统，(1/12)°大西洋和地中海系统以及(1/3)°全球海洋观测系统等5套业务化预报系统（Lanicol et al.，2006），同化资料包括卫星高度计、海表面温度和现场观测温盐廓线数据等资料，预报系统每周发布分析产品和未来2周的预报产品，包括温度、盐度、表层流场、海表面高度、混合层深度等要素。由美国多家海洋机构联合研发的全球实时海洋预报系统（RTOFS）基于全球HYCOM海洋模式建成，模式水平分辨率为(1/12)°，自2011年10月25日起开始业务化运行，提供全球大洋8 d海洋预报，预报要素包括温度、盐度、流场、海表面高度、混合层深度、混合层厚度等。

国家海洋环境预报中心在国家科技支撑计划的支持下，开展了大洋数值预报模式研发和应用。“十五”期间，国家海洋环境预报中心以WAM和SWAN模式为基础，建立了西北太平洋和中国近海的海浪业务化数值预报系统；以MM5为基础建立了一个有限区域高分辨率海面风场预报系统；以POM模式为基础开发了三维海洋数值预报模式，建立了西北太平洋、中国近海、渤海、台湾周边海域的业务化数值预报系统。“十一五”期间，研制了精细化近岸海浪预报模式，并初步开展了全球海浪业务化试预报；基于MOM4（Griffies et al.，2005）海洋环流模式，初步建立赤道太平洋上混合层海温7 d数值预报系统。但是这些预报系统大多依赖国外全球预报产品提供区域开边界，数值预报产品未能覆盖整个全球海域，在模式分辨率和资料同化方法上还有待改进，全球预报模式在系统集成、模式的细节完善、极地海冰模式研制、海洋资料同化等方面存在不足，需要开展全球预报模式资料同化和关键物理过程改进等方面研究工作，建立独立运行的全球海洋环境数值预报业务化系统。

下面将结合国家海洋环境预报中心的服务保障业务需求，介绍目前正在开展“全球海洋环境数值预报集成系统”，“大洋航线保障预报系统 ”，“深海大洋资源开发、利用预报保障系统”等深海大洋预报系统开发和研究现状。

2.2 全球海洋环境数值预报集成系统

基于“十二五”国家科技支撑计划“全球海洋环境数值预报关键技术系统集成研究及应用”，国家海洋环境预报中心目前正着力于研发全球海面风场、海浪、海洋环流和极地海冰数值预报关键技术，将集成并建立全球海洋环境数值预报系统，实现业务化试运行。全球海洋环境数值预报集成系统（见图1）的重点研发内容具体包括以下3个方面：

(1) 全球海面典型环境要素数值预报关键技术研究

引进国内外先进的全球海面典型环境要素数值预报模式，发展常规、非常规的海洋、大气观测资料及卫星资料的全球同化技术，开发业务同化系统，进行物理参数化方案优化，建立与相关海洋环境要素预报模式匹配的全球海面风场模式数值预报系统。引进国际上先进的WAVEWATCH Ⅲ海浪模式，建立全球海浪数值预报系统；研制卫星高度计海浪同化模块；改进海浪预报模式中的关键物理过程，优化模式参数；对全球海洋业务预报结果进行检验。

(2)全球海洋环流和极地海冰数值预报关键技术研究

基于先进的全球海洋环流MOM4模式，建立水平分辨率不少于(1/4)°，垂直分辨率不小于40层，正交直角坐标的三极点网格，研究波致混合参数化理论，开发海浪-环流耦合方案，改进海气交换通量参数化方案，建立全球海洋环流业务化数值预报系统。自主研发三维变分、集合Kalman滤波多变量数据同化技术，利用各种海洋水文常规、非常规现场观测资料和卫星遥感数据，建立全球海洋多源资料融合同化系统，优化海洋环流预报初始化系统。基于FVCOM（Chen et al.，2003）模式，建立全球海洋无结构三角形网格潮汐潮流模型。引进先进的海冰-海洋耦合模式，开展海冰资料融合以及预报系统的初始化技术研究。优化海冰物理过程参数化方案和大气强迫场，提高海冰预报准确率。开展海冰模式的释用技术研究。

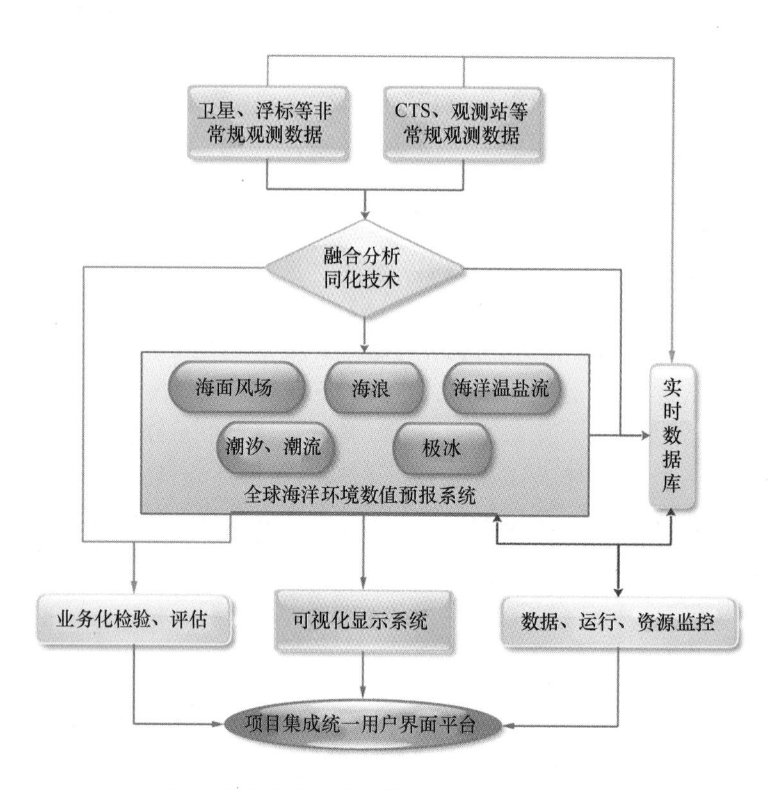

图1　全球海洋环境数值预报集成系统示意图

(3)全球海洋环境数值预报系统集成及示范应用

建立全球海洋数值预报产品制作、分发及可视化一体的全球海洋数值预报业务化应用系统,实现统一的系统集成用户界面平台以及多源数据集合、多种模式调度、多类产品集中显示的数值预报业务化系统集成,制定产品检验标准和方法,为各级海洋预报单位提供业务化应用示范产品。

全球海洋环境数值预报集成系统将建成全球海面风场、海浪、海洋环流、潮汐潮流及极地海冰预报系统,并进行连续业务化试验;提供1～5 d的全球海面风、海浪、海温、海流、潮汐潮流、跃层及极地海冰密集度等业务化预报产品;系统建成后将改变我国长期依赖国外全球预报产品提供区域开边界的局面,填补我国在全球大气、海浪、海洋环流预报领域的空白;而且能够逐渐提高自主创新能力,在海洋资料同化技术、极地海冰科研预报技术等方面缩小与先进国家的差距。将改善我国近海海洋环境数值预报效果,建立我国全球中、短期预报预测系统,这不仅开拓海洋环境预报领域,而且为我国的远洋和极地活动提供保障。

2.3　大洋航线保障预报系统

随着经济全球化进程的加快和我国经济的持续发展,海上航运作为国际贸易中的主要运输方式,在我国国际贸易中的地位和作用日益凸显,海上通道在国家安全和发展中的作用日益重要。为了维护我国国家战略利益,为我国船只的航行安全提供有力保障,迫切需要建立大洋航线航行安全海洋环境保障系统,提升海洋运输业安全航行的环境保障能力。

国家海洋环境预报中心正以海洋运输业的安全需求为牵引,积极开展大洋航线航行安全海洋环境保障系统开发工作。首先,收集并汇总多源观测数据、船位数据、预警报信息、台风路径等各类信息;将资料接收系统获取的海图、船舶、船位和观测资料存储到数据库中供系统使用;其次,针对大洋航路的地理特征,建立全球和航路海面风场、海浪业务化数值预报系统,根据不同航段的特点,研发大洋航路的数值预报产品与警报产品,建立基准数据库,建成业务化数值预报产品检验评估系统,制定航路警报产品的发布规范与制作流程,对可能影响航路的天气系统发布大风警报、大浪警报及热带气旋警报产品;第三,开发用于存储、实时查询基础地理信息数据、船舶信息数据、观测数据和预警报产品数据的高性能数据库，开发更新与查询统计模块，实现数据的收集和更新工作，并支持检索数据库返回查询统计结果，针对各类数据开发集显示、查询、分析为一体的交互式服务系统；最后，建立监控数据传输、网络运行、服务器运行监控系统，监控各模块运行状态、数据时效性与完整性、数据传输进程运行状态以及网络连接状态，保证整个平台数据接收处理的正常运行；并实现在服务器发生进程终止的情况下重启服务和报警。

大洋航线保障预报系统通过引进、改进及集成创新，形成由数据接收与处理、预警报产品制作、产品信息集成、运行监控等分系统组成的大洋航路海洋环境预报保障服务综合信息服务平台，提供针对航路的海洋、气象环境要素预报品与警报产品，并实现船舶资料、船位动态信息和海洋地理信息的实时查询、分析和显示。

2.4 深海大洋资源开发、利用预报保障系统

目前远洋渔业的发展是解决我国水产品需求的重要途径和实现渔业持续发展的重大战略方向之一，国家大力发展远洋渔业，不断扩大国外作业海域，加强国际渔业合作。发展深海大洋资源开发、利用预报保障系统将极大地提高远洋渔场探测技术，促进我国远洋渔业稳定发展，推进我国实施海洋强国战略、维护国家海洋权益。

建立深海大洋资源开发、利用预报保障系统，首先在全球海洋数值预报模式的基础上，进行大洋渔场动力学研究，并利用套网格技术，将卫星遥感反演的环境资料，渔业信息船和ARGO浮标等采集的现场资料作为数值预报的初始场。利用历史资料和三维海洋温度、盐度分析产品，建立预报海域模式各层温度、盐度气候背景场。从可获得的监测资料包括船舶报、台站报和卫星遥感SST，进行质量检验、空间连续性和时间变化一致性检验，并进行资料误差分析。将船舶报资料和ARGO资料等离散点观测资料，采用最优插值方法（OI），获得模式格点温盐误差值，同化到模式中。选取时间窗、观测点的影响半径以及同化的权重系数等参数，得到最优预报效果。根据卫星资料具有密集性和网格化的特点，采用松弛逼近法，将松弛项加入模式热力学方程的表层差分方程中，使表层温度预报逼近实时观测值，同时通过模式控制方程将表层信息传递到下层。建成实用的重点大洋渔场套网格海洋环境数值预报模型，为渔场环境预报提供数值预报场。其次开展多源、多尺度遥感信息融合与同化技术，发展海洋四维数据同化系统，提供三维大洋渔场环境信息产品，研制渔场海洋环境数值同化与融合技术。

此外，为了满足深海大洋生态保护的需求以及为全球大洋观测、监测提供保障和技术支持，国家海洋环境预报中心正在开展“深海大洋生态预报系统”，“深海海洋环境监测、观测系统”等深海大洋预报系统的开发。

3 展望

深海大洋海洋环境预报保障工作，经过近几年的努力和发展，取得了长足的进步。为我国深海大洋开发与利用提供了及时准确的服务和保障。但是，深海大洋预报保障工作任重道远，与国外海洋预报机构提供的海洋预报服务相比仍存在较大差距。具体表现在预报产品准确率和时效性有待提高、预报服务领域和空间范围尚待扩大以及预报产品类型比较单一等方面。

“十二五”期间，国家海洋环境预报中心将在已有的研究基础上，进一步加强深海大洋海洋环境预报能力和水平建设，要重视以下方面的完善和发展：

（1）加强深海大洋海洋环境数值预报能力建设，建立和完善海上主要航线、北极航道和大洋主要渔场的海洋环境综合保障系统，为我国远洋运输、渔业捕捞和军事活动提供预报服务；

（2）在吸收、消化国内外先进数值预报技术的基础上，推进具有自主知识产权的全球海洋三维动力数值预报模型的研发工作，在模型关键技术上力争取得突破性进展；

（3）着力发展全球多源海洋资料同化技术；

（4）加强极地海冰数值预报系统和长期变化趋势预测系统建设；

（5）改进完善全球及其他海域海浪数值预报模型；

（6）大力开展数值预报产品的综合解释应用工作，提高对数值预报结果的检验订正能力，最大限度发挥数值预报的优势。

通过使我国的海洋环境预报保障能力不断的从近海扩展到全球大洋，满足国家海洋经济和海洋安全等需求，为实现我国经济的可持续发展和海洋权益的维护等提供有力支撑。

参考文献：

Chen C, Liu H, Beardsley R C. 2003. An unstructured grid, finite-volume, three-dimensional, primitive equations Ocean model: application to coastal ocean and estuaries[J]. J Atmos Oceanic Technol, 20: 159—186.

GCWMB. 2003. The GFS Atmospheric Model[R]. NCEP Office Note:442.

Griffies S M, Harrison M J, Pacanowski R C, et al. 2005. A Technical Guide to MOM4[M]. Princeton, USA:NOAA/Geophysical Fluid Dynamics Laboratory.

Larnicol G, Guinehut S, Rio M-H, et al. 2006. The Global Observed Ocean Products of the French Mercator project[C]// Proceedings of 15 Years of progress in Radar Altimetry Symposium. ESA Special Publication, SP—614.

Simmons A J,Burridge D M, Jarraud M, et al. 1989. The ECMWF medium-range prediction models; Development of the numerical formulations and the impact of increased resolution[J]. Meteor Atmos Phys, 40: 28—60.

Tolman H L. 2009. User manual and system documentation of WAVEWATCH Ⅲ version 3. 14[R]. NOAA / NWS / NCEP / MMAB Technical Note,276: 194.

Review and outlook of the global ocean forecast

WANG Hui[1]

(1. *National Marine Environmental Forecasting Center*, *Beijing* 100081, *China*)

Abstract: The development of global ocean forecast system in China and abroad is reviewed. Based on the demand of China's global ocean forecast, we have introduced the development and foundation of global ocean forecast system in National Marine Environmental Forecasting Center. Finally,the direction of China's global ocean forecast and it research focus are discussed.

Key words: global ocean; forecast; development; outlook

深海生物多样性和深海保护区

朱明远[1]，郑森林[2]

（1. 国家海洋局 第一海洋研究所 海洋生态研究中心，山东 青岛 266061；2. 国家海洋局 第三海洋研究所 海洋生物与生态实验室，福建 厦门 361005）

摘要： 深海一般指 1 000 米水深以下的海洋，占海洋总面积的 3/4，地球表面积的 49%。深海是地球上尚未被人类充分认识的最大的潜在战略资源宝库，是人类共同继承的财产。但是，其独特又丰富的生物多样性已经受到人类活动和全球变化的影响。目前，许多国际组织和公约，如联合国大会、联合国海洋法公约、生物多样性保护公约等对深海生物多样性保护给予了很大关注，出台了深海保护区划分标准，一些沿海国家和国际渔业组织已开始了深海保护区划分，国际上也成立了专门组织，如深海保护联盟。各国对深海环境和生物多样性保护基本上持一致的支持态度。但是，我们也应注意以深海环境保护为名义进行的“新海洋圈地运动”。

关键词： 深海；生物多样性；深海保护区；深海保护区划分标准

深海的概念通常指 1 000 米水深以下的海洋，占到海洋总面积的 3/4，占地球表面积 49%，这一国际海底区域及其资源是人类共同继承的财产。1977 年 John Corlis 和 Robert Ballard 乘阿尔文（Alvin）号载人潜器在东太平洋加拉帕戈斯（Galapagos）裂谷区 2 500 m 深处中央海脊的火山口周围首次发现热液口，有些热泉在冒出地面时会在出口处形成烟囱似的石柱，从烟囱涌出的热液温度很高（250～400℃），而从海底的裂缝中扩散出来的热液温度相对较低（5～100℃）。海底热液生物群落的发现，推动了人类对生命的起源的新认识。过去人们一直认为在深海中不会有生命，因为那是一个黑暗、寒冷（2～4℃）、高压的极端环境，没有光合作用，所以不可能有生命，但阿尔文号的发现和接着开展的深海研究揭示了许多新的事实。在“黑色大洋”中，热液口的化学合成细菌是该生物群落食物链的主要生产者，它们从水（热液）中获得 H_2S、O_2 和 CO_2；通过化学合成作用分解 H_2S，获得能量，并将无机碳转化为有机的碳水化合物；其化学反应方程式为：

$$CO_2 + H_2S + O_2 + H_2O = CH_2O + H_2SO_4$$

还有的微生物可利用 CH_4、NH_3，通过化学合成形成有机物质，深海微生物的生产量很高，可能是其上层光合作用量的 2～3 倍，有些地方形成的丝状细菌可达 3 cm 厚，完全不同于通常深海区低生物量的特点。

科学家发现的深海热液及其生物的“黑暗生物链”，改变了生物圈的范围与含义，向生命极限的概念提出了挑战，也对进化论提出了新的问题，如：

深海微生物是不是还保留着生命起源的踪迹？

它们是如何维持着新陈代谢和遗传生殖？

有光食物链和黑暗食物链的海洋生物有没有基因交流？

各大洋热液生物群并不相同，是什么因素能决定着它们的生物地理分布？

“黑色大洋”的发现对海洋科学的发展具有重要意义。如果说挑战者号环球调查可以作为现代海洋学发展的第一个有里程碑意义的事件，卫星在海洋观测中的应用为第 2 个里程碑，那么对海底系统的观测可以认为是第 3 个里程碑。

但是在人类活动和气候变化的共同影响下，尤其是倾倒废物、渔业捕捞及海洋酸化等，深海，地球上最后一个真正的荒野已经发生环境危机，深海海洋生态系统改变的速度远超过科学家研究此现象的速度。海洋生物普查（Census of Marine Life;

作者简介： 朱明远（1943—），男，浙江镇海人，研究员，主要从事海洋生态学研究。E-mail：zhumingyuan@fio.org.cn

COML)计划,2011 年 8 月中旬公布人类对深海环境的影响评估报告的结论显示,地球上最大的生物栖息地已被资源开发及气候变化所破坏、深海里所有的生态系统现在都受到威胁,巴塞罗那海洋科学中心的科学家伊娃·拉米雷斯劳德(Eva Ramirez-Llodra)指出人类活动严重影响深海,过去倾倒废物造成的伤害最大,每年大约有 640 万吨的废物被丢弃到海洋。另外,深海拖网渔业特别具有破坏力,深海拖网渔业所捕获到的渔获物通常属于长寿型生物,生长缓慢且成熟迟缓,导致这些物种难以适应这沉重的渔捞压力。

生物多样性保护公约对深海生物多样性保护给予极大关注。2006 年生物多样性公约第 8 次缔约国大会在第 VIII/24 号决定中,关于为建立国家管辖范围以外的海洋区域的海洋保护区进行合作的备选办法的一节,特别是第 42 段指出,缔约方大会确认,生物多样性公约在支持关于国家管辖范围以外海洋保护区的工作方面应起到关键性的作用,应侧重涉及提供与海洋生物多样性保护相关的科学以及适当的技术信息和咨询、采用生态系统方式和预防方式实施保护,以及落实 2010 年目标。同一决定的第 38 段确认,国家管辖范围内外的海洋保护区工作必须协调一致、兼容和相互补充,且不妨碍沿海国家根据国际法所享有的权利和义务。

生物多样性公约的科学、技术和工艺咨询附属机构第十三次会议,根据 2007 年 10 月 2 日至 4 日在葡萄牙亚速尔召开的"需要加以保护的海洋区域的生态标准和生物地理分类系统"专家组会议的建议,形成了需要加以保护的海洋区域的生态标准和生物地理分类系统专家组的报告;2008 年生物多样性保护公约缔约国第 9 次大会通过了深海具有重要生态或生物意义的海域划分标准(表 1)。大会认为"确定公海水域和深海生境中需要加以保护的具有重要生态或生物意义的海域的科学标准"可用于查明[公海水域和深海生境中][国家管辖范围以外的海洋地区]需要加以保护的具有生态和生物重要性的区域;而"建立包括公海和深海生境在内的代表性海洋保护区网的选址的科学指导意见(表 2)"可用于按照需要加以保护的海洋区域的生态标准和生物地理分类系统专家组的建议,设计具有代表性的海洋保护区网络;并提出在建立有代表性的海洋保护区网络方面应采取的 4 个初步步骤:

(1)初步科学地确定具有重要生态或生物意义的地区。应在考虑现有可利用科学资料和预防为主原则基础上,采用"确定公海水域和深海生境中需要加以保护的具有重要生态或生物意义的海域的科学标准"来确定这些区域。重点是那些已经被公认具有重要生态价值的海区,同时认识到,在获得更多资料后,应补充其他地区。

(2)制定/选择一种可用于对生物地理、生境和/或群落进行分类的系统。这一系统应能反映适用的尺度,并应阐明该地区内的主要生态特点。这样的分类至少应分为浮游(水柱)和底栖(海底)两大类。

(3)在上述第 1 和第 2 步的基础上,反复使用定性和/或定量方法确定网络应予包括的区域。选择这些区域作为加强管理的地点,应反映其公认的生态重要性或脆弱性,并通过代表性、关联性和可重复性,达到生态连贯性的要求。

(4)评估所选择区域的充分性和可靠性。应考虑到这些区域的规模、形状、界限、缓冲区和管理体制的适当性。

表 1 确定公海水域和深海生境中需要加以保护的具有重要生态或生物意义的海域的科学标准

标准	定义	理由	实例	应用时应考虑的因素
独特或稀缺	这些地区具有(一)独特("仅此唯一")、稀有(只出现在少数地方)或本地特有物种、种群或群落,和/或(二)独特、稀有或特有的生境或生态系统;和/或(三)独特或不同寻常的地理形态或海洋学特征	• 不可替代性 • 其损失都意味着多样性和其一种特征很可能永远消失,或多样性出现任何程度的减少	公海 马尾藻海、泰勒柱、持久性冰隙 深海生境 水底环礁周围的本地特有的群落;热液喷口;海下山脉;准海凹	• 依据现有资料所确定的独特性可能带有偏见性 • 特征必须具有规模:在一种规模上是独特的特征在另一规模上就可能是很通常的,因此必须从全球和区域的角度来看

续表

标准	定义	理由	实例	应用时应考虑的因素
对物种生命各阶段具有特殊重要性	种群生存和繁育所需的地区	各种生物和非生物条件加上具体物种特有的生理局限和喜好使得海域的某些地方比其他地方更适于某些生命阶段和功能	该地区具有(一)繁殖地、产卵场、育养区、幼仔栖息地或对于物种各生命阶段具有重要性的其他地区;或(二)洄游物种栖息地(觅食、过冬或休息地,繁殖、蜕壳、洄游路径)	• 生命各阶段之间的联系和各地区之间的联系:摄食相互作用、有形运输、物理海洋学、物种生命各阶段 • 资料来源包括:遥感、卫星追踪、历史渔获量和副渔获物数据、渔船监测系统数据等 • 物种的空间和时间分布和/或聚集
对受威胁、濒危或衰落物种和/或生境具有重要性	具有受威胁、濒危或衰落物种的生存和恢复所需的生境的地区,或有大量此类物种聚集的地区	为确保这些物种和生境的复原和恢复	对受威胁、濒危或衰落物种和/或生境至关重要的地区具有:(一)繁殖地、产卵场、育养区、幼仔栖息地或对于物种各生命阶段具有重要性的其他地区;或(二)洄游物种栖息地(觅食、过冬或休息地,繁殖、蜕壳、洄游路径)	• 包括地理分布区非常广的物种 • 在许多情况下,恢复物种需在其历史分布区内进行 • 资料来源包括:遥感、卫星追踪、历史渔获量和副渔获物数据、渔船监测系统数据等
易受伤害、脆弱、敏感或恢复缓慢	在这些地区,功能脆弱(人类活动或自然事件极易造成其退化或耗竭)或恢复缓慢的敏感生境、群落生境或物种的比例较高	该标准表明,若在这些地区或其中某一部分人类活动或自然事件不能得到有效管理,或以不可持续的速度开展,可能出现何种风险	物种脆弱性 • 从其他类似地区的物种或种群对各种侵扰作何种反应的历史进行推断 • 繁殖力低、生长缓慢、性成熟期长、长寿的物种(例如鲨鱼等) • 具有提供生物源生境结构的物种,例如珊瑚、海绵和苔藓虫等;深海物种 生境脆弱性 • 冰封地区易受船舶污染的影响 • 海洋酸化可能使深海生境比其他生境更容易受损害,并更容易受人类引起的变化的影响	• 易受人类影响的特性与自然事件的互动关系 • 现有定义侧重于在某一较小区域中的保护,也应考虑对大范围洄游物种的保护 • 该标准可单独使用或与其他标准结合使用
生物生产力	这些地区具有生物自然生产力相对较高的物种、种群或群落	在加强生态系统和提高生物增长速度及其繁殖能力方面具有重要作用	• 锋面 • 涌升流 • 热液喷口 • 海山缝隙	• 可通过用光合作用固定无机碳,即化合作用,或通过消化被捕食动物的情况、已分解的有机物或微粒有机物,来测量海洋生物及其种群的生长速度 • 可从遥感结果(例如海洋的颜色或基于进程的模型)进行推断 • 可使用时间序列渔业数据,但需谨慎

续表

标准	定义	理由	实例	应用时应考虑的因素
生物多样性	有相对较高的生态系统、生境、种群或物种多样性的地区，或有较高的遗传多样性的地区	对海洋物种和生态系统的进化和维持其复原力具有重要意义	• 海山 • 沿海和会聚区 • 冷珊瑚种群 • 深海海绵种群	• 需联系四周的环境来看多样性 • 多样性指数不受物种演替的影响 • 多样性指数不关心哪些物种可能有助于增加该指数的价值，因此不会特别注意对诸如濒危物种等特别令人关注的物种具有重要性的地区 • 在尚未大量采集生物多样性样品的地区，可用生境的异质性，即多样性，取代物种多样性成为作出推断的依据
自然状态	由于没有人类活动引起的干扰或退化或此种干扰或退化程度较低而保持了相对较高自然状态的地区	• 用接近自然状态的结构、进程和功能保护这些地区 • 维持这些地区，将其作为参照地 • 保护和加强生态系统的复原力	大多数生态系统和生境都有具有不同程度的自然状态的实例，该标准的意图是挑选自然状态保留较好的实例	• 应优先注意那些与四周环境相比受干扰少的地区 • 在已没有自然状态区域的地方，应考虑已成功进行恢复（包括恢复物种）的地区 • 该标准可单独使用或与其他标准结合使用

表 2　建立包括公海和深海生境在内的代表性海洋保护区网的选址的科学指导意见

网络应有的特性和构成部分	定义	适用于具体地点的考虑因素（除其他外）
具有重要生态和生物意义的地区	具有重要生态和生物意义的地区指地理上或海洋地理上不相连的地区，这些地区同其他周边地区或具有类似生态特点的地区相比，为一个生态系统中的一个或多个物种/种群或整个生态系统提供重要的服务，或在其他方面满足了附件二中确定的标准	• 独特或稀缺 • 对物种的生命各阶段具有特殊重要性 • 对受威胁、濒危或衰落物种和/或生境具有重要意义 • 易受影响、脆弱、敏感或恢复缓慢 • 生物生产力 • 生物多样性 • 自然状态
代表性	代表性是指网络中包含代表全球海洋和区域海域的各不同生物地理亚组成部分的区域，合理地反映了所有各种生态系统，包括这些海洋生态系统的生物和生境多样性	具有关于一种生物地理生境或种群分类的所有各类例子；物种和种群相对健康；生境相对完好；处于自然状态
关联性	网络设计若具有关联性，各保护区就能相互联系，从而使保护地受益于与网络中其他地点的幼虫和/或物种交换和功能联系。在相互连接的网络中，各保护地彼此受益	洋流；涡旋；地形瓶颈；洄游路径；物种疏散；岩屑；功能联系。也可包括孤立的保护点，如孤立的海山区
生态特征重复出现	生态特征重复出现是指在某一生物地理区中不止一个地点具有某一特征的例子。“特征”这一用语指在某一生物地理区中自然出现的“物种、生境和生态进程”	考虑到不确定性、自然变异和可能的灾难性事件。那些较少表现出自然变异或定义精确的特征，与本身具有高度可变性或只有非常宽泛定义的特征相比，所需的重复出现可能较少
适当和有活力的保护点	适当和有活力的保护点是指网络中的所有地点的规模和保护程度应足以确保选择这些地点所依据的特征能保持其生态活力和完整性	适当和活力将取决于大小；形状；缓冲区；特征的持续性；受到的威胁；周边环境（背景）；地形局限；特征/进程的规模；溢出/紧密性

自新世纪以来，建立深海保护区的行动已经开始，主要有三种类型。一是沿海国在其专属经济区内设立大型海洋保护区，尤其是一些远离大陆的岛屿周围，表3列出了目前面积最大的这类保护区。

表3 世界上已建和在建面积最大海洋保护区

保护区名称	国家	建立时间	面积/万 km^2
大堡礁海洋公园（太平洋）	澳大利亚	1975年	35
夏威夷群岛珊瑚礁保护区（太平洋）	美国	2006年	36
菲尼克斯群岛保护区（太平洋）	基里巴斯	2008年	41
太平洋诸岛保护区（太平洋）	美国	2009年	50
查戈斯自然保护区（印度洋）	英国	2010年	63
珊瑚海联邦海洋生物保护区（在建）	澳大利亚	2011年	99

二是禁渔区。联合国粮农组织（FAO）2006年6月在罗马召开专家研讨会，会议的结论、建议和报告为在国家管辖外海洋建立渔业保护区提供了技术支撑。并在此基础上形成了粮农组织公海深海渔业管理指南。各地区渔业组织，如东北大西洋渔业委员会（NEAFC）、西北大西洋渔业委员会（NAFO）、东南大西洋渔业委员会（SEAFO）、地中海渔业委员会（GFCM）、南极海洋生物资源保护协会（CCAMLR）、南印度洋深海渔业协会（SIODFA）都建立了禁渔区（见图1—4）。

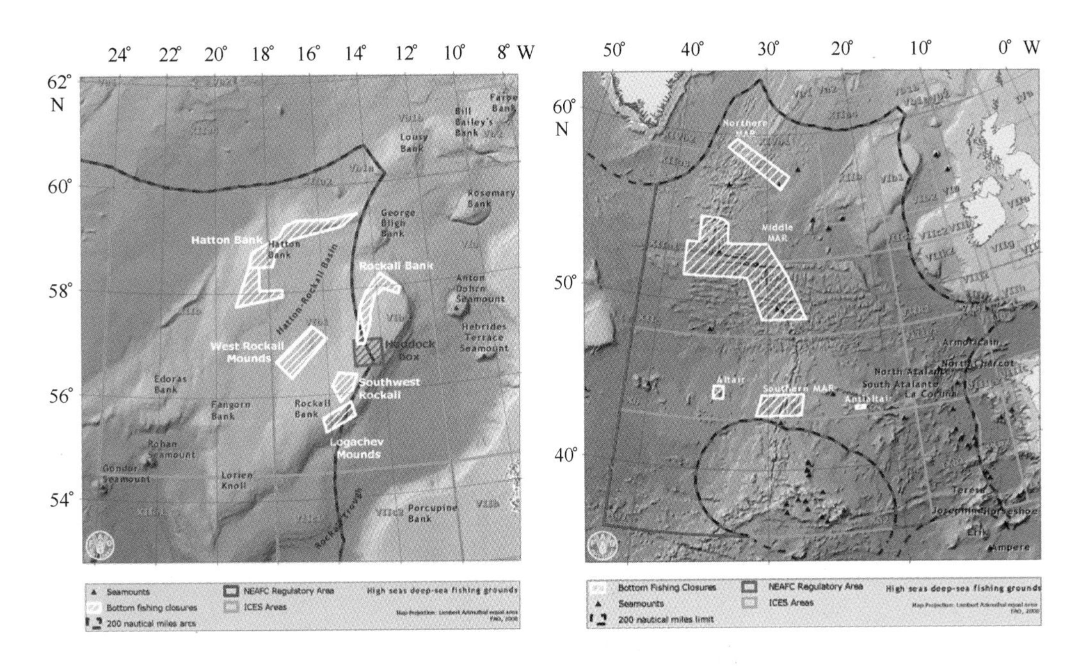

图1 东北大西洋罗卡尔浅滩（左图）和洋中脊禁渔区（右图）

三是国家管辖海洋以外区域的海洋保护区，近期建立的包括：

（1）2009年，南极海洋生物委员会划定了94 000平方公里南奥克尼群岛南部大陆架，作为到2012年时在公约海域内建立有代表性海洋保护区的第一步；

（2）2010年9月，《保护东北大西洋海洋环境公约》缔约方商定，指定6个公海海洋保护区：米尔恩海隆复合区、查理—吉布斯南部断裂带、公海阿尔泰公海、安蒂阿尔泰公海、约瑟芬公海以及亚速尔群岛公海以北大西洋中脊，自2011年4月12日起生效；

（3）2010年11月，关于养护黑海、地中海和毗连大西洋海域鲸目动物的协定缔约方通过了关于对鲸目动物保护十分重要的海洋保护区的第4.15号

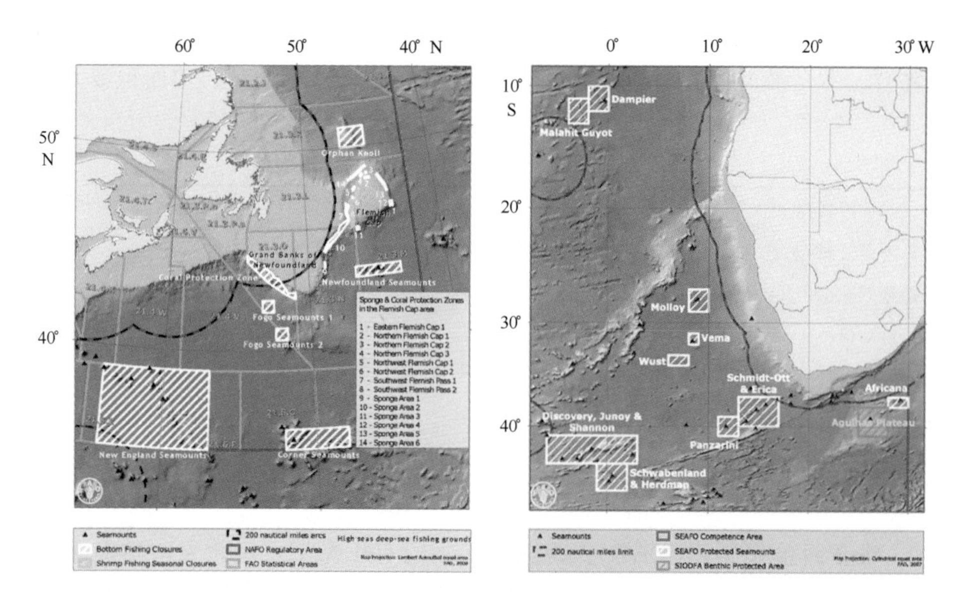

图 2　西北大西洋(左图)和东南大西洋禁渔区

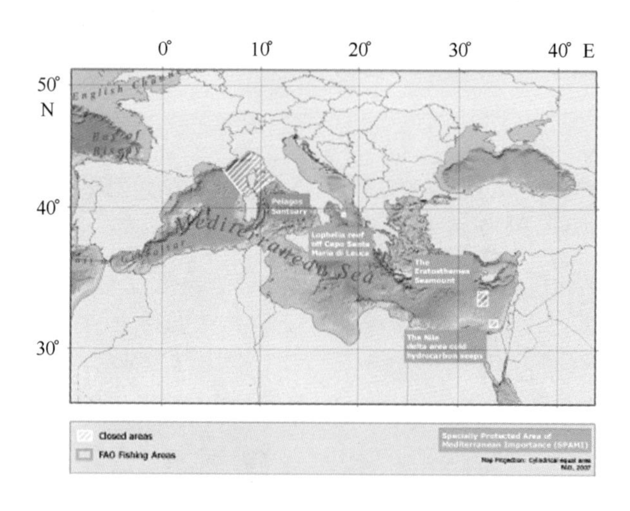

图 3　地中海禁渔区

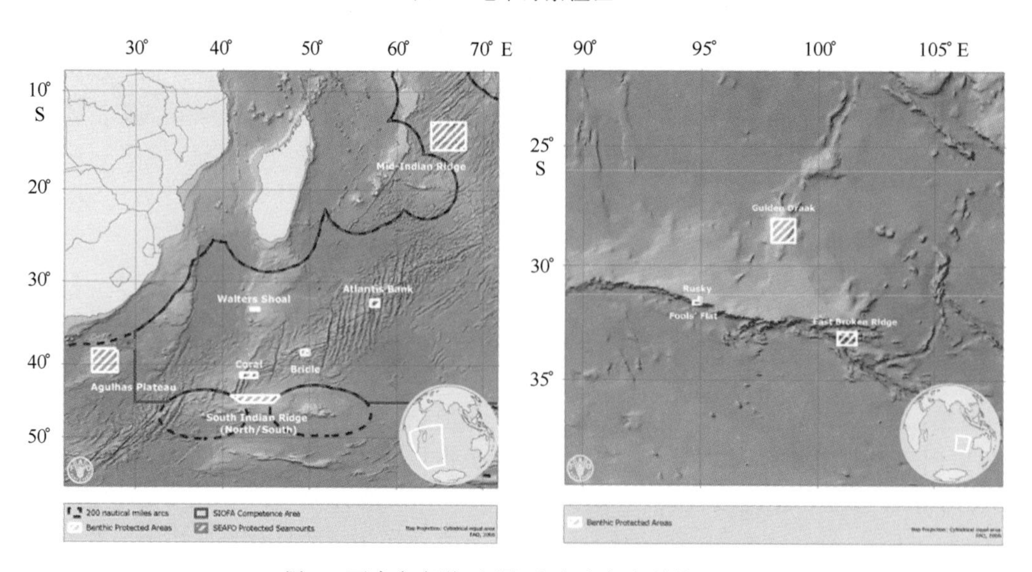

图 4　西南印度洋(左图)和东南印度洋禁渔区

决议。决议回顾各缔约方应合作建立和维持一个特别保护区网络，养护鲸目动物。决议敦促有关国家与区域活动中心一起在公海上建立对地中海至关重要的特别保护区，作为区域网络的一部分。

目前，许多国际公约和协议，如国际海洋法公约（UNCLOS）、联合国渔业资源协议（UNFSA）、生物多样性公约（CBD）和联合国大会（UNGA）的有关决议都规定了国家有责任保护海洋环境和生物多样性。也已成立了一些专门组织，如深海保护联盟（DSCC）。各国对国家管辖范围以外区域海洋生物多样性保护问题基本持一致的支持态度。考虑到我国领海生物资源与邻近公海生态系统紧密相关，应重点关注我国邻近区域海洋生态系统的调查研究，争取在区域一级公海保护区的科考、选划与保护等相关活动中争取主动。但是，通过建设海洋保护区，以海洋环境保护名义进行的"新海洋圈地运动"也应引起我们的注意。由于发达国家较早开展了对公海的研究和资源开发，拥有了先发优势，"新海洋圈地运动"将限制发展中国家的海洋科研和开发利用活动。我们对国家管辖范围以外海域，已经逐渐出现的保护区。其相关的管理机构与管理方式也应关注。

参考文献：

Agardy M T. 1994 Advance in marine conservation: the role of marine protected areas[J]. Trends in Ecology and Evolution, 9: 267—270.

Alpine J E, Hobday A J. 2007. Area requirements and pelagic protected areas: is size an impediment to implementation? [J]. Marine and Freshwater Research, 58(6): 558—569.

Ban N, Alder J. 2008. How wild is the ocean? Assessing the intensity of anthropogenic marine activities in British Columbia, Canada. Aquatic Conservation: Marine and Freshwater Ecosystem, 18(1): 55—85.

Berger W H, Parker F L. 1970. Diversity of planktonic Foramenifera in deep sea sediments[J]. Science, 168: 1345—1347.

CBD Conference of the Parties(COP) 7. 2004. Decision VII/5 Marine and Coastal Biodiversity note. 11.

CBD COP 8. 2006. Decision VIII/24 Protected Areas Note. 38, 42.

CBD COP 9. 2008. Decision IX/20 Marine and Coastal Biodiversity Note. 14.

CBD COP 10. 2010. Decision X/29 Marine and Coastal Biodiversity Note. 13(a).

Christie P, White A T. 2006. Best practices in governance and enforcement of marine protected areas: an overview[R]. Report for the FAO: 45.

Deep Sea Conservation Coalition. 2012. Protecting the Deep Sea: Recommendation to the United Nations Conference on Sustainable Development (Rio+20), 4—6 Rio de Janeiro, Brazil.

FAO. 2007. Report and documentation of the Expert Workshop on marine protected areas and fisheries management: review of issues and consideration[J]. FAO Fisheries Report, (825): 332.

German C R, Ramirez-Llodra E, Baker M C, et al. Deep-water chemosynthetic ecosystem research during the census of marine life decade and beyond: a proposed deep-ocean road map[J]. PLoS One, 6: e23259.

Gjerde K. 2006. High Seas Marine Protected Areas and Deep-Sea Fishing Document[C]. Expert Consultation on Deep-Sea Fisheries in the High Seas in Bangkok, Thailand from 21—23 November 2006.

Gianni M, Currie D E J, Fuller S, et al. 2011. Unfinished business: a review of the implementation of the provisions of UNGA resolutions 61/105 and 64/72 related to the management of bottom fisheries in areas beyond national jurisdiction, Deep Sea Conservation Coalition, September 2011.

Hyrenbach D, Karin K, et al. 2000. Marine protected areas and ocean basin management[J]. Aquatic Conservation: Marine and Freshwater Ecosystem, 10: 437—458.

Jeff Ardron, Daniel Dunn, Colleen Corrigan, et al. 2009. Defining ecologically or biologically significant areas in the open oceans and deep seas: Analysis, tools, resources and illustrations——A background document for the CBD expert workshop on scientific and technical guidance on the use of biogeographic classification systems and identification of marine areas beyond national jurisdiction in need of protection, Ottawa, Canada 29 September—2 October 2009.

Kato S, Takano Y, Kakegawa T, et al. 2010. Biogeography and biodiversity in sulfide structures of active and inactive vents at deep-sea hydrothermal fields of the Southern Mariana Trough[J]. Appl Environ Microbiol, 76: 2968—2979.

Kelleher G. 1999. Guidelines for Marine Protected Areas. IUCN, World Commission on Protected Areas. Best Practice Protected Area Guidelines Series No. 3.

Kelleher G, Bleakley C, Wells S. 1995. A Global Representative System of Marine Protected Areas. Great Barrier Reef Marine Park Authority, the World Bank, and the World Conservation Union.

UNESCO. 2009. Global Open Oceans and Deep Seabed(GOODS)—Biogeographic Classification. Paris, UNESCO—IOC. IOC Technical Series, 84.
李光. 2010. 深海保护[J]. 百科知识,(15):81—83.
丘君. 2012. 悄然兴起的"新海洋圈地运动"[N]. 中国海洋报,2012—03—02.

Biological diversity and marine protected area in the deep sea

ZHU Mingyuan[1], ZHENG Senlin[2]

(1. *Research Center for Marine Ecology, First Institute of Oceanography, State Oceanic Administration, Qingdao* 266061, *China*; 2. *Laboratory of Marine Biology and Ecology, Third Institute of Oceanography, State Oceanic Administration, Xiamen* 361005, *China*)

Abstract: Deep sea is usually referred as the part of the ocean with water depth deeper than 1 000 m. It accounts for 3/4 of the world ocean and 49% of the total earth surface. It is the area on our planet with fewest knowledge and numerous potential resources. However, under the impacts of both anthropogenic and global changes, its unique and rich biological diversity is threatened. The protection of biological diversity in the deep sea is concerned by many international organizations such as General Assembly of the United Nations, United Nations Convention on the Law of the Sea and Convention on Biological Diversity. The scientific criteria for identifying ecologically or biologically significant marine areas in need of protection (in open-ocean waters and deep-sea habitats) was adopted at the Ninth Meeting of the Conference of the Parties to the Convention on Biological Diversity. Some coastal countries and regional fisheries management organizations started the establishment of marine protected areas in deep sea. Now, it is reached consensus on the deep sea environment and biodiversity protection. Meanwhile, one should pay attention to the new enclosure movement in the deep sea area under the umbrella of protection.

Key words: deep sea; biological diversity; marine protected area in deep sea; criteria for identifying marine protected area in deep sea

深海典型地质环境和资源概述

张训华[1,2]，李军[1,2*]

（1. 国土资源部海洋油气地质和环境地质重点实验室，山东 青岛 266071；2. 中国地质调查局 青岛海洋地质研究所，山东 青岛 266071）

摘要：深海是地球上人类还未充分认识和开发的区域，蕴藏着丰富的矿产和生物资源，是近年来和未来人类探知的主要目标。与陆架或浅海相比，深海地质环境和资源具有明显的特殊性。已有资料表明，深海环境主要地貌单元为洋中脊、岛弧、洋盆等，它们是地球板块构造运动的结果。深海海底还蕴藏有丰富的矿产资源，如多金属结核、富钴结壳、块状硫化物等，它们均具有巨大的资源潜力，将成为人类生存最后可以利用的矿产资源。深海具有极为特殊的生态地质环境，如高温热液喷口、冷泉等。针对国际形势和我国实际，提出了我国深海地质环境和资源调查研究方向。

关键词：洋中脊；极端环境；热液硫化物；深海矿产

在人类居住的这个蔚蓝星球的表面，海洋面积约占总面积的71%。深海是海洋的主体部分，其一般远离大陆，面积广阔，约占海洋总面积的90%。深海具有独特的地质环境和地质现象，对其进行探索研究极富吸引力和挑战性。

1 深海主要地质地貌

海洋的地形分布一般包括大陆架、大陆坡、陆隆、深海盆地和海沟等地形地貌单元，其中最典型的莫过于大洋中脊、沟弧盆系统和深海盆地。

纵贯整个海洋，全长超过55 000 km的洋中脊系统是地球上最长最壮观的海底山脉。在大西洋，洋中脊位置居中，与两岸近于平行，向北延伸到北冰洋；在太平洋，洋中脊位置偏东；在印度洋，洋中脊则分为3支，呈人字形分布。洋中脊的脊顶通常高出两侧洋盆1～2 km，被一系列的转换断裂带所错开，并伴有大量的火山和地震活动。

岛弧是位于大陆边缘与海沟平行排列的弧形列岛，是全球最活跃的构造活动带之一。岛弧向大洋方向外凸的一侧是与之平行的海沟，凹入的一侧为弧后盆地，海沟、弧后盆地和岛弧等组成沟弧盆系统，沟弧盆系统西太平洋边缘最为典型。

深海盆地是海洋的主体部分，有的与陆隆相邻，有的直接与海沟相接。其中主要部分是水深在4 000～5 000 m的开阔水域。深海盆地中最平坦的部分为深海平原，其坡度一般小于1/1 000，甚至小于1/10 000，是地势最平坦的地区。

2 深海典型地质单元及资源

2.1 海山和结核结壳

多金属结核和富钴结壳是富含铁、锰、镍、钴等有用金属元素的海底自生沉积矿物的集合体，是两种重要的具有潜在战略意义的海底固体矿产资源。多金属结核由核心和包围核心的铁、锰等氧化物和氢氧化物壳层组成。结核常呈椭球状或其他不规则形状，大小不等，小的颗粒用显微镜才能看到，大的球体直径达20多厘米。富钴结壳是生长在海底岩石或岩屑表面的皮壳状铁锰氧化物和氢氧化物。结壳厚度一般为2～3 cm，厚者可达10 cm以上。多金属结核多分布在大洋底部水深3 500～6 000 m海底表面，富钴结壳则主要生长在海洋中水深500～3 000 m的海山坡表层。

全球海山据最新估计超过100 000座（Wessel et al.，2010），为结核结壳（尤其是富钴水成铁-锰结

作者简介：张训华（1961—），男，山东省淄博市人，研究员，博士生导师，海洋地球物理专业，长期从事海洋地质—地球物理调查研究工作。E-mail：xunhuazh@vip.sina.com

* **通信作者：**李军，男，研究员，海洋地质专业。E-mail：junli741001@gmail.com

壳)提供了广阔的形成场所。水成铁-锰结壳常常在海山的休眠与消亡阶段形成，这些海山可以在海底存在 140 Ma 之上，直到最终发生俯冲(Staudigel and Clague,2010)。在这些阶段，火山活动处于稳定期，海山表面与流经其表面的巨量海水发生接触，从而形成了铁-锰结壳。这些结壳是在冰冷的底水环境中以特征的层状结构沉淀形成的，它们的生长速率非常缓慢，一般每百万年仅仅几毫米(Hein et al.,2000)。这种铁-锰结壳缓慢的生长速率以及所具有的异常大的表面积(每克平均表面积为 325 325 m^2)以及高孔隙度(平均 60%)是其对周围水体中的稀有元素具有强烈的吸附作用，所导致的浓度之高在其他地质与海洋环境中绝无仅有。这些稀有元素由于在现代高科技产业中具有重要的应用价值所以通常被称为高科技元素，通常包括：碲、钴、铋、锆、铌、钨、钼、铂、钛、钍等。

图 1 显示了铁-锰结壳中的元素相对于海水中(Bruland,1983)和地壳中(Govett,1983)元素平均含量的富集程度。铁-锰结壳中许多元素相对于海水都极度富集(见图 1a)，特别是铅、钴、锰、碲以及数种稀土元素(铈、铕、镧)和钇。在图 1 以带颜色的点来表示高科技元素的含量，由此可发现，钴最为富集，其富集系数达到 10^9，而钨富集程度最差，但其富集系数也达到 10^6，这反映了铁-锰结壳对于微量元素的极高的富集效率。然而，当我们将海底结壳的这种能力与陆地矿床进行比较的时候，研究者发现，相对于地壳，海山上的矿床有着更重要的开采价值(图 1b)。其中最令人吃惊的是铁-锰结壳中的碲的富集程度达到 10^4，而钴、铋、铂、铊以及钨的富集程度仅仅为 100。从全面考虑，铁-锰结壳中钴的平均含量是陆地矿床的 3～10 倍。碲的含量相对于海水和地壳非常富集，全球的平均含量达到 50×10^{-6}，而最大含量竟达 206×10^{-6}(Hein et al.,2003)。

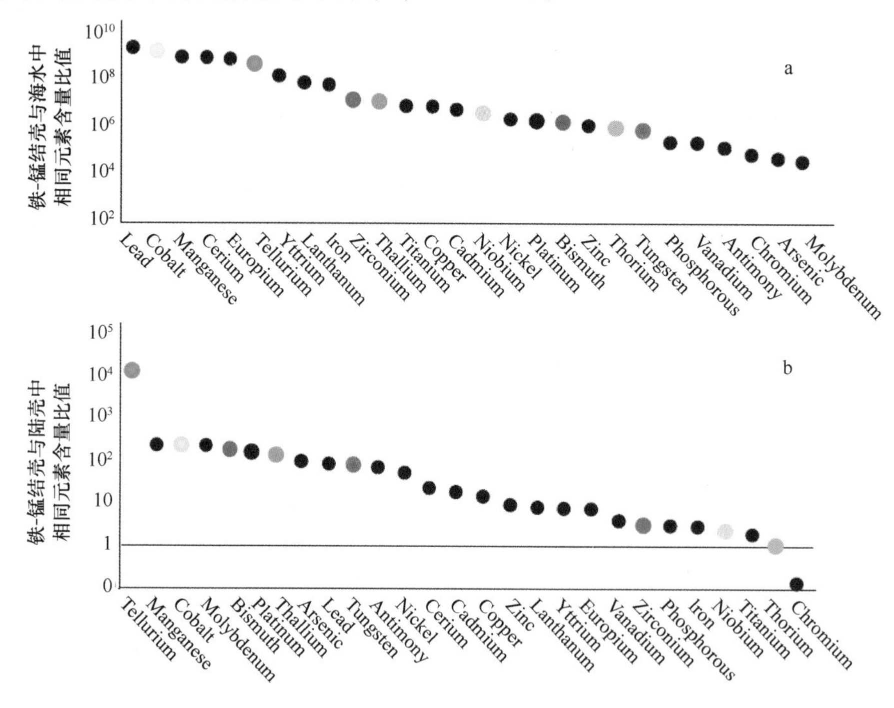

图 1 中太平洋海山地区铁-锰结壳中元素的平均含量以及与海水和陆壳中相同元素含量的对比(Hein et al.,2010)

彩色点代表文中所称的高科技元素含量

2.2 热液系统与金属硫化物资源

海底热液活动是岩石圈与水圈在大洋中脊、弧后弧前盆地、板内火山中心等离散型板块边界环境中发生的热-化学交换作用的产物(Rona et al.,1993)。海底热液活动改变了洋壳物质组成，影响了海水化学成分，形成了可以和陆上矿床相媲美的多金属矿产并为深海生物群落提供了能量源泉(Tivey,2007)。海底热液活动研究将对海洋热及物质运动、板块动力学、地球深部物质来源、海底极端环境生态群落和生命起源演化研究起到极大的促进作用，海底热液活动的矿化作用对于陆地热液成因矿床而言还是天然的成矿实验室。

热液系统的重要组成因素有：热源（熔浆或者初凝的岩石）、多孔介质（具有断层或者裂隙的火山岩洋壳）以及贯穿这一系统的流体（海水）（Tivey，2007）。自喷口排出的热液流体的成分反映了一系列因素的共同作用：最初的流体（海水）成分、与流体相互作用的作为基底的岩石的成分以及岩石的结构（例如，裂缝或孔隙的分布，柔性/刚性转换面的深度等）以及热源的深度、尺寸以及形状等。这些因素影响着热液循环的深度、规模，决定着该体系中水岩相互作用发生时的温度、压力同时还有是否出现相分离。当流体在围岩中循环时，首先在海水下渗的通道区域（即"补给区"）发生低温水岩反应，随后进入深度最大、温度最高的部分（即"反应区"），最后成为高温的具浮力的热液流体通过"上升区"以较快的速度排出洋底（Alt，1995）。典型热液喷口系统如图 2 所示。

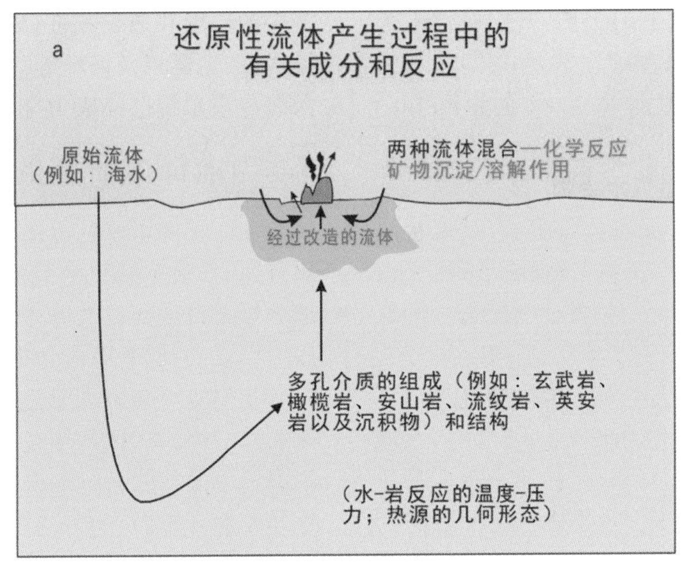

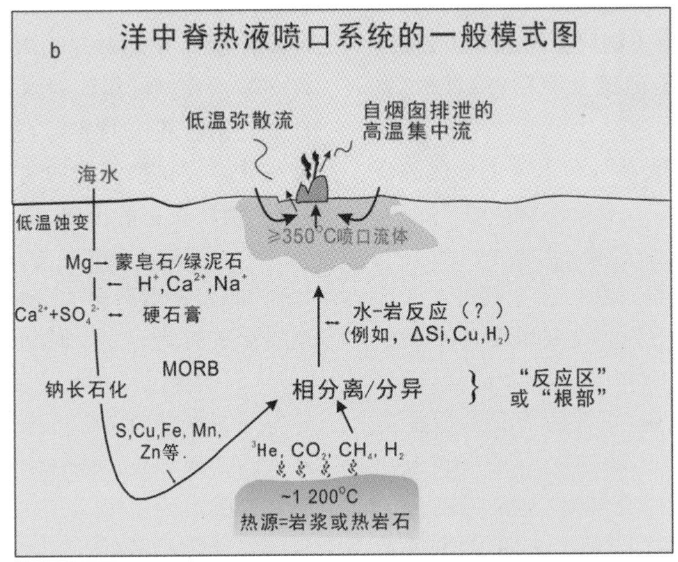

图 2 影响洋壳内热液流体成分的各种过程与组成示意图（例如原始流体成分、围岩组成、围岩的孔隙结构导致的渗透性特征以及热源的几何形态和热源本身的特征，所有这些因素决定了反应发生时的温度和压力）(a)；洋中脊系统喷口流体形成过程的详解图(b)

调查资料显示，现代洋底热液金属硫化物中金、银贵金属和铜、锌、铅贱金属在收集的热液矿点样品中的含量相当可观，平均值分别可以达到 3.2 g/t（N=1 769），179.0 g/t（N=2 225），4.78%（N=2 439），8.94%（N=2 596）和 0.494%（N=2 338），完全可与上百个陆上中型、大型和特大型火山成因矿床的贵贱金属含量相媲美。现代海底热液硫化物矿床中规模最大的矿床是红海的 Atlantis Ⅱ 海渊矿床，Atlantis Ⅱ海渊矿床的矿化主要由金属软泥组成，而不是块状硫化物。勘探表明，矿床面积达 40 km^2，含有 90 百万吨以上的干矿，其中锌储量为 2.0%，铜储量为 0.5%，银含量为 39×10^{-6}，金含量为 0.5×10^{-6}，因此总储量达 4 000 t 的银和 50 t 的金。

2.3 海底冷泉系统和天然气水合物

海底冷泉一般发现于深海扩张中心、汇聚板块边界、被动/主动大陆边缘、弧前盆地、断层、泥火山发育的海域。与热液喷泉具有挥发性和短暂性的特征不同，冷泉排溢是缓慢和持续的。全球冷泉分布广泛，从热带海域到两极极区、从浅海陆架到深海海沟均有分布。最深的冷泉发育于 Kurile 海沟，水深为 9 345 m（Mironov，2000）。现代活动冷泉分布在除南北两极极区外的各大洋，多数分布在太平洋的活动俯冲带（Campbell，2006；Kojima，2002；Vandover et al.，2002），主要沿美国阿拉斯加州、俄勒冈州、加利福尼亚州以及中美洲国家和秘鲁、日本、新西兰的大陆边缘分布。

现代活动冷泉主要是天然气和水为主形成的流体在海底的渗漏活动的结果，部分渗漏天然气在海底之下的沉积物中结晶为水合物，形成深海重要的一种资源——天然气水合物；同时，在海底附近形成了以渗漏天然气化学成分变化产生的能量为基础的化学自养生物群落，通过这些生物的生命活动，部分渗漏甲烷被氧化为二氧化碳，沉淀为冷泉碳酸盐岩（Paull et al.，1984；Mironov，2000）。尽管甲烷氧化的生物化学途径目前还不完全清楚，但最近的分子地球化学、同位素和系统发育学研究表明，渗漏系统还原带的渗漏甲烷的缺氧氧化是甲烷古细菌（Archaea）和硫酸盐还原细菌（Sulfate reduction bacteria）共同作用的结果，这些渗漏甲烷的微生物作用已被实验室对渗漏系统分离的细菌的观察及生物标志化合物的研究所证实（Boetius et al.，2000；Vandover et al.，2002；Alperin and Hoehler，2010）。因此，特殊的生物标志化合物可用于探索地质历史时期渗漏系统微生物作用、冷泉碳酸盐岩和天然气水合物的可能产出特征。

天然气水合物主要赋存于海底环境，当前对其估算的资源量非常巨大（$10^{15}\sim10^{17}$ m^3），这使其成为未来人类社会最有希望的接替能源。天然气水合物系统的甲烷渗漏是当前研究的焦点问题，一方面它支持了一个独特的繁茂的生态系统，另一方面，由于主要渗漏气体甲烷是一种比二氧化碳更为高效的温室气体，该系统中甲烷的快速渗漏可能造成多种多样的环境和地质灾害，如全球气候变暖、深海大规模滑坡、地震以及海啸等。鉴于此，与水合物有关的深海冷泉系统已经成为全球科学家所关注的焦点。

3 当前深海研究的焦点问题及方向

深海拥有丰富的海洋资源及世界上最大的生物圈资源，是地球系统中关键而又是人类缺乏了解的部分。人口增长以及海洋资源消耗的增加所带来的压力，使得深海资源成为当前人们迫切关注的问题。同时我们需要理解人类通过污染、资源开采以及气候变化对深海环境产生的影响，以及深海对人类的影响。因此需要通过深海研究来提高我们对这一知之甚少的环境的了解，反过来将促进对人类活动所引起的变化带来的影响预测，并促使通过持续的及风险控制的方式来开采海洋资源。近年来，国际上许多国家和国际组织对深海地质或环境研究提出了计划。结合我国的实际，兹提出对当前深海研究的某些关键或典型问题的建议：

3.1 地质灾害的历史、监测及其预报

（1）地质记录中有关地质灾害记录的完整程度如何，能否利用历史的/地质的地质灾害记录来推断地质灾害时间的复发时间？

（2）需要怎样的技术来提高地质灾害的测年水平？是否能够确定那些地质事件的指示物以及先兆迹象的物理参数？能否测量和了解被监测到的参数的背景值？

（3）能否了解地质灾害触发因素以及与预处理因素（自然的和认为的）之间的联系？例如能否证明气体水合物以及海底滑坡之间存在着联系？

（4）流体在海底地质灾害动力中发挥的作用？能否利用海底观测资料了解流体的作用？

（5）全球气候变化在地质灾害动力中发挥的作用？

(6)能否模拟(最终预测)海底地质灾害,如何模拟?能否增进地质灾害事件对海洋边缘、沿海地区、底栖生态系统以及海底监测设施的影响的了解?

3.2 生物圈-岩石圈相互作用

(1)限制沉积盆地和大洋边缘地下微生物生命的温度以及物理化学条件是什么?

(2)全球海洋甲烷形成的数量以及控制埋存的有机碳向甲烷转化的数量?

(3)甲烷水合物是如何影响其形成环境中的沉积物的渗透性的?活跃的以及已经闭合的渗漏区会引发什么样的地质灾害?

(4)海底冷泉生态系统随着流体通量、组成以及地质条件的改变是如何变化的?变化着的海洋是如何影响冷泉生态系统以及生物甲烷屏障的?

(5)从海底溢出的甲烷与在大气层中的甲烷所占比例是多少?全球变暖是否会通过海洋天然气水合物大面积的溶解而加剧甲烷的排放?

3.3 过去的气候变化与深海地质环境

(1)从小于10年到几万年的时间跨度内深海温度、水体结构、化学性质以及营养物质发生了许多变化,哪些过程驱动了这些变化?

(2)人类引起的气候变化对深海的影响是否在各深海参数的发展趋势中得到确认?

(3)深海地质环境中有与快速气候变化时期相关的沉积记录,能否找到来自沉积记录的早期预警迹象?

(4)深海循环模式的转变是如何影响深海生态系统以及生物地球化学循环的?能否量化深海生物圈、生物地球化学以及气候之间的反馈机制?

3.4 深海生态地质系统的演化

(1)深海生态地质系统是如何对全球变化做出反应的?

(2)地质作用过程对深海生态系统的功能产生了哪些影响?

(3)从微生物到巨型动物的生物多样性模式相一致吗?这两部分是如何相互作用的?生物多样性是如何对深海的驱动力作出反应的?深海生物的生命周期是多少?它们是如何分布的?它们的生理适应性怎样?

(4)深海食物链的结构及营养层面上的能量通量是什么?化能合成(chemosynthetic)产品(黑能)与其他深海系统是否相关?

(5)深海生态系统对深海捕鱼、油气以及矿产开采的抵抗力如何?深海地区能否用于废物处理?

3.5 深海景观:沉积物输运及其通量

(1)控制深海沉积体的高清晰度的三维结构、分布及其物理性能的因素是什么?如何将地层学记录和从季节到百年尺度的作用过程相互联系起来?为什么砂会集中在深部海洋边缘?

(2)在时空尺度上深海生态系统过程中沉积物的增加(如食物的携带)的驱动作用是什么?底栖生态系统是如何调节沉积物颗粒的埋藏以及沉积物的形成的?

(3)有机物和大量沉积物运移事件之间是如何反馈的?

(4)发生在海洋边缘的作用是如何决定深海生态系统的条件及其功能的?人类影响是如何改变深海与地球流体之间的联系的?这在短期、中期及长期内将会带来怎样的后果?

(5)不久的将来,深部海洋抵抗变化的缓冲能力是否会超出其性能范围?大陆边缘是碳源还是碳汇?

3.6 深海资源的可持续利用

(1)深海生物多样性有多大的社会经济价值?人类活动对其能产生哪些影响?

(2)什么是深海主要的经济和价值问题?社会经济变化的驱动力是什么?

参考文献:

Alperin M, Hoehler T. 2010. The ongoing mystery of sea-floor methane[J]. Science, 329: 288-289.

Boetius A, Ravenschlag K, Schubert C J, et al. 2000. A marine microbial consortium apparently mediating anaerobic oxidation of methane[J]. Nature, 407: 623-626.

Bruland K W. 1983. Trace elements in seawater[M]// Riley J P, Skirrow G. Chemical Oceanography, Vol. 8. New York: Academic Press: 157-220.

Campbell K A. 2006. Hydrocarbon seep and hydrothermal vent palaeoenvironments: Past developments and future research directions[J]. Palaeogeography, Palaeoclimatology, Palaeogeography, 232: 362-407.

Govett G J S. 1983. Handbook of Exploration Geochemistry:Rock Geochemistry in Mineral Exploration, Vol. 3 [M]. Amsterdam: Elsevier: 461.
Hein J R, Conrad T A, Staudigel H. 2010. Seamount mineral deposits[J]. Oceanography, 23: 185-189.
Hein J R, Koschinsky A, Bau M, et al. 2000. Cobalt-rich ferromanganese crusts in the Pacific[M]// Cronan D S. Handbook of Marine Mineral Deposits. Boca Raton FL: CRC Press: 239-279.
Hein J R, Koschinsky A, Halliday A N. 2003. Global occurrence of tellurium-rich ferromanganese oxyhydroxide crusts and a model for the enrichment of tellurium[J]. Geochimica et Cosmochimica Acta, 67: 1117-1127.
Kojima S. 2002. Deep-sea chemoautosynthesis-based communities in the northwestern Pacific[J]. Journal of Oceanography, 58: 343-363.
Mironov A N. 2000. New taxa of stalked crinoids from the suborder Bourgueticrinina (Echinodermata, Crinoidea)[J]. Zoological Zhurnal, 79: 712-728.
Paull C K, Hecker B, Commeau C, et al. 1984. Biological communities at Florida escarpment resemble hydrothermal vent communities[J]. Science, 226: 965-967.
Rona P A, Scott S D. 1993. A special issue on sea-floor hydrothermal mineralization: new perspectives[J]. Economic Geology, 88: 1935-1976.
Staudigel H, Clague D. 2010. The geological history of deep-sea volcanoes: Biosphere, hydrosphere, and lithosphere interactions[J]. Oceanography, 23: 58-71.
Tivey M K. 2007. Generation of seafloor hydrothermal vent fluids and associated mineral deposits [J]. Oceanography, 20: 50-65.
Vandover C L, German C R, Speer K G, et al. 2002. Evolution and biogeography of deep-sea vent and seep invertebrates[J]. Science, 295: 1253-1257.
Wessel P, Sandwell D T, Kim S-S. 2010. The global seamount census[J]. Oceanography, 23: 24-33.

Typical geo-environments and resources in the deep sea: an introduction

ZHANG Xunhua[1,2], LI Jun[1,2]

(1. *Key Laboratory of Marine Oil and Gas Geology and Environmental Geology of the Ministry of Land and Resources*, *Qingdao* 266071, *China*; *Qingdao Institute of Marine Geology*, *China Giologcal Survey*, *Qingdao* 266071, *China*)

Abstract: In this essay, we shall discuss several aspects of the deep sea geo-environment and resources. The main focus is on the environments description of the typical geo-environments and their related ore resources in the deep sea. Firstly, a brief description on the deep-seafloor geomorphology was conducted, such as mid-ocean ridge, island-arc system and ocean. Then we will introduce some knowledge on the geo-environmental conditions and their related resources of the seamount, hydrothermal vent, hydrocarbon seeps, etc. This will be followed by a description of some of the determining conditions in these regions with a note on geology, geo-biological processes. And finally, several conclusions were made about the overall importance of the deep sea environment for mankind and some suggestions on the future study for China.

Key words: mid-ocean ridge; extreme environment; hydrothermal sulfide; deep sea resources

深海生物及其基因资源调查动态与我国现状

邵宗泽[1,2,3]

（1. 国家海洋局 第三海洋研究所，国家海洋局海洋生物遗传资源重点实验室，福建 厦门 361005；2. 中国大洋生物基因资源研发基地，福建 厦门 361005；3. 厦门市（省部共建）海洋生物遗传资源重点实验室，福建 厦门 361005）

摘要：深海生物基因资源是国家重要的战略资源，已引起国际社会高度关注。随着新一代基因测序与生物信息学技术的发展，深海生物基因资源的国际竞争将更激烈，也必将对生命科学和深海产业带来重要影响。通过近10年的努力，我国在深海基因资源方面有了一定的积累，但相比发达国家在采样技术等多方面还有一定差距。"十二五"期间，我国在深海生物基因资源调查方面投入明显增加，期待在深海生物多样性调查、深海微生物环境作用研究、深海生物新资源的开发利用上，明显缩短同发达国家的差距。

关键词：深海生态系统；基因资源；生物勘探；国际动态；国内现状

1 深海热液生态系统与深部生物圈

深海一般是指水深大于 1 000 m 的区域，约占海洋总面积的 90%左右。近年来，全球的海洋生物普查计划发现了大量的深海生物新物种（Pedros-Alio, 2006）。根据对部分区域的调查结果预测，处于国家管辖范围之外的整个深海海底可能蕴藏着数百万个物种（《海洋和海洋法》，2005）。深海生态系统复杂独特，所蕴藏的生物资源引人关注。

与地球上其他生态系统相比，深海的生态系统的调查研究还很少。虽然早在 1977 年，美国"阿尔文"号深潜器就发现了深海热液区（太平洋加拉帕戈斯群岛附近，2 500 m 水深），但是目前对深海热液生态系统的认识还比较肤浅。一方面，不同地质背景的热液成分及生物群落组成具有独特性，而对各大洋的热液生态系统的分布与特征还没有全面的了解，仍有新的热液区不断发现。另一方面，对热液古菌、细菌以及噬菌体等在热液生态系统的形成与维持过程中的作用还有很多等待解答的问题。深海化能自养微生物对热液及海底冷泉生态系统的形成至关重要。用时8年的 ChEss Project（2002—2010 年）对南大西洋、南太平洋等 4 个海区（the Atlantic Equatorial Belt (AEB), the New Zealand region, the Arctic and Antarctic and the SE Pacific off Chile）的深海化能自养生态系统进行了调查，在 Mid-Cayman Rise 发现了水深热液口，在 Southern Mid-Atlantic Ridge 发现了最热的热液口，在新西兰附近发现了巨大的深海冷泉区，在北极的 Mohns Ridge (71°N) 发现了大量的硫氧化菌席（German et al.，2011）。

近 5 年来，我国在印度洋、太平洋、大西洋三大洋都发现了多个新热液区。例如，在西南印度洋超慢扩张洋中脊（SWIR），我国率先发现了热液区，开展了大量调查并启动了"973"相关研究。最近，英国利用 ROV 对该区的生物多样性进行了观察，并将观察到的热液口命名为龙喷口（dragon vent）。

深海水体、深海沉积物、深海平原、海山、海沟、冷泉等各种生境构成了深海特殊的生态系统。美国自然科学基金会海洋学部组织编写的《新千年海洋科学》和联合国教科文海委会（IOC）、国际海洋研究科学委员会（SCOR）和国际环境问题科学委员会

基金项目：中国大洋协会项目（No. DY125-15-1）；科技部国际合作项目（2010ZR0002）。

作者简介：邵宗泽，主要从事海洋微生物资源调查与研究。E-mail：shaozz@163.com

(SCOPE)等国际组织委托编写的《海洋 2020—科学、趋势和可持续挑战》专著,提出了海洋科学 12 个优先发展的领域,包括海洋生物和化学现场观测新方法的结合、信息革命与海洋科学、生物功能多样性、深海海底生物圈、海洋多学科交叉与整合、海洋科学与技术能力建设等。可以看出,深海生物调查研究是海洋研究的重要内容,深海调查与观测技术的开发至关重要。

2 深海微生物多样性调查与发现

微生物是深海生态系统中的重要组成部分,与其他海洋生物形成了密切的共附生关系。古菌、细菌、噬菌体广泛分布于整个海洋环境。即使在地层深处的沉积层乃至岩石层都有分布,构成了独特的"深部生物圈"。它们在地球生物化学循环中起着重要作用,它们的活动在改造或影响着地球的各个圈层。它们既是重要的光合作用者,也是有机物分解者与矿物元素转运者。大洋水体中的浮游微生物在气候变化中既是参与者,也是受影响者,其菌群结构有季节性变化(Giovannoni and Vergin, 2012; Treusch et al., 2009)。

对海洋微生物的认识,也随着环境基因组、宏蛋白组等组学分析技术的进步而获得巨大进展(DeLong, 2005)。Craig Venter 研究小组有一艘由游艇改装成的研究船,称为"魔法师二号"(*Sorcerer* Ⅱ),专门研究海洋微生物,开展了海洋微生物环境基因组系列调查。发现仅在表层海水就有大量的微生物新物种、新基因、新蛋白、新途径(Gross,2007; Legato,2010; Nicholls,2007;Rusch et al.,2007; Williamson et al.,2008;Yooseph et al.,2007)。仅仅在一个采集点,从一桶海水中就能发现 130 万个新基因,相当于 5 万多个新种。这些微生物新物种,新的蛋白家族、新的代谢过程的科学价值、环境作用和资源价值目前难以估量。

深海极端高温、低温、有氧、无氧等各种各样的环境条件选择出了多种多样的微生物。营养贫乏的大洋环境造就了寡营养的海洋微生物,寡营养微生物以其精简的基因组和特殊的代谢机制适应了特殊的深海环境(Dufresne et al.,2005;Giovannoni et al.,2005)。在热液口,化能自养菌是深海热液生态系统的初级生产者,从这里可以分离获得能在 121 ℃下生长的细菌;而且热液口有完全靠地热辐射而生活的光合细菌(Beatty et al.,2005)。在 Juan de Fuca Ridge 热液口活动烟囱壁硫化物中, Crenarchaeota 与 Desulfurococcales 类群中的微生物为古菌中的优势菌(共占 50%),且化能自养菌 Thermococcales 占到古菌的 20%;细菌中 epsilon-Proteobacteria 占到一半以上(Wang et al.,2009a,b; Zhou et al.,2009)。类似地,在南马里亚纳海槽(Southern Mariana Trough)的活动热液口硫化物中,epsilon-Proteobacteria 和嗜热古菌为优势菌,而非活动热液口样品中这类菌丰度极低(Kato et al.,2010)。此外,氨氧化古菌也常存在于热液环境中。

冷泉区是海底碳氢化合物逸出海底的地方,生物多样性独特,也是以氧化硫化物及甲烷的化能自养菌为初级生产者。在日本 Sagami 湾冷泉区,真菌 *Cryptococcus curvatus* 是真核微生物中的优势者;此外,还有鞭毛虫等原生动物(Arakawa et al.,2006;Fang et al.,2006;Heijs et al.,2007;Takishita et al.,2009;Takishita et al.,2007)。

3 深海生物基因资源(MGRs)与生物勘探

深海被公认是未来重要的基因资源来源地,具有巨大的应用开发潜力(Kennedy et al., 2010)。国际公认,深海中蕴藏着地球上最为丰富的物种多样性和最大的生物量。仅深海沉积物就是一个巨大的、天然的 DNA 资源库,仅位于深海沉积物顶部的 10 cm 空间据估算约含有 4.5×10^8 t 脱氧核糖核酸(DNA)。已经证实,海底 1 626 m 以下的沉积物中也有微生物活动。

深海生物基因资源(marine genetic resources, MGRs)已成为各国在国际海底竞相角逐的战略资源。目前有超过 18 000 个天然产物和 4 900 个专利与海洋生物基因有关,人类对 MGRs 知识产权的拥有量每年在以 12%的速度快速增长,说明 MGRs 不再是一个应用远景,而是一类现实的可商业利用的重要生物资源(Arrieta et al., 2010)。基因组测序技术与生物信息技术的发展,大大加速了海洋微生物基因资源的发现与发掘速度(Kennedy et al., 2010)。Craig Venter 研究所在海洋生物基因测序方面开展了大量工作(http://www.jcvi.org);Gordon and Betty Moore Foundation(美国)在海洋微生物基因组测序方面投入了较大资金资助(www.moore.org)。

目前,公海 MGRs 的保护与可持续利用,以及知识产权归属已经成为联合国国际海底会议的重要议题（Arnaud-Haond et al.，2011；Cognetti and Maltagliati，2004；Fautin et al.，2010；Tichet et al.，2011）。从2004年起，联合国会员大会成立了"国家管辖以外海域的海洋生物多样性工作组"（Working Group on Marine Biodiversity Beyond Areas of National Jurisdiction），每两年召开正式会议磋商。目前还没有被国际社会广泛接受的法律框架来保护和规范MGRs的开发（Arrieta et al.，2010）。发达国家与发展中国家因各自的经济实力、深海调查能力不同，对海底遗传资源生物勘探（Bio-prospecting）所持的态度也不一致。发达国家坚持先入为主、自由采探，主张知识产权的保护。相反，发展中国家主张"人类共同遗产"（the common heritage of mankind）原则，坚持利益共享，不支持公海MGRs知识产权的申请保护。

4 我国深海生物基因资源研发概况

4.1 大洋生物资源研究开发动态

我国在"十五"启动了深海生物及其基因资源的相关研究。在科技部、大洋协会专项等资金的支持下，在深海微生物研究装备的研制、深海微生物基础科学研究以及资源开发应用方面取得了重要的进展。"十一五"期间，在大洋协会洋中脊项目"洋中脊生物基因资源的研究开发"子项目的支持下，启动了20个深海微生物相关课题，经过专家验收，其中10项课题验收结果为优秀，发表论文近200篇，其中147篇SCI文章发表在美国科学院院刊等重要学术刊物上，还申请或授权专利50多项；在极端微生物资源获取、极端酶研究、活性物质筛选以及微生物多样性分析等方面取得了重要进展，初步形成了集大洋生物及基因资源勘探、大洋科学研究于一体的优秀团队，为大洋"十二五"工作打下了良好工作基础。

4.2 中国大洋生物基因资源研究开发基地建设

2002年1月大洋协会与第三海洋研究所共建成立了"中国大洋生物基因资源研究开发基地"，"十五"、"十一五"期间在大洋协会项目的支持下，建立了中国大洋生物样品馆、深海微生物资源库，并发展成为中国海洋微生物菌种保藏中心。中国大洋生物基因资源研究开发基地将围绕国家需求继续加强开放共享和国内外合作，建立一个国家级、具备国际竞争力的深海生物资源中心，满足未来对极端酶、新型活性物质、环保制剂等方面的需求。

随着大洋调查的进行，微生物资源不断累积。从2003年起，在大洋项目的支持下，建立了我国第一个深海微生物资源库。从2005年起，在国家自然科技资源共享平台的支持下，在深海微生物资源库的基础上建立了中国海洋微生物菌种保藏管理中心。经过6年积累，分离了大量新的大洋微生物资源，并通过资源的标准化、规范化整理，提高了资源质量。同时整合了国内十家单位的海洋微生物菌种资源。目前共有13 000多株，库藏菌种资源约14万份。

大洋深海微生物库的资源类型主要是海洋来源的细菌、放线菌、酵母、丝状真菌等培养物。分离生境多样，包括表层水样、沉积物、热液羽流、热液烟囱、大型生物等等；种类多样性也很丰富，其中库藏海洋细菌有355个属1 055个种；海洋酵母菌31个属102个种；丝状真菌有42个属254个种；正式确立的新种（属）有36个。

4.3 大洋生物调查与生物勘探

10年来，大洋生物基因资源研发基地参加了大洋各个航次的海上调查工作，获得了大量宝贵的大洋生物样品，为深海生物及其基因资源的获取提供了有效支撑。2005年基地调查队员全程参加了我国首次大洋环球考察，调查海域从太平洋拓展到了印度洋和大西洋，调查重点从结核区转向洋中脊热液硫化物区。目前，国际上对于南大西洋热液生态系统的调查极少。2010年，我国大洋第22航次首次开展了热液生态系统的生物调查，捕获到了热液区大型生物（鱼和大量的热液虾）以及微生物样品，为认识热液宏生物与微生物的关系提供了重要材料。

4.4 长远规划与团队建设

2011年，大洋协会办公室领导综合考虑国内外动态，为了应对日益变化的国际形势，成立了生物工作组，旨在以国际海底勘探区域作为主要调查区，组织国内优势团队、积极参与国际合作，尽快提升我国的深海生物调查与资源勘探能力，提升深海生物资源与知识产权的拥有量，为我国深海生物资源勘探提供理论、技术和人才支撑。

2011年是国家"十二五"规划的开局之年。大洋生物基因研发基地根据国家海洋发展战略，紧紧围绕权益保护和资源开发的主题，开展基础研究和应用基础研究，以科研创新和能力建设为重点，突出特色优势，认真做好海洋生物遗传资源研究开发的各项工作。2011年，通过联合国内开展深海生物研究的优势单位,牵头组织了海洋“863”领域主题项目“深海与极地探测获取与应用技术系统研究”的立项;完成了大洋“十二五”重大项目“深海(微)生物勘探与资源潜力评估”的立项;组织申请了海洋公益性科研专项“新型海洋微生物制品开发的关键技术研究与示范应用”。这些重大项目的立项为“十二五”期间乃至长远发展打下了很好基础。

5 问题与建议

与法国、日本、美国、德国等国相比,我们在深海调查与样品采集方面的技术手段还有待加强,虽然我们也有了载人深潜器和ROV,但观测与采样工具还比较欠缺,深海作业的经验很缺乏。在资源研发方面还存在较大差距,需要继续加强深海基因资源研究开发,包括深海极端生命过程、工业酶、先导化合物筛选、深海微生物环境作用等研究。需要加强研发基地与研发团队建设,加强知识产权的申请与保护,建立合理的利益分配机制,吸纳社会各方资金,加快实现从深海环境样品到可利用生物基因资源的有效转化。

参考文献:

Arakawa S,Sato T,Yoshida Y,et al. 2006. Comparison of the microbial diversity in cold-seep sediments from different depths in the Nankai Trough[J]. J Gen Appl Microbiol,52:47-54.

Arnaud-Haond S,Arrieta J M,Duarte C M. 2011. Global genetic resources. Marine biodiversity and gene patents[J]. Science,331:1521-1522.

Arrieta J M,Arnaud-Haond S, Duarte C M. 2010. What lies underneath:conserving the oceans' genetic resources[J]. Proc Natl Acad Sci U S A, 107:18318-18324.

Beatty J T,Overmann J,Lince M T,et al. 2005. An obligately photosynthetic bacterial anaerobe from a deep-sea hydrothermal vent[J]. Proc Natl Acad Sci U S A,102:9306-9310.

Cognetti G,Maltagliati F. 2004. Strategies of genetic biodiversity conservation in the marine environment[J]. Mar Pollut Bull,48:811-812.

DeLong E F. 2005. Microbial community genomics in the ocean. Nat Rev Microbiol,3:459-469.

Dufresne A,Garczarek L,Partensky F. 2005. Accelerated evolution associated with genome reduction in a free-living prokaryote[J]. Genome Biol,6:14.

Fang J,Shizuka A,Kato C,et al. 2006. Microbial diversity of cold-seep sediments in Sagami Bay,Japan,as determined by 16S rRNA gene and lipid analyses[J]. FEMS Microbiol Ecol,57:429-441.

Fautin D,Dalton P,Incze L S,et al. 2010. An overview of marine biodiversity in United States waters[J]. PLoS One, 5:e11914.

German C R,Ramirez-Llodra E,Baker M C,et al. 2011. Deep-water chemosynthetic ecosystem research during the census of marine life decade and beyond:a proposed deep-ocean road map[J]. PLoS One,6: e23259.

Giovannoni S J,Tripp H J,Givan S,et al. 2005. Genome streamlining in a cosmopolitan oceanic bacterium[J]. Science,309:1242-1245.

Giovannoni S J, Vergin K L. 2012. Seasonality in ocean microbial communities[J]. Science, 335: 671-676.

Gross L. 2007. Untapped bounty:sampling the seas to survey microbial biodiversity[J]. PLoS Biol,5:e85.

Heijs S K,Haese R R,van der Wielen P W,et al. 2007. Use of 16S rRNA gene based clone libraries to assess microbial communities potentially involved in anaerobic methane oxidation in a Mediterranean cold seep[J]. Microb Ecol,53:384-398.

Kato S,Takano Y,Kakegawa T,et al. 2010. Biogeography and biodiversity in sulfide structures of active and inactive vents at deep-sea hydrothermal fields of the Southern Mariana Trough[J]. Appl Environ Microbiol,76:2968-2979.

Kennedy J,Flemer B,Jackson S A,et al. 2010. Marine metagenomics:new tools for the study and exploitation of marine microbial metabolism [J]. Mar Drugs,8:608-628.

Legato,M. J. 2010. Sailing the sea of synthetic biology:Dr. Venter and the Sorcerer Ⅱ[J]. Gend Med,7:276-277.

Nicholls H. 2007. Sorcerer Ⅱ:the search for microbial diversity roils the waters[J]. PLoS Biol,5:e74.

Pedros-Alio C. 2006. Marine microbial diversity:can it be determined? [J]. Trends Microbiol,14:257-263.

Rusch D B,Halpern A L,Sutton G,et al. 2007. The Sorcerer Ⅱ Global Ocean Sampling expedition:northwest Atlantic through eastern tropical Pacific[J]. PLoS Biol,5:e77.

Takishita K,Kakizoe N,Yoshida T,et al. 2009. Molecular evidence that phylogenetically diverged ciliates are active in microbial mats of deep-sea cold-seep sediment[J]. J Eukaryot Microbiol,57:76-86.

Takishita K,Yubuki N,Kakizoe N,et al. 2007. Diversity of microbial eukaryotes in sediment at a deep-sea methane cold seep:surveys of ribosomal DNA libraries from raw sediment samples and two enrichment cultures[J]. Extremophiles,11:563-576.

Tichet C,Nguyen H K,Yaakoubi S E,et al. 2011. Commercial product exploitation from marine microbial biodiversity:some legal and IP issues [J]. Microb Biotechnol,3:507-513.

Treusch A H, Vergin K L, Finlay L A, et al. 2009. Seasonality and vertical structure of microbial communities in an ocean gyre[J]. ISME J, 3: 1148－1163.

Wang F, Zhou H, Meng J, et al. 2009a. GeoChip-based analysis of metabolic diversity of microbial communities at the Juan de Fuca Ridge hydrothermal vent[J]. Proc Natl Acad Sci U S A, 106: 4840－4845.

Wang S, Xiao X, Jiang L, et al. 2009b. Diversity and abundance of ammonia-oxidizing archaea in hydrothermal vent chimneys of the juan de fuca ridge[J]. Appl Environ Microbiol, 75: 4216－4220.

Williamson S J, Rusch D B, Yooseph S, et al. 2008. The Sorcerer Ⅱ Global Ocean Sampling Expedition: metagenomic characterization of viruses within aquatic microbial samples[J]. PLoS One, 3: e1456.

Yooseph S, Sutton G, Rusch D B, et al. 2007. The Sorcerer Ⅱ Global Ocean Sampling expedition: expanding the universe of protein families[J]. PLoS Biol, 5: e16.

Zhou H, Li J, Peng X, et al. 2009. Microbial diversity of a sulfide black smoker in main endeavour hydrothermal vent field, Juan de Fuca Ridge [J]. J Microbiol, 47: 235－247.

Dynamics in deep-sea bioprospection of genetic resources and the domestic status

SHAO Zongze[1]

(1. *Key Laboratory of Marine Biogenetic Resources*, *Third Institute of Oceanography*, *State Oceanic Administration*, *Xiamen* 361005, *China*)

Abstract: Being the strategic resources, deep sea genetic resources have arouse international attentions. With the quick developments of new technologies in gene sequencing and bioinformatics, the exploration of deep sea genetic resources will attract more competition. Therefore, deep sea bioprospection will bring about big changes in life science and marine economy. Domestically, after ten's development, we also gain some deep sea genetic resource, though big gap exiting between us and developed countries, especially in deep sea sampling and observation techniques. In the next five years, the gap is expected shortened with the increased investments in deep sea investigation. We are looking forwards to the advances of deep sea genetic resources exploration from biodiversity survey to applications in many fields.

Key words: deep sea ecosystem; genetic resources; bioprospection; international dynamics; domestic status

海洋酸化及海水 pH 的测定

江宗培[1,2]，戴民汉[1*]

(1. 厦门大学近海海洋环境科学国家重点实验室，福建 厦门 361005；2. 南安普敦大学 国家海洋中心，英国 南安普敦 SO14 3ZH)

摘要： 工业革命以来，海洋吸收了约 30%人为排放的 CO_2，从而减缓了大气 CO_2 浓度升高和全球气候变化进程。与此同时，进入海洋的 CO_2 引起了海水 pH 和碳酸钙饱和度的下降，这一"海洋酸化"问题有可能对海洋生态系统产生深远的影响。pH 是描述海洋碳酸盐系统和海洋酸化的指针参数。相对于海水 pH 的自然变化范围，海洋酸化所引起的 pH 改变相当微小，唯有高精度、长期连续监测方能观测其变化规律。因此，准确监测 pH 对了解海洋酸化和其他海洋生物地球化学变化过程意义重大但又颇具挑战性。本文简述了海洋酸化的概念、成因以及相关研究进展；并重点阐述与海水 pH 测定相关的概念与方法：主要包括海水 pH 的不同标度及其换算方法，两种 pH 测定方法（使用电极测定的电位法和使用指示剂的光度测定法）的原理及其优缺点，以及 pH 测定相关仪器的研发进展和应用前景。

关键词： 海洋酸化；碳酸盐体系；pH 测定；pH 标度；电极法；光度法

1 绪论

pH 是衡量海水酸碱状态和定量描述海洋化学的重要参数之一。海洋自身就是一个巨大的酸碱平衡体系和缓冲系统，其 pH 主要受控于碳酸盐缓冲体系（CO_2-HCO_3^--CO_3^{2-}）(Zeebe，2012；Zeebe and Wolf-Gladrow，2001)。海洋中许多物质的化学性质、存在形态及转化都受 pH 的调控或影响，如痕量元素的存在形态、矿物质的溶解度、溶解动力学、化学分解和吸附、生物可利用性、平衡动力学等(Stumm and Morgan，1981)。海洋中的许多生物地球化学过程在受 pH 影响的同时也改变着海水的 pH，例如光合/呼吸作用、钙化作用、硝酸盐同化、铁镁离子还原等 (Soetaert et al.，2007)。

工业革命以来，人类活动（主要是燃烧化石燃料和改变土地利用方式）所引起的大气 CO_2 浓度的快速上升在增加速率上比过去百万年所发生的过程高了至少一个数量级(Doney and Schimel，2007)。目前，大气 CO_2 浓度已经从工业革命前的～280 ppmv（ppmv：百万分之一的体积比）上升至～390 ppmv（http://www.esrl.noaa.gov/gmd/ccgg/trends/mlo.html/），随之引起的全球气候变化以及相关的生态效应引起人们极大的关注(IPCC，2007)。海洋是重要的碳储库，每年吸收约 25%～30%的人为 CO_2，对缓冲大气 CO_2 浓度的升高具有重要作用(Le Quere et al.，2009；Sabine et al.，2004)。但海洋对大气 CO_2 的吸收并不完全是良性的，进入海洋的大量 CO_2 所导致的"海洋酸化"已经被认为是除了气候变化外的"另一个 CO_2 带来的问题"(Doney et al.，2009)，并成为当前海洋研究的热点。

本文旨在系统介绍海洋酸化的原因和可能影响，海水 pH 的定义（特别是不同 pH 标度之间的差异及其换算），电极法和光度法两种海水 pH 测定方法，以及 pH 测定仪器的最新研发进展和应用前景。

基金项目： 国家重点基础研究发展计划（973 计划）"中国近海碳收支、调控机理及生态效应研究"(2009CB421200)。

作者简介： 江宗培(1984—)，男，福建省宁德市人，在读博士生，主要从事海洋碳酸盐体系变化的研究。E-mail：zongpei.jiang@noc.soton.ac.uk

* **通信作者：** 戴民汉 (1965—)，男，浙江省杭州市人，教授，博士生导师，主要从事海洋碳循环和生物地球化学研究。E-mail：mdai@xmu.edu.cn

2 海洋酸化

海洋酸化指的是人为排放的 CO_2 进入海洋后所引起的海水的水化学环境的变化：主要是海水 pH 的下降（H^+ 浓度的增加）和碳酸盐组分的改变（Doney et al.，2009；Society，2005；Zeebe，2012）。广义而言，海洋酸化过程还泛指那些能够改变海水 pH 的过程：如大气酸性沉降（Bates and Peters，2007）；有机物分解在消耗氧气的同时产生 H^+，缺氧（hypoxia）区域的耗氧过程因而可能加剧近海系统的酸化（Cai et al.，2011；翟惟东等，2012）；此外，上升流引起的酸性较强的次表层水的涌升也会改变表层水体的 pH（Feely et al.，2008）。在本文中，我们主要探讨由大气 CO_2 升高所引起的全球性的海洋酸化现象。值得注意的是，目前海洋整体还是呈现弱碱性，海洋酸化并不是指海洋变成酸性，而是指海洋酸度的增加趋势。

2.1 海洋酸化的化学描述

海水碳酸盐体系包含 4 个基本参数：总溶解无机碳（dissolved inorganic carbon，一般简写为 TCO_2 或 DIC），碱度（total alkalinity，简写为 Talk 或 TA），pH，二氧化碳分压（partial pressure of CO_2，简写为 pCO_2）。结合温度、盐度、化学解离平衡常数等参数，由已知的任意两个碳酸盐体系参数即可计算出海水碳酸盐体系的状态（Zeebe and Wolf-Gladrow，2001）。不同于气候变化研究的巨大不确定性，酸化是海洋对于大气 CO_2 浓度水平上升的可预期的响应，我们可以对其进行较为准确的评估。海洋对 CO_2 的吸收会导致海水碳酸盐体系的一系列变化：溶入海洋的 CO_2 气体与水结合产生碳酸（H_2CO_3），H_2CO_3 的解离过程会向水体中释放 H^+，造成 pH 下降[公式(1)]：

$$CO_2 + H_2O \Leftrightarrow H_2CO_3 \Leftrightarrow H^+ + HCO_3^- \Leftrightarrow 2H^+ + CO_3^{2-}. \quad (1)$$

同时，在当前海洋 pH 条件下，碳酸盐体系的缓冲作用会使碳酸根离子（CO_3^{2-}）与 CO_2 反应生成碳酸氢根离子（HCO_3^-），这一过程并不改变海水的 pH，但会使海水碳酸盐组分发生改变[公式(2)]：

$$CO_2 + H_2O + CO_3^{2-} \Leftrightarrow 2HCO_3^-. \quad (2)$$

如图 1 所示，伴随着大气 CO_2 的上升，海洋酸化的两个反应过程的综合结果会导致海水中"游离二氧化碳"（$CO_{2(aq)}$，包括游离 CO_2 气体和碳酸）浓度上升，HCO_3^- 浓度上升，DIC 浓度上升，pH 下降（H^+ 浓度上升），CO_3^{2-} 浓度下降，碳酸钙饱和度（$\Omega = [Ca^{2+}][CO_3^{2-}]/K'_{sp}$，其中 K'_{sp} 是以文石或者方解石形式存在的碳酸钙的表观溶度积）下降。虽然"海洋碳酸盐补偿"（海洋碳酸钙沉积物的溶解 $CO_2 + H_2O + CaCO_3 \Leftrightarrow 2Ca^{2+} + 2HCO_3^-$）会增加海水的碱度，减缓海洋酸化速率（Broecker and Peng，1987；Kump et al.，2000；Liu et al.，2011），但这种缓慢发生的过程（千年的时间尺度上）并不能显著减轻目前人为活动引起的快速海洋酸化过程（几十年到百年时间尺度）。

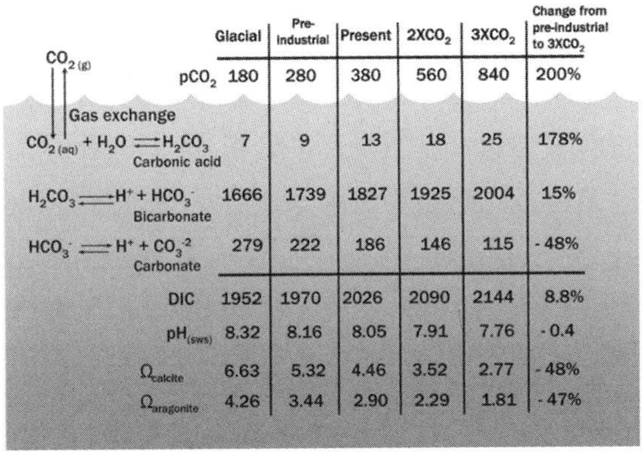

	Glacial	Pre-industrial	Present	$2XCO_2$	$3XCO_2$	Change from pre-industrial to $3XCO_2$
pCO_2	180	280	380	560	840	200%
$CO_{2(aq)} + H_2O \rightleftharpoons H_2CO_3$ Carbonic acid	7	9	13	18	25	178%
$H_2CO_3 \rightleftharpoons H^+ + HCO_3^-$ Bicarbonate	1666	1739	1827	1925	2004	15%
$HCO_3^- \rightleftharpoons H^+ + CO_3^{-2}$ Carbonate	279	222	186	146	115	-48%
DIC	1952	1970	2026	2090	2144	8.8%
$pH_{(sws)}$	8.32	8.16	8.05	7.91	7.76	-0.4
$\Omega_{calcite}$	6.63	5.32	4.46	3.52	2.77	-48%
$\Omega_{aragonite}$	4.26	3.44	2.90	2.29	1.81	-47%

$CO_{2(g)}$ Gas exchange

图 1 海水碳酸盐系统在不同大气 CO_2 浓度下的变化。图中大气 CO_2 浓度分别为：冰期（glacial）180 ppmv；工业革命前（pre-industrial）280 ppmv；当前浓度（present）380 ppmv，两倍于工业革命前的浓度（$2\times CO_2$）560 ppmv；三倍于工业革命前的浓度（$3\times CO_2$，840 ppmv）；DIC 为总溶解无机碳，$pH_{(SWS)}$ 为海水氢离子标度（seawater scale）的 pH，$\Omega_{calcite}$ 和 $\Omega_{aragonite}$ 为方解石和文石的饱和度。图片来自 Fabry 等（2008）

2.2 海洋酸化的证据和趋势

由于 CO_2 进入海洋的速率远远大于海洋混合的速率，目前海洋吸收的人为 CO_2 大多聚集在海洋表层，因此表层海水的酸化现象最为显著。根据估算，酸化效应已经使表层海水的 pH 相对于工业革命前降低了 0.1 左右（从 8.21 降低到 8.10）（Royal Society，2005）。在夏威夷海洋时间序列站 HOTS（Feely et al.，2009），百慕大大西洋时间序列站 BATS（Bates，2007），加那利岛欧洲站时间序列 ESTOC（González-Dávila et al.，2007；Santana-Casiano et al.，2007）等不同海区中的长时间序列观测的结果清晰地显示了表层海水 pH 和 Ω 的下降，直接证实了海洋酸化的发生。海洋酸化不仅改变表层海水的 pH，而且人为 CO_2 会逐渐向海洋内部入侵，引起海洋碳酸钙饱和深度的上升(Feely et al.,2004; Orr et al.,2005; Steinacher et al.,2009)。

如果保持碳排放量不变,预计在本世纪末,大气的 CO_2 浓度将达到 800 ppmv,而表层海洋的 pH 将下降 0.3～0.4 单位(Orr et al.,2005),其对应的是 H^+ 浓度增加约 150%～200%,而 CO_3^{2-} 离子浓度减少约 50%～60%。由于温度、缓冲能力和水文环流状态的不同,海洋酸化呈现区域性的差异,模型预计北冰洋和南大洋将是首先发生碳酸钙出现不饱和状态($\Omega<1$)的海区(Feely et al.,2009)。

2.3　海洋酸化及其生态效益的研究进展

海洋酸化是个多学科交叉的前沿领域,其大部分的研究成果都是在最近十年之间获得的。目前全世界对海洋酸化的研究相当重视,许多国家都建立了专门针对海洋酸化的研究计划,比如欧洲海洋酸化计划(European Project on Ocean Acidification, EPOCA,http://www.epoca-project.eu/),英国海洋酸化研究计划(UK Ocean Acidification Research Program,http://www.nerc.ac.uk/research/programmes/oceanacidification/),德国海洋酸化的生物影响研究计划(Biological Impacts of Ocean ACIDification, BIOACID, http://www.bioacid.de/),我国科技部和国家自然科学基金委员会也已经开始支持海洋酸化相关研究,例如以中国近海碳通量和海洋酸化的生态效应为目标的"中国近海碳收支、调控机理及生态效应"的 973 项目(CHOICE-C,http://973oceancarbon.xmu.edu.cn/)。

在 EPOCA 和政府间海洋学委员会(Intergovernmental Oceanographic Commission,IOC)发起的海洋酸化讨论会后,酸化研究的规范化操作指南《Guide to best practices for ocean acidification research and data reporting》已于 2010 年发布(Riebesell et al.,2010)。2011 年出版的《Ocean Acidification》(Gattuso and Hansson,2011)一书则较为系统地总结了当前海洋酸化的研究结果。针对研究者和公众的常见疑问,美国海洋碳和生物地球化学研究项目(Ocean Carbon and Biogeochemistry,OCB)以"提问一解答"的方式对海洋酸化给出了目前的科学认识(http://www.whoi.edu/OCB-OA/FAQs/)。

研究者们已经意识到海洋酸化有可能对海洋生态系统和未来人类的生活产生深远的影响(Doney,2009; Doney et al.,2009; Fabry et al.,2008; Guinotte and Fabry,2008)。由于酸化对具有钙质外壳或骨骼的生物具有最直接显著的影响,因此海洋钙化生物在酸化研究中受到了很多关注。海洋中的碳酸钙主要以文石(aragonite,来源于大部分珊瑚和翼足类浮游动物等)和方解石(calcite,主要产生于颗石藻和有孔虫等)两种形态存在,其中,文石比方解石的溶解度高大约 50%(Mucci,1983)。生物碳酸钙的形成(即钙化作用)一般发生在碳酸钙过饱和条件下($\Omega>1$);而在 $\Omega<1$ 的海水中,没有保护的钙质外壳或骨骼会发生溶解。随着海洋的酸化,表层海水中本世纪中叶就有可能出现文石的不饱和状态,而方解石的不饱和状态可能在本世纪末发生(Feely et al.,2009),这将使钙化生物难以产生或者维持其碳酸钙质的外壳和骨骼,从而直接威胁它们的生存。虽然当前的表层海洋还是处于碳酸钙过饱和的状态,但钙化速率也可能受到 Ω 下降和 CO_3^{2-} 减少的影响。许多酸化培养实验表明在高 CO_2 条件下钙化生物(特别是珊瑚)的钙化效率大多呈现下降的趋势(Gattuso et al.,1998; Marubini et al.,2001; Riebesell et al.,2000)。但是,也有研究通过培养实验和沉积物记录推测颗石藻 *Emiliania huxleyi* 的钙化效率可能在高 CO_2 条件下呈现上升趋势(Iglesias-Rodriguez et al.,2008)。我们目前还缺乏足够的机理方面的认识来充分解释不同生物或者同一物种的钙化作用在控制实验条件下对海洋酸化的不同响应。

实际上,海洋酸化对海洋生态效应的影响远远不只限于钙化作用。酸化可能影响浮游植物的光合作用效率和生长速率(Anthony et al.,2008; Doney,2009),改变海洋固氮能力和硝化作用的强度(Beman et al.,2011; Law et al.,2012; Levitan et al.,2007),也会对鱼类(Ishimatsu et al.,2008)和微生物(Liu et al.,2010)产生各种影响。再者,生物对于酸化的不同适应程度有可能改变海洋生态系统的群落结构,一些现有的优势种类可能会因为对酸化的适应度差而被其他受益于酸化的物种所取代(Doney,2009; Hoegh-Guldberg et al.,2007)。除此以外,海洋酸化还会造成海洋生态系统生物多样性的改变。一个典型的例子是珊瑚礁生态系统:珊瑚所形成的珊瑚礁为生活于其中的众多生物提供了结构复杂的立体的栖息场所,一旦碳酸钙质的珊瑚礁在酸化条件下遭到溶蚀和破坏,有可能会对整个珊瑚礁生态系统产生巨大的影响(Anthony et al.,2008; Silverman et al.,2009)。

现有的对于海洋酸化生态效应的认识在很大程度上依赖于实验室培养实验(模拟酸化后的海水化学条件进行培养以观测海洋生物对于酸化的反应),围隔实验(Breitbarth et al.,2010; Jokiel et al.,2008; Langdon et al.,2000),以及对天然环境中高 CO_2 水体的调查,如存在火山 CO_2 出口的区域(Hall-Spencer et al.,2008)和受近岸上升流影响的区域(Feely et al.,2008)。但是,迄今的研究还不能准确、系统地评估海洋酸化对海洋生态系统的影响(Doney,2009; Doney et al.,2009; Fabry et al.,2008; Guinotte and Fabry,2008)。我们关于海洋生物对酸化的生理反应机理还认识不足,对于酸化条件下不同物种之间的相互作用以及整个海洋生态系统对酸化的响应还知之甚少。而当前研究海洋酸化生态效应最大的难点在于:酸化与其他驱动海洋生态系统变化的因子(如温度、溶解氧、光照等)可能产生复杂的协同效应,因此需要在从个体到生态系统的不同层次探究多重胁迫下的生态效应。

3 pH 的测定

pH 是海洋酸化的指针参数,也是描述和表征海水碳酸盐体系的基本参数之一(Byrne et al.,1999; Clayton et al.,1995)。直接观测海洋酸化导致的海水 pH 变化需要长期可靠的连续观测;而用 pH 准确定量描述碳酸盐体系则要求 pH 测定的准确度达到 0.001;这就对 pH 测定的准确性和精密度提出了较高的要求。目前存在多种容易混淆的不同的海水 pH 标度定义,忽略标度差异也会给相关的测定和计算带来显著的误差。因此,下文将系统地介绍 pH 的定义、标度、测定方法、仪器开发和应用。

3.1 pH 标度(pH scales)及不同海水 pH 标度的换算

pH 的理论定义为 H^+ 活度的负对数:$pH_a = -\log a(H^+)$,由于单种离子的活度无法测定,IUPAC (International Union of Pure and Applied Chemistry) 所给的 pH 定义是基于 NBS (National Bureau of Standards,现名为 NIST:National Institute of Standard and Technology)标准缓冲溶液的操作定义(Covington et al.,1985a)。NBS 标准缓冲溶液适用于具有较低离子强度的淡水(Bates et al.,1973; Covington et al.,1985b);将其应用于测定海水时,由于校正(NBS 缓冲溶液离子强度 ~0.1)和测定(海水样品离子强度 ~0.7)的溶液组分不同,液接电位的显著改变会导致约 0.01 的测定误差(Dickson,1984)。为了使缓冲溶液与海水样品组分接近从而降低由液接电位差别引起的误差,目前海水 pH 测定所使用的标准缓冲溶液是在人工海水基底上进行配制的(Dickson,1993b)。例如,“Tris”是目前海水 pH 测定中最常用的标准缓冲溶液(Delvalls and Dickson,1998; Nemzer and Dickson,2005)。

根据 H^+ 浓度定义和标准缓冲溶液海水基底组分的差异,不同的海洋学家先后引入了“自由氢离子标度(free scale)”,“总氢离子标度(total scale)”和“海水氢离子标度(seawater scale)”等多种海水 pH 标度(Dickson,1984; Friis et al.,2004; Goyet and Poisson,1989; Hansson,1973; Khoo et al.,1977):

$$pH_X = -\log[H^+]_X, \quad (3)$$

下标“X”表示不同的标度,NBS 为 NBS 标度,F 为自由氢离子标度,T 为总氢离子标度,sws 为海水氢离子标度。如表 1 所示,不同海水 pH 标度的差异主要是由于对 H^+ 浓度定义的不同,而具体反映在标准缓冲溶液使用的人工海水基底组分的差别(Friis et al.,2004; Zeebe and Wolf-Gladrow,2001):pH_F 使用的人工海水只包含完全解离的主要盐类物质;pH_T 还需要包含不完全解离的硫酸盐;pH_{sws} 则更进一步综合考虑 HF 的解离平衡。因此,在使用任何海水 pH 数据时需要确认其使用的标度,特别是在对比不同的 pH 数据时应对确保各数据使用的是相同的标度。

不同标度的定义及其换算方式如下:

$$pH_F = pH_T + \log\left(1 + \frac{S_T}{K_{HSO_4^-}}\right) = pH_{sws} + \log\left(1 + \frac{S_T}{K_{HSO_4^-}} + \frac{S_F}{K_{HF}}\right), \quad (4)$$

公式中 $S_T = [HSO_4^-] + [SO_4^{2-}]$,$F_T = [HF] + [F^-]$,$K_{HSO_4^-}$ 与 K_{HF} 为 HSO_4^- 与 HF 的解离常数。在温度为 25℃,盐度为 35 的条件下,不同 pH 标度的大致差别如下(Zeebe and Wolf-Gladrow,2001):

$$pH_F \approx pH_T + 0.11 \approx pH_{sws} + 0.12 \quad (T = 25℃, S = 35), \quad (5)$$

从公式(5)可以看出,由于海水中 HSO_4^- 的浓度远高于 HF,pH_T 与 pH_{sws} 差别较小(0.01)。由于海水中的 $[H^+]_T$ 可以被直接测定(Dickson,1993a),同时考虑到解离常数（$K_{HSO_4^-}$，K_{HF}，公式 4）的不确定性，目前的海洋研究工作中一般推荐使用 pH_T。

表 1　不同 pH 标度的对比

pH 标度	应用	标准缓冲溶液基底	定义
NBS 标度	淡水	纯水	$[H^+]_{NBS} \approx a(H^+)$
自由氢离子标度（free scale）	海水	人工海水（完全解离的主要离子）	$[H^+]_F = [H^+]$
总氢离子标度（total scale）	海水	人工海水（完全解离的主要离子$+S_T$）	$[H^+]_T = [H^+]_F \times (1 + S_T/K_{HSO_4^-}) \approx [H^+]_F + [HSO_4^-]$
海水氢离子标度（seawater scale）	海水	人工海水（完全解离的主要离子$+S_T+F_T$）	$[H^+]_{sws} = [H^+]_F \times (1 + S_T/K_{HSO_4^-} + F_T/K_{HF}) \approx [H^+]_F + [HSO_4^-] + [HF]$

注：表中浓度单位为 μmol/kg，$S_T = [HSO_4^-] + [SO_4^{2-}]$，$F_T = [HF] + [F^-]$，$K_{HSO_4^-}$ 与 K_{HF} 为 HSO_4^- 与 HF 的解离常数。

当前应用于海水 pH 测定的方法主要有两种（Dickson，1993a）：使用电极的电位法测定和使用指示剂的光度法测定。其测定的标准操作规程可以参见《Guide to best practices for ocean CO_2 measurements》中的相关章节（Dickson et al.，2007）。

3.2　电极电位法

电极法使用氢离子可逆电极分别测定标准缓冲溶液（s）和待测溶液（x）的电势电位，根据能斯特方程有：

$$pH_x = pH_s + \frac{E_s - E_x + \Delta E_j}{RT\ln 10/F}, \tag{6}$$

其中 E_s，E_x 是测定所得的标准缓冲溶液和待测溶液的电势电位（mV），R 为理想气体常数[8.314 J/(K·mol)]，T 为温度（单位为 K），F 为法拉第常数（96 485 C/mol），pH_s 是标准缓冲溶液的已知准确 pH 值，ΔE_j 是标准缓冲溶液和待测溶液的液接电位差值。如标准缓冲溶液与待测溶液组分近似相同，则可忽略 ΔE_j 而得到 pH 的操作定义（Covington et al.，1985a；IUPAC，1979）：

$$pH_x = pH_s + \frac{E_s - E_x}{RT\ln 10/F}. \tag{7}$$

电极法测定只需要电极，电位计和 pH 标准缓冲溶液，其设备简单便宜，便于携带且操作快捷，细致的操作可以使实验室测定的重现性达到 ±0.003（Byrne et al.，1988）。但是，电极漂移使电极法较难准确观测 pH 的精细变化，且需要频繁使用标准缓冲溶液进行校正以保证测定的准确性。由于电极漂移和不同电极系统之间的差异，以及 pH 缓冲液在配制和保存时可能存在的问题，许多情况下（特别是不同实验者之间）测定结果的差异往往比较大（～0.01，Dickson，1993a）。

3.3　光度法

光度法测定 pH 的基本原理是向待测样品添加指示剂，测定解离平衡后指示剂不同形态的吸光值并结合其热力学参数来计算 pH 值。针对海水 pH 范围（一般为 7.4～8.4），海水光度法一般利用磺肽指示剂（sulfonephthalein indicator）的二级解离平衡反应（其一级解离发生在 pH=2 的酸性条件下）。

$$HI^- \rightleftharpoons H^+ + I^{2-}, \quad pK(HI^-) = \frac{[I^{2-}]/[H^+]}{[HI^-]}, \tag{8}$$

其中 $pK(HI^-)$ 为指示剂的二级解离常数，依不同指示剂其数值在 10^{-9} 至 10^{-4}。$[I^{2-}]$ 和 $[HI^-]$ 为指示剂不同形态的浓度（μmol/kg）。当指示剂达到解离平衡时，根据公式（8），被测溶液的 pH 可表达为：

$$pH = pK(HI^-) + \log([I^{2-}]/[HI^-]). \tag{9}$$

目前常用的双波长测定法一般选择在 $[HI^-]$ 和 $[I^{2-}]$ 的最大吸收波长 λ_1，λ_2 下分别测定样品的吸光度 $A_{\lambda 1}$ 和 $A_{\lambda 2}$，根据朗伯比尔定律，公式（9）可写作：

$$pH = pK(HI^-) + \log\frac{R - e_1}{e_2 - R \times e_3}, \tag{10}$$

其中 e_1，e_2，e_3 为指示剂不同形态在不同波长的摩尔吸光系数的比值，R 为吸光度比值：

$$e_1 = \frac{\varepsilon_{\lambda 2}(HI^-)}{\varepsilon_{\lambda 1}(HI^-)}, e_2 = \frac{\varepsilon_{\lambda 2}(I^{2-})}{\varepsilon_{\lambda 1}(HI^-)}, e_3 = \frac{\varepsilon_{\lambda 1}(I^{2-})}{\varepsilon_{\lambda 1}(HI^-)},$$

$$R = \frac{A_{\lambda 2}}{A_{\lambda 1}}. \tag{11}$$

由公式（10）和（11）可知，只要确定指示剂相关热力学常数，并对指示剂解离平衡后的海水样品进行吸光值测定即可求算出其 pH。海水组成较恒定，用温度、盐度和压强即可较精确地描述指示剂在海水中的物理化学行为（Hopkins et al.，2000；Robertbaldo et al.，1985）。研究者已经对许多指示剂的相关常数进行了测定：如酚红（phenol red）（Byrne et al.，1988；Robertbaldo et al.，1985），甲酚红（cresol red）（Byrne and Breland，1989），间甲酚紫（m-cresol purple）（Clayton and Byrne，1993），百里酚蓝（thymol blue）（Zhang and Byrne，1996）等。其中，百里酚蓝较适合于表层海水的测定（pH≥7.9），而间甲酚紫适合于开阔大洋全剖面的 pH 测定（Dickson et al.，2007）。

光度法自身具有很高的测定灵敏度且稳定，使用双波长吸光度比值可以降低光路长度、指示剂浓度和温度变化对测定结果的影响，而对第三参比波长（指示剂两种形态都没有吸收）的监测可以确保样品测定条件的一致性，进一步提高测定的精密度和准确度（Byrne and Breland，1989）。指示剂在海水中的解离平衡迅速，而且光度法测定可于封闭体系内进行，最大程度上隔绝了气体交换等对样品 pH 的影响。在指示剂相关常数完成实验室测定后，光度法只需要测定样品的吸光值即可计算 pH，可以实现现场工作的“免校正”。通过记录测定时的条件和吸光度比值，在更准确的指示剂常数出现后，可以方便地校正历史数据从而保证其延续性和可比性（Clayton and Byrne，1993）。

在光度法测定中需要注意的是：(1) 温度控制（一般需达 ±0.1℃），指示剂的理化参数是温度的函数，解离平衡等过程也受温度影响，因此温度对于光度法的准确测定十分重要（Robertbaldo et al.，1985）；(2) 指示剂添加的校正，向样品中添加指示剂相当于引入一对新的酸碱对，会对样品 pH 产生影响，其程度取决于指示剂溶液和样品 pH 的相对差异，因此实际工作中需要对指示剂添加的影响进行校正（Clayton and Byrne，1993）。

WOCE/JGOFS/OACES 等全球海洋考察计划中大量样品测定结果表明目前光度法测定的精密度可以达到 0.000 4（Yao et al.，2007）。Dickson（1993a）评估光度法潜在的准确度为 ±0.002，而相关研究报道光度法测定准确度可达 ±0.005；（Hunter et al.，2000；Olsen et al.，2002；Carr et al.，2003；Clayton and Byrne，1993；Mcelligott et al.，1998）。

3.4 pH 标准缓冲溶液

电极法需要根据待测样品的性质来选择合适的标准缓冲溶液以减小液接电位差，并校正电极漂移确保电极法测定的准确性（Dickson，1993b；Dickson et al.，2007）。在光度法测定中，pH 标准缓冲溶液用于确定指示剂热力学常数，也直接与测定结果的准确度相关（Clayton and Byrne，1993；Zhang and Byrne，1996）。准确制备和使用统一的 pH 标准缓冲溶液是不同研究者数据可以比较的前提。因此，标准缓冲溶液对于 pH 测定至关重要，需要确保其在配制过程的准确性和保存过程中的稳定性。一般来说，配制 pH 标准缓冲溶液的误差在 ±0.001pH单位（Byrne，1987），但在储存过程中，CO_2 交换、生物作用或者其他沾污可能改变标准缓冲溶液的 pH 值。在固定的温度压力条件下，指示剂在固定 pH 下具有恒定的吸光度比值，因此光度法可以简单便捷地评估 pH 标准缓冲液的制备和变化（Byrne，1987）。

3.5 淡水和河口水体的 pH 测定

自然水体的 pH 通常受控于碳酸盐系统，地表水的 pH 一般在 6.5～8.5，地下水等富含 CO_2 的水体 pH 可以低至 5，而 Ca^{2+} 和 CO_3^{2-} 浓度较高的水体 pH 有可能高于 8。使用 NBS 标准缓冲溶液的电极法测定适用于河流、湖泊、地下水等低离子强度的淡水（Covington et al.，1985a）。通过在低离子强度下测定指示剂的热力学参数，光度法也可应用于淡水 pH 的测定，并且实现优于 ±0.001 的精确度（French et al.，2002；Yao and Byrne，2001）。在河口区域，水体的盐度跨度显著，离子强度变化明显，pH 准确测定相对较难实现。理论上电极法可以通过配制不同盐度的 pH 标准缓冲溶液来消除液接电位差别引起的测定误差，但不同离子强度下的校正在实际操作中难以实现（Millero，1986）。因此，Covington 和 Whitfield（1988）推荐使用统一的 pH 标准缓冲溶液对河口全盐度范围水体的 pH 进行测定，将所使用的电极系统在不同盐度的“Tris”标准缓冲溶液中进行校正。通过测定指示剂热力学常数与盐度的关系，光度法也可以应用于河口水体的 pH 测定，其准确度约为 ±0.01（Mosley et al.，2004）。

3.6 pH 测定仪器的开发现状和应用前景

基于电极测定的 pH 探头已经广泛被应用到各种现场仪器中，但电极的漂移问题使电极 pH 探头难以在长期连续监测中获得准确的数据。随着研究者的不断开发，光度法在测定速度和操作自动化方面得到有效的提高，逐渐从离散样品测定发展为走航连续测定(Bellerby et al.，2002；Liu et al.，2006；Tapp et al.，2000)，原位监测(Martz et al.，2003，2010；Seidel et al.，2008)和剖面仪器(Nakano et al.，2006)。基于 pH 光度法测定的基本原理，还可以实现对其他海水碳酸盐体系参数的测定，如 DIC (Byrne et al.，2002)，TA(Breland and Byrne，1993；Yao and Byrne，1998)，pCO_2 (Degrandpre et al.，1999；Lu et al.，2008；Wang et al.，2007)以及多参数同时分析(Wang et al.，2007)。未来仪器的发展方向是研发更准确可靠的走航或原位长期自动化测定系统，为解析海洋生物化学变化过程提供高质量、高时间分辨率的数据支持。此外，卫星遥感技术的发展也为研究海洋碳酸盐系统和海洋酸化提供了新的可能性(Sun et al.，2012)。

4 小结

现场观测和模型模拟都明确表明了海洋在吸收人类排放 CO_2 后酸度的增加，海洋酸化对于海洋生态系统(特别是钙化生物)可能产生巨大影响。但是，目前酸化实验的结果还不能准确反应整个海洋生态系统对酸化过程的响应；我们对海洋生物对酸化的生理反应机理还缺乏足够的了解；海洋酸化与气候变化及其他影响海洋生态系统的控制因子的综合影响也需要进一步的研究。未来的海洋酸化相关研究需要从多学科的角度，运用综合手段，从海洋生物的个体、种群、群落和生态系统各层面考察海洋酸化的影响。海洋酸化是一个可逆的过程，我们应该意识到应对海洋酸化的最切实有效的方法是使用可持续的清洁能源代替目前的化石燃料，从根源上减少 CO_2 的排放，而不是在排放以后"亡羊补牢"式地来思考应对的措施。

pH 是反映水体酸碱状态的重要指标，精确测定海水 pH 对理解各种海洋生物地球化学过程具有重要意义。目前测定 pH 的基本方法有电极法和光度法两种。电极法使用电极和电位计进行测定，其仪器简单便宜且操作方便，但需要利用标准缓冲溶液频繁进行校正。光度法可以实现较高的测定精密度和准确度，现场测定无需使用标准缓冲溶液进行校正，利用吸光值原始数据可以实现对历史数据进行校正而保证其统一可比；但是光度法操作相对复杂，测定速度较慢，高精度的光度计一般比较昂贵且不便携带，且光度法不适用于测定浊度较高、悬浮颗粒较多的水体。船载走航式 pH 测定系统或原位传感器的研发技术的发展可以实现 pH 的快速测定和长期自动监测，从而为海洋生物地球化学研究提供更有力的技术支持。pH 测定需要应该根据研究需求的准确度、精密度和实际条件选择合适的测定方法和 pH 标准缓冲溶液；在测定海水样品和使用海水 pH 数据时，还需要特别注意所使用的 pH 标度。

参考文献：

翟惟东，赵化德，郑楠，等. 2012. 2011 年夏季渤海西北部、北部近岸海域的底层耗氧与酸化[J]. 科学通报，57：753－758.

Anthony K R N，Kline D I，Diaz-Pulido G，et al. 2008. Ocean acidification causes bleaching and productivity loss in coral reef builders[J]. Proceedings of the National Academy of Sciences of the United States of America，105：17442－17446.

Bates N R. 2007. Interannual variability of the oceanic CO_2 sink in the subtropical gyre of the North Atlantic Ocean over the last 2 decades[J]. Journal of Geophysical Research-Oceans，112：C09013.

Bates N R，Peters A J. 2007. The contribution of atmospheric acid deposition to ocean acidification in the subtropical North Atlantic Ocean[J]. Marine Chemistry，107：547－558.

Bates R G，Roy R N，Robinson R A. 1973. Buffer standards of Tris(Hydroxymethyl)Methylglycine (Tricine) for physiological range pH 7.2 to 8.5[J]. Analytical Chemistry，45：1663－1666.

Bellerby R G J，Olsen A，Johannessen T，et al. 2002. A high precision spectrophotometric method for on-line shipboard seawater pH measurements：the automated marine pH sensor (AMpS) [J]. Talanta，56：61－69.

Beman J M，Chow C E，King A L，et al. 2011. Global declines in oceanic nitrification rates as a consequence of ocean acidification[J]. Proceedings of the National Academy of Sciences of the United States of America，108：208－213.

Breitbarth E，Bellerby R J，Neill C C，et al. 2010. Ocean acidification affects iron speciation during a coastal seawater mesocosm experiment[J]. Biogeosciences，7：1065－1073.

Breland J A，Byrne R H. 1993. Spectrophotometric procedures for determination of sea-water alkalinity using bromocresol green[J]. Deep-Sea

Research I,40:629－641.

Broecker W S,Peng T-H. 1987. The role of $CaCO_3$ compensation in the glacial to interglacial atmospheric CO_2 change[J]. Global Biogeochem Cycles,1:15－29.

Byrne R H. 1987. Standardization of standard buffers by visible spectrometry[J]. Analytical Chemistry,59:1479－1481.

Byrne R H,Breland J A. 1989. High precision muitiwavelength pH determinations in seawater using cresol red[J]. Deep-Sea Research,36:803－810.

Byrne R H,Liu X W,Kaltenbacher E A,et al. 2002. Spectrophotometric measurement of total inorganic carbon in aqueous solutions using a liquid core waveguide[J]. Analytica Chimica Acta,451:221－229.

Byrne R H,Mcelligott S,Feely R A,et al. 1999. The role of pH_T measurements in marine CO_2-system characterizations[J]. Deep Sea Research I,46:1985－1997.

Byrne R H,Robertbaldo G,Thompson S W,et al. 1988. Seawater pH measurement:an at-sea comparation of spectrophotometric and potentiometic methods[J]. Deep-Sea Research,35:1405－1410.

Cai W J,Hu X,Huang W J,et al. 2011. Acidification of subsurface coastal waters enhanced by eutrophication[J]. Nature Geoscience,4:766－770.

Clayton T D,Byrne R H. 1993. Spectrophotometric seawater pH measurements—Total hydrogen-ion concentration scale calibration of m-cresol purple and at-sea results[J]. Deep-Sea Research I,40:2115－2129.

Clayton T D,Byrne R H,Breland J A,et al. 1995. The role of pH measurements in modern oceanic CO_2-system characterizations:Precision and thermodynamic consistency[J]. Deep-Sea Research II,42:411－429.

Covington A K,Bates R G,Durst R A. 1985a. Definition of pH scales,standard reference values,measurement of pH and related terminology [J]. Pure and Applied Chemistry,57:531－542.

Covington A K,Whalley P D,Davison W. 1985b. Recommendations for the determination of pH in low Ionic-strength fresh waters[J]. Pure and Applied Chemistry,57:877－886.

Covington A K,Whitfield M. 1988. Recommendations for the determination of pH in sea-water and estuarine waters[J]. Pure and Applied Chemistry,60:865－870.

Degrandpre M D,Baehr M M,Hammar T R. 1999. Calibration-free optical chemical sensors[J]. Analytical Chemistry,71:1152－1159.

Delvalls T A,Dickson A G. 1998. The pH of buffers based on 2-amino-2-hydroxymethyl-1,3-propanediol ('tris') in synthetic sea water[J]. Deep-Sea Research I,45:1541－1554.

Dickson A G. 1984. pH scales and proton-transfer reactions in saline media such as sea-water[J]. Geochimica Et Cosmochimica Acta,48:2299－2308.

Dickson A G. 1993a. The measurement of sea water pH[J]. Marine Chemistry,44:131－142.

Dickson A G. 1993b. pH buffers for sea water meida based on the total hydrogen ion concentration scale[J]. Deep-Sea Research I,40:107－118.

Dickson A G,Sabine C L,Christian J R. 2007. Guide to Best Practices for Ocean CO_2 Measurements[M]. PICES Special Publication,3. Sidney, British Columbia, Canada:North Pacific Marine Science Organization:176.

Doney S. 2009. The consequences of human-driven ocean acidification for marine life[R]. F1000 Biology Reports 1:36.

Doney S C,Fabry V J,Feely R A,et al. 2009. Ocean acidification:the other CO_2 problem[J]. Annual Review of Marine Science,1:169－192.

Doney S C,Schimel D S. 2007. Carbon and climate system coupling on timescales from the Precambrian to the anthropocene[J]. Annual Review of Environment and Resources,32:31－66.

Fabry V J,Seibel B A,Feely R A,et al. 2008. Impacts of ocean acidication on marine fauna and ecosystem processes[J]. ICES Journal of Marine Science,65:414－432.

Feely R A,Doney S C,Cooley S R. 2009. Ocean acidification:present conditions and future changes in a high-CO_2 world[J]. Oceanography,22:36－47.

Feely R A,Sabine C L,Hernandez-Ayon J M,et al. 2008. Evidence for upwelling of corrosive "acidified" water onto the continental shelf[J]. Science,320:1490－1492.

Feely R A,Sabine C L,Lee K,et al. 2004. Impact of anthropogenic CO_2 on the $CaCO_3$ system in the oceans[J]. Science,305:362－366.

French C R,Carr J J,Dougherty E M,et al. 2002. Spectrophotometric pH measurements of freshwater[J]. Analytica Chimica Acta,453:13－20.

Friis K,Kortzinger A,Wallace D W R. 2004. Spectrophotometric pH measurement in the ocean:Requirements,design,and testing of an autonomous charge-coupled device detector system[J]. Limnology and Oceanography. Methods,2:126－136.

Gattuso J P,Hansson L. 2011. Ocean Acidification[M]. Oxford:Oxford University Press:352.

Gattuso J P,Frankignoulle M,Bourge I,et al. 1998. Effect of calcium carbonate saturation of seawater on coral calcification[J]. Global and

Planetary Change,18:37－46.

González-Dávila M,Santana-Casiano J M,González-Dávila E F. 2007. Interannual variability of the upper ocean carbon cycle in the northeast Atlantic Ocean[J]. Geophysical Research Letters,34:L07608.

Goyet C,Poisson A. 1989. New Determination of Carbonic-Acid Dissociation-Constants in Seawater as a Function of Temperature and Salinity [J]. Deep-Sea Research Part I,36:1635－1654.

Guinotte J M,Fabry V J. 2008. Ocean acidification and its potential effects on marine ecosystems[J]. Annals of the New York Academy of Sciences,1134:320－342.

Hall-Spencer J M,Rodolfo-Metalpa R,Martin S,et al. 2008. Volcanic carbon dioxide vents show ecosystem effects of ocean acidification[J]. Nature,454:96－99.

Hansson I. 1973. New set of pH-scales and standard buffers for sea-water[J]. Deep-Sea Research,20:479－491.

Hoegh-Guldberg O,Mumby P J,Hooten A J,et al. 2007. Coral reefs under rapid climate change and ocean acidification[J]. Science,318:1737－1742.

Hopkins A E,Sell K S,Soli A L,et al. 2000. In-situ spectrophotometric pH measurements:the effect of pressure on thymol blue protonation and absorbance characteristics[J]. Marine Chemistry,71:103－109.

Iglesias-Rodriguez M D,Halloran P R,Rickaby R E M,et al. 2008. Phytoplankton calcification in a high-CO_2 world[J]. Science,320:336－340.

IPCC. 2007. Climate Change 2007:Synthesis Report. Contribution of Working Groups I,II and III to the Fourth Assessment Report of the Intergovernmental Panel on Climate Change[C]// Core Writing Team,Pachauri R K,Reisinger A,eds. Geneva,Switzerland:IPCC:104.

Ishimatsu A,Hayashi M,Kikkawa T. 2008. Fishes in high-CO_2,acidified oceans[J]. Marine Ecology－Progress Series,373:295－302.

Iupac. 1979. Manual of symbols and terminology for physicochemical quantities and units[J]. Pure and Applied Chemistry,51:1－41.

Jokiel P L,Rodgers K S,Kuffner I B,et al. 2008. Ocean acidication and calcifying reef organisms:a mesocosm investigation[J]. Coral Reefs,27:473－483.

Khoo K H,Ramette R W,Culberson C H,et al. 1977. Determination of hydrogen-ion concentrations in seawater from 5 to 40 degreesc-standard potentials at salinities from 20 to 45 percent[J]. Analytical Chemistry,49:29－34.

Kump L R,Brantley S L,Arthur M A. 2000. Chemical,weathering,atmospheric CO_2,and climate[J]. Annual Review of Earth and Planetary Sciences,28:611－667.

Langdon C,Takahashi T,Sweeney C,et al. 2000. Effect of calcium carbonate saturation state on the calcification rate of an experimental coral reef[J]. Global Biogeochemical Cycles,14:639－654.

Law C S,Breitbarth E,Hoffmann L J,et al. 2012. No stimulation of nitrogen fixation by non-filamentous diazotrophs under elevated CO_2 in the South Pacific[J]. Global Change Biology,18:3004－3014.

Le Quere C,Raupach M R,Canadell J G,et al. 2009. Trends in the sources and sinks of carbon dioxide[J]. Nature Geoscience,2:831－836.

Levitan O,Rosenberg G,Setlik I,et al. 2007. Elevated CO_2 enhances nitrogen fixation and growth in the marine cyanobacterium Trichodesmium [J]. Global Change Biology,13:531－538.

Liu J W,Weinbauer M G,Maier C,et al. 2010. Effect of ocean acidification on microbial diversity and on microbe-driven biogeochemistry and ecosystem functioning[J]. Aquatic Microbial Ecology,61:291－305.

Liu X W,Wang Z H A,Byrne R H,et al. 2006. Spectrophotometric measurements of pH in-situ:Laboratory and field evaluations of instrumental performance[J]. Environmental Science & Technology,40:5036－5044.

Liu Z H,Dreybrodt W,Liu H. 2011. Atmospheric CO_2 sink:Silicate weathering or carbonate weathering? [J]. Applied Geochemistry,26:S292－S294.

Lu Z M,Dai M H,Xu K M,et al. 2008. A high precision,fast response,and low power consumption in situ optical fiber chemical pCO_2 sensor [J]. Talanta,76:353－359.

Martz T R,Carr J J,French C R,et al. 2003. A submersible autonomous sensor for spectrophotometric pH measurements of natural waters[J]. Analytical Chemistry,75:1844－1850.

Martz T R,Connery J G,Johnson K S. 2010. Testing the Honeywell Durafet® for seawater pH applications[J]. Limnology and Oceanography－Methods,8:172－184.

Marubini F,Barnett H,Langdon C,et al. 2001. Dependence of calcification on light and carbonate ion concentration for the hermatypic coral Porites compressa[J]. Marine Ecology－Progress Series,220:153－162.

Mcelligott S,Byrne R H,Lee K,et al. 1998. Discrete water column measurements of CO_2 fugacity and pH_T in seawater:A comparison of direct measurements and thermodynamic calculations[J]. Marine Chemistry,60:63－73.

Millero F J. 1986. The pH of estuarine waters[J]. Limnology and Oceanography,31:839－847.

Mosley L M,Husheer S L G,Hunter K A. 2004. Spectrophotometric pH measurement in estuaries using thymol blue and m-cresol purple[J].

Marine Chemistry, 91: 175—186.

Mucci A. 1983. The solubility of calcite and aragonite in seawater at various salinities, temperatures, and one atmosphere total pressure[J]. American Journal of Science, 283: 780—799.

Nakano Y, Kimoto H, Watanabe S, et al. 2006. Simultaneous vertical measurements of in situ pH and CO_2 in the sea using spectrophotometric profilers[J]. Journal of Oceanography, 62: 71—81.

Nemzer B V, Dickson A G. 2005. The stability and reproducibility of Tris buffers in synthetic seawater[J]. Marine Chemistry, 96: 237—242.

Orr J C, Fabry V J, Aumont O, et al. 2005. Anthropogenic ocean acidification over the twenty-first century and its impact on calcifying organisms. Nature, 437: 681—686.

Riebesell U, Fabry V J, Hansson L, et al. 2010. Guide to Best Practices for Ocean Acidification Research and Data Reporting[M]. Luxembourg: Publications Office of the European Union: 260.

Riebesell U, Zondervan I, Rost B, et al. 2000. Reduced calcification of marine plankton in response to increased atmospheric CO_2[J]. Nature, 407: 364—367.

Ries J B, Cohen A L, Mccorkle D C. 2009. Marine calcifiers exhibit mixed responses to CO_2-induced ocean acidification[J]. Geology, 37: 1131—1134.

Robertbaldo G L, Morris M J, Byrne R H. 1985. Spectrophotometric determination of seawater pH using phenol red[J]. Analytical Chemistry, 57: 2564—2567.

Sabine C L, Feely R A, Gruber N, et al. 2004. The oceanic sink for anthropogenic CO_2[J]. Science, 305: 367—371.

Santana-Casiano J M, Gonzalez-Davila M, Rueda M J, et al. 2007. The interannual variability of oceanic CO_2 parameters in the northeast Atlantic subtropical gyre at the ESTOC site[J]. Global Biogeochemical Cycles, 21: C09013.

Seidel M P, Degrandpre M D, Dickson A G. 2008. A sensor for in situ indicator-based measurements of seawater pH[J]. Marine Chemistry, 109: 18—28.

Silverman J, Lazar B, Cao L, et al. 2009. Coral reefs may start dissolving when atmospheric CO_2 doubles[J]. Geophysical Research Letters, 36: L05606.

Society R. 2005. Ocean Acidification Due to Increasing Atmospheric Carbon Dioxide[M]. London: The Royal Society: 57.

Soetaert K, Hofmann A F, Middelburg J J, et al. 2007. The effect of biogeochemical processes on pH[J]. Marine Chemistry, 105: 30—51.

Steinacher M, Joos F, Frolicher T L, et al. 2009. Imminent ocean acidification in the Arctic projected with the NCAR global coupled carbon cycle-climate model[J]. Biogeosciences, 6: 515—533.

Stumm W, Morgan J J. 1981. Aquatic Chemistry: An Introduction Emphasizing Chemical Equilibria in Natural Waters[M]. New York: Wiley: 795.

Sun Q, Tang D, Wang S. 2012. Remote-sensing observations relevant to ocean acidification[J]. International Journal of Remote Sensing, 33: 7542—7558.

Tapp M, Hunter K, Currie K, et al. 2000. Apparatus for continuous-flow underway spectrophotometric measurement of surface water pH[J]. Marine Chemistry, 72: 193—202.

Wang Z H A, Liu X W, Byrne R H, et al. 2007. Simultaneous spectrophotometric flow-through measurements of pH, carbon dioxide fugacity, and total inorganic carbon in seawater[J]. Analytica Chimica Acta, 596: 23—36.

Yao W S, Byrne R H. 1998. Simplified seawater alkalinity analysis: Use of linear array spectrometers[J]. Deep-Sea Research Part I, 45: 1383—1392.

Yao W S, Byrne R H. 2001. Spectrophotometric determination of freshwater pH using bromocresol purple and phenol red[J]. Analytica Chimica Acta, 35: 1197—1201.

Zeebe R E. 2012. History of seawater carbonate chemistry, atmospheric CO_2, and ocean acidification[J]. Annual Review of Earth and Planetary Sciences, 40: 141—165.

Zeebe R E, Wolf-Gladrow D. 2001. CO_2 in Seawater: Equilibrium, Kinetics, Isotopes[M]. Amsterdam: Elsevier.

Zhang H N, Byrne R H. 1996. Spectrophotometric pH measurements of surface seawater at in-situ conditions: Absorbance and protonation behavior of thymol blue[J]. Marine Chemistry, 52: 17—25.

Ocean acidification and determination of seawater pH

JIANG Zong-Pei [1,2], DAI Minhan [1]

(1. *State Key Laboratory of Marine Environmental Science, Xiamen University, Xiamen* 361005, *China*; 2. *National Oceanography Centre, University of Southampton, Southampton SO14 3ZH, United Kingdom*)

Abstract: The ocean has taken up about 30% of the total anthropogenic CO_2 emissions since the industrial revolution, which slows down the build-up of atmospheric CO_2 concentration and mitigates the human-driven climate change. At the same time, the penetration of CO_2 into the ocean lowers the seawater pH as well as the saturation state of calcium carbonate. This process, which is termed as "ocean acidification" (OA), may have a significant and diverse impact on marine ecosystem. In this paper, we outline a general introduction of OA and the recent research progress in the OA field. We also intend to provide an overview about the different definitions of pH scales, as well as the commonly used pH determination methods which includes the potentiometic method using electrode and indicator-based spectrophotometic method. Some recent developments in the instrumentation for pH determination will also be presented.

Key words: ocean acidification; seawater carbonate system; pH; pH scale; potentiometric measurement; spectrophotometic measurement

载人潜水器及其在深海科学考察中的应用

刘保华[1],丁忠军[1],史先鹏[1],于凯本[1],李德威[1],李宝钢[1]

(1. 国家深海基地管理中心,山东 青岛 266061)

摘要: 载人潜水器是深海技术开发的前沿与制高点,也是深海科学考察最先进的技术手段之一。20世纪60年代以来,随着高新技术的发展,美国、法国、俄罗斯、日本等国在载人潜水器的研制和应用上取得了快速的发展,先后掌握了大深度载人深潜技术,具备了在复杂海况下进行水下作业能力,实现了对深海和大洋洋底的现场观察、探测和取样等。目前,上述国家的载人潜水器的考察范围已经遍及全球大陆坡深水区、洋中脊、海山、海沟和洋盆等海底区域,获得了大量的深海地质、地球物理、生物、化学和环境方面的信息或样品,取得了一批重要的发现或创新性的研究成果,推动了深海科学的发展。近期,我国自主集成研制的"蛟龙"号载人潜水器顺利完成7 000 m级海试,即将投入试验性应用。本文简要介绍了各国载人潜水器的发展现状以及载人潜水器在深海科学研究中的技术优势,综述了国外载人潜水器在深海地质学、生物学和物理海洋学等领域中的应用情况。

关键词: 载人潜水器;深海;科学考察

1 引言

潜水器按照工作模式可以大致分为三大类:水下遥控机器人(ROV)、水下自治机器人(AUV)和载人潜水器(HOV)。由于载人潜水器在现场观察、超强作业等方面的优势,得到世界发达国家的高度重视,美国、法国、俄罗斯、日本先后研发了大深度载人潜水器,并且在深海地球科学、生物科学、工程技术等领域得到广泛应用,其中美国的"阿尔文(Alvin)"号下潜已经超过5 000次,取得了一批重大科学发现和原创性研究成果,为深海科学的发展发挥了不可替代的作用。2012年7月26日,我国自主集成研发的"蛟龙"号载人潜水器圆满完成了7 000 m级海试,最大下潜深度达到7 062 m,使我国成为继美国、法国、俄罗斯、日本之后第五个掌握大深度深潜的国家,并且从明年开始,"蛟龙"号将进行为期3~5 a的试验性应用。

本文简述了国外载人潜水器的现状和技术特点,介绍了国外载人潜水器在深海地质学、生物学和物理海洋学等领域的应用情况,对促进我国海洋科技工作者了解载人潜水器及其在深海科学考察中的应用领域、推动我国"蛟龙号"载人潜水器的应用有一定指导意义。

2 载人潜水器的发展现状及应用优势

载人潜水器的研制始于20世纪20年代,目的在于追求人类潜入海底的深度,一般不具备动力,能力仅限于水下观察,代表性的是美国研制的"曲斯特(Trieste)"号载人潜水器。1960年,美国海军用它潜入了西北太平洋马里亚纳海沟,并创造了10 916 m的下潜记录(廖又明,2002)。1964年,美国载人潜水器"阿尔文"号的研制成功,标志着应用型载人潜水器的诞生,该潜水器除配备了动力系统外,还配置了水下照相机、摄像机以及机械手等作业工具,使科学家能够亲自进入深海海底开展科学考察(顾继红等,2008)。随后,法国、俄罗斯和日本也相继研制了大深度载人潜水器,其中法国的"鹦鹉螺(Nautile)"号载人潜水器、俄罗斯的"和平一号(MIR I)"

基金项目: 科技部国际科技合作项目(2012DFA20970)。

作者简介: 刘保华(1960—),男,山东省嘉祥县人,博士,研究员,从事海洋地球物理调查与研究。E-mail:bhliu@fio.org.cn

和“和平二号(MIR II)”载人潜水器(付桂兰,1986)最大下潜深度可达 6 000 m,日本的“深海 6500(Shinkai6500)”号载人潜水器为 6 500 m 级,最大下潜深度曾经达到 6 527 m(刘铭秀,1985; 肖荣端等,1995)。我国“蛟龙”号载人潜水器设计深度为 7 000 m,目前已完成了海试,创造了同类型载人潜水器的最大下潜深度 7 062 m。

与其他深海科学考察装备相比,载人潜水器具有如下应用优势:(1)由于配备了完善的动力和操作系统,具有前进后退、上浮下潜、悬停定位等能力,可以精确行驶到预定目标区;(2)可搭载科学家进入海底深处,身临其境,利用人的感官视觉实现对海底地质、生物等目标物的长时间连续、直接观测;(3)科学家和潜航员的密切配合,可以实现“边观察、边操作”,灵活自如地执行海底作业任务;(4)搭载有先进的海底地形地貌、海洋环境参数等探测仪器,可以对目标物进行近距离精细测量;(5)载人潜水器一般还预留多个标准接口,可根据考察任务的需要,灵活搭载各类取样器、传感器等作业仪器装备,完成多种深海作业任务。

图 1 美国的“阿尔文”号和我国的“蛟龙”号载人潜水器

3 载人潜水器在深海科学考察中的应用

3.1 在深海地质考察中的应用

3.1.1 海底地质现象观察

载人潜水器安装的水下照明、照相和摄像设备不断得到改进,科学家不仅能够实现在深海海底近距离观察各种地质现象,而且还能将观测到的地质现象进行记录和保存,从而为深海地质学基础理论研究提供有效的证据。

1971 年至 1975 年,美国和法国联合实施了 French-American Mid-Ocean Undersea Study(FAMOUS)计划(Arcyana,1975; Ballard et al.,1977; Choukroune et al.,1978; Heirtzler et al.,1997)其目的是在深海钻探的基础上,由科学家搭乘载人潜水器直接对大洋中脊进行观测,其中美国的“阿尔文”号与法国的 3 000 m 级载人潜水器“西安纳(Cyana)”号共下潜 57 次,对大洋裂谷谷底进行了超过 200 小时的观察、照相等作业,直接观察到了新生的洋壳和转换断层,在中脊裂谷底部发现了新鲜的熔岩和年青的火山(图 2),以及平行于裂谷延伸的正断层、张性裂隙和岩墙露头等,证明了大洋中脊的确是洋壳生长和扩张的场所,为板块构造理论提供了最直接、最可靠的证据。

图 2 “西安纳”号在东太平洋海隆顶部拍摄到的新生熔岩

1977 年,美国的“阿尔文”号在东太平洋加拉帕斯裂谷进行深海地质考察时,在水深 2 500 m 发现了现代热液喷口以及喷口附近人们从未见过的生物群落,这也是人类第一次近距离观察到海底热液喷口。随后,科学家们利用载人潜水器又相继在大西洋、印度洋、北冰洋、红海和西太平洋等海域相继发现了多处海底热液喷口(Colaco et al.,2002; Phillips et al.,2003; Woodside et al.,2007; Glowka,2003; Zbinden et al.,2003; Henry et al.,2002;

Shepard，2001；Metz et al.，2000；Von Damm et al.，1985；Van Dover，2000）。图 3 为“阿尔文”号正在对在东太平洋海隆上的一处深海热液喷口进行现场观测。

图 3 “阿尔文”号在东太平洋海隆拍摄到的深海热液喷口

3.1.2 海底地质取样

作业型载人潜水器一般都配有先进灵活的机械手以及保真取样和潜钻取芯工具等，使科学家在海底非常方便地进行沉积物或岩石取样。

在 FAMOUS 计划中，美国的“阿尔文”号与法国的“西安纳”号载人潜水器联合对大西洋中脊开展了为期 5 年的科学考察，科学家通过机械手取得了大量的海底沉积物、岩石和矿物样本，为大洋中脊的深入研究提供了有力的支撑。1977 年，美国的“阿尔文”号在东太平洋加拉帕斯裂谷发现海底热液喷口的同时，直接抓取到了热液硫化物样品，开启了海底热液硫化物研究的时代。图 4 为“阿尔文”号在大西洋中脊进行岩石取样时的照片。

图 4 “阿尔文”号在东太平洋海隆顶部抓取岩石样品

3.1.3 深海地球物理调查

载人潜水器可搭载先进的深海多波束测深和侧扫声纳系统，贴近海底目标区进行勘测，这样不仅避开了海面各种干扰的影响，而且提高了勘测的分辨率，从而可以获得精细的海底地形地貌特征。

在 1974 年的 FAMOUS 计划和 1979 年的 RITA 计划中，利用搭载在“阿尔文”号上的多波束测深和侧扫声纳系统，对大西洋中脊和东太平洋海隆进行了精细勘测（Macdonald et al.，1975；Luyendyk et al.，1977）获得了大量有价值的海底地形地貌数据，为研究各种地质现象提供了重要依据（Huguen et al.，2005；Bayon et al.，2009）。1999 年，美国和日本两国利用“深海 6500”号，对夏威夷群岛海底火山进行了联合勘查，获得了海底火山的精细地貌特征，为研究这些海底火山的成长及衰亡规律提供了第一手的资料。

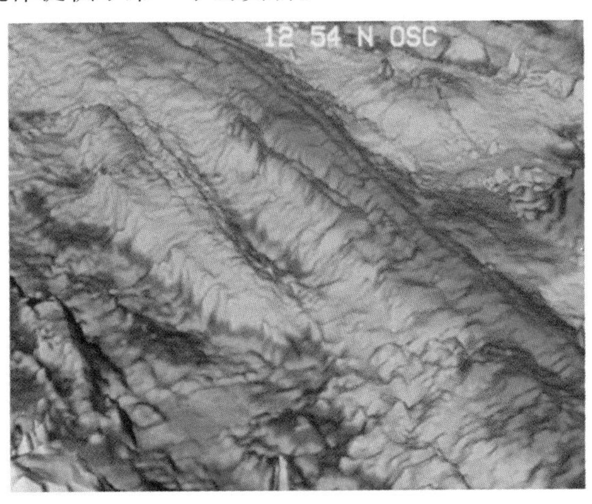

图 5 “阿尔文”号载人潜水器测得的洋中脊地形图

3.2 在深海生物考察中的应用

利用载人潜水器及其搭载的探测和取样设备，可以到达海洋深处，方便地对深海底生物进行直接观察、拍照，还可以对目标生物进行保真取样，回到实验室对其进行分析和培育，揭示深海生物生存和演化之谜（崔维成等，2008）。

3.2.1 深海热液区生物群落

深海热液区是目前国际上开展深海生物勘察研究最为活跃的区域，主要存在于水深 2 000 m 左右的大洋中脊和活动断裂带上。深海热液区附近生物群落物种及数量极为繁盛，这些生物从热液化学物质中摄取营养和能量，比如 H_2S，CO_2，H_2 和 CH_4 等，它们具有独特的生存代谢机制。自从在海底热液喷口附近发现生物群落以来，逐渐掀起了深海生物研究的热潮（Nakamura et al.，2009）。

1977 年，“阿尔文”号载人潜水器在太平洋加拉帕戈斯群岛东北 300 km 水深约 2 550 m 处的海底热液喷口附近，发现了繁盛的生物群落，包括环节类、甲壳类、软体类、须腕动物和鱼类等(Shepard, 2001)。1984 年，“阿尔文”号载人潜水器又在大西洋 3 200 m 的海底洋中脊附近发现了类似的生物群落，这些生物生长很快，从海底喷出的热水含有大量的 H_2S，这些动物不仅本身有同化 H_2S 的能力，它们还能依靠共生的硫磺细菌的化能合成作用，将 H_2S 转化为有机物。在“阿尔文”号的 MAR97 航次，在大西洋洋中脊的热液区，利用配备在载人潜水器本体上的机械手和吸管采样器，采集到了大量的深海生物样本(Colaco et al., 2002)。

法国的“鹦鹉螺”号载人潜水器在深海生物研究领域也开展了大量的工作。在 1997 年 8 月至 9 月的 MARVEL 航次中，对大西洋洋中脊(36° 13.8′N, 2 270～2 320 m 水深)处的热液喷口开展了首次科考下潜(Biscoito et al., 2001)。一年之后，在“鹦鹉螺”号载人潜水器的 AMORES 等航次，对该热液口进行了再次科考下潜，利用载人潜水器上配备的保真采样器，采集到了热液口附近的 6 个样本，为后期开展的深海生物研究奠定了基础(Biscoito et al., 2004; Zbinden et al., 2003)。该项目还针对热液喷口附近厌氧氨氧化微生物(anammox)对生物群落的作用(Byrn et al., 2009)，利用“鹦鹉螺”号载人潜水器和“Victor 6000”号水下机器人，在大西洋中脊海域不同温度的五个热液喷口附近采集到热液和生物样本，并开展了对比研究。

图 6　深海热液喷口附近生长的管状蠕虫

3.2.2　深海冷泉区生物群落

在大陆坡和深海区的天然气水合物分布区域，当海底升温或减压，就会释放出大量的甲烷，在海水

图 7　深海热液喷口附近生长的甲壳类生物

中形成甲烷柱，即所谓的“冷泉”。在冷泉附近往往发育着依赖这些流体生存的冷泉生物群落，这是一种独特的黑暗生物群落，最常见的生物有靠化能合成作用生存的管状蠕虫、双壳类、腹足类和微生物菌等，因此又被称为“碳氢化合物生物群落”。

2006 年 5 月，在墨西哥海湾北部的大陆斜坡 1 070到 2 740 m 的 8 个冷泉区域，科学家利用“阿尔文”号载人潜水器进行了冷泉生物群落的调查，发现冷泉附近动物生活习性各不相同，同时还发现了动物群体和海底沉积物中的微生物群体之间的独特联系，对冷泉附近微生物的演变过程开展了深入研究(Samantha et al., 2010; Roberts et al., 2006; Dong et al., 2010)。在 2007 年马尔马拉海的 MARNAUT 航次，利用“鹦鹉螺”号载人潜水器对该海域的冷泉、海底底栖动物、生物多样性、生物的化能合成作用以及海底生态环境进行了系统地调查研究(Ritt et al., 2010)。

图 8　冷泉附近生长的甲壳类生物群落

3.2.3 深海大生物

除了对深海生物群落开展综合考察外，国外生物学家还搭载载人潜水器，对生活在深海中的大生物进行了重点研究。

1977年，“阿尔文”号载人潜水器在太平洋加拉帕戈斯群岛东北水深2 550 m处的海底热液喷口附近的生物群落中发现了大量的环节类、甲壳类、软体类、须腕动物和鱼类等深海大生物，其中，大型的管栖蠕虫状须腕动物成团成簇存在，管长达5 m，直径4 cm，生物密度可达15 kg/m^2。在1984年“阿尔文”号对大西洋洋底深海热液喷口附近生物群落的调查中，发现了热液喷口附近的蛤类，其代谢速度比一般蛤类快约500倍。“阿尔文”号在MAR97航次中首次在大西洋中脊的热液区利用配备的机械手和吸管采样器，采集到了包括蚌类、小虾、螃蟹、腹足动物和多毛目环节动物等大量生物样本，并且在清洗蚌类及采样篮的时候，又发现了大量的无脊椎生物。

对深海大生物的研究不仅是对现存的深海生物进行研究，还包括对生物遗骨及其附近生物的研究。1992年，“深海6500”号载人潜水器在日本鸟岛海域4 146 m深处发现了古鲸遗骨，在22块古鲸骨附近发现了大量寄生的贝类和小虾。1998年和1999年间，“阿尔文”号在Santa Cruz海盆人为放置的鲸鱼尸骨附近进行了线虫生物群落的采样试验，在鲸骨放置好后的第1.5和第18个月，利用Alvin号机械手上的取样装置，在离鲸骨分别为0，1，3，9和30 m的地方，对鲸骨附近的沉积物进行了收集采样(Nicola et al.，2004)。另外，利用“阿尔文”号在美国东海岸布放海底试验箱，收集到深海软体动物标本，进一步对深海软体动物及其与家族关联性进行了研究(Scheltema et al.，2009)。

图9 “阿尔文”号在大西洋海底拍摄到的深海软体动物和虾类生物

3.3 在物理海洋中的应用

载人潜水器在物理海洋研究中也得到了应用，主要应用在海流热通量、大洋环流、热液口温度场分布等研究领域。

1977年，“阿尔文”号在太平洋加拉帕哥斯群岛附近的海底发现了第一个热液口，之后又相继在大西洋和太平洋发现了24个热液喷口。从此，海底热液喷口附近海水的流动形态、热液喷发对大洋环流模型的影响、洋壳热通量等一大批新的科学问题成为物理海洋学研究的重要内容。1988年7月至9月，Schultz等人利用Alvin潜水器对东北太平洋Juan de Fuca洋中脊Endeavour段热液喷口热通量进行了测量，并利用温度传感器阵列获得了热液喷口周边的温度场分布。1993年12月，“鹦鹉螺”号潜水器对大洋中脊存在的羽流(sheet flows)进行了观察。1994年，日本“深海6500”潜水器在东太平洋隆起南部进行了8次下潜，开展热液流场等方面的观察与研究。

4 结语

利用搭载在载人潜水器上的仪器设备，可以实现对深海目标进行有效的观察、探测和取样等，是开展深海科学研究的重要手段。20世纪60年代以来，载人深潜器在深海地质、生物等研究领域得到广泛的应用，取得了一大批深海科学重大发现和研究成果。我国在深海科学研究领域明显落后于发达国家，其根本原因是深海探测能力不足。“蛟龙”号载人潜水器 7 000 m 级海试的成功，标志着我国已初步具备了载人深潜的作业能力。充分利用这一先进技术和手段，开展深海相关科学考察和研究，可以加快推动我国深海科学的发展。

参考文献：

崔维成，徐岂南，等. 2008. “和谐号”载人潜水器的研制[J]. 船舶科学技术，30(1)：17－25.

廖又明. 2002. 载人深潜器 HOV 在海洋开发中的运用及现状[J]. 江苏船舶，19(5)：38－42.

付桂兰. 1986. 法国载人潜水器“SM97”号[J]. 海洋技术，3：37－37.

顾继红，廖又明，胡震. 2008. (美)伍兹・霍尔海洋研究中心载人深潜器计划探究暨(美)新概念 ALVIN 号载人深潜器关键技术浅析. 船舶，2：8－12.

刘铭秀. 1985. 日本海洋调查潜水器的现状和未来. 海洋工程，3(2)：86－95.

肖荣端，李志平. 1995. 俄国载人潜水器发展评介. 应用科技，2：59－65.

Arcyana X Y. 1975. Transform fault and rift valley from bathyscaphe and diving saucer[J]. Science，190：108－116.

Ballard R D，Van Andel T H. 1977. Morphology and tectonics of the inner rift valley at Lat 36°50′PN on the Mid-Atlantic Ridge[J]. Geol Soc Am Bull，88：507－530.

Bayon G，Loncke L，Dupré S，et al. 2009. Multi-disciplinary investigation of fluid seepage on an unstable margin：The case of the Central Nile deep sea fan[J]. Marine Geology，261：92－104.

Biscoito M，Almeida A J. 2004. New species of pachycara zugmayer (Pisces：Zoarcidae) from the Rainbow hydrothermal vent field (Mid-Atlantic Ridge)[J]. Copeia，(3)：562－568.

Biscoito M，Segonzac M，Almeida A J. 2001. New zoarcid fish species from deep-sea hydrothermal vents of the Atlantic and Pacific Oceans[J]. International Ridge-Crest Research：Biological Studies，10(1)：15－17.

Byrne N，Strous M，Crépeau V，et al. 2009. Presence and activity of anaerobic ammonium-oxidizing bacteria at deep-sea hydrothermal vents[J]. The ISME Journal (Multidisciplinary Journal of Microbial Ecology)，3(1)：117－123.

Choukroune P，Francheteau J，Le Pichon X. 1978. In situ structural observations along transform fault A in the FAMOUS area，Mid-Atlantic Ridge[J]. Geol Soc Am Bull，89：1013－1029.

Colaco A，Dehairs F，Desbruyères D. 2002. Nutritional relations of deep-sea hydrothermal fields at the Mid-Atlantic Ridge：a stable isotope approach[J]. Deep-Sea Research I，49：395－412.

Dong Feng，Roberts H H. 2010. Initial results of comparing cold-seep carbonates from mussel- and tubeworm-associated environments at Atwater Valley lease block 340，northern Gulf of Mexico[J]. Deep-Sea Research II，57：2030－2039.

Dupré S，Woodside J，Foucher J，et al. 2007. Seafloor geological studies above active gas chimneys off Egypt[J]. Deep-Sea Research I，54：1146－1172.

Glowka L. 2003. Putting marine scientific research on a sustainable footing at hydrothermal vents[J]. Marine Policy，27(4)：303－312.

Heirtzler J R，Van Andel T H. 1997. Project FAMOUS：Its origin，programs and setting[J]. Geol Soc Am Bull，88：481－487.

Henry P，Lallemant S，Nakamura K，et al. 2002. Surface expression of fluid venting at the toe of the Nankai wedge and implications for flow paths[J]. Marine Geology，187(1－2)：119－143.

Huguen C，Mascle J，Woodside J，et al. 2005. Mud volcanoes and mud domes of the Central Mediterranean Ridge：Near-bottom and in situ observations[J]. Deep-Sea Research I，52：1911－1931.

Luyendyk B P，Macdonald K C. 2005. Physiography and structure of the inner floor of the FAMOUS rift valley：Observations with a deep-towed instrument package[J]. Geol Soc Am Bull，88(1977) 648－663.

Macdonald K，Luyendyk B P，Mudie J D，et al. 1975. Near-bottom geophysical study of the Mid-Atlantic Ridge median valley near 37°N：Preliminary observations. Geology，3：211－215.

Metz S，Trefry J. 2000. Chemical and mineralogical influences on concentrations of trace metals in hydrothermal fluids[J]. Geochimica et Cosmochimica Acta，64(13)：2267－2279.

Nakamura K，Morishita T，Bach W，et al. 2009. Serpentinized troctolites exposed near the Kairei Hydrothermal Field，Central Indian Ridge：Insights into the origin of the Kairei hydrothermal fluid supporting a unique microbial ecosystem[J]. Earth and Planetary Science Letters，280(1－4)：128－136.

Nicola J D，Lambshead P J D，Timothy J F，et al. 2004. The impact of whale falls on nematode abundance in the deep sea[J]. Deep-Sea Research I，51：701－706.

Phillips H，Wells L，Johnson II R，et al. 2003. Deming. LAREDO：a new instrument for sampling and in situ incubation of deep-sea hydrother-

mal vent fluids[J]. Deep-Sea Research I,50:1375—1387.
Ritt B,Sarrazin J,Caprais J,et al. 2010. First insights into the structure and environmental setting of cold-seep communities in the Marmara Sea [J]. Deep-Sea Research I:Oceanographic,57(9):1120—1136.
Roberts H H,Shedd W,Hunt Jr J. 2006. Dive site geology:DSV ALVIN (2006) and ROV JASON II dives to the middle-lower continental slope,northern Gulf of Mexico[J]. Deep-Sea Research II,57:1837—1858.
Samantha B J,Marshall W B,Vladimir A S,et al. 2010. Biogeochemical signatures and microbial activity of different cold-seep habitats along the Gulf of Mexico deep slope[J]. Deep-Sea Research II,57:1990—2001.
Scheltema A H,Ivanov D L. 2009. A natural history of the deep sea aplacophoran prochaetoderma yongei and its relationship to confamilials (Mollusca,Prochaetodermatidae)[J]. Deep-Sea Research II,56:1856—1864.
Shepard A N. 2001. Applications of Human Occupied Vehicles at Hydrocarbon Seeps and Vents in the Gulf of Mexico[J]. MTS/IEEE Conference and Exibition on Oceans,2:799—806.
Van Dover C L. 2000. The Ecology of Deep-Sea Hydrothermal Vents[M]. Princeton:Princeton University Press:355.
Von Damm K L,Edmond J M,Grant B,et al. 1985. Chemistry of submarine hydrothermal solutions at 21°N,East Pacific Rise[J]. Geochim Cosmochim Acta,49:2197—2220.
Zbinden M,Bris L N,Compére P, et al. 2003. Mineralogical gradients associated with alvinellids at deep-sea hydrothermal vents[J]. Deep-Sea Research I,50(2):269—280.

Human occupied vehicle (HOV) and its applications in the deep sea research

LIU Baohua[1], DING Zhongjun[1], SHI Xianpeng[1], YU Kaiben[1], LI Dewei[1], LI Baogang[1]

(1. *National Deep Sea Center, Qingdao* 266061, *China*)

Abstract: Human occupied vehicle is the state-of-the-art deep ocean technology and is one of the most advanced methods used in deep sea research. With the development of high technology since 1960s, countries such as America, Japan, France and Russia have made a rapid progress in the development and application of human occupied vehicles; they have mastered this technology successively and are capable of applying it to the in-situ observation, detection and sampling at complex deep ocean conditions. To date, the vehicles have been applied to obtain deep-sea geological, geophysical, biological, chemical and environmental information at areas including continental slopes, mid-ocean ridges, seamounts, sea-floor trenches and ocean basins all over the world, based on which, a batch of important findings and innovative results have been achieved and thus improving the deep sea research. Recently, the human occupied vehicle *Jiaolong* developed by China has passed the 7 000 m test at sea and is ready to pilot application. This paper describes briefly the current status of the development of human occupied vehicles of each country and their advantages in deep ocean research, and reviews the application in marine geology, biology and physical oceanography of human occupied vehicle developed by foreign countries.

Key words: human occupied vehicles; deep sea; scientific research

西太平洋
——我国深海科学研究的优先战略选区

秦蕴珊[1,2]，尹宏[1*]

（1.中国科学院海洋研究所，山东 青岛 266071；
2.中国科学院海洋地质与环境重点实验室，山东 青岛 266071）

摘要：西太平洋是我国实施由浅海向深海发展战略的必经之地。从国家需求的角度来看，西太平洋海底资源丰富、海洋环境复杂，是维护国家权益的焦点、保障国防安全的屏障；从科学前沿的角度来看，西太平洋发育有独特的沟弧盆构造体系和弧后盆地热液系统、存有海底板块运动的遗迹和众多海山生态系统、更是“大洋传送带”冷暖水系的转换区。科学有序进入西太平洋深海研究领域，通过10年左右的探索与研究，实现我国深海科学研究的突破。

关键词：西太平洋；海洋科学；深海研究；发展战略；中国

1 引言

深海以其广阔的空间、丰富的资源和特殊的政治地位日益成为各国关注的重要战略区域。深海研究不仅支撑着国家发展的战略需求，还同时孕育着地球系统科学新的理论革命。20世纪后半叶，深海科学研究的突破性进展对地球系统科学的发展影响深远。其中，板块构造理论的确立[1,2]、气候变化周期的发现与古海洋学的建立[3,4]、深海热液活动和深部生物圈的发现[5,6]、大洋环流理论[7]的提出等，都对地球系统科学的发展产生了革命性的影响。21世纪深海研究继续保持着海洋科学的前沿地位，并有可能在海洋各圈层相互作用关系与过程机理、海洋极端环境与深部生物圈、地球深部动力过程与岩石圈演化等方面孕育着新的重大理论突破。

我国濒临西太平洋，西太平洋及其邻近海域是我国国家需求极为迫切的关键区域。中新生代以来中国东部大陆的构造活动和矿产资源分布、边缘海的形成演化与油气盆地的形成、地震的发生等都与西太平洋海底板块俯冲密切相关[8-10]；西太平洋活跃的构造和流体活动对地球环境变化产生重要影响，并塑造了特殊的深海生态系统，这些弧后盆地的海底热液活动区与广泛发育的海山系，使我国科学家可以凭借得天独厚的地理区位优势，将其作为取得海洋科学理论突破和国家探寻海洋战略性资源的天然实验场。

可见，西太平洋及其邻近海域不但与我国海洋权益和资源开发等国家需求密切相关，也是我国实施由浅海向深海发展战略和实现海洋强国战略的必经之地。在该区典型海域进行系统的深海科学探索与研究，将在我国地球科学、生命科学以及环境科学等多方面取得重要突破性进展，并带动相关高新技术及产业的发展。

2 西太平洋存在重大国家需求

2.1 西太平洋是海底资源的宝库

西太平洋是现今地球上超巨型俯冲带发育区，从北太平洋的阿留申海沟，向南过西太平洋的日本海沟、马里亚纳海沟，并一直延伸到南太平洋新西兰南部的普伊斯哥(Puysegur)海沟，贯穿南北。由于西太平洋的板块俯冲作用，在西太平洋边缘向陆一侧发育了占全球70%的海沟－岛弧－弧后盆地(沟

作者简介：秦蕴珊(1933—)，男，辽宁沈阳人，研究员。主要从事海洋地质学研究。E-mail：ysqin@qdio.ac.cn
* **通信作者：**尹宏(1968—)，女，河北唐山人，高级工程师。主要从事科研管理和海洋战略研究。E-mail：yinhong@qdio.ac.cn

弧盆)系统,向洋一侧发育广阔的深海盆地和密集分布的海山群。西太平洋这种独特的地质构造格局和地理环境孕育着种类丰富、储量巨大的海底资源。鄂霍次克海、日本海、中国东海及南海等蕴藏着大量的含油气盆地和天然气水合物资源;冲绳海槽、马里亚那海槽、马努斯海盆及北斐济海盆等发现正在活动的海底热液系统和巨型热液硫化物矿床,堆积了巨量的多金属沉积;浩瀚的菲律宾海盆和西太平洋星罗棋布的海山发育了丰富的铁锰结核和富钴结壳资源。这些海底资源是我国国家发展最具潜力的战略储备资源。此外,西太平洋海区极为发育的热液系统和海山系统中还培育了特殊的生态系统和生物群落,可提供独特的深海基因和酶资源,在医疗、化工等领域具有广泛的应用前景。

2.2 西太平洋是维护国家权益的焦点

西太平洋丰富的海底资源使海域内、外大陆架之争成为维护国家根本权益的迫切问题。《联合国海洋法公约》自 1994 年生效以来,我国在管辖海域划界和维护海洋权益方面面临的形势十分严峻,在我国主张的 300 万平方公里管辖海域中,有 120 万平方公里与周边国家存在争议。在东海,我国与日本在海域划界问题上存在巨大分歧,争议海域面积达 30 万平方公里;在南海,我国同越南、菲律宾、马来西亚、文莱在南沙群岛全部或部分主权归属问题上有严重争端,主张管辖海域面积的 70%存在争议。在菲律宾海,冲之鸟礁的中日之争烽烟再起。日本 2008 年 11 月以冲之鸟礁为由,向联合国大陆架界限委员会提出太平洋大陆架延伸申请。一旦申请获准,日本将获得冲之鸟礁周边超过 40 万平方公里的海洋专属经济区,其海底大陆架面积可增至相当于其陆地面积两倍的 74 万平方公里,进而享有海洋资源的开采权。中国则认为冲之鸟礁是"礁",而非日本辩称的"岛",不能供人类居住,也无法维持经济生活,日本设定大陆架没有任何根据。在这些争议中,相关国家须向大陆架界限委员会提供科学资料,其精度、可靠性和科学释义以及是否符合《海洋法公约》的规定成为维护国家权益的关键;只有掌握了充分的科学依据,才能使我国在维护国家权益的国际谈判中处于主动地位。

2.3 西太平洋是国防安全的屏障

位于第一岛链和第二岛链海域之间的西太平洋海域,战略地位十分重要,历来是全球军事活动最敏感的区域之一。有的国家已将 60%的弹道导弹核潜艇、60%的攻击性潜艇、超过一半的航空母舰编队都转移到了亚太地区,其军舰、战机长期在临近我国的西太平洋海域、空域飞行侦察,对我安全构成重大威胁。因此,突破西太平洋第一岛链已成为捍卫国家海洋安全最重要的战略布局。详细的海底地形地貌特征、重力场、磁力场、水声声学环境参数及海底声学物理参数等是舰艇巡戈、潜伏、进攻、通讯、对抗、反击时必需了解的海洋背景参数,尤其是作为水与沉积物界面的海底浅表层,对于声传播过程中反射、散射和损失具有直接影响。温家宝总理在 2010 年政府工作报告中明确指出,国防和军队现代化建设要以增强打赢信息化条件下局部战争能力为核心;著名军事专家、海军少将尹卓认为,局部战争最大可能发生的区域就在海上。在未来的海战中,要确保我军能够正确评估作战态势、制定作战方案、发挥武器装备的最佳效能、进而掌握作战的主动权,须及时开展未来作战海区海底综合参数的调查研究,这已成为十分迫切的战略任务。

3 西太平洋蕴藏着重大地球系统科学问题

3.1 西太平洋构造体系在全球板块构造理论中占有独特地位

西太平洋是全球最著名的汇聚板块边缘之一,发育着全球最老的洋壳(1.8 亿年)和地球上最年轻最壮观的海沟-岛弧-弧后盆地体系,是全球唯一可以同时观察到板块消减与增生的区域。近年来,越来越多的地球科学问题集中在汇聚板块边缘[11],如板块构造动力学、地震的孕震机制、壳幔物质相互作用、大陆增生模式和海底流体活动等。许多大型研究计划,如国际大陆边缘计划、俯冲带构造细节计划、地震带实验以及大洋钻探计划等均将西太平洋作为最重要的研究靶区[12]。在西太平洋构造体系研究中的核心科学问题是 56 Ma 以来菲律宾板块俯冲方向和残留洋脊俯冲的过程和机制问题。解决了这些科学问题就像拿到一把钥匙,不但可以打开西太平洋岩石圈演化史的大门,还可以为中国东部新生代的矿床分布规律和岩浆活动、岩石圈减薄、郯庐断裂带的活动、中国边缘海和沉积盆地的形成与演化等提供新的视角。

3.2 西太平洋弧后盆地热液系统——独具特色的海底热液活动

海底热液活动是 20 世纪 70 年代末期海洋地质

领域的重大发现，与其相关的重大资源问题、环境效应问题和非光合作用的“黑暗食物链”等生命过程已成为近半个世纪以来海洋科学研究的焦点。作为有机世界与无机世界的结合点，海底热液系统与其系统内存在的极端生命现象是研究地圈、生物圈、水圈等各圈层之间的物质交换和相互作用的最佳对象。许多科学家预言，深海极端环境与生命过程的研究将是继板块理论之后又一全新的重大理论突破。因此，海底热液活动研究是国际许多重大研究计划的核心研究内容，成为极富挑战性且前景诱人的科学研究领域，是美国、欧盟、日本、加拿大和澳大利亚等国家未来十年、十五年海洋科学发展的一个重要方向。国际上对深海热液系统的研究主要集中在大洋中脊区域，如东太平洋海隆、大西洋中脊等，对西太平弧后盆地热液系统研究的广度相对薄弱。然而，不论是从地质构造背景和岩浆活动等深部过程的角度，还是从环境效应和生态系统的角度看，西太平弧后盆地热液系统与大洋中脊都存在明显差异，具有显著的特殊性[13]。因此，西太平洋弧后盆地热液系统研究的核心科学问题就是回答它们与大洋中脊相比其特殊性在哪里？不同区位的弧后热液系统之间有什么关联？

3.3 西太平洋海山系——海底板块运动的遗迹和深海大洋中“与世隔绝”的生态系统

广袤的深海平原上分布着雄伟的海山，由于绝大多数的海山是地幔柱和板块运动的产物，因此往往形成一个由老到新的火山链（如夏威夷－帝王海岭），这成为海底扩张和板块运动理论的有力证据[14]。受海山地形的影响，在海山上方形成一个特殊的环流系统——泰勒柱[15]，泰勒柱将大洋深部的营养物质带入透光带，使这里成为一个高生产力区域，是远洋渔场探索的重点靶区。受流场和地形的制约，海山区域形成了特殊的生物地球化学环境并发育着独特的海山生物物种。因此，对海山系统的研究成为海洋科学又一热点之一[16]，并形成了系统的国际海山研究计划。尽管如此，人类对海山的认识还是相当肤浅，在全球洋底分布的 30 000 多座相对高度超过 1 000 m 的海山中，人类探索过的海山仅有 324 座。西太平洋是全球海山分布最密集的区域，分布着夏威夷－帝王海岭、麦泽伦海岭、卡罗林海岭、翁通－爪哇海台等著名的海底山脉。这些海山系统记录了中生代以来太平洋板块演化重大历史事件，承载着丰富的轨道尺度及亚轨道尺度古海洋环境演化信息，孕育着特殊的海山生态环境。西太平洋典型海山基底的结构构造、形成年代和漂移轨迹、海山沉积物和环流系统、生物群落组成和生态系统是其中的核心科学问题。通过对这些科学问题全方位的深入探求，将为中新生代以来中国东部及其边缘海重大地质事件提供新的线索，同时为我国深海生物和基因资源的开发利用开辟新的通道。

3.4 西太平洋洋流——“大洋传送带”冷、暖水系的转换区

全球大洋 90% 的水体受温盐环流影响，其经向热输送对局地和全球气候变化有明显影响，有关研究成果也被西方舆论界称为 20 世纪的科技新发现之一。而作为经向倒转环流的一部分，深水环流是各洋盆间热量、营养和溶解气体分布的一个关键控制因素，其在全球气候变化中的作用不容忽视。同时，约占全球海水体积 30%的深层水团是气候变化的重要“缓冲器”，海底藏冷效应使得大洋底层水成为一个巨大“冷源”，且大洋底层的化学组成控制着大气 CO_2 的含量变化。近期有研究表明全球变暖与大洋底部温度的增加准确对应，深而冷的海水可能对调解全球气候也起着至关重要的作用[17]。此外，现代气象与海洋学家也已确认热带西太平洋上层海洋对气候变化影响的时间尺度为 2～7 年，而对 10 年以上尺度的气候变化因素应到深海去寻找。西南太平洋是南大洋底层冷水进入太平洋的关键区域、而中北太平洋却是“大洋传送带”底层深水环流的终极点和南极深层冷水上翻转换为上层暖水的枢纽区。因此，第四纪大洋上层与深部水体古温度变化的耦合关系及其相关的同位素示踪成为西太平洋区域古海洋环境研究的核心问题。

4 结语

长期以来，我国海洋科学研究主要集中在中国近海（西太平洋边缘海），然而大洋中脊—深海盆地—俯冲带—岛弧—边缘海是一个复杂的相互关联的系统，西太平洋深海区域研究的相对滞后使中国近海研究的一些关键的核心科学问题长期悬而未决。加之由于深海研究的薄弱，导致我国海洋科学在国际前沿领域的外围徘徊。西太平洋深海研究将为我国科学家提供一个崭新的视窗和舞台，极大促进我国海洋科学研究理论水平的整体抬升，支撑国家海洋战略的科学规划与实施。

科学有序地进入西太平洋深海研究领域，是实

现我国深海研究战略目标的必要保障。以国家需求为引导、定视角；以解决核心科学问题为主线，定方案；以技术创新为支撑，抓重点。鉴于我国对西太平洋深海资料的严重缺乏，需制定一个相应的长期规划，分阶段实施。第一阶段是综合科学考察阶段，主要在于注重海洋自然过程和现象的发现，积累资料；第二阶段为全面研究阶段，主要利用多学科交叉，重点在于机制和机理上的解释；第三阶段为系统集成阶段，主要注重规律上的提升和认知，以建立我国海洋学家自主的理论体系。相信利用10年左右的时间，中国的深海科学研究定能奋起直追，跻身世界海洋科技强国之列。

致谢 中国科学院海洋地质与环境重点实验室自2008年始，组织了全体科技人员进行相对系统的有关深海科学的战略研讨，是本文构思和写作的重要基础，在此特别致谢！

参考文献：

[1] McKenzie D P, Parker R L. 1967. The North Pacific: an example of tectonics on a sphere[J]. Nature, 216:1276—1280.

[2] Morgan W J. 1968. Rises, trenches, great faults, and crustal blocks[J]. Journal of Geophysical Research, 73(6):1959—1982.

[3] Pichon X Le. 1968. Sea-floor spreading and continental drift[J]. Journal of Geophysical Research, 73(12):3661—3697.

[4] Hays J D, Imbrie J, Shackleton N J. 1976. Variations in the Earth's orbit: Pacemaker of the ice ages[J]. Science, 194(4270):1121—1132.

[5] Peter Lonsdale. 1977. Clustering of suspension-feeding macrobenthos near abyssal hydrothermal vents at oceanic spreading centers[J]. Deep-Sea Research, 24:857—863.

[6] Thomas Gold. 1999. The Deep Hot Biosphere[M]. Berlin: Springer.

[7] Wunsch C. 2002. What is the thermohaline circulation? [J]. Science, 298:1179—1181.

[8] 张文佑. 1986. 中国及邻区海陆大地构造[M]. 北京：科学出版社.

[9] 陈国达. 1997. 东亚陆缘扩张带——一条离散式大陆边缘成因的探讨[J]. 大地构造与成矿学, 21(4):2857—2859.

[10] 孙卫东，林明星，杨晓勇，等. 2010. 洋脊俯冲与斑岩铜金矿成矿[J]. 中国科学：D辑, 40(2):127—137.

[11] Hansen, Vicki L. 2007. Subduction origin on early earth: a hypothesis[J]. Geology, 35(12):1059—1062.

[12] IODP科学规划委员会. 2003. 地球、海洋和生命：IODP初始科学计划2003—2013(中译本)[M]. 上海：同济大学出版社.

[13] Barker P F, Hill I A. 1980. Asymmetric spreading in back-arc basins[J]. Nature, 285:652—654.

[14] Tarduno John, Hans-Peter Bunge, Norm Sleep, et al. 2009. The bent Hawaiian-Emperor hotspot track: inheriting the mantle wind[J]. Science, 324:50—53.

[15] Velasco Fuentes O U. 2008. Kelvin's discovery of Taylor columns[J]. European Journal of Mechanics-B / Fluids, 28(3):469—472.

[16] Wessel P, Sandwell D T, Kim S S. 2010. The global seamount census[J]. Oceanography, 23(1):24—33.

[17] Rahmstorf S. 2007. Thermohaline Ocean Circulation[M]//Elias Scott A, ed. Encyclopedia of Quaternary Sciences. Netherlands: Elsevier: 739—750.

Western Pacific: the strategic priority in China deep-sea research

QIN Yunshan[1,2], YIN Hong[1]

(1. *Institute of Oceanology, Chinese Academy of Sciences, Qingdao* 266071, *China*; 2. *Key Laboratory of Marine Geology & Environment, Chinese Academy of Sciences, Qingdao* 266071, *China*)

Abstract: Western Pacific is definitely passed through when China implements the national ocean strategy from shallow water to deep sea. From the view of national demands, western Pacific is rich in the sea bottom resources and the marine environment is quite complicated, so it would be the focus to safeguard national interests and one of the barriers in national security; From the view of scientific frontier, western Pacific has the particular trench-arc-basin tectonics, backarc basin hydrothermal systems, the remains of oceanic plate motion and many seamount ecosystems, and it also has the cold/warm water conversion zone of the thermohaline ocean circulation. Launching the western Pacific deep sea scientific research with well-planned strategy for about 10 years exploration and research, the breakthrough in China's deep sea research will be surely achieved.

Key words: western Pacific; marine science; deep sea research; development strategy; China

（该文刊于《地球科学进展》2011 年 26 卷 3 期）

北冰洋西部沉积物黏土的Sm-Nd同位素特征及物源指示意义

陈志华[1,2],李朝新[1,2],孟宪伟[1,2],石学法[1,2],程振波[1,2]

(1.国家海洋局 第一海洋研究所,山东 青岛 266061;2.国家海洋局 第一海洋研究所 海洋沉积与环境地质国家海洋局重点实验室,山东 青岛 266061)

摘要: 通过对北冰洋西部(楚科奇海及北部边缘地带、加拿大海盆)34个表层沉积物样品中黏土组分的Sm-Nd同位素分析,结果表明:(1)黏土组分的Sm-Nd同位素分异明显,可将沉积物划分为北部、西部、南部和东部等多个同位素物源区;(2)在楚科奇海,太平洋入流的向北输运自西向东形成了3个不同的同位素物源区,沉积物的$c(^{147}Sm)/c(^{144}Nd)$比值、$\varepsilon_{Nd}(0)$值和T_{DM}年龄自西向东呈递减趋势;(3)在研究区北部,顺时针方向流动的波弗特涡流将马更些河物质向西搬运至加拿大海盆和楚科奇高地,使该区沉积物$\varepsilon_{Nd}(0)$值明显偏低,T_{DM}偏大;(4)在楚科奇海北部外陆架、海台和陆坡区,太平洋水、大西洋水和波弗特涡流的相互作用使该区沉积物T_{DM}年龄的标准偏差大,同时出现了南-北源和西-南源等同位素混合类型。

关键词:北冰洋西部;表层沉积物;黏土组分;杉一钕同位素;沉积物来源

1 引言

以楚科奇海和加拿大海盆为主的北冰洋西部海域,位于欧亚大陆与北美大陆的接合部,这里为季节性海冰覆盖,又是太平洋与北冰洋之间进行物质和能量交换的重要场所,在现代和过去北极环境变化研究中具有突出地位[1-2],也是我国四次北极综合考察的重点海域。该海区沉积环境特殊,既有水体作用,又有冰筏作用,特别是太平洋和北冰洋之间的物质交换使之有别于其他海域,前人曾利用沉积学、矿物学和元素地球化学等手段来示踪该海区沉积物来源[3-8],但结果往往受到沉积物粒度等因子的制约。Sm,Nd同为稀土元素,^{143}Nd是长周期放射性核素^{147}Sm的子体($t_{1/2}=106$ Ga),Sm-Nd同位素在地球表生作用过程中基本不受沉积物粒度分异、化学风化和沉积作用过程的影响,因而是判识海底混合源沉积物属性的有效成因指标[9-13]。本文首次通过沉积物样品的Sm-Nd同位素分析探讨了研究区沉积物的来源和主要输运路径。

2 样品和方法

通过1999,2003和2008年3次北极科学考察,国家海洋局第一海洋研究所在楚科奇海及其北部海域取得了一系列的表层沉积物样品,本文报道了先期分析的34个表层沉积物样品的Sm-Nd同位素分析结果。分析站位见图1,表层沉积物为箱式取样,取样深度为0~5 cm。

黏土组分的同位素分析流程大致分为黏土提取、Sm-Nd分离及同位素测试两部分。对黏土组分的提取采用斯托克斯沉降法,加双氧水(H_2O_2)去除有机质,加稀盐酸去除碳酸钙,待黏土样品干燥后,用玛瑙研钵研磨成粉末。对Sm-Nd分离采用阳离子树脂交换法,整个分离流程在超净实验室中完成,Nd的全流程本底为2×10^{-10} g。同位素测试在宜

基金项目:国家自然科学基金项目(41076136;40506004;40706030);中国第三次北极考察资助项目(CHINARE-2008);国家海洋局第一海洋研究所所长基金项目(2007T09)。

作者简介:陈志华(1970—),男,湖南省宁乡县人,研究员,从事海洋沉积学研究。E-mail:chenzia@fio.org.cn

昌地质矿产研究所同位素实验室采用 Finnigan MAT261 多接收器质谱仪完成；采用国际标准样 NBS987 和该实验室标准 ZkbzNd 控制仪器工作状态，用国家一级标准物质 GBW04419 监控分析流程，其标准化值为 $c(^{146}\mathrm{Nd})/c(^{144}\mathrm{Nd})=0.721\ 9$。采用$[c(^{143}\mathrm{Nd})/c(^{144}\mathrm{Nd})]_{\mathrm{CHUR}}=0.512\ 638$ 计算 $\varepsilon_{\mathrm{Nd}}(0)$ 值。

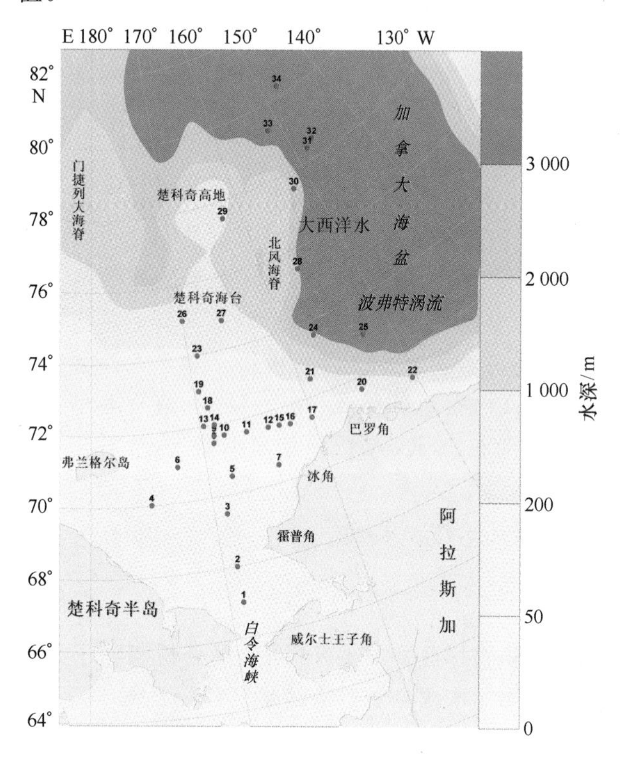

图 1　研究区分析站位与水深

3　结果分析

研究区表层沉积物中黏土组分的 Sm，Nd 含量和同位素比值分析结果见表 1。黏土组分中 Sm，Nd 的平均含量分别为 3.68×10^{-6} 和 21.71×10^{-6}。

$c(^{147}\mathrm{Sm})/c(^{144}\mathrm{Nd})$ 比值为 0.093～0.1198，平均值为 0.1033。如图 2a 所示，$c(^{147}\mathrm{Sm})/c(^{144}\mathrm{Nd})$ 比值的变化显著，在楚科奇海陆架和海台区较大，在北部的加拿大海盆和楚科奇高地较小，在楚科奇海陆架西部靠弗兰格尔岛一带最大。

$c(^{143}\mathrm{Nd})/c(^{144}\mathrm{Nd})$ 比值为 0.511 957～0.512 272，平均值为 0.512～130 7。$\varepsilon_{\mathrm{Nd}}(0)$ 值范围为 −13.28～−7.14，平均值为 −9.90，略高于页岩平均值(−10～−15)[9]，明显低于阿留申岛弧火山岩[10]，说明沉积物主要来源于周边大陆。如图 2b 所示，$\varepsilon_{\mathrm{Nd}}(0)$ 值在研究区北部的加拿大海盆和楚科奇高地低，在楚科奇海西南部及楚科奇海台区高于 −9，呈现出北低南高、西高东低的特点。

根据 Sm-Nd 同位素计算得到沉积物相对于亏损地幔的模式年龄 T_{DM} 值为 1.303～1.562 Ga，平均值为 1.406 Ga。如图 3a 所示，T_{DM} 模式年龄在研究区北部的加拿大海盆和楚科奇高地大于 1.46 Ga，说明沉积物来源于较古老的地壳或地质体；T_{DM} 年龄在楚科奇海陆架大部特别在靠阿拉斯加近海较小，说明沉积物来源于相对较为年轻的地质体，如中、新生代火山岩发育区。如图 3b 所示，T_{DM} 模式年龄的标准偏差在楚科奇海外陆架至海台一带较大，说明该区沉积物具有多源混合的特点。

表 1　研究区黏土组分的 Sm，Nd 同位素分析结果

样号	Sm (10^{-6})	Nd (10^{-6})	$c(^{147}\mathrm{Sm})/c(^{144}\mathrm{Nd})$	$c(^{143}\mathrm{Nd})/c(^{144}\mathrm{Nd})$	$\varepsilon_{\mathrm{Nd}}(0)$	T_{DM}/Ma	样号	Sm (10^{-6})	Nd (10^{-6})	$c(^{147}\mathrm{Sm})/c(^{144}\mathrm{Nd})$	$c(^{143}\mathrm{Nd})/c(^{144}\mathrm{Nd})$	$\varepsilon_{\mathrm{Nd}}(0)$	T_{DM}/Ma
1	2.73	16.19	0.1020	0.512 156±5	−9.4	1 355±7	18	3.07	17.03	0.1089	0.512 210±9	−8.3	1 366±13
2	2.39	13.76	0.105 2	0.512 186±4	−8.8	1 353±6	19	2.53	14.92	0.102 4	0.512 170±7	−9.1	1 341±10
3	2.88	16.44	0.106 0	0.512 187±5	−8.8	1 362±7	20	3.78	23.97	0.095 4	0.512 138±3	−9.8	1 303±4
4	4.26	21.82	0.118 0	0.512 272±3	−7.1	1 397±5	21	3.21	18.58	0.104 5	0.512 193±5	−8.7	1 335±7
5	2.62	15.32	0.103 5	0.512 17±5	−9.1	1 354±7	22	3.88	24.31	0.096 6	0.512 087±5	−10.7	1 382±6
6	2.50	13.24	0.114 3	0.512 13±5	−9.9	1 562±8	23	5.08	27.75	0.110 7	0.512 208±5	−8.4	1 393±7
7	3.38	20.96	0.097 6	0.512 150±2	−9.5	1 312±3	24	4.32	25.44	0.102 7	0.512 117±6	−10.2	1 417±8
8	2.91	16.60	0.106 2	0.512 204±5	−8.5	1 340±7	25	4.71	29.58	0.096 4	0.511 997±5	−12.5	1 496±6
9	4.73	24.07	0.118 8	0.512 203±4	−8.5	1 519±6	26	3.65	20.80	0.106 1	0.512 184±8	−8.9	1 367±11
10	2.76	16.05	0.104 1	0.512 18±4	−8.9	1 348±6	27	3.26	19.31	0.102 0	0.512 138±4	−9.8	1 380±5

续表 1

样号	Sm (10^{-6})	Nd (10^{-6})	$c(^{147}Sm)/c(^{144}Nd)$	$c(^{143}Nd)/c(^{144}Nd)$	$\varepsilon_{Nd}(0)$	T_{DM}/Ma	样号	Sm (10^{-6})	Nd (10^{-6})	$c(^{147}Sm)/c(^{144}Nd)$	$c(^{143}Nd)/c(^{144}Nd)$	$\varepsilon_{Nd}(0)$	T_{DM}/Ma
11	2.83	16.75	0.102 3	0.512 169±4	−9.1	1 341±5	28	5.01	29.13	0.104 0	0.512 035±3	−11.8	1 547±4
12	3.45	20.41	0.102 2	0.512 183±5	−8.9	1 321±7	29	4.66	28.80	0.098 0	0.512 022±4	−12.0	1 484±5
13	2.78	15.78	0.106 6	0.512 198±4	−8.6	1 354±6	30	4.68	30.34	0.093 4	0.511 973±4	−13.0	1 489±5
14	4.69	23.66	0.119 8	0.512 243±4	−7.7	1 470±6	31	4.66	29.97	0.094 1	0.511 963±4	−13.2	1 511±5
15	2.91	17.34	0.101 6	0.512 154±4	−9.4	1 353±5	32	4.99	31.14	0.097 0	0.511 960±5	−13.2	1 552±6
16	3.36	19.61	0.103 8	0.512 174±4	−9.1	1 352±6	33	4.89	31.33	0.094 4	0.511 974±5	−13.0	1 500±6
17	3.09	18.50	0.100 9	0.512 158±4	−9.4	1 339±5	34	4.49	29.22	0.093 0	0.511 957±2	−13.3	1 504±3
最小值	2.39	13.24	0.093 0	0.511 957	−13.28	1 303	最大值	5.08	31.33	0.119 8	0.512 272	−7.14	1 562
平均值	3.68	21.71	0.103 3	0.512 131	−9.90	1 406							

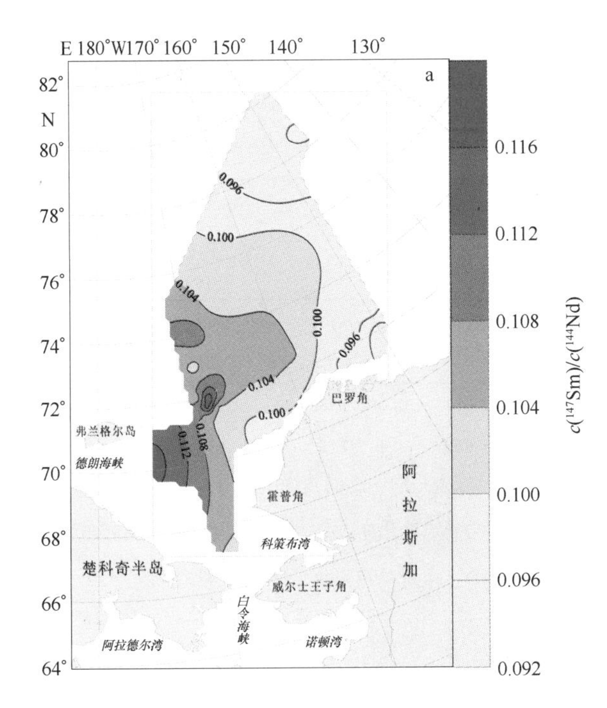

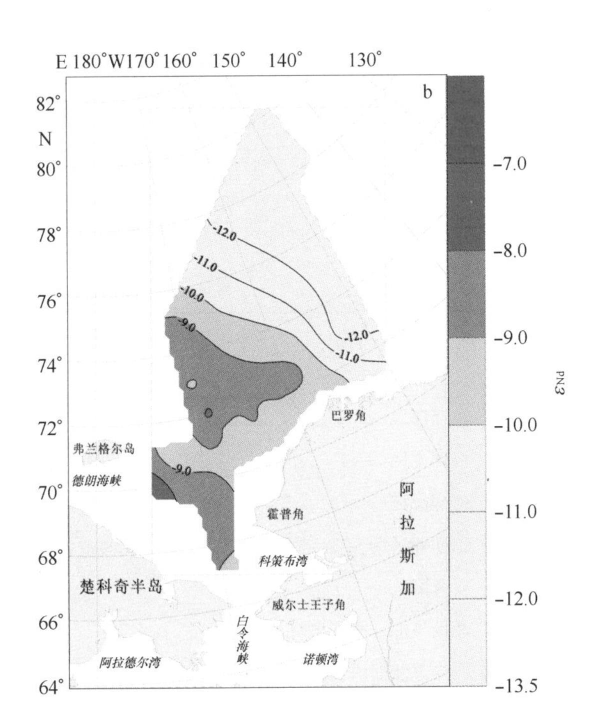

图 2 研究区沉积物 Sm,Nd 同位素比值的分布

a. $c(^{147}Sm)/c(^{144}Nd)$；b. $\varepsilon_{Nd}(0)$值

4 讨论

4.1 研究区沉积物 Sm-Nd 同位素分异与物源识别

海洋沉积物中 Sm-Nd 同位素的组成不受沉积物粒度、矿物和元素成分制约，可反映沉积物的物源差异与混合效应[11−13]。研究区位于欧亚大陆、北美大陆和太平洋板块的接合部，尽管目前有关该地区沉积物的同位素资料尚少，源区地壳差异仍为海洋沉积物的 Sm-Nd 同位素物源示踪提供了有利条件。从表 2 来看，在距离研究区最近的 3 条世界级大河中，马更些河和勒拿河沉积物的 $\varepsilon_{Nd}(0)$值大体相当，分别为−14.30 和−14.80，其模式年龄分别为 1.910 Ga 和 1.890 Ga[11−12]，而育空河悬浮体的 $\varepsilon_{Nd}(0)$值为−8.4，河床沉积物的 $\varepsilon_{Nd}(0)$值为−10.1，两者的平均值约为−9[14]。结合研究区沉积物 $\varepsilon_{Nd}(0)$值的分布来看，马更些河和育空河沉积物对研究区影响较大，前者与研究区北部(加拿大海盆和楚科奇高地)沉积物相似，后者与楚科奇海及白令海北部陆架沉积物[14]相似，而勒拿河沉积物因距离较远[15−16]，对研究区沉积物的贡献不大。

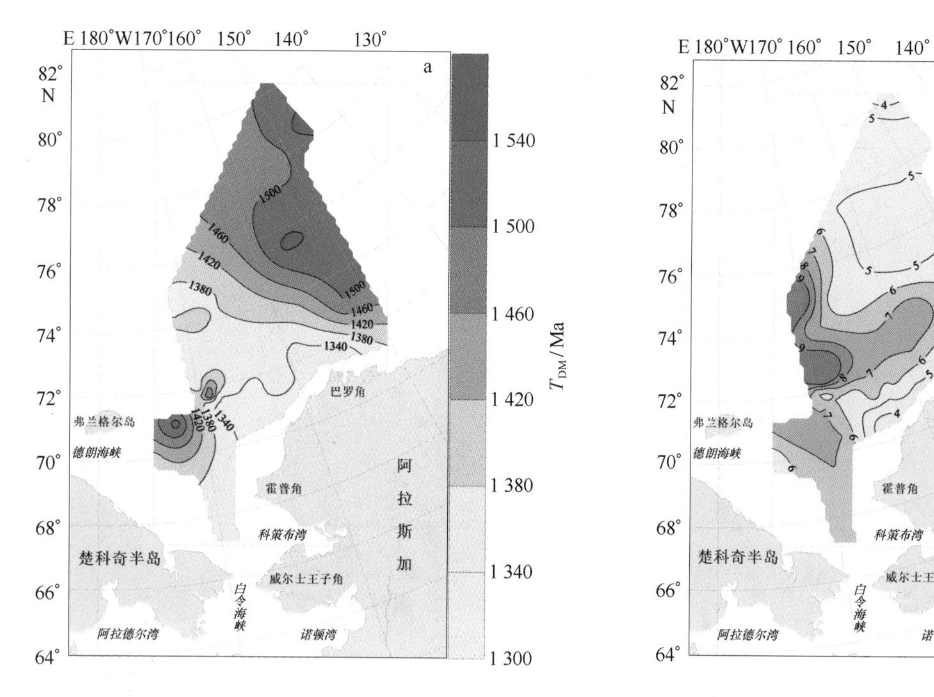

图 3 研究区沉积物 T_{DM} 年龄及标准偏差的分布

a. 模式年龄 T_{DM}，b. T_{DM} 的标准偏差

表 2 研究区及相关背景场的 Sm-Nd 同位素指标

研究区及相关背景场		$Sm(10^{-6})$	$Nd(10^{-6})$	Sm 与 Nd 分子比	$c(^{147}Sm)/c(^{144}Nd)$	$c(^{143}Nd)/c(^{144}Nd)$	$\varepsilon_{Nd}(0)$	T_{dm}/Ga
研究区	北部源区(n=8)	4.76	29.94	0.152 677	0.096 288	0.511 990	−12.74	1.510
	西部源区(n=4)	4.04	20.70	0.186 669	0.117 725	0.512 212	−8.31	1.487
	南部源区(n=19)	3.15	18.24	0.165 380	0.104 300	0.512 176	−9.02	1.356
	东部源区(n=3)	3.68	23.08	0.153 093	0.096 533	0.512 125	−10.00	1.332
	研究区 (n=34)	3.68	21.71	0.163 812	0.103 309	0.512 131	−9.90	1.406
周边海洋沉积物	北极 Alpha 脊沉积物[15]	5.95	32.57	0.1826	0.110 0	0.512 077	−11.15	
	白令海北部陆架沉积物[14]						−8.6	
周边河流沉积物	马更些河沉积物[11]	3.05	16.09	0.189 2	0.114 4	0.511 906	−14.30	1.910
	育空河悬浮体[14]					0.512 205	−8.4	
	育空河沉积物[14]					0.512 122	−10.1	
	勒拿河沉积物[16]	7.90	42.90	0.184 1	0.111 2	0.511 880	−14.80	1.890
岩石及地块	北美地盾[17]		25.00		0.095 0	0.511 050	−30.98	
	加拿大地盾玄武岩[17]	14.655	81.935	0.171 59	0.108 1	0.511 15	−29.02	
	育空地区长英岩[18]	7.92	41.87	0.1815	0.122 1	0.512 085	−10.79	1.83
	阿留申岛弧火山岩[10]	3.92	15.81	0.238 0		0.513 012	7.28	

鉴于^{143}Nd 是长周期放射性核素^{147}Sm 的子体($t_{1/2}$=106 Ga)，我们可通过 $c(^{147}Sm)/c(^{144}Nd)$-$\varepsilon_{Nd}(0)$关系图解来进一步定性识别研究区沉积物的来源。如图 4 所示，研究区样品在 $c(^{147}Sm)/c(^{144}Nd)$-$\varepsilon_{Nd}(0)$关系图上分异明显。首先，以$\varepsilon_{Nd}(0)$值−11 为界可将研究区沉积物分为南、北两个大区，即中/新生代火山岩发育源区和古老地壳源区。前者为楚科奇海区，典型特点是沉积物的$\varepsilon_{Nd}(0)$值

高，模式年龄较小，沉积物来源与中、新生代火山岩发育区关系密切；后者包括研究区北部的加拿大海盆和楚科奇高地，特点是沉积物的 $\varepsilon_{Nd}(0)$ 值低，模式年龄大，Sm-Nd 同位素特征与马更些河物质相似。从区域地质背景来看，楚科奇海周边地区包括东面的阿拉斯加地区、南面的白令海—阿留申地区和西面的楚科奇半岛地区，因地处北美、太平洋和欧亚板块的接合部，中、新生代火山活动频繁[10,14,18]，火山成因物质（火山灰与火山岩风化碎屑等）的输入致使楚科奇海与白令海沉积物的 Nd 同位素偏重。马更些河因流经古老的北美地盾区（加拿大地盾区），沉积物的 Nd 同位素偏轻[11,17]；该河流物质注入波弗特海以后，一部分物质可扩散至陆坡和加拿大海盆，从而造成研究区北部沉积物的 Nd 同位素亦偏轻。依据 $c(^{147}Sm)/c(^{144}Nd)$ 比值的变化，可将楚科奇海沉积物进一步细分为西部源区、南部源区和东部源区。西部源区样品局限在楚科奇海陆架西部靠弗兰格尔岛一带，特点是沉积物的 $c(^{147}Sm)/c(^{144}Nd)$ 比值大，$\varepsilon_{Nd}(0)$ 值大，模式年龄大（仅次于研究区北部沉积物）。东部源区样品局限在阿拉斯加北部近海（巴罗角附近），特点是沉积物的 $c(^{147}Sm)/c(^{144}Nd)$ 比值和 $\varepsilon_{Nd}(0)$ 值较小。南部源区沉积物分布广，分布在白令海峡至楚科奇海台一带，$c(^{147}Sm)/c(^{144}Nd)$ 比值和 $\varepsilon_{Nd}(0)$ 值介于西部和东部源区物质之间。此外，在楚科奇海西北部外陆架和海台区，个别样品表现出西部源和南部源混合特征；在楚科奇海东北部海台和陆坡区，个别样品表现出北部源和南部源混合特征。根据图 4 所示 $c(^{147}Sm)/c(^{144}Nd)-\varepsilon_{Nd}(0)$ 关系图解绘制出研究区表层沉积物的 Sm-Nd 同位素分区见图 5。

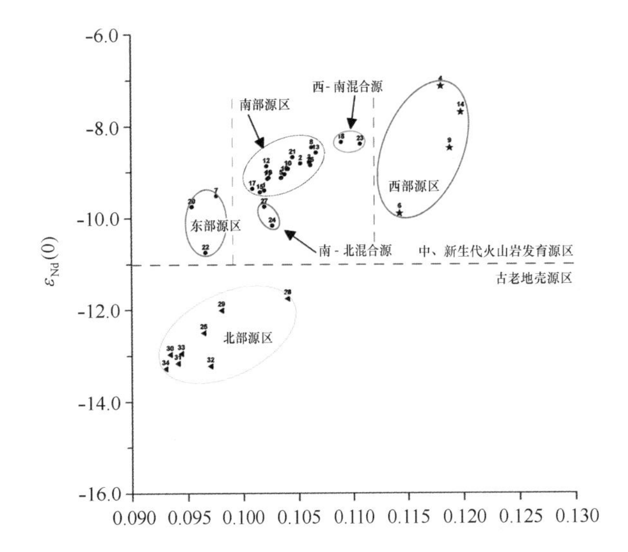

图 4　$c(^{147}Sm)/c(^{144}Nd)-\varepsilon_{Nd}(0)$ 关系图与物源识别

数字为样品编号，参见图 1 和表 1

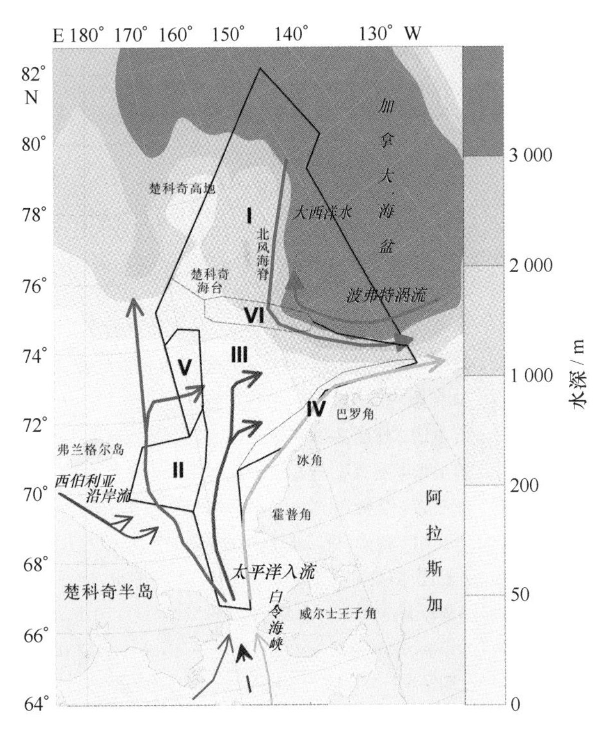

图 5　研究区沉积物同位素分区与环流结构

Ⅰ. 北部源区，Ⅱ. 西部源区，Ⅲ. 南部源区，Ⅳ. 东部源区，Ⅴ. 西/南混合源区，Ⅵ. 南—北混合源区。研究区环流主要由太平洋入流、波弗特涡流、大西洋水和西伯利亚沿岸流组成[20-21]，太平洋入流由于其继承性，分 3 支向北扩散

4.2　研究区沉积物的主要输运路径

从图 5 所示研究区沉积物 Sm-Nd 同位素分区与环流结构的空间对应关系来看，研究区沉积物的输运主要受海流制约。物理海洋学的研究表明，研究区环流主要由太平洋入流、波弗特涡流、大西洋水和西伯利亚沿岸流组成[19-20]，其中太平洋入流和波弗特涡流因与主要大河的物质输运相衔接，对研究区沉积物的输运起着关键作用。从海洋学特征来看，太平洋入流主要由阿拉德尔水团、白令海水团和阿拉斯加水团组成[19]，当其通过白令海峡进入楚科奇海以后，由于其继承性及受地形等因素影响，分 3 支横穿楚科奇海陆架向北扩散。太平洋入流的这种空间分布特点同样体现在沉积物的输运上；从楚科奇海表层沉积物的同位素分区特征来看，上述 3 个水团在狭窄的白令海峡内并没有发生明显的沉积物（悬浮体）混合现象，因而当其通过海峡向北搬运并在楚科奇海发生沉积时，自西向东形成了Ⅱ，Ⅲ，Ⅳ三个同位素物源分区（见图 5）。在空间上楚科奇海

西部源区沉积物以含有较多的楚科奇海半岛物质为特征，表现为$c(^{147}Sm)/c(^{144}Nd)$比值大，$\varepsilon_{Nd}(0)$值和T_{DM}年龄较大在楚科奇海中部或大部分海域以育空河和白令海沉积物为主，东部则以阿拉斯加沿岸和育空河物质为主，沉积物的$c(^{147}Sm)/c(^{144}Nd)$比值、$\varepsilon_{Nd}(0)$值和T_{dm}年龄较西部沉积物有递减趋势。在研究区北部，顺时针方向流动的波弗特涡流有利于将注入波弗特海的马更些河物质向西搬运，然后沿北风海脊一带向北输运，从而使研究区北部的加拿大海盆和楚科奇高地以马更些河物质为主，沉积物的Nd同位素明显偏轻，模式年龄大。在楚科奇海北部外陆架、海台和陆坡区，向北扩散的太平洋水与向西流动的波弗特涡流、向南流动的大西洋水（中层水）相遇，不仅明显加剧了该地区沉积物的混合作用，也有利于铁锰氧化物（或结核）的形成，从而使该地区沉积物表现出多源、多相的混合特点，在同位素方面突出表现为沉积物模式年龄的标准偏差大，同时出现了南-北源和西-南源等同位素混合类型。

5 结论

（1）研究区表层沉积物Sm-Nd同位素分异明显，南部的楚科奇海沉积物$\varepsilon_{Nd}(0)$值高，模式年龄小，沉积物主要来源于中、新生代火山活动较强的阿拉斯加、白令海和楚科奇半岛区；在研究区北部的加拿大海盆和楚科奇高地沉积物$\varepsilon_{Nd}(0)$值低，模式年龄大，以来自北美大陆的马更些河沉积物为主。

（2）研究区沉积物Sm-Nd同位素物源分区与海洋环流结构的空间关系揭示研究区沉积物的输运主要受海流制约。在楚科奇海太平洋入流的向北输运自西向东形成了3个不同的同位素物源区，沉积物的$c(^{147}Sm)/c(^{144}Nd)$比值、$\varepsilon_{Nd}(0)$值和T_{DM}年龄自西向东呈递减趋势。在研究区北部，顺时针方向流动的波弗特涡流有利于马更些河物质向加拿大海盆和楚科奇高地搬运。在楚科奇海北部外陆架、海台和陆坡区，太平洋水、大西洋水和波弗特涡流的相互作用使该区沉积物表现出多源、多相混合的特点。

参考文献：

[1] OVERPECK J, HUGHEN K, HARDY D, et al. Arctic environmental change of the last four centuries[J]. Science, 1997, 278: 1251—1256.

[2] 陈立奇. 南极和北极地区在全球变化中的作用研究[J]. 地学前缘, 2002, 9(2): 245—253.

[3] 杨伟锋, 陈敏, 刘广山, 等. 楚克奇海陆架沉积物中核素分布及其对沉积环境的示踪[J]. 自然科学进展, 2002, 12(5): 515—518.

[4] 高爱国, 刘焱光, 张道建, 等. 楚科奇海与白令海表层沉积物中的碘的纬向分布[J]. 中国科学: D辑, 2003, 33(2): 155—162.

[5] 陈志华, 石学法, 韩贻兵, 等. 北冰洋西部表层沉积物黏土矿物分布及环境指示意义[J]. 海洋科学进展, 2004, 22(4): 446—454.

[6] 陈志华, 石学法, 蔡德陵, 等. 北冰洋西部沉积物有机碳、氮同位素特征及其环境指示意义[J]. 海洋学报, 2006, 28(6): 61—71.

[7] 李宏亮, 陈建芳, 金海燕, 等. 楚科奇海表层沉积物的生源组分及其对碳埋藏的指示意义[J]. 海洋学报, 2007, 30(1): 165—171.

[8] 王汝建, 肖文申, 向霏, 等. 北冰洋西部表层沉积物中生源组分及其古海洋学意义[J]. 海洋地质与第四纪地质, 2007, 27(6): 61—69.

[9] 杨杰东, 徐士进. 同位素与全球环境变化[M]. 北京: 地质出版社, 2007: 141—147.

[10] HORIKAWA K, ASAHARA1 Y, YAMAMOTO1 K, et al. Intermediate water formation in the Bering Sea during glacial periods: evidence from neodymium isotope ratios[J]. Geology, 2010, 38(5): 435—438.

[11] GOLDSTEIN S L, O'NIONS R K, HAMILTON P J. A Sm-Nd isotopic study of atmospheric dusts and particulates from major river systems[J]. Earth Planet Sci Lett, 1984, 70: 221—236.

[12] GOLDSTEIN S J, JACOBSEN S B. Nd and Sr isotopic systematics of river water suspended material: implications for crustal evolution[J]. Earth and Planetary Science Letters, 1988, 87: 249—265.

[13] FRANK M. Radiogenic isotopes: tracers of past ocean circulation and erosional input[J]. Reviews of Geophysics, 2002, 40: 1001—1029.

[14] Van LANINGHAM S, PISIAS N G., DUNCAN R A, et al. Glacial-interglacial sediment transport to the Meiji Drift, northwest Pacific Ocean: evidence for timing of Beringian outwashing[J]. Earth and Planetary Science Letters, 2009, 277: 64—72.

[15] WINTER B L, JOHSON C M, CLARK D L. Strontium, neodymium, and lead isotope variations of authigenic and silicate sediment components from the Late Cenozoic Arctic Ocean: Implications for sediment provenance and the source of trace metals in seawater[J]. Geochimica et Cosmochimica Acta, 1997, 61(19): 4181—4200.

[16] WOLFGANG Schmitt. Application of the Sm-Nd Isotope system to the Late Quaternary paleoceanography of the Yermak Plateau (Arctic Ocean) [D/OL]. 2008—12—25: http://edoc.ub.unimuenchen.de//1/schitt_wolfgang.pdf.

[17] DAVIS W J, HEGNER E. Neodymium isotopic evidence for the tectonic assembly of Late Archean crust in the Slave Province, north-

west Canada[J]. Contrib Mineral Petrol, 1992, 111: 493—504.

[18] NELSON B K, NELSON S W, TILL A B. Neodymium and strontium isotope evidence for proterozoic and paleozoic crustal evolution in the Brooks Range, Northern Alaska[J]. J Geol, 1993, 101: 435—450.

[19] JONES E P, ANDERSON L G, SWIFT J H. Distribution of Atlantic and Pacific waters in the upper Arctic Ocean: implications for circulation[J]. Geophys Res Lett, 1998, 25: 765—768.

[20] 赵进平，史久新. 北极环极边界流研究及其主要科学问题[J]. 极地研究，2004, 16(3): 159—169.

Samarium-neodymium isotopic characteristics of the clay-size fraction in surface sediments from the western Arctic Ocean and their implications for sediment sources and transport pattern

CHEN Zhi-hua[1,2], LI Chao-xin[1,2], MENG Xian-wei[1,2], SHI Xue-fa[1,2], CHENG Zhenbo[1,2]

(1. *First Institute of Oceanography, State Oceanic Administration, Qingdao* 266061, *China*; 2. *Key Laboratory of State Oceanic Administration for Marine Sedimentology & Environmental Geology, First Institute of Oceanogranhy, State Oceanic Administration Qingdao* 266061, *China*)

Abstract: Sm-Nd isotopes were measured on the clay-size fraction of thirty-four surface sediments to clarify sediment provenance and transport mechanism in the western Arctic Ocean, the Chukchi Sea, the Chukchi Borderland and the Canadian Basin. Spatial variations of Sm and Nd isotopes of surface sediments indicate there are multiple provenances in the study area. In the Chukchi Sea, three isotope-inferred sediment provenances, which have gradually decreasing $c(^{147}Sm)$ to $c(^{144}Nd)$, epsilon values of Nd and model ages from west to east, indicate the northward transport paths of the three branches of the Pacific inflows. Due to the transport of the clockwise Beaufort Gyre, sediments are mainly derived from the Mackenzie River and have lower epsilon value Nd of (−13.28～−11.76) and older model age in the Canadian Basin and on the Chukchi Plateau in the north of the study area. Meanwhile, relatively larger model age deviations indicate there are strong water mass and sediment mixing due to co-actions of the Pacific water, the Atlantic water and the Beaufort Gyre on the Chuckchi Rise and continental slope.

Key words: western Arctic Ocean; Samarium-neodymium isotopes; sediment provenance and transport mechanism

（该文刊于《海洋学报》2011 年 33 卷 2 期）

冲绳海槽中部距今近 70 ka 以来的孢粉记录及物源探讨

杨士雄[1]，郑卓[1*]，魏金辉[1]，邓韫[1]，JEAN-PIERRE Suc[2]，SERGE Berne[3]，李杰[1]

(1. 中山大学 地球科学系，广东 广州 510275；2. Institut des Sciences de la Terre Paris，Université P. et M Curie-Paris 6，75005 Paris，France；3. Université de Perpignan Via Domitia，66860 Perpignan，France)

摘要： 研究钻孔 DGKS-9602 位于冲绳海槽中部，岩芯长度为 931 cm，钻孔年代覆盖了氧同位素 1～4 阶段，年代可追溯至距今 73 ka。孢粉分析结果证明，孢粉带与氧同位素阶段有较好的对应关系，其中松属花粉与蒿属花粉比值（P/A）与海平面变化曲线相互吻合。应用非相似性类比法将钻孔孢粉样品与陆地表土孢粉样品进行欧氏距离计算，从而获得陆源物质来源的可能区域，进而分析了海平面波动下导致陆源区发生的可能变化。结果证明在 MIS 4～3 阶段和全新世均以松属花粉为主，其类比分析结果表明，它们与现代陆地样点孢粉组合的相似度都较差，反映了分散的陆地来源和风力搬运为主导。而在末次盛冰期阶段，孢粉中的松属与蒿属的比值急剧下降至小于 1，类比结果显示该段陆源物质很可能来自于盛冰期出露的大陆架平原，且以草地-湿地植被为主，该阶段海槽的离岸距离大为缩短，河流输入导致陆源物质通量增加。研究表明在冰期-间冰期时间尺度上，中国东部海岸带与冲绳海槽之间的离岸距离变化是制约陆源孢粉物质通量变化和搬运介质改变的主要因素。为更好地理解海洋沉积物孢粉的物质的来源以及解释复杂的古植被和古气候信息奠定了基础。

关键词： 冲绳海槽；孢粉分析；古植被；海平面变化；孢粉物源

1 引言

末次盛冰期的海平面大幅下降和陆架出露使全球海岸带大部分区域沉积记录缺失。然而冲绳海槽无论是冰期或间冰期一直处于水下环境，第四纪保持连续沉积，不仅保存了古海洋环境演化和海槽发育的历史，同时也成为中国东部陆地、东海陆架与大洋对比研究的重要纽带，成为古海洋学和第四纪环境变化研究的最佳材料，受到中外学者的广泛关注[1-14]。

冲绳海槽位于东海陆架边缘，是西太平洋第四纪新生的弧后盆地[15]。其主体水深大于 1 000 m，最大深度可达 2 719 m[16]。到目前为止，前人已从氧同位素、有孔虫、藻类、沉积矿物等[13-14,17-23]多方面去了解冲绳海槽记录的晚第四纪以来的环境变化信息，特别是黑潮的变化历史。然而对该区陆源孢粉的研究则比较少[24-29]，缺乏晚第四纪较长尺度的陆源植被生态环境变化和冰期低海面阶段大陆架沉积和生态特征的有关信息。前人曾对冲绳海槽北部的 CSH1 孔 5 万多年（18 m）的沉积物样品进行了孢粉分析[11]，发现了孢粉组合与冰期/间冰期变化密切相关，并揭示出一系列明显的次级波动。实际上，海域孢粉分析结果的植被与气候重建，不仅需要根据孢粉谱自身的变化，同时必须了解该海区冰期与间冰期物质来源的变化。冲绳海槽沉积物质的来源十分复杂，前人对冲绳海槽沉积物源的研究，主要是应用各种地球化学方法，如元素比值、同位素、矿物成分[30-36]等，大部分研究集中在表层沉积物质的来源，而利用钻孔记录来探讨更新世以来物质来源

基金项目： 国家自然科学基金项目（40772113；40331011）。

作者简介： 杨士雄（1980—），男，贵州省六盘水市人，主要从事矿物学、岩石学、矿床学研究。E-mail：ysx_666@163.com

* **通信作者：** 郑卓，从事矿物学、岩石学、矿床学研究。E-mail：eeszzhuo@mail.sysu.edu.cn

变化的研究较少[37]。其次，近十几万年以来冲绳海槽虽然一直接受沉积，但由于东海海平面和海底地貌变化很大，其物源区和海流等也发生了根本的改变。海洋沉积物的孢粉来自陆地，从原理上可以根据孢粉组合来定量追溯其在陆地上的物源区，但事实上要做到物源区的定量判别十分复杂。尽管如此，要通过孢粉来重建该区的环境演变过程，就必须弄清该区沉积物质的主要来源地。基于这一点，本文通过DGKS-9602钻孔孢粉分析重建冲绳海槽中部晚更新世以来的沿岸植被和气候环境变化的同时，进行陆源物质来源判别的尝试。主要方法是将划分的每一个孢粉带进行数据整合，进而利用东亚大陆表土孢粉数据库现代表土花粉数据与冲绳海槽不同年代每个孢粉带的数据进行相似性类比，找出可能的物质来源的可能区域。在此基础上，进而分析海平面不同高度下陆源区发生的可能变化。

2 研究地点、材料和方法

冲绳海槽地处西太平洋中北部，琉球岛弧西北侧，东部以琉球群岛为界，西至东海大陆架坡折处，南起中国台湾北部，北达日本九州岛西南岸外，轴线以NNE－SSW方向延伸，整体上呈微向太平洋凸出的弓字型。海槽南北长约1 200 km，东西最宽达230 km，总面积约2.2×10^5 km²[38]。槽底地形相对平坦，北浅南深，北部水深一般为600～800 m，南部水深则为2 500 m左右，最大水深出现在台湾东北，为2 940 m[39]。槽底第四纪松散沉积物广泛发育，沉积物为半深海沉积，属于陆架浅海与深海的过渡类型，由于地处大陆边缘，其水文和环流体系相当复杂。世界著名强暖流——黑潮流经本区，它对海底地貌的塑造、沉积物的类型和分布起着重要的作用。因此，沉积物的物质来源具有多源性。该区处于东亚季风区，夏季盛行西南风，冬季盛行东北风。

DGKS-9602钻孔位于中国东海陆架西侧坡槽近槽底处，坐标为28°07.419′ N，127°22.138′ E（图1），水深988 m，是1996年中法科学家合作利用法国*L'ATALANTE*号海洋调查船用法国设计制造的重力活塞取样管在东海获取的17个钻孔柱状岩芯中的一个[40]。地震剖面结果显示，该区沉积物中没有浊流沉积记录，岩芯可以看作为连续沉积。该岩芯长度为931 cm，主要为细砂沉积。

用于孢粉分析的取样间距为10 cm，一共分析鉴定88个样品。花粉分离技术采用常规酸碱处理

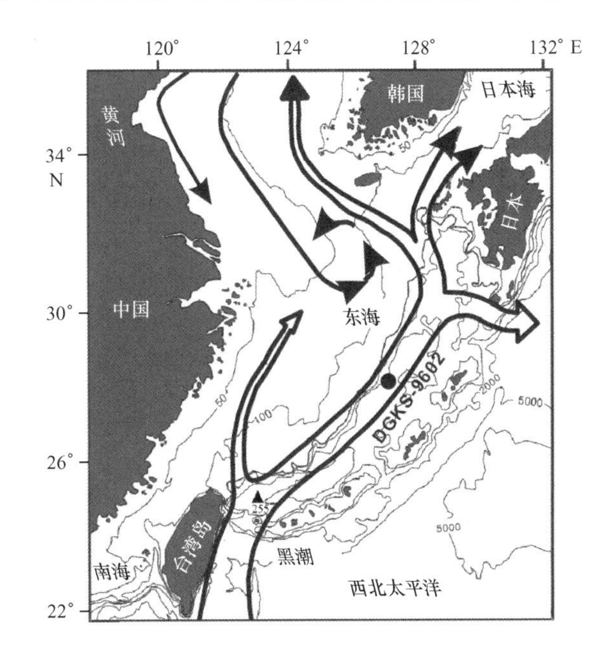

图1 冲绳海槽DGKS-9602钻孔位置

和重液悬浮法，加入10% HCL与40% HF取出钙质与硅质，然后再用15%的KOH去除有机质，最后用重液浮选两次。孢粉观察和统计在400或1 000倍显微镜下进行，每个样品统计孢粉数不少于200粒。孢粉绝对浓度的计算采用体积法[41]。

本文的年龄框架主要根据浮游有孔虫*Globigerinoides rubber*的氧同位素测试曲线与SPECMAP氧同位素曲线的拟合来获得[42－43]，DGKS－9602钻孔与SPECMAP的氧同位素峰谷值之间有较好的对应。因此根据氧同位素多个控制点的年龄（见图2），获得本钻孔岩芯的年代总体框架（见表1）。控制点之间以线性插值估算各深度年龄。该年龄模式与冲绳海槽中部的MD012404孔[44]和南海的MD972151孔[45]的氧素曲线均有可比性（见图3，4）。

该钻孔0～39 cm段对应MIS 1氧同位素阶段，39～260 cm对应MIS 2 260～745 cm对应MIS 3，745～931 cm对应MIS 4。所得到钻孔的沉积速率MIS 1阶段为3.21 cm/ka，MIS 2阶段为18 cm/ka，MIS 3阶段为14 cm/ka，MIS 4阶段为12 cm/ka。海槽内全新世沉积物沉积速率比晚更新世低，主要是由于全新世海平面抬升，输入到海槽的陆源物质相对减少，从而导致沉积速率降低。整个钻孔其平均沉积速率为12.34 cm/ka，与相邻钻孔DGKS-9603[46]的平均沉积速率11.3 cm/ka基本一致。Xiong等[47]基于AMS^{14}C测年，从南到北对冲绳海槽11个钻孔进了研究，其沉积速率在11～

39 cm/ka。由此说明了 DGKS-9602 孔年代构建的年龄框架是合理的。

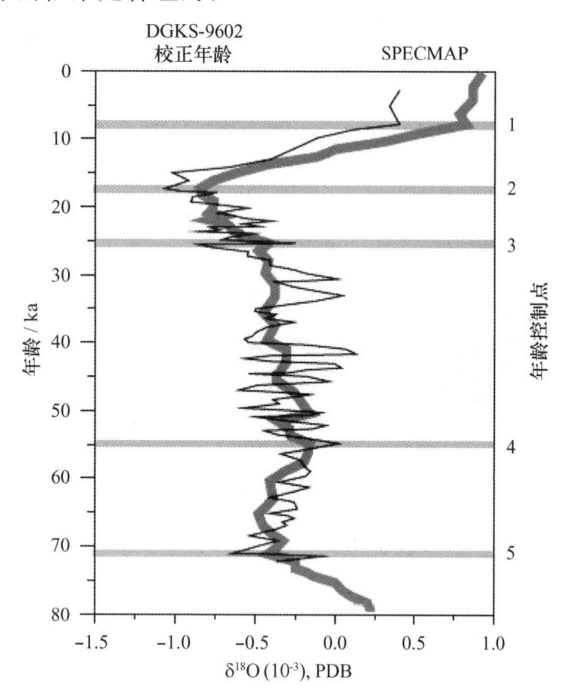

图 2　SPECMAP 氧同位素曲线与经其校正后的 DGKS-9602 孔氧同位素曲线的对比及年龄控制点

表 1　DGKS-9602 孔与 SPECMAP 氧同位素的控制点年龄

深度/cm	定年方法	年龄/a BP
21.099	SPECMAP	7 810
60.587	SPECMAP	17 310
260.463	SPECMAP	25 350
707.685	SPECMAP	54 840
913.189	SPECMAP	71 120

3　结果

DGKS-9602 钻孔孢粉分析共鉴定出 102 个孢粉种属，其中包括 65 种木本植物、13 种草本植物和 24 种蕨类与藻类。最常见的花粉类型是针叶类，包括松属（*Pinus*）、铁杉属（*Tsuga*）、冷杉属（*Abies*）、杉科（Taxodiaceae）、云杉属（*Picea*）、罗汉松属（*Podocarpus*）、苏铁属（*Cycas*）、柏科（Cupressaceae）等。被子植物花粉主要有落叶类栎属（*Quercus*）、榆属（*Ulmus*）、栗属（*Castanea*）、桤木属（*Alnus*）、鹅耳枥属（*Carpinus*）、桦木属（*Betula*）、枫香属（*Liquidambar*）、榛属（*Corylus*）、山毛榉属（*Fagus*）、金缕梅科（Hamamelidaceae）；常绿乔木主要有山茶科（Theaceae）和桑科（Moraceae）、大戟属（*Euphorbia*）、棕榈科（Arecaceae）等。草本花粉以蒿属（*Artemisia*）为优势，其他含量较高的草本有莎草科（Cyperaceae）、禾本科（Poaceae）和藜科（Chenopodiaceae）等。常见的孢子主要有水龙骨科（Polypodiaceae）、芒萁属（*Dicranopteris*）、里白属（*Hicriopteris*）和石松属（*Lycopodium*）等。

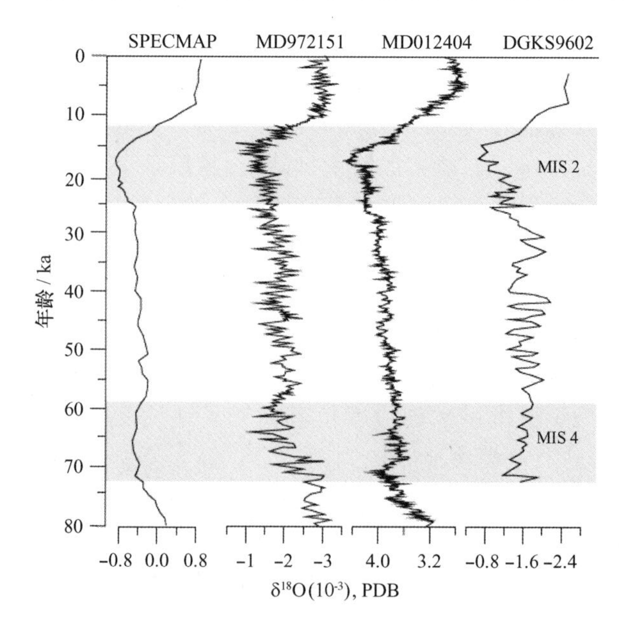

图 3　DGKS-9602 孔与东海 MD012404[44] 和南海 MD972151 孔[45] 氧同位素曲线对比

根据陆生植物花粉的含量对所有样品进行了有序聚类分析，将岩心分为四个组合带，其中第三个组合带分成三个亚带。有序聚类分析由 CONISS[48] 软件完成。四个组合带与氧同位素阶段 1～4 期基本对应，各花粉带描述如下：

花粉带 F(931～745 cm，约 73～57 ka)，相当于氧同位素 MIS 4 阶段。该带针叶类乔木花粉含量较高，占总花粉含量达 62%～98%，其中松属占主要优势，其次尚有铁杉、冷杉、杉科和云杉等。阔叶类乔木主要为栎属，含量逐渐升高，总木本植物呈现升高的趋势。草本植物花粉通常占花粉总量 5%以下，以禾本科为主，个别样点含量可达到 28%。

花粉带 E (745～525 cm，约 57～42.5 ka)，MIS 3c 阶段。该带针叶类乔木花粉仍占主导地位，为 79～98%。松属仍占主要优势，但相对于 F 带略低，其次铁杉、冷杉、柏科和杉科等含量有较明显的升高，其中冷杉和铁杉属含量在整个钻孔剖面中含量最高。阔叶乔木中，栎属、栗属和山毛榉属含量升高。草本植物花粉含量较低，仍以禾本科为主，其次为莎草科、蒿属和少量麻黄属。

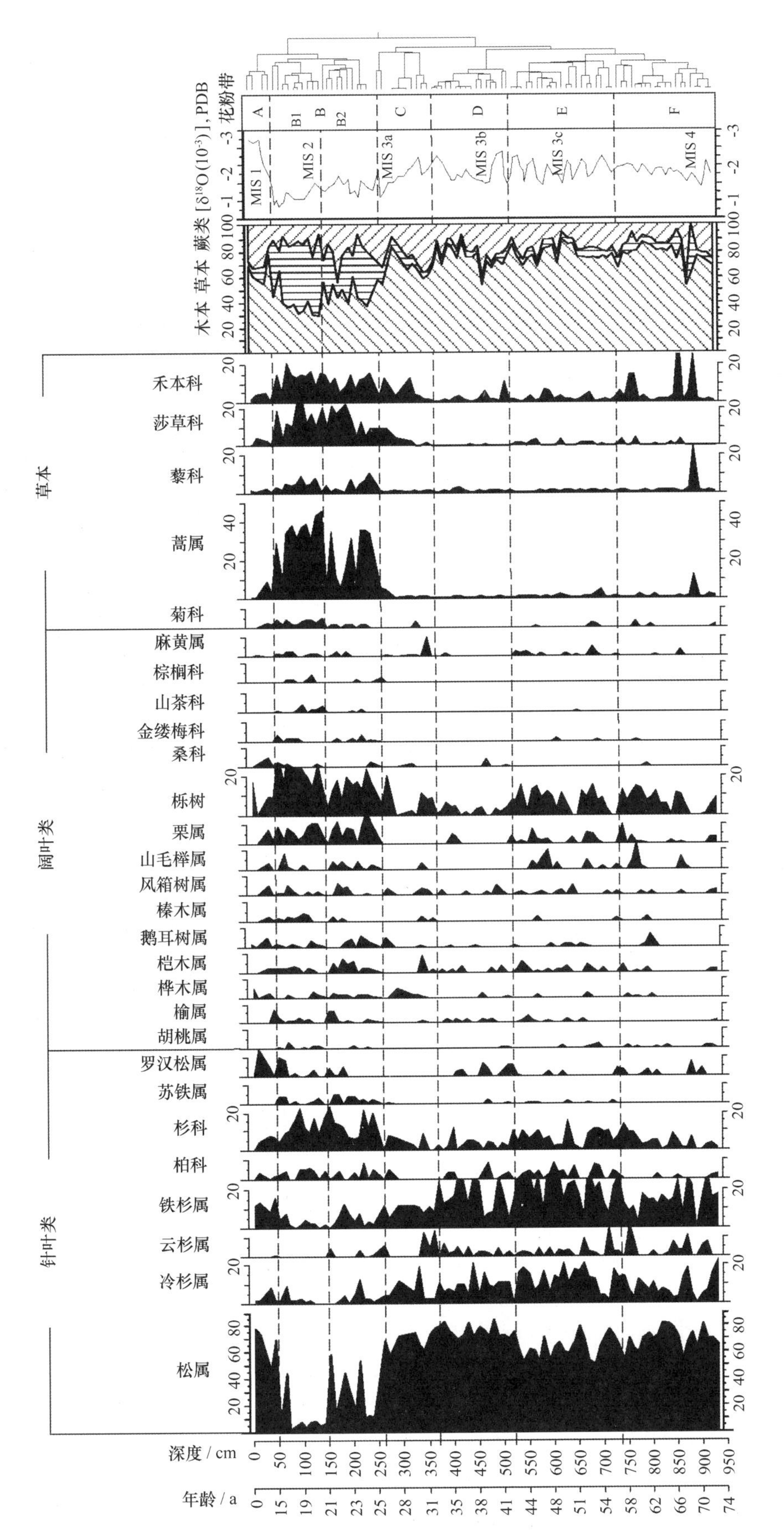

图4 DGKS-9602孔主要花粉种属与氧同位素曲线对比(花粉含量由陆生植物花粉总量计算得到,而木本、草本和孢子各大类百分含量以总孢粉统计数量计算得到。除松、蒿属外图中花粉含量均放大1倍。松含量比例尺缩小1/3)

花粉带 D(525～360 cm,约 42.5～33 ka),MIS 3b阶段。本组合针叶类乔木花粉含量为86%～98%。松属含量在整个钻孔剖面中达到最高,平均为75%。阔叶树种栎属、栗属含量显著减少,在整个钻孔剖面中达到最低值。草本含量很低,一般均小于2%。

花粉带 C(360～260 cm,约 33～25.5 ka),MIS 3a阶段。本带针叶类花粉含量为70%～90%,呈现出由下至上逐渐降低的趋势。特别是松属和铁杉属花粉有明显降低的趋势,而杉科花粉略有增加。阔叶类乔木栎属含量在上部逐渐增加。草本植物含量由下至上从3%逐渐升高至17%,禾本科、莎草科的含量明显增加,尤其是上部增加明显,表现出由木本优势转变为草本优势的过渡阶段。

孢粉带 B(260～39 cm,约 25.5～12 ka),MIS 2阶段。本带带气囊类针叶植物花粉显著减少,最低降至7%,为整个剖面最低值,而裸子植物的杉科花粉含量在整个剖面中达到最高。阔叶乔木栎属和栗属为整个剖面最高值。草本植物花粉含量在这一组合带急剧增加,含量为15%～64%,其中显著增加的草本花粉类型主要是蒿属、莎草科、禾本科、石竹科等。该带仍可细分为B1和B2带,其中B2带松属花粉有所增加,B1带松属花粉降至最低值,伴随栎属以及草本的蒿属急剧增加。

孢粉带 A(39～0 cm,约 12～0 ka),MIS 1阶段。该带针叶类乔木花粉含量又逐渐升高为60%～92%,热带和亚热带常见的罗汉松属、铁杉含量相对较高。阔叶树种栗属、栎属较孢粉带B明显降低。草本植物花粉含量一般小于5%。

4 讨论

4.1 海平面变化

DGKS-9602孔的花粉分析结果最明显的特征是松属和蒿属花粉的相互消长,其变化趋势与氧同位素记录的冰期旋回密切相关。由于松属花粉在海水漂流过程中被长距离搬运能力强,因此当海平面较高和钻孔地点离岸线距离相对较远时,因沉积分异作用使带有气囊类的松属花粉相对含量增高,而另一些沉降速率较高的花粉种类则含量相对降低。与此相反,盛冰期的海平面下降使岸线更靠近钻孔取样点,而出露的大陆架平原表面各类草本繁茂,因此蒿属等草本花粉在低海面阶段含量升高,松属花粉含量相应地降低,可见松属花粉的相对含量可以指示离岸距离的远近,而松属花粉含量(P)和蒿属花粉含量(A)的消长也可以反映海平面或海岸线距离的变化,两者均可作为海平面升降的替代性指标[49]。

从DGKS-9602孔的松属花粉、蒿属花粉的纵向变化特征分析,距今25～15.5 ka是冲绳海槽海平面和沉积环境变化最大的时期,图5清楚地反应出松属花粉在末次盛冰期由原来的70%～80%急剧下降至小于10%,而蒿属花粉由2%～5%快速升至35%左右,两者的比值(P/A)急剧下降至小于1。松属花粉含量与氧同位素曲线的变化也是基本吻合的,其中孢粉B2带的末次盛冰期早期的氧同位素曲线变化也相应地由松属花粉含量的略微升高而体现出来[50]。此外,沉积孢粉绝对浓度在低海面时期较高,高海面时期因离岸距离远而浓度降低。

至于氧同位素MIS 4期,本钻孔无论是氧同位素还是孢粉的变化都比较小。根据新几内亚胡昂半岛(Huon Peninsula)的海平面变化曲线[51],MIS 4期的海平面下降幅度较小,约为70 m,与末次盛冰期的120 m相比有较大差距。此外,东海陆架60～70 m的等深线与冲绳海槽仍有较远距离,因此这一时期的钻孔位置的沉积物源与海岸线距离仍较大,从而使松属花粉依然保持较高的含量。此外,MIS 4阶段的P/A平均比值为71,而在MIS 3阶段(57～25.5 ka BP)的P/A平均比值为78,较MIS 4阶段高。

末次冰消期松属花粉急剧升高,蒿属花粉下降,两者的比值与全球海平面上升的结果是一致的。尽管全新世松属花粉有升降变化,但由于沉积速率慢,取样点密度较低,难以从孢粉结果证实新仙女木期的快速变化是否存在。

4.2 陆源孢粉的物质来源判别

本研究首先分别对上述MIS 1至MIS 4阶段所有样品的孢粉数据进行累加和重新求和,并计算平均百分比,从而获得各带的整体孢粉含量数值。由于松属花粉在海洋中的比例特别大,且松属花粉只能鉴定到属一级分类单位,加上松属植物在大陆上南北均有分布,不利于寻找具体的分布点。因此,在用于物源分析的百分比计算时排除了松属、蕨类和水生植物。东亚表土孢粉数据库所有样点均参与类比运算,考虑到陆地来源的最远距离,现代表土样品仅取用了距离钻孔位置小于2 500 km辐射范围内的样点,现代陆地表土样参考点位置包括中国大陆、海南岛、台湾和日本等。花粉种属在排除松属之

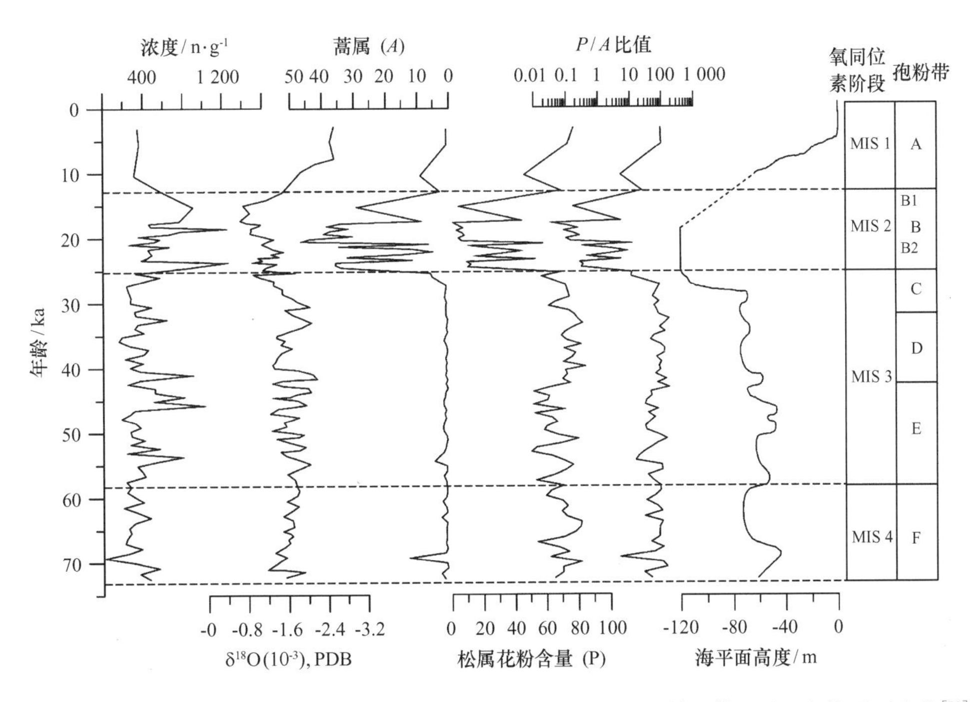

图 5　DGKS-9602 钻孔孢粉浓度、氧同位素、蒿属(A)、松属(P)含量及其比值(P/A)与海平面变化[51]对比

后重新计算百分含量，与 DGKS-9602 钻孔按相同的孢粉种属划分规则得到用于最佳类比计算的数据库种属和数据点分布表。在不考虑气候背景下植被迁移导致古代植被与现代植被分布差异性的情况下，使用数理统计软件将 DGKS-9602 各孢粉带花粉数据与表土数据库的花粉数据进行最佳类比计算[52]，找出最接近的样点(采用欧式距离：Euclidian 距离计算)，该类比法的目的实际上是计算每一个现代样点与化石样点的相似程度，并将相似程度的计算结果显示在地理空间位置上，前人研究认为[53]，对于大陆尺度的非相似性距离计算，具有类比意义的阈值下限约为小于 0.4。但对于冲绳海槽沉积物源来说，无论是搬运距离还是来源地范围都比较大，因此绝大部分样品的距离计算都超过 0.4。因此，本研究将所有地表的类比值以圆点大小的方式显示在地理位置图上，以便追踪可能的物源区域。需要指出的是，两样品非相似距离较小的结果(小于 0.4)可能表明搬运距离较短和来源点的孢粉组合相似度较高。而非相似距离越大则表明陆地来源点的地表孢粉组合越不相似和搬运距离越大，以及来源面可能较广。另一方面，考虑到冰期与间冰期气候植被环境的差异性，计算得到的相似度较高的现代表土样点并不能直接代表第四纪某一个时期的精确来源地，而需要考虑当时的诸多因素，如植被带移动、大陆架出露等。

最佳类比计算结果显示，钻孔底部孢粉带 F—C (MIS 4～3 阶段)的孢粉组合与表土孢粉的非相似距离计算结果接近，基本上均大于 0.6。这一结果证明研究区海域周边的陆地上找不到与化石孢粉谱相似的来源点，表明该时期海面仍然较宽，陆地孢粉来源地距离较大，且搬运介质很可能主要是风力作用，河流输入孢粉物源比例较小。根据非相似性距离排列，非相似距离相对较小的样点分散在我国东部的中北部和日本南部岛屿，有些样点分布在长江中上游区域。根据东亚地区和海域的大气运动规律判断，该时期冲绳海槽的孢粉物源绝大部分是冬季风路径的搬运结果，少量物源可能来自于长江和黑潮海流。

末次盛冰期孢粉带 B(MIS 2 阶段)以陆生草本蒿属、藜科等花粉为主，该阶段与表土样点的类比计算结果(见图 6c)表明，孢粉谱与陆源区表土样点类似程度较高，非相似性距离可达到 0.36，表土样点的地理分布显示，地表相似样点集中位于目前的华北平原区，其对应的植被类型为非乔木覆盖区的草地植被，高含量的蒿属花粉是这一区域的主要孢粉特点[54]。分析认为，华北平原的表土孢粉虽然具有较高的类比相似度，但并不是末次盛冰期冲绳海槽沉积孢粉的物源地。这是因为盛冰期海平面下降后整个东海大陆架露出地表，数百千米宽阔的陆架地表植被很可能是以草地和湿地类型为主[8]，其对应的孢粉组合应该与目前华北平原的草地植被基本一致。因此可以推测，冲绳海槽末次盛冰期的孢粉沉积来源不是华北平原，而是与目前华北平原草地类型相似的东海陆架平原，而这一区域目前淹没在海域之下。此外，上述草地植被，并不是植物地理学意义上的地带性草原植被东移[55]，而是河口冲积平原或近海泛滥平原的草地—湿地类型。由于盛冰期海平面大幅下降，在东海大陆架旱地上蒿属和藜科等草本植物大量生长，局部低洼地区还有沼泽发育。该时期海岸带向东推移，使钻孔与距海岸线大幅缩短，因此陆源孢粉物质以近源的大陆架平原草地植被为主，且河流是该时期的主要搬运介质。从物源点的纬度来看，华北平原样点比钻孔位置偏北约8~9个纬度。根据末次盛冰期陆地上的气候和孢粉研究结果[56-57]，温带植被带当时向南推移约8个纬度，这一结果证明冰期东海大陆架的草地植被类型也向南推移，而向南移动8~9个纬度的结果正好与长江下游出口相衔接。

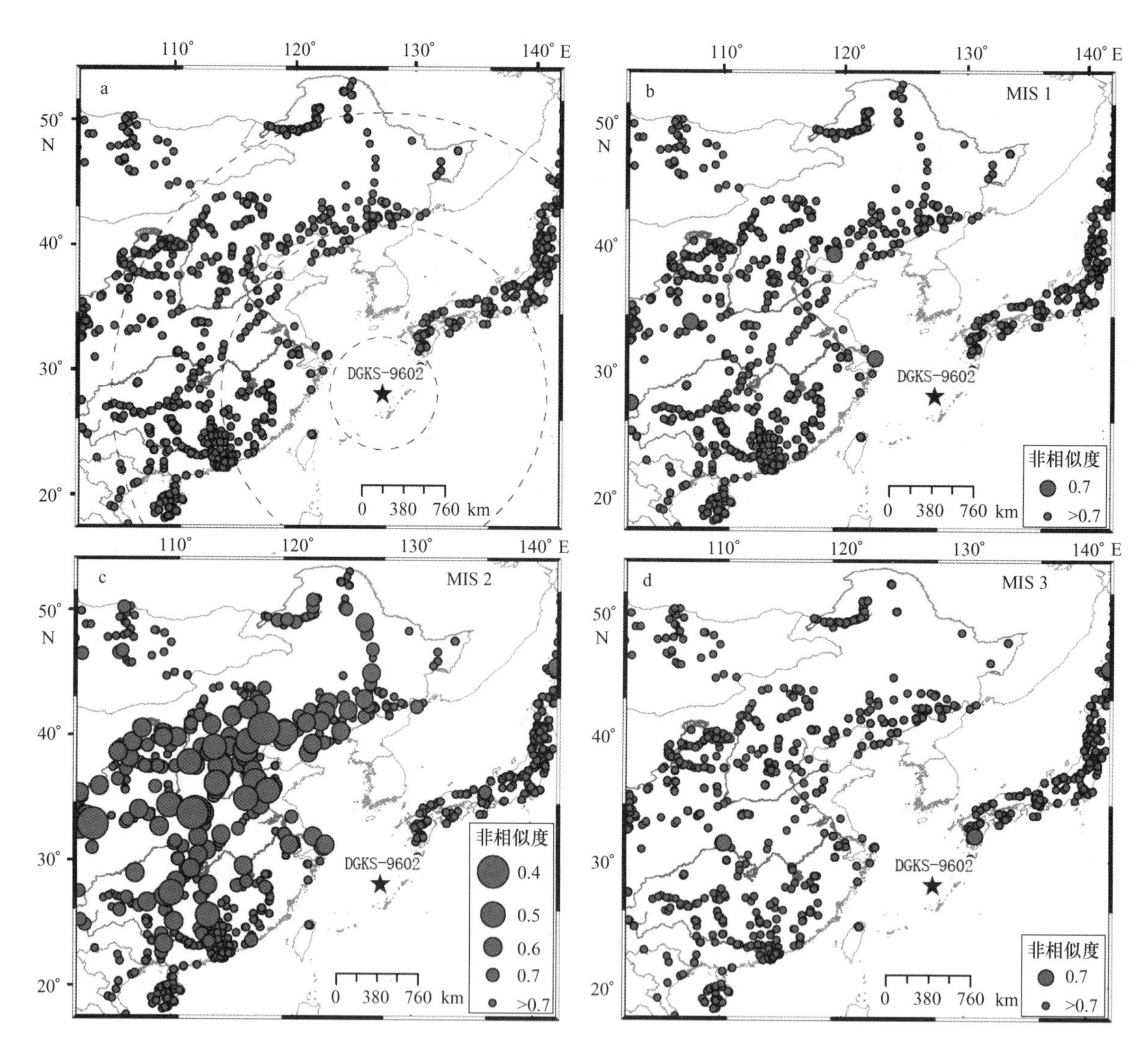

图6 DGKS-9602孔各时段孢粉物质来源类比结果(仅显示非相似距离最小的前50个样点)

a. 物源区的陆地表土样品点，b. 钻孔孢粉A带(MIS 1)的陆地表土孢粉样点相似度，c. 钻孔孢粉B带(MIS 2)的陆地表土孢粉样点相似度，d. 钻孔孢粉C—E带(MIS 3)的陆地表土孢粉样点相似度

全新世孢粉带A(MIS 1)在陆地花粉谱中难以找到相似性程度高的样点，其类比距离一般都大于0.65，表明可能的来源地距离远，且分布比较广和分散(图6b)，并且以风力搬运为主。根据非相似距离地理分布图推测，冲绳海槽DGKS-9602孔全新世沉积的最主要来源地均集中在东亚陆地，并以亚热

带和温带广大区域为主要风力物源区，秋冬季节相对干燥的冬季风可能是主要的搬运介质。

上述结果与前人多学科方法分析的结果相吻合，冲绳海槽的陆源物质主要来源于由长江输运的我国大陆物质，在冰期—间冰期时间尺度上，海平面升降导致的长江河口与冲绳海槽之间的距离变化是制约陆源物质通量变化的主要因素。冬季风的增强可能使更多的粉砂级物质进入冲绳海槽，导致陆源物质通量增加[58]。研究证明周边陆地现代表土数据与海槽沉积孢粉结果的定量比较，从一定程度上反映出不同时代海洋孢粉的可能物源和搬运介质的变化。末次盛冰期的沉积孢粉以近源为主，其来源地绝大部分为冰期低海面时出露的大陆架平原地区。而全新世地层与现代陆地表土花粉之间的相似度较差，表明沉积孢粉来自于广大的沿岸陆地，岸线距离远，且物质来源分散的特点表明风力输入可能大于河流输入。上述研究证明，边缘海较深海域的长尺度时间序列钻孔中孢粉的陆源物质来源地很可能发生重大变化；同时随着离岸距离的伸缩，孢粉输入的搬运介质也会发生根本变化。因此，在解释孢粉古生态的同时，需要首先了解沉积物的主要孢粉来源，才能更好地理解海洋沉积物孢粉组合特征及其与植被和气候之间的关系。

4.3 孢粉反映的陆缘植被和环境变化

冲绳海槽中段的 DGKS-9602 孔孢粉分析结果证明，氧同位素 MIS 4 阶段（孢粉带 F）的孢粉物质来源可能由风力输入为主，因此，孢粉来源可能包括了我国东部和海域相邻的亚洲各国，主要反映这些地区的植被环境。孢粉中的针叶类除了松属以外，铁杉、冷杉、云杉均有一定的数量。阔叶类植物花粉相对较少，主要为栎属。上述植物类型中，松属、铁杉属和栎属可能反映了海槽北部沿岸山地以针叶林为主，沿岸低地则有针阔叶混交林，而冷杉和云杉则来自于较高海拔的中国东北及朝鲜半岛的寒温带针叶林。此外，个别样品草本植物禾本科和藜科花粉突然增多，表明海岸线变化引起的物源区改变波动性较大。

在氧同位素 MIS 3 阶段（孢粉带 C—E）的物源分析表明，孢粉物源也同样较为分散，针叶树种松属和铁杉属在整个剖面中含量达到最大值。铁杉属植物在亚洲主要分布于亚洲季风区东部，间断分布于中国大陆的西南山区（横断山区和部分东喜马拉雅）、中部山区（秦岭—大巴山区）、东南山区（华东山地）、台湾岛以及日本列岛（除北海道）。亚洲季风区铁杉属的现代分布环境要求年降水量范围为 720～2 103 mm，生长季降水量为 635～1 489 mm，年均温范围为 5.8～18.2 ℃，最冷月均温为 3.7～10.9 ℃，气温年较差为 9.7～25.4 ℃[59]。亚洲季风区铁杉属的现代地理分布表明，冲绳海槽中部在 MIS 3 时期的主要物源仍然是北亚热带至暖温带的长江流域一带，这些地区的山地针叶植被发育，相伴的阔叶树种主要有枫香属、栎属、榆属、山毛榉属、栗属等。

在 MIS 2 阶段的末次盛冰期，气候寒冷干燥，海平面明显下降，海岸线向东推至海槽附近。钻孔显示，该时期草本花粉含量急剧增高，蒿属、禾本科、藜科、石竹科、莎草科等十分丰富。而松属和其他木本植物花粉含量相应降低。该阶段孢粉带的陆源类比分析结果表明，高含量的草本花粉与华北平原的草地类型十分相似，但该时期的物源并非来自于华北平原，这是因为末次盛冰期海平面下降后，整个大陆架出露，在大陆架上的植被类型应与目前华北平原的草地环境相似。在大陆架上未能生长森林植被的原因主要是沼泽密布，同时季风降雨期平原区常被洪水泛滥，导致树木难以生长，而一年生草本植物则大片发育。寒冷盛冰期大陆架上的草原湿地与地带性的草原不同，前者与降雨量无关，而后者是降雨量降低导致的结果。从这一时段蒿属与禾本科的比例和物源地的气候环境分析，当时的东海陆架同一纬度的气温明显低于现代，植被带南移至少 8 个纬度。

从末次冰消期开始（约 12.05～0 ka 的 MIS 1 阶段），气候快速转暖，海面上升，钻孔点的离岸距离迅速增大。季风搬运再次成为海槽孢粉输入的主要介质。此外，部分热带属种的发现证明海流的输入逐渐增强，包括从热带海域如东南亚等地带来的鸡毛松等罗汉松科花粉，反映了黑潮对物源的影响。

5 结论

冲绳海槽中部 DGKS-9602 孔记录了晚更新世～73 ka BP 以来古海洋环境和陆源地植被变化。根据钻孔的陆生植物花粉谱的有序聚类分析，可以将其分为 6 个组合带，它们与氧同位素阶段 1～4 期基本对应。

钻孔中的松属、蒿属花粉纵向变化反映了 25～1.5 ka BP 末次盛冰期的海平面变化，松属花粉由原来的 70%～80%急剧下降至小于 10%，而蒿属花粉由2%～5%快速升至35%左右。松属花粉含量的垂向变化与氧同位素曲线基本吻合。因此,松属花粉的相对含量可以指示离岸距离的远近,而松属和蒿属花粉含量的消长也可以反映海平面或海岸线距离的变化,两者均可作为海平面升降的替代性指标。

本研究利用DGKS-9602孔的孢粉分析结果进行陆源物质来源判别的尝试,计算结果显示,钻孔孢粉带中,除了末次盛冰期对应的B带具有与陆地样点较高相似度以外,其他时段的孢粉带均在陆地表土样品中找不到相似点。如孢粉带F－C(MIS 4～3)找不到与其类似的陆地表层样点,即海槽样品与陆地样品孢粉组合的非相似距离普遍较大。而海域周边相邻大陆均有可能为分散的物源区,包括我国东部、朝鲜半岛和日本南部。此外,由于此阶段海槽的离岸距离仍较远,风力搬运可能是主要的孢粉输入介质。全新世孢粉带A(MIS 1)也同样在陆地中难以找到相似性程度高的样点,但根据非相似距离排序,其较可能的来源地主要在中国大陆,其搬运输入的主要介质可能为风力作用,其次为河流入海和黑潮带来的孢粉。

在末次盛冰期,相当于孢粉带B(MIS 2),其孢粉谱与陆源区表土样点计算获得的相似度较高,这些样点集中位于华北平原及邻近区域。推测冲绳海槽末次盛冰期的孢粉沉积来源不是华北平原,而是与目前华北平原草地类型相似的东海陆架平原,而这一区域目前淹没在海域之下。

在冰期—间冰期时间尺度上,中国东部海岸带与冲绳海槽之间的离岸距离变化是制约陆源孢粉物质通量变化的主要因素。在盛冰期气候变冷时期,海平面下降,离岸距离大幅缩短,河流输入迅速增强,使更多的陆地孢粉物质进入冲绳海槽,导致陆源物质通量增加。在相对高海面期,离岸距离急剧增大,河流输入被洋流阻隔,孢粉通量降低,大气搬运成为孢粉沉降的主要来源,此时孢粉物质来源地较不确定。海洋沉积孢粉与东亚陆地表土孢粉数据的定量比较,为更好地理解海洋沉积物孢粉的物质来源以及揭示复杂的古环境信息提供了重要依据。

参考文献:

[1] LI B H, JIAN Z M, WANG P X. Pulleniatina obliquiloculata as paleoceanogrphic indicator in the southern Okinawa Trough during the last 20000 years[J]. Mar Micropaleontol,1997,32:59—69.

[2] 刘娜,孟宪伟.冲绳海槽中段表层沉积物中稀土元素组成及其物源指示意义[J].海洋地质与第四纪地质,2004,24(4):37—43.

[3] 李培英,王永吉,刘振夏.冲绳海槽年代地层与沉积速率[J].中国科学:D辑,1999,29(1):50—55.

[4] 刘振夏,SAITO Y,李铁刚.冲绳海槽晚第四纪千年尺度的古海洋学研究[J].科学通报,1999,44(8):883—887.

[5] LÜ H Y, LIU Z X, WU N Q, et al. Diatom and paleoceanography in domain of Kuroshio Current in Okinawa Trough during the past 20000a[C]//Dedicated to the 4th International Conference on Asia Marine Geology. Beijing: SOA China,1999:51—62.

[6] 孟宪伟,刘焱光,刘振夏,等.冲绳海槽全新世表层水温、盐度和大气 p_{CO_2} 恢复及其古气候意义[J].科学通报,2001,46(增刊):80—83.

[7] 蓝东兆,方琦,廖连招.冲绳海槽表层沉积硅藻对黑潮流的响应[J].台湾海峡,2002,21(1):1—5.

[8] 邓韫,郑卓,SUC J P,等.冲绳海槽末次盛冰期孢粉组合的古环境指示意义[J].中国地质大学学报,2005,30(5):597—603.

[9] 刘振夏,李培英,李铁刚,等.冲绳海槽5万年以来的古气候事件[J].科学通报,2000,45(16):1776—1781.

[10] 蓝东兆,陈承惠,李超.冲绳海槽末次冰期以来黑潮流游移在沉积硅藻中的记录[J].古生物学报,2003,42(3):466—472.

[11] 陈金霞,张德玉,张文卿,等.末次冰期以来冲绳海槽北部古气候变化的孢粉记录[J].海洋学报,2006,28(1):85—91.

[12] 陈金霞,李铁刚,南青云.冲绳海槽千年来陆源物质输入历史与东亚季风变迁[J].中国地质大学学报,2009,34(5):811—818.

[13] LI T G, LIU Z X, HALL M A, et al. Heinrich event imprints in the Okinawa Trough : evidence from oxygen isotope and planktonic forarninifera[J]. Palaeogeography, Palaeoclimatology, Palaeoecology,2001,176:133—146.

[14] IJIRI A, WANG L J, OBA T, et al. Paleoenvironmental changes in the northern area of the East China Sea during the past 42 000 years [J]. Palaeogeography, Palaeochimatology, Palaeoecology,2005,219:239—261.

[15] 郑求根,周祖翼,蔡立国,等.东海陆架盆地中新生代构造背景及演化[J].石油与天然气地质,2005,26(2):197—201.

[16] 游文丽,张学惠,张晓.中日东海海域划界争端及解决[J].北京化工大学学报,2008(3):13—18.

[17] LIU Z X, BERNÉS, SAITO Y, et al. Quaternary seismic stratigraphy and paleoenvironments on the continental shelf the East China Sea [J]. Journal of Asian Earth Sciences,2000(18):441—452.

[18] SHIEH Y T, WANG C H, CHEN M P, et al. The last glacial maximum to Holocene environment changes in the southern Okinawa Trough[J]. Journal of Asian Earth Sciences,1997,15(1):3—8.

[19] 陈振波,刘振夏,石学法,等.东海DGKS9603岩芯中微体化石的古海洋学特点、$\delta^{18}O$ 曲线与 $AMS^{14}C$ 测年[J].沉积学报,2000,18(4):

501—505.

[20] 赵泉鸿,苏新.冲绳海槽南部末次间冰期以来古海洋学变迁:ODP1202站的记录[J].海洋地质与第四纪地质,2004,24(4):61—66.

[21] 李双林,李绍全,孔祥君.东海陆架晚第四纪沉积物化学成分及物源示踪[J].海洋地质与第四纪地质,2002,22(4):21—28.

[22] 吴自银,金翔龙,李家彪.中更新世以来长江口至冲绳海槽高分辨率地震地层学研究[J].海洋地质与第四纪地质,2002,22(2):9—20.

[23] YOO D G, LEE C W, KIM S P, et al. Late Quaternary transgressive and highstand systems tractsin the northern East China Sea mid-shelf[J]. Marine Geology,2002,178:313—328.

[24] 王开发,孙煜华.冲绳海槽沉积的孢粉、藻类组合[J].海洋与湖沼.1982,13(5):440—450.

[25] 王开发,孙煜华,张玉兰,等.东海沉积孢粉藻类组合[M].北京:海洋出版社,1987.

[26] 宋长青,孙湘君, SAITO Y.冲绳海槽钻孔B-3GC柱状样花粉记录的古环境信息[J].科学通报,2001,46(2):153—157.

[27] 陈金霞,李铁刚,曹奇原,等.7500a BP以来冲绳海槽北部孢粉组合及古环境意义[J].海洋与湖沼,2005,36(5):475—480.

[28] 徐红艳,常凤鸣,罗运利,等.冲绳海槽北部PC-1岩芯24 ka BP以来孢粉记录的古环境信息[J].科学通报,2009,54(20):3117—3126.

[29] XU D K, LÜ H Y, WU N Q, et al. 30 000-year vegetation and climate change around the East China Sea shelf inferred from a high-resolution pollen record[J]. Quaternary International,2010,227:53—60.

[30] 姜善春,傅家谟,栾作峰.冲绳海槽沉积物中陆源标志物——单萜烯[J].地球化学,1984(2):161—165.

[31] 姜善春,傅家谟,栾作峰.冲绳海槽沉积物中陆源标志物-屈、苯并芘、苝、晕苯[J].海洋湖沼通报,1985(4):36—39.

[32] 孟宪伟,王永吉,吕成功.冲绳海槽中段沉积地球化学分区及其物源指示意义[J].海洋地质与第四纪地质,1997,17(3):37—43.

[33] 臧启运,蔡德陵,王琦,等.冲绳海槽中段表层沉积物物源判识及定量估算[J].黄渤海海洋,1999,17(4):20—29.

[34] 杜德文,孟宪伟,王永吉,等.沉积物物源组成的定量判识方法及其在冲绳海槽的应用[J].海洋与湖泊,1999,30(5):352—358.

[35] 蒋富清,李安春.冲绳海槽南部表层沉积物地球化学特征及其物源和环境指示意义[J].沉积学报,2002,20(4):680—686.

[36] 黄小慧,王汝建,翦知湣.全新世冲绳海槽北部陆源输入物变化及其古气候意义[J].海洋地质与第四纪地质,2009,29(5):73—82.

[37] 李传顺,江波,等.冲绳海槽西南端中全新世以来的沉积速率与物源分析[J].科学通报,2009,54(9):1303—1310.

[38] 秦蕴珊,赵一阳,陈丽容,等.东海地质[M].北京:科学出版社,1987.

[39] 金翔龙.东海海洋地质[M].北京:海洋出版社,1992.

[40] BERNE S. Donghai Cruise preliminary report[R]. IFREMER cruise report DRO/GN/96/29,1996:74.

[41] COUR P. Nouvelles techniques de detection des flux et desretombe'es polliniques: etude de la sedimentation des pollens et des spores a la surface du sol[J]. Pollen & Spores,1974,16:103—142.

[42] AGNER P. Séquences de dépôt du Quaternaire sup rieur et variations climatiques en Mer de Chine de l'Est[D]. Université de Lille 1, 2001.

[43] MARTINSON D, PISIAS N, HAYS J, et al. Age dating and orbital theory of the ice ages: development of a high resolution 0-300 000 years chronostratigraphy[J]. Quaternary Research,1987(27):1—29.

[44] YUAN P C, SHIU M W, KUO Y W, et al. Foraminiferal oxygen isotope stratigraphy and high-resolution organic carbon, carbonate records from the Okinawa Trough(IMAGES MD012404 and ODP Site 1202)[J]. Terrestrial, Atmospheric & Oceanic Sciences,2005,16(1):57—73.

[45] MENG Y L, KUO Y W, YUE G C. High resolution oxygen isotope stratigraphy for the last 150 000 years in the southern South China Sea: Core MD972151[J]. The Journal of Terrestrial Atmospheric and Oceanic Sciences,1999,10(1):239—254.

[46] 李铁刚,孙荣涛,张德玉,等.晚第四纪对马暖流的演化和变动:浮游有孔虫和氧碳同位素证据[J].中国科学,2007,37(5):660—669.

[47] XIONG Y Q, LIU Z X, LI T G ,et al. The sedimentation rates in the Okinawa Trough during the Late Quaternary[J]. Acta Oceanologica Sinica,2005,24(4):146—154.

[48] GRIMM E C. CONISS: A FORTRAN 77 program for stratigraphically constrained cluster analysis by the method of incremental sum of aquares[J]. Computer & Geosciences,1987,13(1):13—35.

[49] SUN X J, LUO Y L, HUANG F, et al. Deep-sea pollen from the South China Sea: Pleistocene indicators of east Asian monsoon[J]. Marine Geology,2003,201:97—118.

[50] CHAPPEL J, OMURA A, ESAT T, et al. Reconciliation of late Quaternary sea levels derived from coral terraces at Huon Peninsula with deep sea oxygen isotope records[J]. Earth and Planetary Science Letters,1996,141:227—236.

[51] KURT L, JOHN C. Sea level change through the last glacial cycle[J]. Paleoclimate,2001,292:679—686.

[52] SCHWEITZER P N. ANALOG: a program for estimating paleoclimate parameters using the method of modern analogs[R]. U. S. Geological Survey Open-file Report,1994:94—645.

[53] Jackson S T, Williams J W. Modern analogs in Quaternary paleoecology: here today, gone yesterday, gone tomorrow? [J]. Annual Review Earth and Planetary Sciences,2004,32:495—537.

[54] 郑卓,黄康有,邓韫,等.中国东部大陆尺度南北样带尘土花粉散布规律与现状植被的关系[J].中国科学:D辑,2007,37(4):534—543.

[55] 孙湘君,宋长青,陈旭东.中国第四纪孢粉数据库(CPD)和生物群区(Biome 6000)[J].地球科学进展,1999,14(4):407—411.

[56] ZHENG Z, YUAN B Y, NICOLE P M. Paleoenvironments in China during the last glacial maximum and the Holocene optimum[J]. Episodes, 1998, 21(3): 152—158.
[57] ZHENG Z. Vegetation and climate since the late Pleistocene in southern China[J]. Journal of Geosciences of China. 2000, 2(1): 7—20.
[58] 孟宪伟，杜德文，刘焱光，等. 冲绳海槽近3.5万a来陆源物质沉积通量及其对气候变化的响应[J]. 海洋学报，2007，29(5)：74—80.
[59] 杨青松，星耀武，周浙昆. 亚洲季风区铁杉属现代分布区及其气候特征[J]. 云南植物研究，2009，31(5)：389—398.

Pollen records from the middle Okinawa Trough and the terrigenous pollen source analysis for 70 ka BP

YANG Shi-xiong[1], ZHENG Zhuo[1], WEI Jin-hui[1], DENG Yun[1], JEAN-PIERRE Suc[2], SERGE Berne[3], LI Jie[1]

(1. *Department of Earth Sciences, Sun Yat-Sen University, Guangzhou* 510275, *China*; 2. *Institut des Sciences de la Terre Paris, Université P. et M Curie-Paris* 6, 75005 *Paris, France*; 3. *Université de Perpignan Via Domitia*, 66860 *Perpignan, France*)

Abstract: Core DGKS-9602 is located in the middle Okinawa Through. The total length of the core is 931 cm and 88 samples were collected from the core. the core age appears to cover marine isotope stages (MIS) 1～4, with the oldest age at approximatedly 73 ka BP. A pollen analysis from the core indicates that there is a strong relationship between pollen zones and oxgyen isotope stages. The curve of ratio between *Pinus* and *Artemisia* (*P/A*) is concordance with sea-level change of the region. Fossil pollen and modern surface pollen were used to calculate the Euclidean distance by non-similarity analogy and to estimate the pollen source areas, which made it possible for further study on the changes of the terrigenous matter source regions under different sea-level conditions. The results show that during MIS 4 the main source of pollen is the north region of the Okinawa Through, which is dominated by coniferous forest. At the MIS 3 stage, the sea-level is relatively high, and the eastern China (the Middle and Lower Changjiang River) and Kyushu may be the main source areas during this period where the mountain conifers mix with some broad-leaved plants dominated the forests. During MIS 2, the sea level declined dramatically, that is coincided with P/A ratio by dropping sharply to <1. The pollen analogue study shows that the pollen grains at last glacial maximum (MIS 2) may be mostly derived from the vicinal continental shelf plains in a short transport distance where the vegetation is predominated by grassland and wetland. Regarding to the Holocene, the result indicates a wide and diverse source areas, including the Changjiang River and the Huanghe River in China, as well as the water current of Kuroshio flowing from tropical regions.

Key words: Okinawa Trough; pollen analysis; palaeo-vegetation; sea-level change; pollen sources

（该文刊于《海洋学报》2011年33卷3期）

两种热通量边界条件对热带太平洋海温模拟的影响

王璐[1,2],周天军[1],刘海龙[1],邹立维[1,2]

(1.中国科学院 大气物理研究所 大气科学和地球流体力学数值模拟国家重点实验验室,北京 100029;2.中国科学院研究生院,北京 100049)

摘要: 利用中国科学院大气物理研究所大气科学和地球流体力学数值模拟国家重点实验室发展的气候海洋模式(LICOM),考察了两种热通量边界条件(牛顿冷却型边界条件和总体公式型边界条件)对热带太平洋海温平均态和年际变率模拟效果的影响。结果显示,在两种边界条件下,模式均能较好的再现海温的年平均空间分布特征和季节循环特征。对比分析发现,在牛顿冷却条件下,模拟结果与观测更加接近,这是因为该条件会通过调整净海表热通量使模拟海温向观测的气候态海温逼近。就年际变率而言,牛顿冷却条件下模式模拟的净海表热通量负反馈作用偏强,从而使ENSO模拟偏弱,进而使中东太平洋的异常经向温度平流模拟偏弱,造成海温异常的经向尺度偏窄。负反馈的强度与耦合系数的选取有关。而总体公式条件下模式能够合理地模拟出ENSO相关的热通量负反馈过程,从而能正确的模拟出ENSO振幅以及ENSO空间型。因此,当利用海洋模式对气候平均态海温进行模拟时,两种条件均可采用,但以牛顿冷却条件为佳;而当对海温的年际变率进行模拟时,应该采用总体公式型边界条件。

关键词: 海洋模式;边界条件;热带太平洋;总体公式

1 引言

运行单独海洋模式时,通常利用参数化的海表边界条件来表征大气的影响,即温度、盐度边界条件加上风应力强迫场。不同的边界条件代表不同类型的"大气",通过与之作用,海洋也将产生不同的响应,因此海洋模式采用的温、盐边界会直接影响模拟结果[1-2]。

为提高模拟结果的准确性,前人对海洋模式的温、盐边界条件进行过大量的研究[3]。典型的热通量条件包括总体公式型边界条件,Haney 公式型边界条件[4],此外还有 Rahmstorf-Willebrand 恢复方案、Schoph 零热容量条件、诊断型通量条件等。

总体公式型边界条件是指利用近海表的大气基本变量(海表面风、温度、湿度等)以及海表面温度,根据总体公式直接计算模式运行所需的感热通量和潜热通量。总体公式是基于常通量层和雷诺通量的概念参数化得到的。该条件有效的将给定热通量强迫场的问题转化为给定近海表大气基本状况的问题,并且由于通量的计算考虑了模式海温,从而成功的表达了与湍流热通量有关的海气反馈过程。

Haney 型热通量边界条件于1971年被提出,是第一个有物理基础的方案,它是通过对热通量的总体公式在表面气温处进行泰勒展开并取一阶近似得到的,其最大的优点是考虑了海气间的大尺度热力耦合[4]。在实际应用中,通常将其简化为观测的净热通量与恢复项之和,后者为模式海温与观测值之差再乘以一个耦合系数,观测值为气候平均的海温或者表层气温。该简化形式的边界条件又被称为牛顿冷却型边界条件。

基金项目:国家自然科学基金(40890054);国家重点基础研究专项经费(2010CB951904)。

作者简介:王璐(1984—),女,河南省洛阳市人,博士研究生,主要研究方向为多尺度海气相互作用及海洋模式。E-mail:wanglu2007@mail.iap.ac.cn

总体公式型边界条件与牛顿冷却型边界条件均被广泛应用于单独海洋模式的模拟当中。比如，美国国家大气研究中心（National Center for Atmospheric Research，NCAR）的海洋模式被用于研究印度洋偶极子问题时，采用的是总体公式型边界条件[5]。德国马普研究所的海洋模式（MPI OM）也采用的是总体公式型边界条件[6]。而在考察高分辨率海洋模式 POP（Parallel Ocean Program）对海流的模拟时，以及在利用洋盆模式 MICOM（Miami Isopycnic Coordinate Ocean Model）研究分辨率和黏性系数对赤道太平洋洋流模拟的影响时，采用的是牛顿冷却型边界条件[7-8]。

中国科学院大气物理研究所大气科学和地球流体力学数值模拟国家重点实验室发展的气候海洋模式 LICOM，在其不同的发展阶段，引入了不同类型的热通量边界条件：如，在 L30T63 版本中，采用的是 Haney 型热通量边界条件[9]；在后来发展的高分辨率版本中，将其替换为牛顿冷却型边界条件[10-11]；而在最新的版本当中，模式又加入了总体公式型边界条件的选项。本文的目的是，基于 LICOM，考察两种边界条件（总体公式条件和牛顿冷却条件）下，模式对热带太平洋海温平均态和年际变率的模拟效果。该工作对于深入理解两种边界条件背后的物理机制具有重要的意义，并可为日后进行数值试验时合理选择边界条件提供参考。

2　两种热通量边界条件简介及试验设计

2.1　两种边界条件简介

基于雷诺应力的概念，利用 Monin-Obukhov 相似理论，可将感热通量、潜热通量及风应力用总体公式来表示：

$$Q_E = \rho_a L C_E (q_a - q_s) |\Delta \vec{U}|, \tag{1a}$$

$$Q_H = \rho_a c_p C_H (\theta_a - \theta_s) |\Delta \vec{U}|, \tag{1b}$$

$$\vec{\tau} = \rho_a C_D |\Delta \vec{U}| \Delta \vec{U}, \tag{1c}$$

式中，Q_E，Q_H 和 $\vec{\tau}$ 分别表示潜热通量、感热通量和风应力；ρ_a，q_a，θ_a 分别为海表面的空气密度、比湿和位温；q_s 和 θ_s 为海表面温度的比湿和位温；L 为蒸发潜热；c_p 为空气定压比热；$\Delta \vec{U}$为海表面风速和表面海流之差；C_D，C_H 和 C_E 分别是动量、感热和潜热通量的整体交换系数（拖曳系数），它们依赖于大气稳定度以及动量、热量和水汽的粗糙度长度。当利用总体公式作为驱动海洋模式的热通量边界条件时，读入的强迫场信息包括海表面的的大气状况及模拟的 SST。本文中用于计算总体公式的方案引自 Large 和 Yeager[12]，该方案已被广泛应用于大洋环流模式当中，如美国地球流体力学研究中心（Geophysical Fluid Dynamics Laboratory，GFDL）的第四代海洋模式（MOM4）[13]和 NCAR 的 POP2[14]等。

牛顿冷却型边界条件可写为[10]：

$$Q_T = Q_o - \frac{\partial Q_o}{\partial T_o}(T_o - T_m), \tag{2}$$

式中，Q_o 为观测的净海表热通量；T_o 和 T_m 分别为观测的气候海温/气温及模拟海温；$\partial Q_o / \partial T_o$ 为耦合系数，由观测资料计算得到。本文的具体做法是将 T_o 取为观测的气候月平均海温，耦合系数采用 Oberhuber[15]提供的，也为气候月平均值。

2.2　试验方案

为考察两种热通量边界条件对海温模拟的影响，本文首先利用相同的强迫场驱动不同边界条件下的同一海洋模式（即试验一和二），之后分别从气候态和年际变率的角度对模拟结果的异同进行分析和讨论。而由 2.1 节可知，牛顿冷却条件本身与耦合系数的选取有关，因此为了更充分地理解该条件对模拟结果的影响，本文在试验二的基础上调整耦合系数，又进行了试验三。

试验一：采用总体公式型边界条件，利用 ERA40[16]提供的逐日海表面大气变量驱动模式。

试验二：采用牛顿冷却型边界条件。将用于驱动试验一的逐日海表净热通量和风应力保存下来作为该试验的强迫场。

试验三：同试验二，但将耦合系数的大小减半。

以上各试验的积分时间段均为 1980—1999 年。并且在 3 组试验中，模式采用的风应力强迫场完全相同。

用于对比的资料包括：Hadley 中心提供的全球月平均海表面温度 HadISST[17]；SODA 同化资料中的次表层海温[18]。本文分析的时间段为 1980—1999 年。

3　结果分析

3.1　热带太平洋海温的平均态和季节循环

图 1 分别给出试验一和试验二模拟的热带太平洋年平均海温与观测之差。结果显示，试验一模拟的年平均海温在赤道东太平洋有一个冷偏差中心

(−1 ℃左右)，而在南美西岸和墨西哥沿岸则存在暖偏差中心。试验二模拟的海温偏差较试验一明显偏小，南美和墨西哥沿岸的暖偏差中心消失了，仅在赤道东太平洋上存在一个微弱的冷偏差中心(−0.5 ℃左右)。

进一步在热带西太平洋(0°～20°N，125°～160°E)、中太平洋(0°～20°N，160°E—150°W)和东太平洋(0°～15°S，90°～150°W)等几个典型区域，将两组试验模拟的平均海温季节循环与观测进行比较，结果显示两组试验差别不大，均能很好地再现观测特征(图略)。

图 2 给出观测和两组试验模拟的沿赤道 2°S—2°N 平均的 SST 季节演变。观测中，赤道东太平洋 SST 季节循环以年周期为主、西太平洋以弱的半年周期为主。两组实验均能很好的模拟出上述特征，表明海洋模式在两种边界条件下，模拟的赤道太平洋 SST 季节循环没有显著区别、都显示出很强的模拟能力。

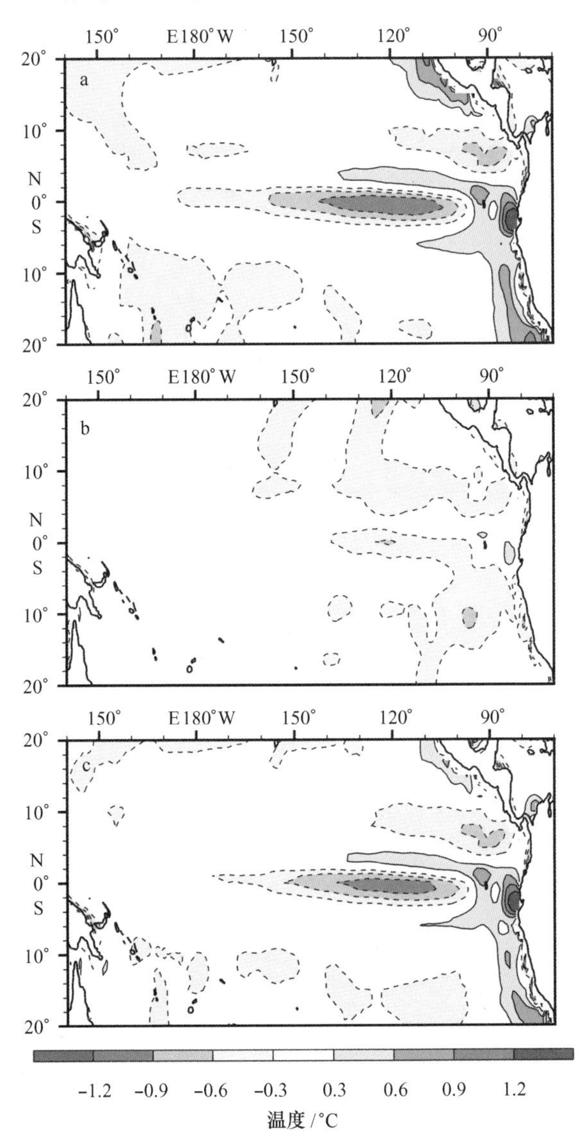

图 1 试验一(a)、试验二(b)、试验三(c)模拟的年平均海温与 HadISST 之差

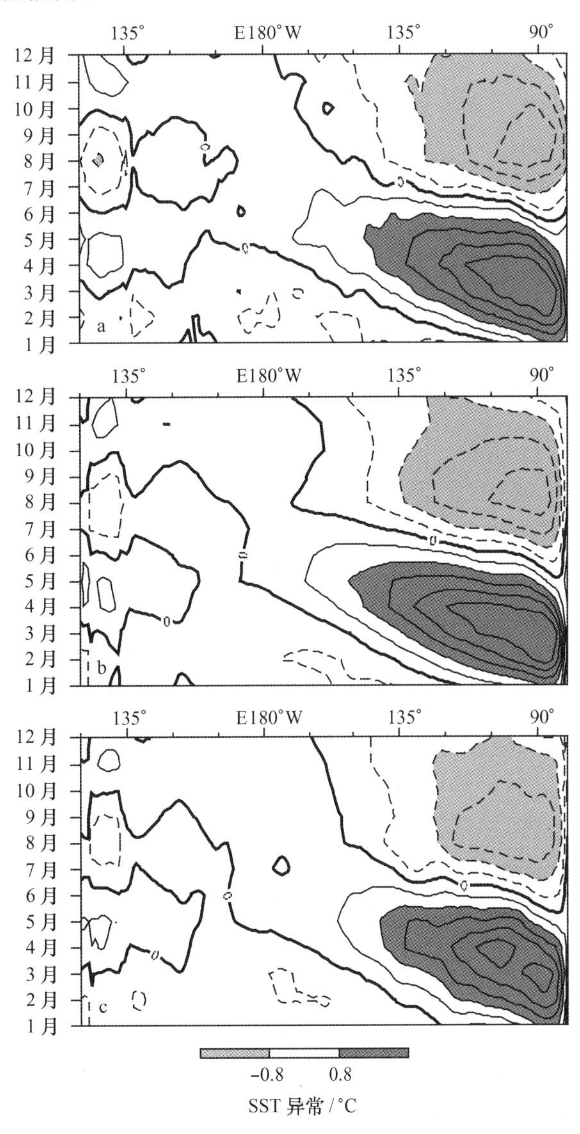

图 2 赤道太平洋(2°S—2°N)SST 异常(去掉年平均)的季节循环

a. HadISST，b. 试验一，c. 试验二

气候态月平均 SST 中最高温度与最低温度之差可认为是 SST 季节循环的强度。将模拟的强度减去观测，再除以观测，以定量地衡量模式模拟的 SST 季节循环强度与观测的偏差。图 3 即给出两组试验模拟的季节循环强度偏差的空间分布。试验一在赤道东太平洋、墨西哥沿岸和南太平洋区域高

估季节循环的强度达30%以上。试验二在大部分区域对季节循环的强度有所低估但幅度不大，仅在赤道西太平洋、赤道以南太平洋等少数地区低估幅度达到30%。总的来说，试验二模拟的SST季节循环的强度与观测更为接近，表明牛顿冷却型边界条件更适用于气候态海洋的模拟。

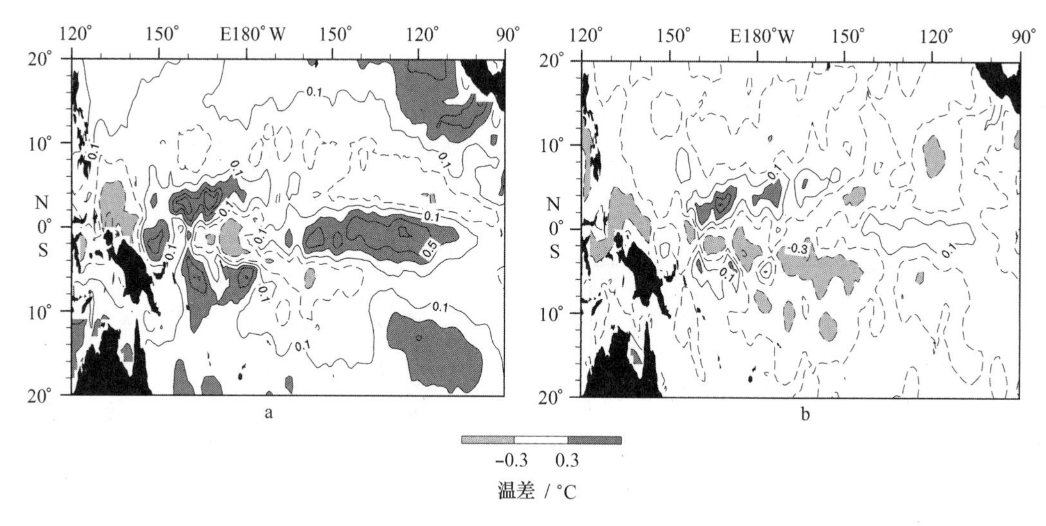

图3　模式模拟的季节循环强度(SST年循环中，最高温度与最低温度之差)较观测偏差的比例(模拟减观测，再除以观测)的空间分布

a. 试验一，b. 试验二

3.2　热带太平洋海温的年际变率

热带太平洋年际变化的最主要特征是ENSO，本文首先对比两组试验模拟的Niño指数的时间序列。图4给出两组试验对应的Niño 3区(5°N—5°S，150°～90°W)区域平均的SSTA时间序列(Niño 3指数)。该指数的位相对应ENSO事件的发生发展，其振幅表征ENSO事件的强度。结果显示，试验一模拟的Niño 3指数位相和振幅均与观测十分接近(相关系数为0.95，观测序列的标准差为0.95 ℃，试验一的标准差为1.07 ℃)，而试验二模拟的Niño 3指数位相与观测接近，振幅却明显偏小(相关系数为0.55，标准差为0.27 ℃)。检查Niño 1(5°N—5°S，90°～80°W)，Niño 2(0°～5°S，90°～80°W)和Niño 3.4区域(5°N—5°S，120°～170°W)的情况，结果类似(图略)。因此，在模拟El Niño事件的位相方面，总体公式较牛顿冷却型边界条件更具有优势。

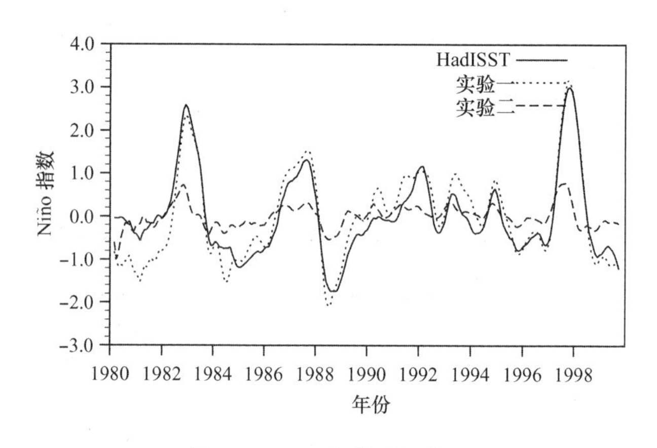

图4　Niño 3指数时间序列

进一步比较两组试验模拟的El Niño空间型(见图5)。在观测中，El Niño对应热带中东太平洋增暖和西太平洋变冷的偶极子型异常海温分布。暖海温异常可西伸到日界线附近，经向跨度从15°S—15°N。冷海温异常在热带外地区向东向极延伸，呈马蹄状空间分布。试验一能够很好的再现该特征，而试验二模拟的中东太平洋增暖的经向尺度和观测相比明显偏窄，海温异常随纬度增加而迅速衰减。因此，总体公式较之牛顿冷却型边界条件能够更为合理地再现El Niño型海温异常的分布，特别是海温异常的经向宽度。

4　两种边界条件模拟差异的原因分析

由3.1节可知，两种边界条件下，模式均能很好的再现热带太平洋年平均海温的空间分布和季节循环特征，但相较而言，试验二的模拟结果与观测更为接近。该结果并不奇怪，因为根据牛顿冷却边界条件的定义，一旦模拟海温偏离观测 SST 的气候态月平均值，该条件即会通过调整净海表热通量使模拟海温向气候态海温逼近。

3.2 节的结果显示，牛顿冷却条件下，模式模拟

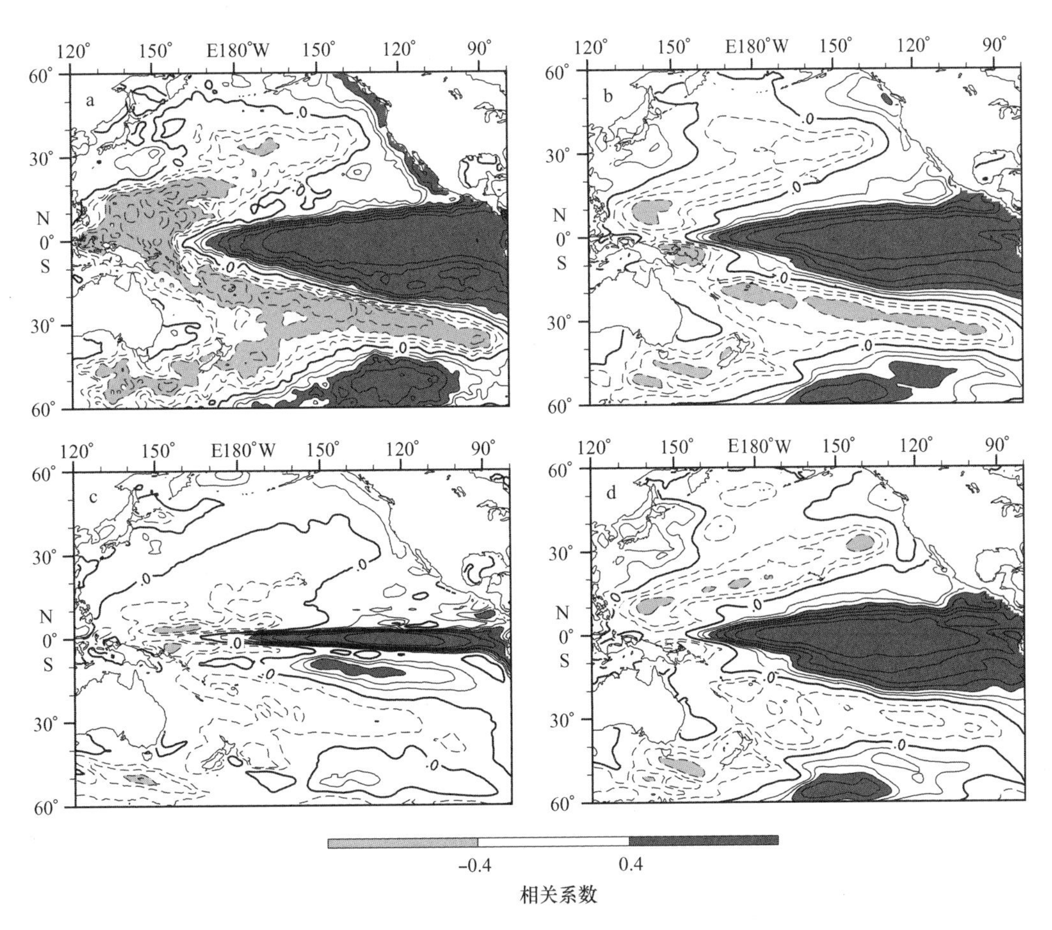

图 5　海温异常与 Niño 3 指数相关系数的空间分布

a. HadISST，b. 试验一，c. 试验二，d. 试验三

的 ENSO 振幅较观测偏弱，中东太平洋海温异常的经向尺度和观测相比明显偏窄；而总体公式条件下，模式模拟的 ENSO 的振幅和空间分布均与观测十分吻合。该结果十分有趣，因为按照经典的理论，影响 ENSO 的关键过程为风应力[19−20]，它通过激发海洋波动来控制 ENSO 循环，而热通量的作用则很小[21]。事实上，在许多对 El Niño 进行模拟的研究当中，热通量的年际变率常被忽略而只采用风应力强迫[22−24]，结果依然能够较好地模拟出 ENSO 信号。不过，热通量的年际变化对 ENSO 的模拟亦十分重要，如 Li 等[25]通过数值试验指出当忽略热通量的年际变率时，模式模拟的 ENSO 振幅偏弱；Zhu 等[26]指出热通量在海洋波动作用较弱的、赤道波导以外地区影响显著。

下面首先就两种边界条件对 ENSO 振幅模拟差异的原因进行讨论。已知与 ENSO 相联系的海气反馈过程主要有两种，一种是 Bjerknes 动力正反馈过程[27−28]，即赤道太平洋东西向海温异常的梯度会激发海表面风应力异常，而风应力异常则将进一步加强海温梯度，其作用在于加强和维持 ENSO 的发展。另一种是净海表热通量异常的负反馈过程[29−30]，指的是在热带中东太平洋地区，正海温异常会导致净向下的海表热通量出现负距平，从而抑制正海温的继续发展，最终抑制 ENSO 发展。根据定义，两种热通量边界条件下，用于驱动模式的净海表热通量均与模式海温有关，因此两组试验均能模拟出影响 ENSO 的热通量负反馈作用。而牛顿冷却条件下，风应力强迫场与模式海温无关；总体公式条件中的模式海温虽能影响计算风应力的拖曳系数，但却与

决定风应力的大尺度压力梯度无关，因此两组试验均不能模拟出影响 ENSO 的动力正反馈过程。由于两组试验采用的风应力强迫完全一致，其模拟的 ENSO 振幅差异只能由热通量反馈作用决定。为将该反馈过程定量化，这里参考 Guilyardi 等[31]的做法，利用 Niño 3 区净海表热通量异常与 SST 异常的线性回归系数来刻画热力反馈的强度（用 α 表示）（图 6）。根据图 6，观测中热力反馈的强度为 $-18.7\ \mathrm{W/(m^2 \cdot ℃)}$，试验二的结果远大于观测（$-85.1\ \mathrm{W/(m^2 \cdot ℃)}$），而试验一的结果则与观测十分接近（$-22.7\ \mathrm{W/m^2 \cdot ℃}$）。Battisti 和 Hirst[32] 曾利用线性模式估计 ENSO 振幅对 α 的敏感度，结果发现当 α 增大 2 倍时，ENSO 的振幅会减小 5 倍。以上分析表明，牛顿冷却条件下模拟的 El Niño 振幅偏弱是由于其模拟的热力负反馈作用偏强，从而抑制了 El Niño 的发展；而总体公式条件下模式能够合理的模拟出该反馈过程，从而使 El Niño 的振幅与观测吻合。

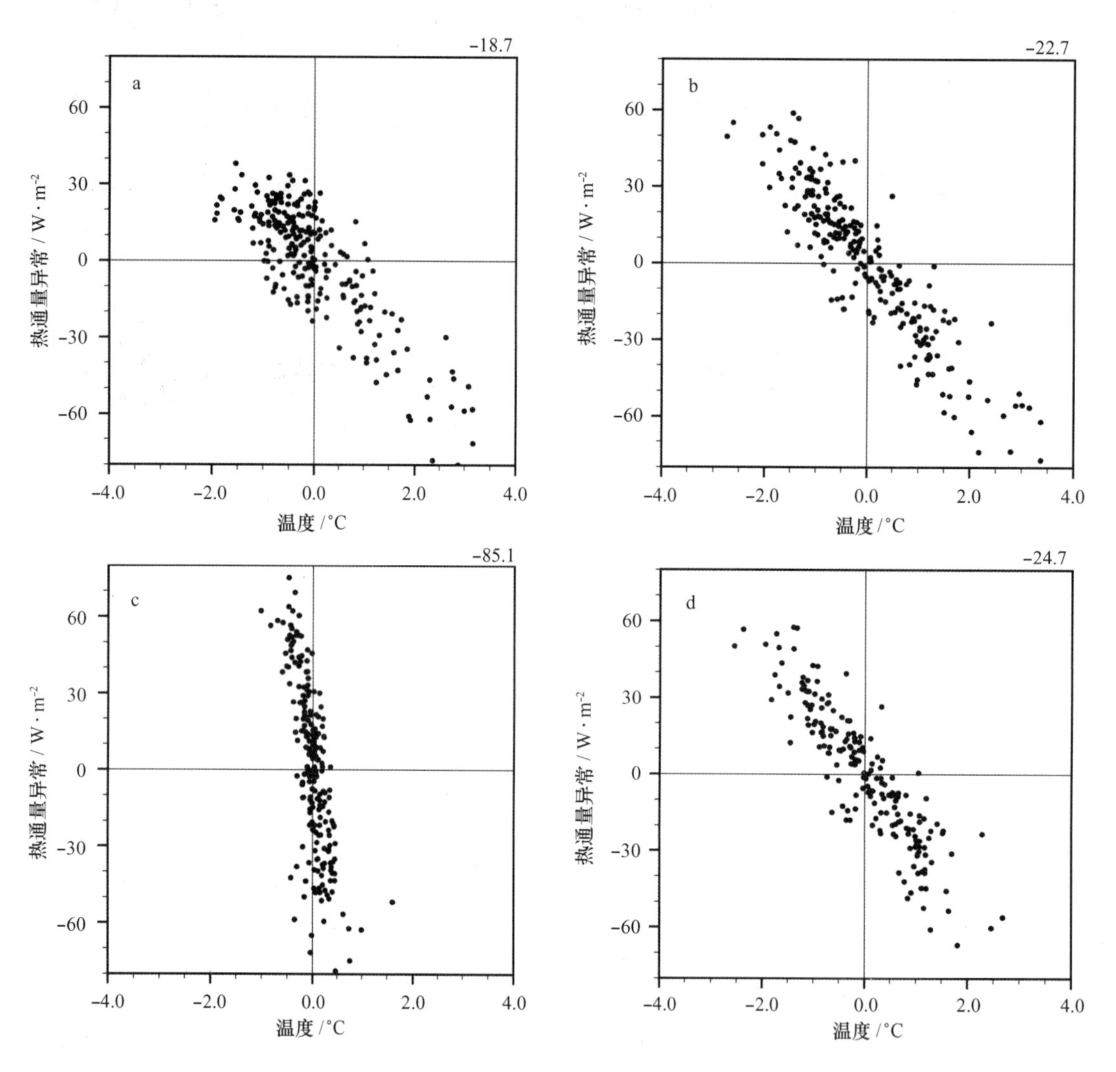

图 6　Niño 3 区总的净海表热通量异常与 Niño 3 区 SST 异常的散点分布

右上角为耦合强度 α（即 Niño 3 区净海表热通量异常与 SST 异常的线性回归系数，单位：$\mathrm{W/(m^2 \cdot ℃)}$）。

a. ERA40，b. 试验一，c. 试验二，d. 试验三

进一步就两组试验对与 ENSO 相关的东太平洋海温异常的经向尺度模拟差异的原因进行分析。前期研究表明，ENSO 经向尺度的大小主要决定于异常的经向海温平流项 $-\overline{V}\partial T'/\partial y$[33]。下面以 El Niño 为例，考察了两组试验模拟的异常经向海温平流项（图 7）。图 7a 给出的是赤道中东太平洋纬向平均的表层经向海流。该经向流主要与赤道东风应力有关，根据 Svedrup 关系，在赤道以北 $\overline{V}>0$，赤道

以南 $\overline{V}<0$。两组试验模拟的经向海流均与观测十分接近。而对于异常海温的经向梯度项($\partial T'/\partial y$),试验二的结果明显小于试验一(图 7b),这是试验二模拟的 El Niño 振幅偏小造成的。因此,试验二模拟的经向暖平流明显弱于试验一(见图 7c),从而造成试验二模拟的 El Niño 经向尺度偏窄。

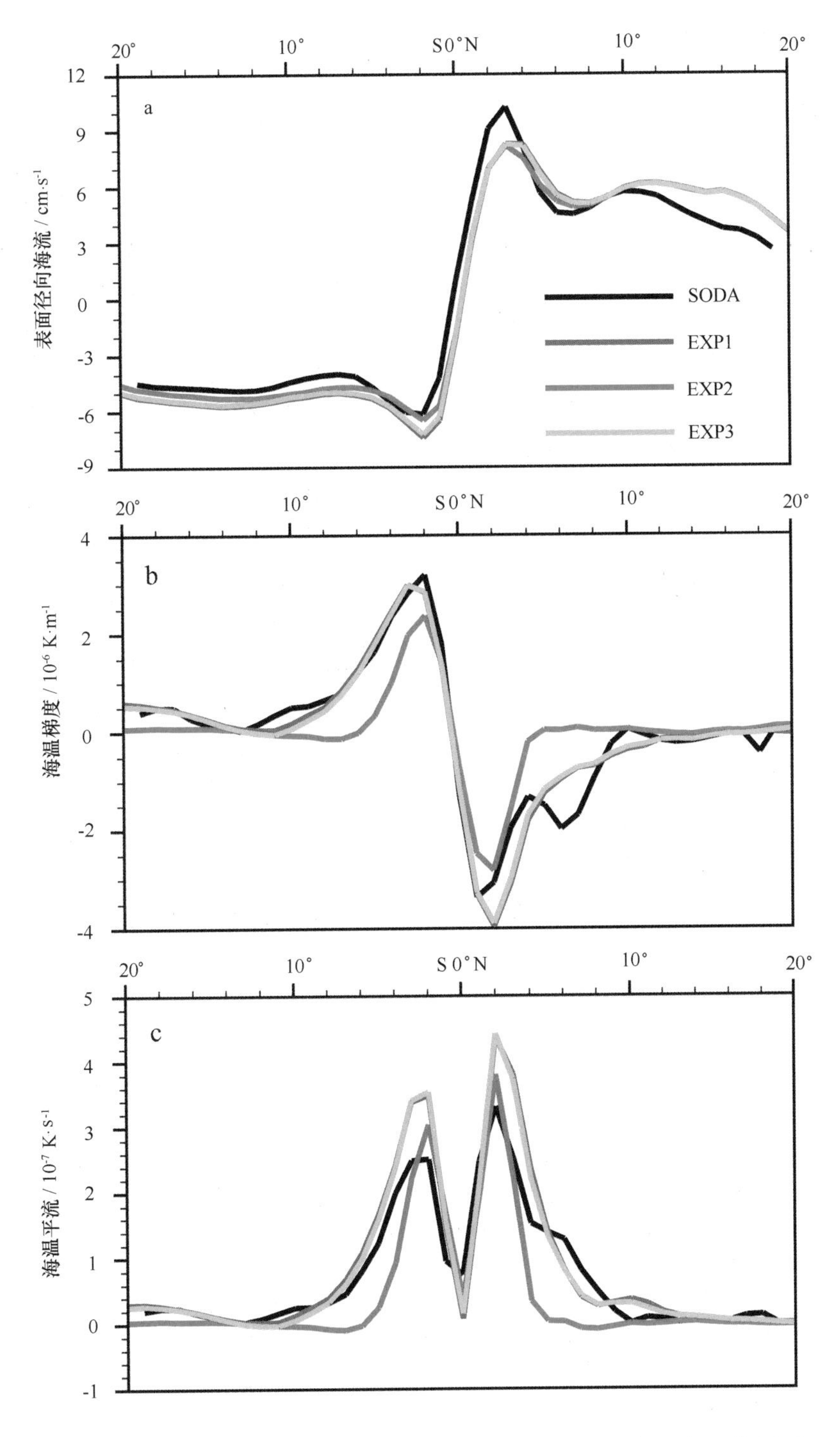

图 7　El Niño 发展年 9 月到翌年 2 月合成的纬向平均(180°~90°W)的(a)表面经向海流($\overline{V}$,cm/s),(b)异常经向海温梯度($\partial T'/\partial y$,10^{-6} K/m)和(c)异常经向海温平流($-\overline{V}\partial T'/\partial y$, 10^{-7} K/s)

根据公式(2),牛顿冷却条件在净海表热通量的基础上,又增加了一个恢复项,这相当于在已有的热通量负反馈基础上，人为的增加了一个负反馈项，从而使该条件下模式模拟的负反馈偏强。其中，恢复项的大小与耦合系数$\partial Q_o/\partial T_o$的选取有关：$\partial Q_o/\partial T_o$越大，模拟的海温越接近观测的气候态值，同时对SST变率(相对于气候平均态)削减幅度也越大。由此可以推测，耦合系数的大小会直接影响模拟的负反馈强度，进而影响模拟的El Niño振幅。为证明该推断，本文进行了试验三。结果显示，在耦合系数减半的情况下，模式模拟的Niño 3区的净热通量负反馈强度为-24.7 W/(m^2·℃)(见图6d)，小于试验二，而El Niño振幅(用Niño 3指数的标准差表示)达到0.98℃，大于试验二。此外，试验三模拟的异常经向暖平流较试验二更强(图7c)，模拟的El Niño经向尺度也更为合理(见图5d)。该结果进一步说明，耦合系数的大小可以影响El Niño振幅，并进而通过影响异常经向温度平流来影响El Niño空间型。但需要指出的是，减小耦合系数之后，虽然模拟的海温年际变率和试验二相比与观测更为接近，但模拟的平均态海温与观测的偏差则变大了(见图1b和1c)。

5 主要结论

本文利用大洋环流模式LICOM，考察了两种热通量边界条件(牛顿冷却型和总体公式型)下，模式对热带太平洋海温平均态和年际变率的模拟情况，并对二者模拟结果的差异做了机理讨论。所得结论如下：

(1)两种边界条件下，模式均能很好的再现热带太平洋年平均海温的空间分布和季节循环特征，但相较而言，牛顿冷却条件下的模拟结果与观测更为接近，这是由于该条件会通过调整净海表热通量使模拟海温向气候态海温逼近。

(2)牛顿冷却条件下，模式模拟的ENSO振幅较观测偏弱，中东太平洋海温异常的经向尺度和观测相比明显偏窄；而总体公式条件下，模式模拟的ENSO的振幅和空间分布均与观测十分吻合。

(3)牛顿冷却条件下模拟的Niño 3区净海表热通量负反馈过强，是造成ENSO模拟偏弱的主要原因。该负反馈强度的大小与耦合系数的选取有关：耦合系数越大，模拟的负反馈越强。而ENSO模拟偏弱，会进一步造成中东太平洋赤道两侧的经向异常海温平流模拟偏弱，从而使ENSO的经向尺度模拟偏窄。

(4)总体公式条件下模式能够合理的模拟出与ENSO相关的热通量负反馈过程，从而能够正确的模拟出ENSO振幅以及经向海温平流，进而合理的刻画出ENSO空间型。

由以上分析结果可知，在运行单独海洋模式时，应针对不同的模拟目标，对热通量边界条件进行合理的选择。当利用气候态热通量进行强迫时，两种热通量条件均可采用。而当利用有年际变化的热通量进行强迫时，则最好采用总体公式型边界条件。如果海洋模式的积分以得到平衡态为目的，则牛顿冷却型边界条件是合理选择；若模拟目的是研究太平洋年际变率，则应选择总体公式。

参考文献：

[1] WEAVER A J, SARACHIK E S. The role of mixed boundary conditions in numerical models of the ocean's climate[J]. Journal of Physical Oceanography, 1991, 21(9):1470—1493.

[2] RAHMSTORF S. Comments on "Instability of the thermohaline circulation with respect to mixed boundary conditions: Is it really a problem for realistic models?" [J]. Journal of Physical Oceanography, 1996, 26(6):1099—1105.

[3] 周天军，张学洪，刘海龙. 大洋环流模式的温盐表面边界条件处理及其影响研究评述[J]. 地球科学进展，2009，24(002):111—122.

[4] HANEY R L. Surface Thermal boundary condition for ocean circulation models[J]. Journal of Physical Oceanography, 1971, 1(4): 241—248.

[5] LI T, ZHANG Y, LU E, et al. Relative role of dynamic and thermodynamic processes in the development of the Indian Ocean dipole: an OGCM diagnosis[J]. Geophysical Research Letters, 2002, 29(23):2110.

[6] MARSLAND S, HAAK H, JUNGCLAUS J, et al. The Max-Planck-Institute global ocean/sea ice model with orthogonal curvilinear coordinates[J]. Ocean Modelling, 2003, 5(2):91—127.

[7] MALTRUD M, SMITH R, SEMTNER A, et al. Global eddy-resolving ocean simulations driven by 1985—1995 atmospheric winds[J]. Journal of Geophysical Research, 1998, 103(C13):30825.

[8] MEGANN A, NEW A. The Effects of Resolution and Viscosity in an Isopycnic—Coordinate Model of the Equatorial Pacific[J]. Journal

of Physical Oceanography, 2001, 31(8):1993—2018.

[9] JIN X, ZHANG X, ZHOU T. Fundamental framework and experiments of the third generation of IAP/LASG world ocean general circulation model [J]. Advances in Atmospheric Sciences, 1999, 16(2):197—215.

[10] 刘海龙，俞永强，李薇，等. LASG/IAP气候系统海洋模式(LICOM1.0)参考手册[M]//大气科学和地球流体力学数值模拟国家重点实验室(LASG)技术报告特刊. 北京：科学出版社，2004.

[11] LIU Hai-long, ZHANG Xue-hong, LI Wei, et al. An eddy-permitting oceanic general circulation model and its preliminary evaluation.[J]. Advances in Atmospheric Sciences, 2004, 21(5):675—690.

[12] LARGE W, YEAGER S. Diurnal to Decadal Global Forcing for Ocean and Sea-ice Models: the Data Sets and Flux Climatologies [M]// NCAR Tech. Boulder,Colorado:CGD Division of the National Center of Atmospheric Research,2004.

[13] GRIFFIES S, HARRISON M, PACANOWSKI R, et al. A Technical Guide to MOM4 GFDL Ocean Group Technical Report No. 5, NOAA[R]. Geophysical Fluid Dynamics Laboratory, 2004:339.

[14] SMITH R, GENT P. Reference manual for the parallel ocean program (POP)[R]// Los Alamos Unclassified Report LA-UR-02-2484, 2002.

[15] OBERHUBER J. An Atlas Based on the "COADS"Data Set: The Budgets of Heat, Buoyancy and Turbulent Kinetic Energy at the Surface of the Global Ocean[M]. Hamburg: Max-Planck Institut,1988.

[16] UPPALA S, KLLBERG P, SIMMONS A, et al. The ERA-40 re-analysis[J]. Quarterly Journal of the Royal Meteorological Society, 2005, 131(612):2961—3012.

[17] RAYNER N, PARKER D, HORTON E, et al. Global analyses of sea surface temperature, sea ice, and night marine air temperature since the late nineteenth century[J]. J Geophys Res, 2003, 108(D14):4407.

[18] CARTON J A, CHEPURIN G, CAO X. A simple ocean data assimilation analysis of the global upper ocean 1950—95: Part Ⅱ. Results [J]. Journal of Physical Oceanography, 2000, 30(2):311—326.

[19] SCHOPF P S, SUAREZ M J. Vacillations in a coupled ocean-atmosphere model[J]. Journal of the Atmospheric Sciences, 1988, 45(3): 549—566.

[20] PHILANDER S. El Niño, La Niña, and the Southern Oscillation[M] . New York:Academic Press, 1990.

[21] STOCKDALE. Ocean modeling for ENSO[J]. Journal of Geophysical Research, 1998, 103(C7):14325—14355.

[22] MILLER A J, BARNETT T P, GRAHAM N E. A comparison of some tropical ocean models: Hindcast skill and El Niño evolution [J]. Journal of Physical Oceanography, 1993, 23(7):1567—1591.

[23] ZHANG R-H, ZEBIAK S E. An embedding method for improving interannual variability simulations in a hybrid coupled model of the tropical Pacific ocean-atmosphere system[J]. Journal of Climate, 2004, 17(14):2794—2812.

[24] 俞永强，IZAR A D，张学洪，等. IAP/LASG海洋环流模式对风应力的响应[J]. 大气科学，2001，25(6):721—739.

[25] LI W, LIU H, ZHANG X-H. The respnse of the third generation of IAP/LASG oceanic GCM to different external forcing[J]. Journal of Hydrodynamics, 2001, 13(3):107—114.

[26] ZHU J, SUN Z, ZHOU G. A note on the role of meridional wind stress anomalies and heat flux in ENSO simulations[J]. Advances in Atmospheric Sciences, 2007, 24(4):729—738.

[27] BJERKNES. Atmospheric teleconnections from the equatorial Pacific[J]. Monthly Weather Review, 1969, 97(3):163—172.

[28] NEELIN J D, DIJKSTRA H A. Ocean-atmosphere interaction and the tropical climatology: Part Ⅰ. The dangers of flux correction[J]. Journal of Climate, 1995, 8(5):1325—1342.

[29] WALISER D, BLANKE B, NEELIN J, et al. Shortwave feedbacks and El Niño-Southern Oscillation: Forced ocean and coupled ocean-atmosphere experiments[J]. Journal of Geophysical Research, 1994, 99(C12):25109.

[30] JIN F, KIM S, BEJARANO L. A coupled-stability index for ENSO[J]. Geophysical Research Letters, 2006, 33(23):L23708.

[31] GUILYARDI E, BRACONNOT P, JIN F, et al. Atmosphere feedbacks during ENSO in a coupled GCM with a modified atmospheric convection scheme[J]. Journal of Climate, 2009, 22(21):5698—5718.

[32] BATTISTI D S, HIRST A C. Interannual variability in a tropical atmosphere-ocean model: Influence of the basic state, ocean geometry and nonlinearity[J]. Journal of the Atmospheric Sciences, 1989, 46(12):1687—1712.

[33] ZHANG W, LI J, JIN F. Spatial and temporal features of ENSO meridional scales[J]. Geophysical Research Letters, 2009, 36(15): L15605.

Comparison of two thermal forcing schemes in a global ocean model over tropical Pacific Ocean

WANG Lu[1,2], ZHOU Tian-jun[1], LIU Hai-long[1], ZOU Li-wei[1,2]

(1. *State Key Laboratory of Numerical Modeling for Atmospheric Sciences and Geophysical Fluid Dynamics, Institute of Atmospheric Physics, Chinese Academy of Sciences, Beijing* 100029, *China*; 2. *Graduate University of Chinese Academy of Sciences, Beijing* 100049, *China*)

Abstract: Both Newton cooling scheme (i. e. prescribed total heat fluxes added with a relaxation term) and bulk formula parameterization scheme are widely used in offline Ocean General Circulation model simulations. These two thermal forcing schemes are compared here in two simulations using LASG/IAP climate ocean model (named LICOM) in terms of the performance over tropical Pacific Ocean. The results indicate that for both the annual mean SST distribution and the annual cycle of SST over tropical pacific, the two schemes show reasonable performance, although the Newton cooling scheme shows even less bias due to its relaxation to observed climatological SST. The El Niño amplitude in the Newton cooling scheme simulation is weaker than that in observation, due to the overestimated negative heat flux feedback which is related with the thermal coupling coefficient. And the suppressed El Niño could further lead to a narrower meridional scale of the SST anomalies in the eastern Pacific. With a reasonable negative heat flux feedback in bulk formula simulation, the model exhibits a more reliable El Niño amplitude and spatial distribution. The study demonstrates that if the simulation aims to get a realistic mean state, the Newton cooling is recommended, but if the simulation focuses on interannual variability of the tropical ocean, the bulk parameterization scheme should be used.

Key words: OGCM; thermal forcing; tropical pacific; bulk formula

（该文刊于《海洋学报》2011 年 33 卷 4 期）

海底大型多金属硫化物矿体内的流体过程

李怀明[1]，翟世奎[2]，陶春辉[1]，于增慧[2]

（1. 国家海洋局 第二海洋研究所 海底科学重点实验室，浙江 杭州 310012；2. 中国海洋大学 海洋地球科学学院 海底科学与探测技术教育部重点实验室，山东 青岛，266100）

摘要：海底多金属硫化物矿体内热场和流场分布控制着多金属硫化物矿体的形成过程和成矿机制。在大洋钻探计划（ODP）和已有模拟实验研究的基础上，构建了一个具有三层结构的非均质海底多金属硫化物矿体模型，并利用地下热水系统体系模拟软件（Hydrothermal）模拟了不同渗透率情况下多金属硫化物矿体内部热场和流场的形态特征。模拟结果表明：(1)在均质海底硫化物矿体内随着瑞利数的增加，流体对流加强，运移速度加快，矿体温度降低；(2)多金属硫化物矿体的分层和介质的不均一性是控制矿体内的温度场结构、流体运移模式的重要因素，在很大程度上影响着矿体内部海水与热液流体的混合、矿物的沉淀/溶解等；(3)在大型多金属硫化物矿体区，热液流体的集中喷溢（“黑烟囱”）主要分布在矿体内部热源位置的上方，介质渗透率分布特征是影响烟囱区位置的重要因素。

关键词：海底热液活动；大型多金属硫化物矿体；热场与流场；数值模拟

1 引言

现代海底热液活动普遍发育在大洋中脊、弧后盆地的板块增生带、板内火山和转换断层等多种地质构造环境。与海底热液活动相伴生的多金属硫化物被认为是继锰结核和富钴结壳之后又一蕴藏在海底的重要战略资源。目前已经在洋中脊地区发现了多个储量超过百万吨级的大型多金属硫化物矿体，例如大西洋中脊 TAG 热液活动区和胡安·得富卡洋脊北部的 Middle Valley 热液活动区的多金属硫化物矿体等。大型海底热液硫化物矿体的形成是一个涉及海水与热液流体的混合、矿物的沉淀和溶解以及长期稳定热源供给等多种因素的复杂地质过程[1]。

利用数值模拟方法，定量模拟计算大型多金属硫化物矿体内流体的运移和热场分布是深入认识多金属硫化物矿体形成过程和成矿模式的重要方法。Dickson 等[2]建立了一个二维均质的多孔介质模型，该模型高度为 10 m，长度为 40 m，并利用有限元方法研究了不同瑞利数（Rayleigh number，简称 *Ra*）和渗透率情况下流体的运移情况。Pascoe 和 Cann[3]为了了解喷口流体温度和介质渗透率的关系，利用一个简单的管状模型模拟了黑烟囱流体喷出区内扩散热液流的形成和演化过程。

近年来随着海底热液活动调查研究资料的逐渐积累，特别是针对典型多金属硫化物矿体（TAG 热液区和 Middle Valley 热液区）大洋钻探成果的不断丰富，使人们对大型海底硫化物矿体的内部结构有了较为清楚的认识[4-21]。大型多金属硫化物矿体不是简单意义上的硫化物堆积，海水的混入、海水与热液流体的混合、矿物的沉淀和再溶解过程使得多金属硫化物矿体伴随着复杂的物理化学变化而形成。简单的均质模型模拟研究结果很难反映硫化物矿体内部真实的流体运移情况。本文构建了一个具

基金项目：国家海洋局青年基金重点项目（2010318）；国家海洋局第二海洋研究所基本科研业务费专项基金项目（JGO903）。

作者简介：李怀明（1977—），男，山东省聊城市人，博士，主要从事现代海底热液活动研究。E-mail：huaiming_lee@163.com

有三层结构的非均质多金属硫化物矿体地质模型，并利用数值模拟方法研究不同渗透率情况下多金属硫化物矿体内部结构中流场和热场的分布特征及影响因素。

2 多金属硫化物矿体数学模型

热液流体在硫化物矿体内的运移是一个涉及高温、高压环境的复杂地质过程，因此硫化物矿体数学模型的模拟区域应该是一个多种物质组分和多相态（液态和蒸汽态）共同作用的体系。

2.1 数学模型的控制方程

建立在物质与能量守恒定律基础上的流体和热传输方程构成了硫化物矿体数学模型的主要控制方程，结合达西定律和相关的限定方程可以对模型内流体的物理状态进行描述。主要的相关方程如下：

流体输运方程为

$$\frac{\partial}{\partial t}[\phi(\rho_w S_w + \rho_s + S_s)] - \nabla \cdot \frac{kk_{rw}\rho_w}{\mu_w}[\nabla p + \rho_w g \vec{e}_z] - \nabla \cdot \frac{kk_{rs}\rho_s}{\mu_s}[\nabla p_g + \rho_s \vec{e}_z] - q_w - q_s = 0, \quad (1)$$

式中，φ 为孔隙度；ρ 为流体密度；S 为饱和度；k 为多孔介质的渗透率；k_r 是相对渗透率；μ 为流体黏度；p 为液相中的流体压力；p_g 为气相中的流体压力；g 是重力加速度；$\vec{e}$ 为 z 坐标方向上的单位向量；q 是流体的物质流量；t 为时间；下标 s 和 w 分别代表液态相和蒸汽相。

因为模拟区域内任何一点都是单组分或者双组分区域，因此饱和度限定方程为

$$S_s + S_w = 1. \quad (2)$$

利用达西定律可以得到压力 p 下的孔隙水流速：

$$v_p = -\frac{kk_{rp}}{\phi\mu_p}[\nabla p + \rho_p g \vec{e}], p = w, s, \quad (3)$$

模型的热输运方程为

$$\frac{\partial}{\partial t}[\phi(\rho_w h_w S_w + \rho_s h_s S_s) + (1-\phi)\rho_r h_r] - \nabla \cdot K_a \boldsymbol{I} \nabla T + \nabla \cdot \phi\rho_w h_w S_w + \nabla \cdot \phi\rho_s h_s S_s - q_h = 0, \quad (4)$$

式中，h 是液体的比焓；h_r 为硫化物的比焓；ρ_r 为硫化物密度；K_a 为多孔介质整体的有效热导率；$\boldsymbol{I}$ 是 3 列的强度矩阵；T 是温度；q_h 为热焓的流动强度；下标 s 和 w 分别代表液态相和蒸汽相。

2.2 数学模型的假设条件

数学模型的成立需要建立在以下假设条件的基础上：(1)模型内液体为纯水，并且只能以液体相或者蒸汽相存在；(2)两相体系内的流体适用达西定律；(3)对单组分区域内的毛细管压力作用忽略不计，而在两组分区域（液态水和气体）毛细管压力作用被认为是液体相饱和度的非滞后函数；(4)相对渗透率也是液体相饱和度的非滞后函数；(5)液体相中不存在可溶性气体；(6)两组分体系的气相组分中不存在水蒸汽；(7)气相组分静止不动，而且不可压缩；(8)模型内部的孔隙度、渗透率、流体的密度、黏度等都可以表示为时间和空间的函数。

2.3 模拟软件(HYDROTHERMAL)

岩浆与热液系统的传输过程涉及单相或两相流体流动，其温度可达 1 000 ℃，而压力可达几百兆帕。由于水的特性在相应的温度-压力范围内（尤其是在临界点附近）剧烈变化，所以模拟这一系统的流体流动有一定难度，当前热液系统的定量模拟仅限于单相流或亚临界两相流[22]。本文采用美国地质调查局开发并公开发布的地下热水系统的模拟软件 HYDROTHERMAL[23] 对海底硫化物矿体模型内部的流体运移过程进行模拟。HYDROTHERMAL 软件是一个能够模拟近临界或者超临界条件下地下水流动及热传输的三维有限差分模型，模拟实验条件为温度 0～1 200 ℃，压力 0.5～1 GPa。

3 多金属硫化物矿体的物理模型

3.1 几何模型

目前在全球已经发现了约 20 处大型海底多金属硫化物矿体（硫化物储量超过百万吨级）[24]。虽然这些硫化物矿体在矿体形态、矿物特征和产出环境等方面有较大差异，但是其内部结构具有一些共同特征[25−26]。例如：矿体在垂直方向上的分带性，矿体的底部为浸染状但呈网脉状交切产出的矿化层，与上覆块状硫化物矿化层以不同的密切程度伴生或叠生在一起。

本文基于大型多金属硫化物矿体的共同结构特征，并利用 ODP158 航次在大西洋中脊 TAG 热液区丘状体的调查研究成果，构建了一个具有三层结构的二维硫化物矿体模型（见图 1）。模拟区域设定为矩形，横向长度为 400 m，纵向为 150 m。模拟区域分三层，从顶端到底部分别为层 1，为块状硫化物层（20 m），相当于新近沉淀且未经改造的硫化物；层 2，为固结硫化物矿化层（60 m），相当于经过脱水过程和交代作用等过程改造之后的硫化物；层 3，为网脉状硫化物矿化层（70 m），相当于海底之

下的洋壳部分，为侵染状硫化物和蚀变基岩的混合体。模型区域被划分为80（纵向）×30（横向）的均匀网格。

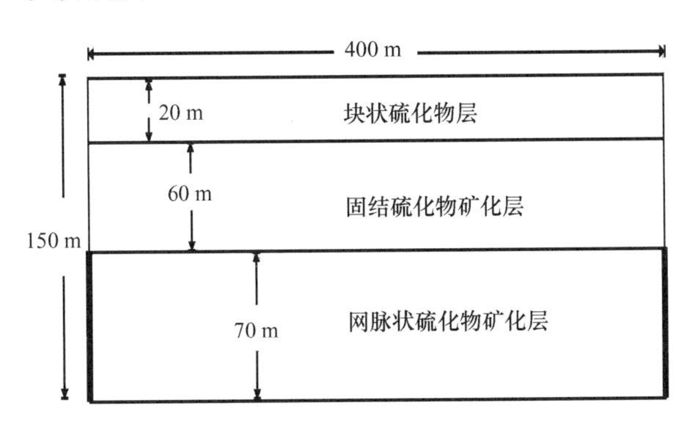

图1 热液硫化物矿体的几何模型

3.2 模型的边界条件

海底观测资料表明硫化物丘状体表层温度一般比周围海水的温度高10～50 ℃[27]。因此，设定模型的顶边界，也就是矿体与海水的接触面为30 ℃的流体自由流动边界，压力为20 MPa，相当于水深2 000 m。由于硫化物矿体两侧边界条件比较复杂，为简化模型，把块状硫化物层（层1）和固结状硫化物矿化层（层2）的两侧边界定义为流体自由流动边界，边界温度为30 ℃，与顶边界条件相同。网脉状硫化物矿化层（层3）的两侧边界大都与围岩接触，因此设定为无流体进出的边界。模型的底部边界为热传导边界，采用不均匀式的分段加热方式，热通量从底部边界的中部向两侧递减（图2），这种加热方式类似于Dickson等[2]的模型热通量边界条件，可以认为来自海底之下的热液流体在底部边界的中部集中进入硫化物矿体。

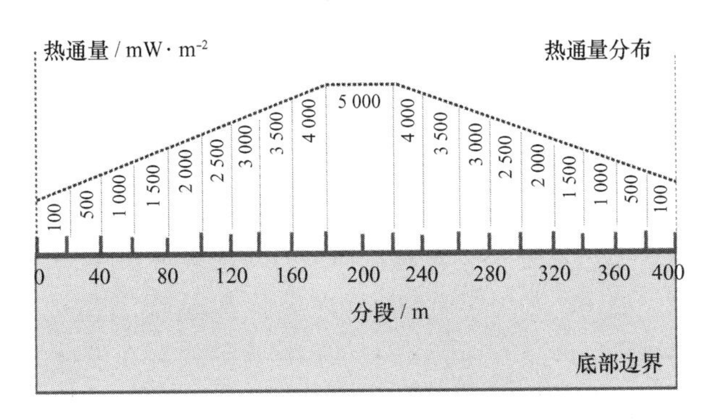

图2 硫化物矿体模型的底部边界条件

3.3 模型的初始条件

模型内部为传导温度场，时间为0时，模型内部流体静止，顶部边界压力为20 MPa，温度为30 ℃，从顶部边界到底部，温度以30 ℃/km的梯度增加。另外，该模型不考虑周围海水运动对硫化物矿体内部流体运移的影响。

4 模拟结果

4.1 均质模型

简单的几何模型模拟是数值模拟研究中常采用的方法，能有效地解决一些基本的科学问题。均质模型，即不考虑模型内各层之间物理性质的差异，一律采用相同的介质参数，是一种理想化的地质模型，主要用于研究在最简单的地质环境下多金属硫化物矿体内部的温度场和流场的分布特征。

4.1.1 瑞利数

瑞利数 Ra 是描述多孔介质中流体运移和热运输的重要参数。二维介质模型中 Ra 可以表述为

$$Ra = \frac{\alpha g T_0 K_v h}{\upsilon \kappa}, \tag{5}$$

式中，h 为模型的高度；g 为重力加速度；K_v 是介质纵向渗透率；T_0 为介质底部的最高温度；υ 是流体运动黏度系数；κ 是流体热传导率；α 为热扩胀系数。采用Dickson等[2]的相关参数数据，$\alpha \approx 10^{-4}\ K^{-1}$，$\upsilon \approx 10^{-6}\ m^2/s$，$g \approx 10\ m/s^2$，$\kappa \approx 10^{-6}\ m^2/s$，则式(5)可以转换为

$$Ra \approx 10^9 K_v h \Delta T, \tag{6}$$

式中，ΔT 为温度变化值。

4.1.2 均质模型的物理参数

表1列出了 Ra 分别为1.5，15和60时，均质模型介质所采用的相关物理参数。

4.1.3 模拟结果

对 Ra 分别为1.5，15和60均质模型流场和热场分布进行了模拟，设定模拟地质时间为 1×10^5 a。三种情况中均质模型的温度场、努塞尔数（Nusselt number，简称 Nu）、流场和流体通量分布图见图3～5，其中努塞尔数是一个反映模拟区域对流传热强弱的无量纲数，在数值上为对流传热与传导传热的比值；流场分布信息显示模型内每一个网格内的水流方向；对流体通量可以表述为单位时间在单位面积内（即模拟区域的网格内）流过的流体质量，可用于描述该点的流体速度。

模拟结果表明随着 Ra 的增加，矿体内等温线的分布形态变化不大，大致呈“钟”形，与Dickson等[2]的模拟结果相似，但是矿体模型内的温度及其变化梯度

发生了较大变化，温度最高值出现在模型底部的中央区域，对应着底部边界的热通量最大值位置。当 Ra 为 1.5 时，模型最高温度为 150 ℃，温度梯度在横向和纵向上的变化较大(图 3a)；Ra 为 15 和 60 时，模型的最高温度分别为 90，70 ℃，但高温区域变得越来越狭窄，而且温度变化梯度较小(见图 4a，5a)。

表 1　均质模型的相关物理参数

	Ra	渗透率/m^2	孔隙率	热传导率/$W \cdot m^{-1} \cdot K^{-1}$	比热容/$J \cdot kg^{-1} \cdot K^{-1}$	密度/$kg \cdot m^{-3}$
1	1.5	1×10^{-13}	0.2	4	3 000	3 000
2	15	1×10^{-12}	0.2	4	3 000	3 000
3	60	4×10^{-12}	0.2	4	3 000	3 000

注：根据海底观测资料[2]，在 Ra 的计算过程中选取 $\Delta T=100$，模型高度为 150 m，而且作为均质模型，$K_h=K_v=K$，各层的物理参数均相同。

对流传热和热传导是多孔介质内两种主要的热传输方式，两者之间的比例在很大程度上控制着多孔介质内温度场分布。对比三种情况下模型内 Nu 值的分布特征(见图 3b，4b 和 5b)发现，模型内 Nu 的高值区主要集中在模型的中央部分以及层 2 和层 3 的接触层。随着 Ra 的增大，模型内热传输方式逐渐以对流传热为主，使得模型内部温度降低。

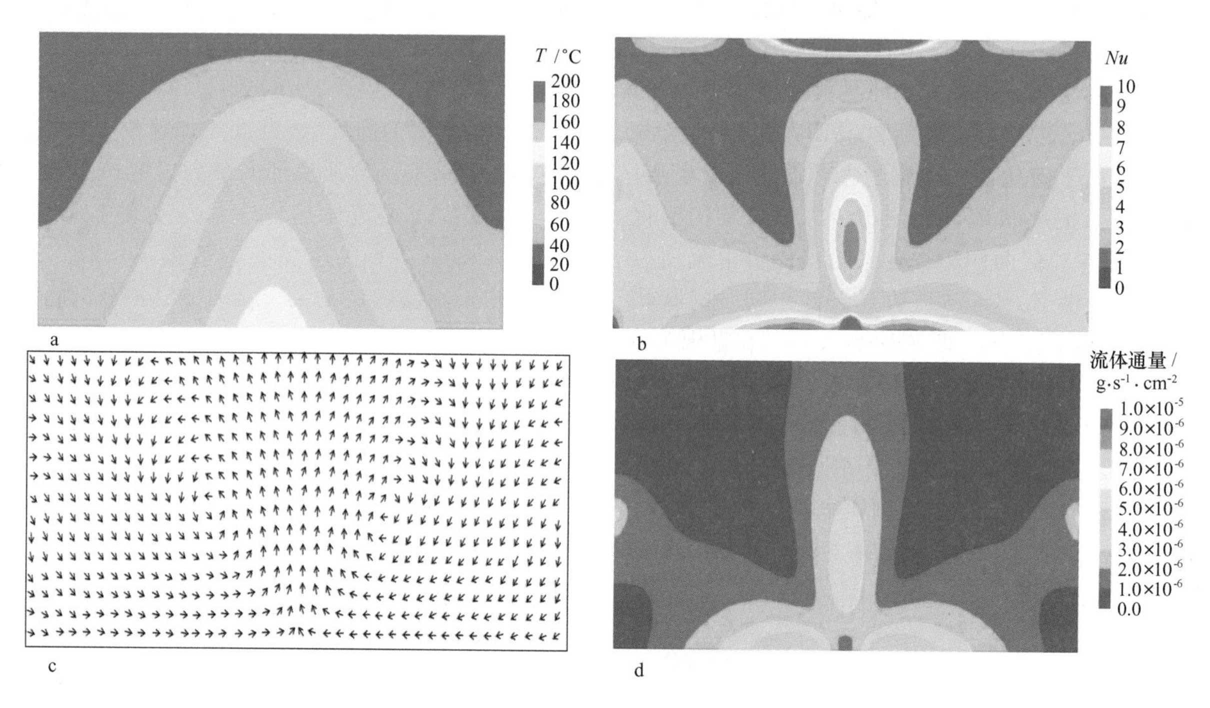

图 3　均质模型的模拟结果($Ra=1.5$)

a. 模型内的温度场分布，b. 努塞尔数(Nu)分布，c. 流场分布，d. 流体通量分布

流场和流体通量信息可以用于指示热液流体在矿体内部运移和矿物沉淀过程。模拟结果表明 Ra 的增加对模型内流体运移模式的影响不明显(见图 3c，4c 和 5c)。海水经模型的两侧边界以及顶部边界的局部区域流入，热液流体的喷出区位于模型底部中间区域的上方，即热通量最大值边界的上方，在集中喷出区的两侧对称发育两个对流体。模型内流体通量变化(见图 3d，4d 和 5d)表明随着 Ra 的增加，模型内的流体通量分布以及对流体的规模和位置都有所变化。当 Ra 为 1.5 时，模型内流体通量介于 $1.0\times10^{-6}\sim6.0\times10^{-6}$ g/(s · cm^2)，对流体发育在模型的中部。当 Ra 升高到 60 时，模型内流体通量的最小值为 3.0×10^{-6} g/(s · cm^2)，部分区域的流体通量大于 1.0×10^{-5}g/(s · cm^2)，Ra 的增加使得对流体位置上移，对流规模逐渐减小。因此，均质模型内介质 Ra 增加不会改变流体的运移模式，但对流体运移速度和模

型内流体运移的局部特征(例如对流体的形态和规模等)影响较大。模型内对流体的存在往往表明该处流体混合作用强烈,该处是矿物沉淀的重要区域。在流体集中喷出区域流体运移速度较快,同围岩发生反应的机会较小,不利于矿物沉淀,但是可以指示矿体区黑烟囱流体的喷出位置。因此,多金属硫化物矿体内 *Ra* 的增加会使矿体内部海水与热液流体的混合程度降低,不利于硫化物沉淀。

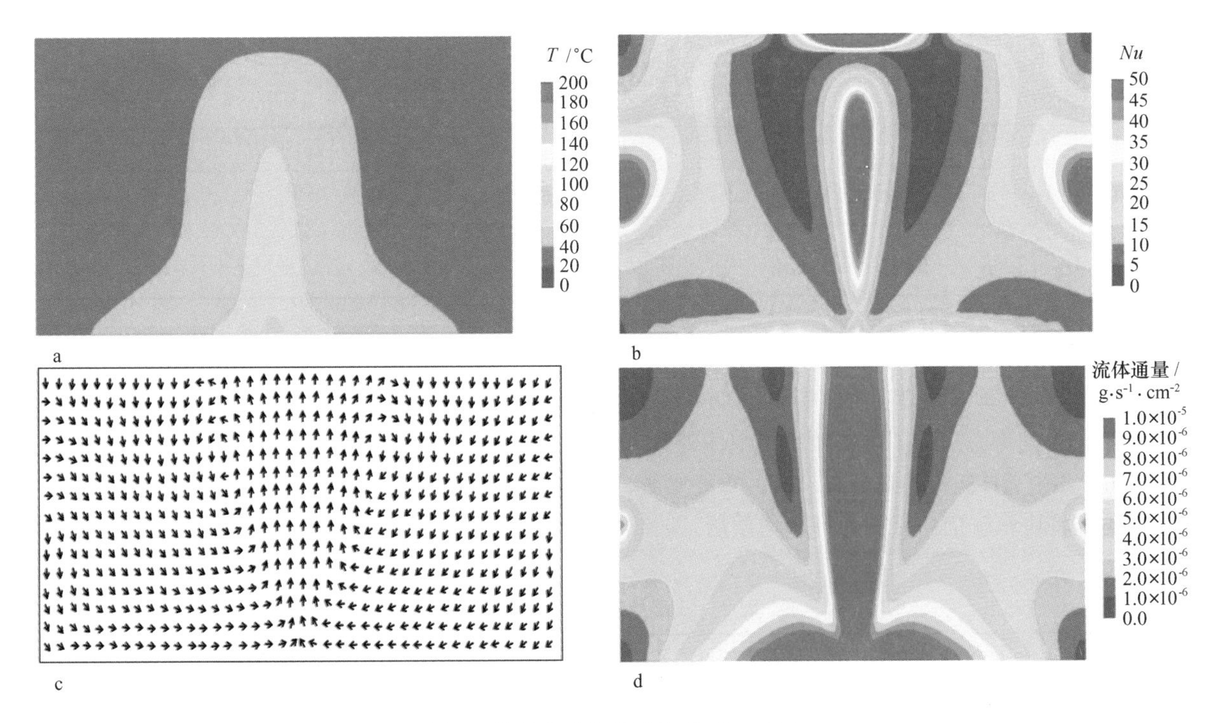

图 4　均质模型的模拟结果($Ra=15$)

a. 模型内的温度场分布,b. 努塞尔数(Nu)分布,c. 流场分布,d. 流体通量分布

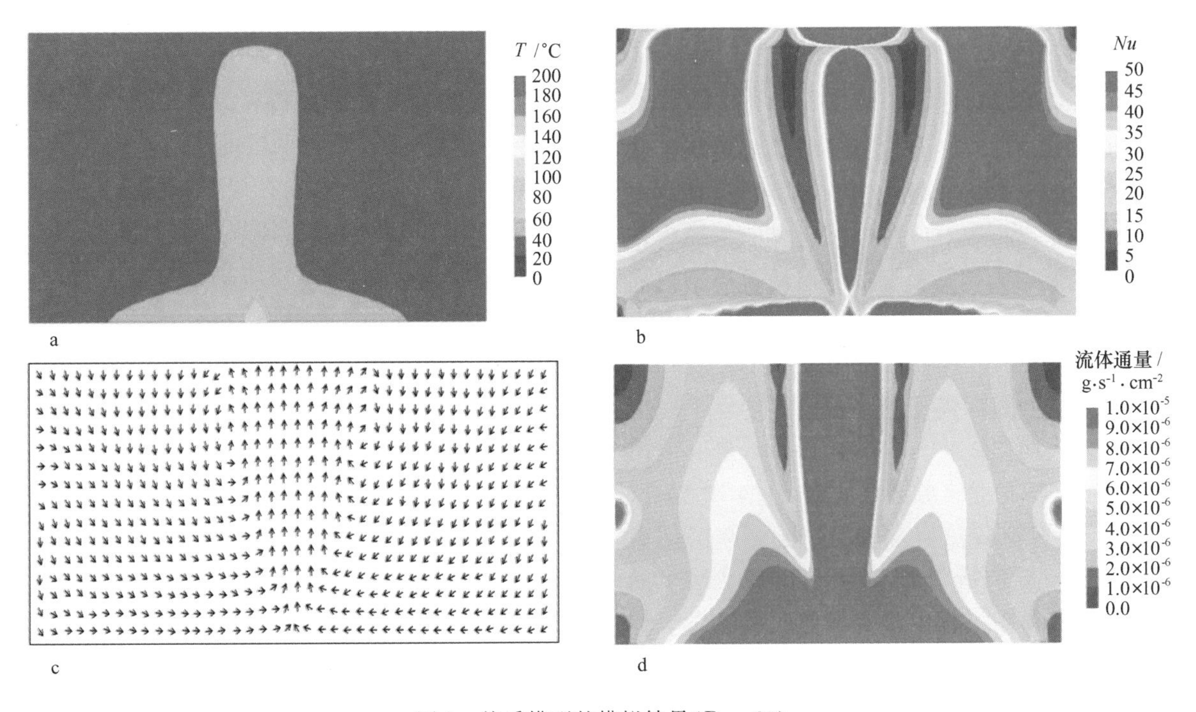

图 5　均质模型的模拟结果($Ra=60$)

a. 模型内的温度场分布,b. 努塞尔数(Nu)分布,c. 流场分布,d. 流体通量分布

4.2 三层结构模型

4.2.1 相关物理参数

三层结构模型内各层介质的相关物理参数见表2(包括孔隙率、热传导率、比热容和密度):一是来自Pascoe和Cann[3]的管状模型参数,它主要限定网脉状矿化层的相关参数;二是来自ODP在太平洋胡安·得富卡热液活动区[28]和大西洋TAG热液活动区[16]的钻孔资料,它主要限定固结硫化物矿化层和块状硫化物矿化层的介质参数。

表2 多孔介质的物理参数

层位	孔隙率	热传导率/W·m^{-1}·K^{-1}	比热容/J·kg^{-1}·K^{-1}	密度/kg·m^{-3}
块状硫化物层(层1)	0.20	4.0	3.0×10^3	3.0×10^3
固结硫化物矿化层(层2)	0.15	4.0	2.8×10^3	2.8×10^3
网脉状硫化物矿化层(层3)	0.10	2.5	2.5×10^3	2.5×10^3

注:多孔介质可压缩率为0。

多金属硫化物矿体的物理性质在横向和纵向上都具有不均一性,渗透率是这种不均一性的集中体现,也是控制多孔介质中流体运移和热分布模式的重要参数之一[22]。本文将块状硫化物层作为一个均质层,即横向渗透率(K_h)与纵向渗透率(K_v)相同,把固结硫化物矿化层和网脉状硫化物矿化层的渗透率分为三种情况进行模拟,分别将K_h∶K_v设为1∶1,5∶1和1∶5。表3列出了三种情况下各层介质的渗透率。

表3 三层结构模型的渗透率

层位	第一种情况		第二种情况		第三种情况	
	K_h/m^2	K_v/m^2	K_h/m^2	K_v/m^2	K_h/m^2	K_v/m^2
层1	1×10^{-11}	1×10^{-11}	1×10^{-11}	1×10^{-11}	1×10^{-11}	1×10^{-11}
层2	1×10^{-12}	1×10^{-12}	5×10^{-12}	1×10^{-12}	1×10^{-12}	5×10^{-12}
层3	1×10^{-13}	1×10^{-13}	5×10^{-13}	1×10^{-13}	1×10^{-13}	5×10^{-13}

4.2.2 模拟结果及讨论

(1)K_h∶K_v=1∶1。该情况下模型温度场形状与均质模型(Ra=1.5)比较相似,呈"钟"形,最高温度约为150 ℃,其位置对应于底部边界的热通量最大值区域(见图6a),但是模型的分层使得模型内高温区域更加狭长,而且局限在每层的中部。层3介质的温度比层1和层2的高,而且温度梯度变化大。

同均质模型相比,模型的Nu分布发生了较大变化。图6b表明层3的Nu介于1~20,最大值出现在层3的中部,但是多数区域的Nu值小于10,这表明在层3内对流传热相对较弱。层1和层2内Nu值相对于层3有所增加,最大值出现在层1的中部区域,但是模拟过程中没有考虑底层流对矿体内流体运移的影响,所以实际情况中层1内对流情况会与模拟结果有所不同。层2内Nu值的最大值出现在中央区域,约为40,大部分区域的Nu值介于10~15。结合温度场的分布(见图6a)可以发现,层3内热传输方式以热传导为主,使得该层内的温度以及温度梯度比其他两层的大。

图6c和d表明海水在层1和层2的两侧边界以及上层顶部区域(除流体集中喷出区外)流入,模型的中央区域是热液流体的集中喷出区,同均质模型的模拟结果相比(见图3c),集中喷出区的面积有所减小。在层2和层3集中喷出区的两侧分别发育着两个对称的对流体,层2的对流体规模比层3稍大。另外,流体在层2和层3的交界面处多以横向运移为主。流体运移通量的最大值出现在层1和层2的集中喷出区,流体通量大于1.0×10^{-5} g/(s·cm^2)。层3内流体运移速度较小,为1.0×10^{-6}~6.0×10^{-6} g/(s·cm^2)。

(2)K_h∶K_v=5∶1。模型温度场特征(见图7a)与前一种情况(见图6a)比较相似,呈"钟"形,最高温度为140 ℃。图7b表明,模型内Nu的高值的分布区域比前一种情况的大,而且集中在层2的中央和两侧区域。层 3 中 Nu 值的分布与第一种情况比较相似。这表明模型内横向渗透率的提高增强了模型内的对流传热,但并没有改变模型内温度场的总体分布特征,仅仅使得模型内温度有所降低。另外,横向渗透率的增加对固结硫化物矿化层内热场的影响程度比对块状硫化物层和网脉状硫化物矿化层的大。

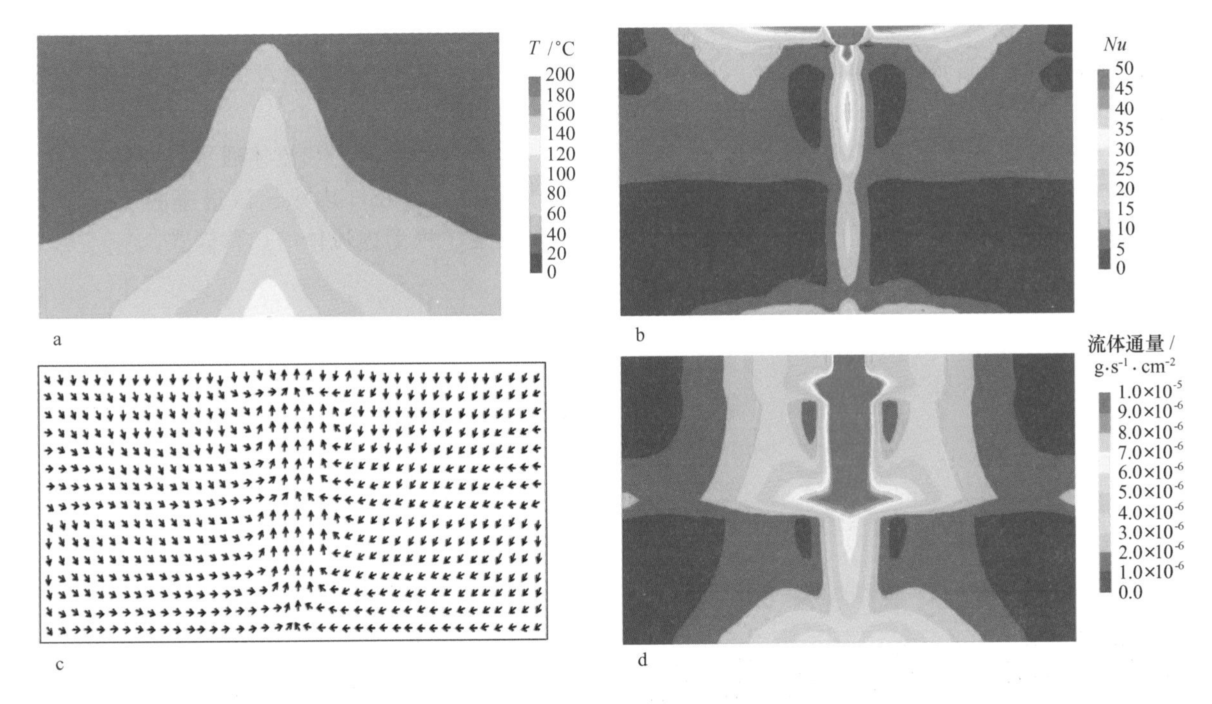

图 6　三层结构模型的模拟结果(K_h : K_v = 1 : 1)

a. 模型内的温度场分布,b. 努塞尔数(Nu)分布,c. 流场分布,d. 流体通量分布

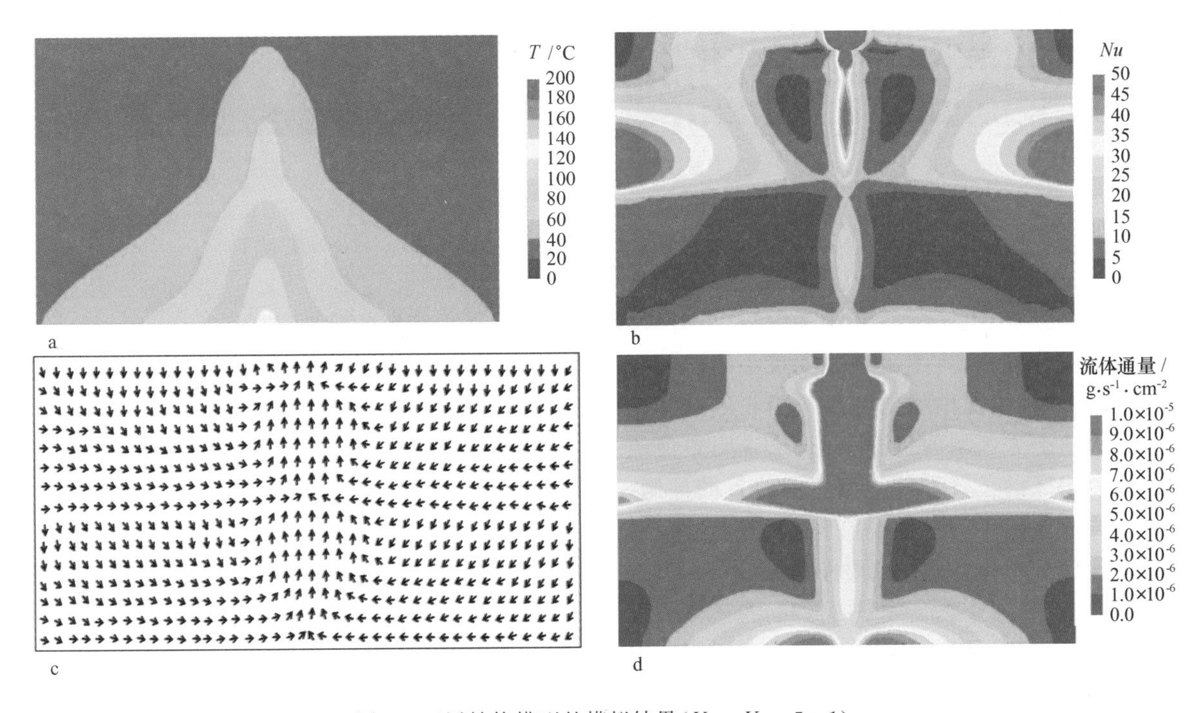

图 7　三层结构模型的模拟结果(K_h : K_v = 5 : 1)

a. 模型内的温度场分布,b. 努塞尔数(Nu)分布,c. 流场分布,d. 流体通量分布

图 7c 和 d 表明，流体集中喷出区的面积比前一种情况的大，而且运移速度加快。发育在集中喷出区两侧的对流体规模有所减小。层 2 中流体的运移速度明显比第一种情况的大，但是横向渗透率的增加并没有改变模型内部流体的运移模式。因此，提高模型内的横向渗透率只是增加了流体运移速度，对模型内流场分布影响不大。

(3)$K_h : K_v = 1 : 5$。该情况下模型的温度场和流场分布特征同前两种情况相比发生了较大变化。图 8a 表明模型内的温度场形状比较特殊，出现了三个有峰值的区域，而且有明显的对称性。模型内的最高温度为 150 ℃，出现在模型底部边界的中部。高的 Nu 值区域主要集中在模型中部的狭长区域和层 1 的中间部分，其他区域的 Nu 值较小，为 1～10（图 8b），这也使模型内温度的横向变化梯度小于纵向变化梯度。

结合模型内流场和流体通量分布特征（图 8c—d），发现层 2 和层 3 内纵向渗透率的升高在很大程度上改变了模型内流体的运移模式。

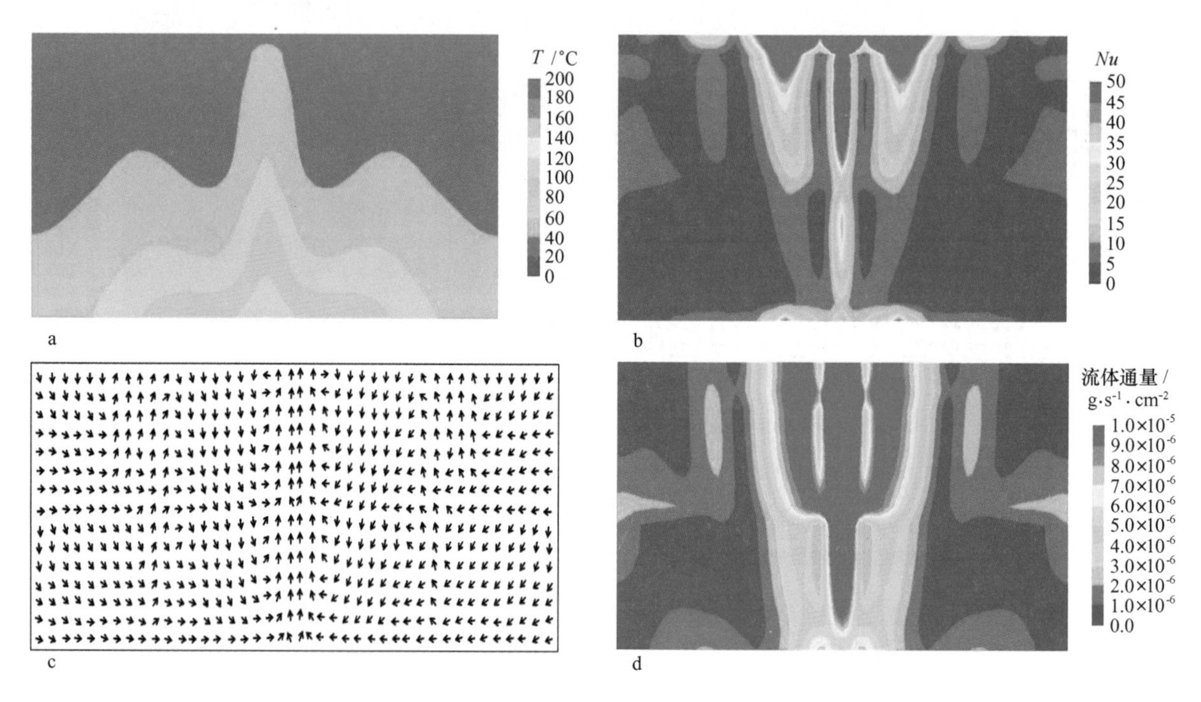

图 8　三层结构模型的模拟结果（$K_h : K_v = 1 : 5$）

a. 模型内的温度场分布，b. 努塞尔数（Nu）分布，c. 流场分布，d. 流体通量分布

首先，在模型中央区域的流体集中喷出区两侧出现了两个对称分布、流体运移速度较小的流体喷出区，同以上两种情况中喷出区仅位于底部边界的热通量最大值上方区域的情况不同，这说明热液硫化物流体喷出区的位置不仅受到热源位置的控制，而且模型内介质的不均一性，特别是纵向渗透率的增加对烟囱区分布位置起着重要作用。

其次，随着纵向介质渗透率的提高，在矿体内发育了多个规模不同的对流体，表明矿体内部热液流体与海水的混合规模和程度明显增加。图 8d 表明矿体模型内中央喷出区两侧的对流体规模较小，但是流体速度较快，在两侧集中喷出区周围出现的对流体内流体运移速度较小，规模大，这是硫化物发生沉淀或者再溶解的重要区域。

模拟结果可用来解释大型多金属硫化物热液区内黑烟囱和白烟囱的关系。例如，在大西洋 TAG 热液区同时发育有黑烟囱和白烟囱。已有研究表明在 TAG 区丘状体存在集中稳定热液供给区。当热液流体在矿体内运移过程中没有发生降温和矿物沉淀而直接喷出海底，这将形成温度较高的黑烟囱，该区域与模型内的流体中央喷出区相对应。当热液流体在运移过程中由于温度降低或者与下渗海水发生混合等过程时矿物沉淀，之后再喷出海底会形成温度较低的白烟囱，该区域与中央喷出区两侧的流体喷出区对应。鉴于此，本文推测在 TAG 热液区内，热液供给区位于 TAG 丘体的黑烟囱区下部，而在白烟囱区下部热液流体与海水的混合更广泛。

热液流体和海水之间的混合作用以及矿体内部的区域纯化过程(zone refining process)在硫化物矿体形成和演化过程中扮演着重要角色[13]。结果表明大型多金属硫化物矿体的介质的不均一在很大程度上控制着热液流体与海水的混合过程以及矿物的沉淀/再溶解是影响多金属硫化物矿体矿物和地球化学组成结构的重要因素。

5 结论

大型多金属硫化物矿体的形成是涉及多种作用的复杂地质过程。本文根据已有的研究成果构建了具有三层结构的非均质多金属硫化物矿体模型,取得以下认识:

(1)在均质模型内,瑞利数(Ra)的增加不会改变矿体模型内温度场形态和流体运移模式,但是随着 Ra 的升高,对流传热逐渐占到主导地位,使得矿体整体温度下降,矿体内流体的运移速度增加。

(2)模型的分层及其内部介质的不均质性,对矿体内部温度场和流场分布具有明显的控制作用。纵向渗透率的升高可导致多个流体喷出区和规模不同的对流体出现,它加强了矿体内的海水与热液流体的混合作用。

(3)矿体底部边界的热源位置和介质渗透率分布是控制大型海底硫化物矿体区黑烟囱流体喷出位置的重要因素。

致谢:感谢美国地质调查局的 Ken Kipp 先生为本文提供了 Hydrothermal 软件,并在模拟实验工作中给予了悉心指导,笔者在此向 Ken Kipp 先生的无私帮助表示诚挚的谢意!

参考文献:

[1] TIVEY M K, HUMPHRIS S E, THOMPSON G ,et al. Deducing patterns of fluid flow and mixing within the TAG active hydrothermal mound using mineralogical and geochemical data[J]. Journal of Geophysical Research:B,1995,100(7): 12527—12555.

[2] DICKSON P, SCHULTZ A, WOODS A, Preliminary Modeling of Hydrothermal Circulation within Mid-ocean Ridge Sulphide Structures, Hydrothermal Vents and Processes[M]. London: Geological Society of London, 1995:145—157.

[3] PASCOE A, CANN J R. Modelling Diffuse Hydrothermal Flow in Black Smoker Vent Fields, Hydrothermal Vents and Processes[M]. London: Geological Society of London,1995:159—173.

[4] 曾志刚,翟世奎,赵一阳,等. 大西洋中脊 TAG 热液活动区中热液沉积物的稀土元素地球化学特征[J]. 海洋地质和第四纪地质,1999,19(3):59—66.

[5] 曾志刚,秦蕴珊,赵一阳,等. 大西洋 TAG 热液活动区海底热液沉积物的硫同位素组成及其地质意义[J]. 海洋与湖沼,2000,31(5):518—529.

[6] 曾志刚,秦蕴珊,翟世奎. 大西洋中脊 TAG 热液区硫化物中流体包裹体的 He-Ne-Ar 同位素组成[J]. 中国科学:D 辑,2000,30(6):628—633.

[7] 曾志刚,秦蕴珊,翟世奎. 大西洋洋中脊海底表层热液沉积物的铅同位素组成及其地质意义[J]. 青岛海洋大学学报,2001,31(1):103—109.

[8] 蒋少涌,杨涛,李亮,等. 大西洋洋中脊 TAG 热液区硫化物铅和硫同位素研究[J]. 岩石学报,2006,22(10):2597—2602.

[9] TIVEY M K, MILLS R A, DAMON A H. Temperature and salinity of fluid inclusions in anhydrite as indicators of seawater entrainment and heating in the TAG active mound[J]. Proceedings of the Ocean Drilling Program, 1998,158:179—190.

[10] MOSS R, SCOTT S D. Geochemistry and mineralogy of gold-rich hydrothermal precipitates from the eastern Manus Basin, Papua New Guinea[J]. The Canadian Mineralogist,2001,39:957—978.

[11] GLASBY G P, NOTU S. Submarine hydrothermal mineralization in the Okinawa Trough, SW of Japan: an overview[J]. Ore Geology Reviews,2003,23:299—339.

[12] HOUGHTON J L, SHANKS W C, SEYFRIED W E. Massive sulfide deposition and trace element remobilization in the Middle Valley sediment-hosted hydrothermal system, northern Juan de Fucan Ridge[J]. Geochimica et Cosmochimica Acta,2004,68(13):2863—2873.

[13] HONNOREZ J, MEVEL C, HONNOREZ-GUERSTEIN B M. Mineralogy and chemistry of sulfide deposits drilled from hydrothermal mound of the Snake Pit active field[J]. Proceedings of the Ocean Drilling Program,1990,106/109:145—162.

[14] ROHR K M M, SCHMIDT U. Seismic structure of Middle Valley near sites 855—858, Leg 139, Juan de Fuca Ridge[J]. Proceedings of the Ocean Drilling Program,1994,139:1—15.

[15] KNOTT R, FOUQUET Y, HONNOREZ Y, et al. Petrology of hydrothermal mineralization: a vertical section through the TAG

mound[J]. Proceedings of the Ocean Drilling Program,1998,139:5—26.

[16] LUDWIG R J, ITURRINO G J, RONA P A. Seismic velocity-porosity relationship of sulfides, sulfate, and basalt samples from the TAG hydrothermal mound[J]. Proceedings of the Ocean Drilling Program,1998,158:313—327.

[17] MILLS R A, DAMON A H, TIVEY M K. Fluid mixing and anhydrite precipitation within the TAG mound[J]. Proceedings of the Ocean Drilling Program,1998,158:119—127.

[18] PETERSEN S, HERZIG P M, HANNINGTON M D. Fluid inclusion studies as a guide to the temperature regime within the TAG hydrothermal mound, 26°N, Mid-Atlantic Ridge[J]. Proceedings of the Ocean Drilling Program,1998,158: 163—178.

[19] PINTO M M, BARRIGA E J A S, SCOTT S D. Data report: sulfide and oxide mineral chemistry of an active backarc hydrothermal system: Pacmanus, ODP holes 1188A, 1188F, 1189A, and 1189B[J]. Proceedings of the Ocean Drilling Program,2004,193—203.

[20] BINNS R A. Data report: geochemistry of massive and semimassive sulfides from Site 1189, Ocean Drilling Program Leg 193, Proceedings of the Ocean Drilling Program[J]. Proceedings of the Ocean Drilling Program, 2006,193—206.

[21] BINNS R A, BARRIGA E J A S, MIKLLS D J. Leg 193 synthesis: anatomy of an active felsic-hosted hydrothermal system, eastern Manus Basin, Papua New Guinea[J]. Proceedings of the Ocean Drilling Program,2007,193—201.

[22] 王兴涛,翟世奎,孟凡顺,等. 渗透率对沉积物覆盖洋壳内热液循环的影响[J]. 中国科学:D辑,2006,36:871—880.

[23] JUPP T, SCHULTZ A. A thermodynamic explanation for black smoker temperatures[J]. Nature,2000,403:880—883.

[24] HERZIG P M, PETERSEN S, HANNINGTON M D. Polymetallic Massive Sulphide Deposits at the Modern Seafloor and Their Resource Potential[R]. Kingston, International Seabed Authority,2002: 8—35.

[25] HERZIG P M, HANNINGTON M D. Polymetallic massive sulfide at the modern seafloor—A review[J]. Ore Geologica Review,1995(10):95—115.

[26] OHMOTO H. Formation of volcanic-associated massive sulfide deposits: the Kuroko perspective[J]. Ore Geologica Review,1996(10): 135—177.

[27] SCHULTZ A, DELANEY J R, MCDUFF R E. On the partitioning of heat flux between diffuse and point source seafloor venting[J]. Journal of Geophysical Research,1992,97:299—314.

[28] GRÖSCHEL-BECKE H M, VILLINGER H W, KONYUKHOV B A ,et al. Seismic velocities of diabase and basalt from Middle Valley sills and flow, northern, Juan de Fuca Ridge[J]. Proceedings of the Ocean Drilling Program,1993,139: 597—612.

A numerical study of hydrothermal circulation patterns within the large hydrothermal sulfide deposit

LI Huai-ming[1], ZHAI Shi-kui[2], TAO Chun-hui[1], YU Zeng-hui[2]

(1. *Second Institute of Oceanography, State Oceanic Administration, Hangzhou* 310012, *China*; 2. *School of Marine Geo-science, Ocean University of China, Qingdao* 266100, *China*)

Abstract: To understand the distributions of the temperature and flow fields within the large hydrothermal sulfide deposit is important to study the formation and mineralization processes of seafloor hydrothermal deposits. Based on the results of ocean deep program (ODP), a hydrothermal deposit model with 3-layer is set up, and the distributions of the thermal and current fields under different permeability conditions are simulated using the Hydrothremal software, which is developed by U. S. Geological Survey (USGS). The results indicate that (1) in the homogenous model, the increase of Rayleigh number can cause the temperature decrease and the fluid flow faster; (2) heterogenic structures within the deposit have great influence on the distribution of the temperature fields; (3) the distributions of black smokers in mature deposit are related to many factors, such as heat source and permeability.

Key words: seafloor hydrothermal activity; hydrothermal sulfide deposit; thermal field and current field; numerical simulation

(该文刊于《海洋学报》2011 年 33 卷 4 期)

中太平洋海山铁锰结壳生物地层学研究

武光海[1],PULYAEVA I A[2],刘捷红[1],李雪富[1]

(1. 国家海洋局 第二海洋研究所 海洋生态系统与生物地球化学国家海洋局重点实验室,浙江 杭州,310012;
2. Federal State Unitary Geological Enterprise"Kavkazgeolsyomka",Pyatigorsk,Russia)

摘要: 用生物地层学方法对位于中太平洋同一座海山上的2块铁锰结壳样品进行了生物地层学详细研究,发现2块样品的生长层位对应,生物组合也相同。经鉴定,2块结壳的主要生长期都是晚古新世、中始新世至晚始新世、中中新世至上新世、上新世至更新世,2个主要的结壳生长间断分别在渐新世和早始新世。

关键词: 中太平洋;海山铁锰结壳;生物地层学

1 引言

海山铁锰结壳是一种深海底的铁锰氧化物型矿物资源,生长在大洋海山800~3 500 m的裸露基岩上。铁锰结壳是一种水成沉积的类叠层石构造的铁锰氧化物堆积体,具典型的层状结构。其具韵律性的生长剖面蕴含着结壳生长过程中所保留下来的环境变化信息[1-4],是近年来古海洋学研究的重要介质之一,但要研究其生长过程中的环境变化,就要获得结壳壳层连续的定年结果,因此研究结壳的年代学对于结壳的古海洋学有重要意义。由于结壳的生长极其缓慢,往往几厘米厚的结壳就经历了几十个百万年的生长历史[1-3,5],与沉积层不同的是结壳中缺乏常被用来较准确定年的钙质有孔虫等,使其定年难度更大。

不同的结壳定年和生长速率估算方法中,绝对地质年代学方法最常用,其中常用的是$^{10}Be/^{9}Be$法[6-8]、铀系法[9-10]和$^{87}Sr/^{86}Sr$法[11-14]。绝对地质年代法定年的年限受不同同位素半衰期较短的影响都不大,$^{10}Be/^{9}Be$法的定年在15 Ma以内,铀系法更短。$^{87}Sr/^{86}Sr$法由于Sr同位素在结壳与海水间的交换而不可靠。结壳的生长速率还可以通过Puteanus和Halbach[15]、Manheim和Lane-Bostwich[16]的经验公式来推导,但许多研究者对用绝对地质学年代法和结壳生长速率估算定年持怀疑态度,因为限定同位素方法的一些假定在结壳形成的地质过程中是不合乎常理的,特别是结壳沉积速率恒定和生长连续的假定就是经不起推敲的。不难想像,结壳生长过程中母子同位素的迁移都会破坏真实年龄关系,更不要说在结壳形成后实际仍是一个开放的体系(特别是考虑到结壳的高孔隙率和高渗透性的时候)。生物地层学方法[4,17]和古地磁法也有应用,但用得不多。

从定年的可靠程度上来说,生物地层学方法显得非常重要,它与判断结壳沉积间断的地质学方法联用使判断结壳中的生长间断成为可能,这不管是对结壳层位的年代厘定还是对整个结壳形成地质历史和古海洋再造都具有重要意义。近年的研究揭示钙质超微化石生物地层学可以成功应用于结壳内部不同层位的生长速率估算和年代厘定[1,2,18],但以前的研究不是在各结壳层中采分样较少就是采样点靠近或者在结壳分层界面上,由于结壳层间界面经常会有后期的钙质超微化石混入,造成新老化石的混杂,使结壳壳层年代区间混乱,难以准确定年,还有

基金项目: 国家自然科学基金资助项目(40676025);中国大洋专项(DYXM-115-01-1-07)资助。

作者简介: 武光海(1967-),男,山东省莱州市人,研究员,博士。主要从事大洋资源与环境方面的研究。E-mail:wugh6866@yahoo.com.cn

的层位存在钙质超微化石保存状态差或者找不到钙质超微化石的情形。针对以上存在的问题，笔者在采集分层样品时注意避开结壳层间界线，特别是明显的生长间断，同时尽量在每个构造层的上、中、下位置各自取样(有的较薄层位仅取上、下 2 个样)，以期能够获得结壳各个层位更加可信的定年结果。

2 样品描述和鉴定方法

选取位于中太平洋同一座海山上的 2 块样品进行生物地层学的鉴定。CB09 位于 CB 海山的东面斜坡上，而 CB14 位于该海山西北面的斜坡上。下面分别对 2 块样品及其分层构造特征进行描述。

CB09 位于 18.50°N ，179.09°E，水深 3 260 m，结壳厚约 9.6 cm。从顶面向下近 1 cm 有明显的变化层，该层为较纯铁锰氧化物，上下构造变化不大。至 2 cm 左右渐变为局部斑杂状构造，但仍以柱状构造为主。至 4 cm 左右变为以斑杂状构造为主，斑杂状构造的孔洞中充填土黄色黏土类物质，而且在4 cm左右处有明显的生长间断。向下为老壳层，在老壳层没见磷酸盐化，结构均匀，主要为较致密平缓纹层状结构。从 8.6 cm 处可见已明显不整合面，向下是结壳倒着生长纹，因本结壳样品为板砾状结壳，此处倒长是结壳下面缝隙中生长新壳层而已。

CB14 位于 18.75°N，179.02°E，水深 2 912 m，结壳厚约 7 cm。从顶面向下近 1.8 cm 为上层，褐黑色，结构致密。中间层厚约 2 cm，构造相对疏松，多见孔洞，充填黏土物质。有明显的变化层，该层为较纯的铁锰氧化物，上下构造变化不大。至 2 cm 左右渐变为局部斑杂状构造，但仍以柱状构造为主，至 4 cm 左右变为以斑杂状构造为主，而且在 4 cm 左右处有明显的生长间断。向下为老壳层，没见磷酸盐化，结构均匀，主要为较致密的平缓纹层状结构。

基于能尽量控制结壳每个壳层顶底年代区间的设想，结壳各构造层中均有上下或上、中、下 2～3 个层位被取样进行生物地层学年代分析。遵循的岩石学标准如下:结壳壳层结构构造的变化和结壳壳层间不整合指示的生长间断的存在。结壳剖面上结构构造特征的变化通过肉眼或显微镜观察、描述来识别。

在进行结壳的钙质超微化石定年时，我们采用了与沉积学研究中类似的生物地层学的方法和技术。这种方法也已经被 Janin[19-20] 成功应用于中太平洋海山和玻利尼西亚群岛、Schumann 海山[4] 和麦哲伦海山区[3,21] 的结壳定年。

在电子探针下对样品进行仔细观察可以发现大量的颗石藻和盘星石的碎片和在铁锰物质及碳酸盐-磷酸盐脉中的原生印模。这种方法基于对钙质超微化石印模和原始化石残余的准确识别，微小的颗石藻的显微鉴定需要高倍显微镜。本次研究用扫描电子显微镜(SEM)来高效地鉴定钙质超微化石，能够直接放大观察矿物质原生结构中的颗石藻壳体的照片。依照岩石学标准从结壳的每个壳层剥取 2～5 mm 宽的新鲜薄片 2～3 片分别镀上一薄层金膜(6～9 mm)用于鉴定，安装在 SEM 上的样品槽中在加速电压 18 kV 的条件下放大 1×10^3 到 2×10^5 倍进行观察，钙质超微化石的识别参考已经发表的电子显微照片[22-24]，结壳壳层的定年根据每个被鉴定层位中钙质超微化石的年代交集来确定，特别关注其中是否存在标志种(时标)，基于它们在生物地层学时标中的初现和末现带或亚带来确定[25-27]。本文中的每个钙质超微化石的时带分布均广泛参考沉积物岩心钙质超微化石分析的文献资料[24-26,28-33]，新生代的年代框架依据 Martini 和 Worsley[28]，Okada 和 Bukry[26] 的分带且与绝对地质年龄相符(数据来自文献[34])。

3 结果

对 CB14 和 CB09 两块结壳进行了分析。两块样品的剖面均明显分为两大层，下面的壳层以充填碳酸盐岩(或磷酸盐)脉和矿物质的高度成岩变化为特征，是老时代的壳层，生物地层学定年为始新世时期的。上面的壳层基本没有成岩变化，矿物质以高渗透率和多孔而充填非矿黏土物质为特征，是新壳层，生物地层学定年为中新世一更新世。这两个生长层在所研究的两块样品中都存在。在结壳的新老壳层又各有两个分层，对各分层取样分别进行鉴定，结果如下，

3.1 样品 CB14

根据结构构造的变化 CB14 被分为五层，其中新壳层被分为 3 个亚层，经鉴定后发现 2,3 两个亚层的形成期相同，应是连续生长的同一亚层，再后面的叙述中把它们当成同一分层(见图 1)。通过对结壳中钙质超微化石生物组合的鉴定，这四个结构亚层的形成时代分别是晚古新世至早始新世、中始新世一晚始新世、中中新世和上新世至更新世，结壳的

生长间断主要在渐新世(见图 1 和 2)。

CB14 老壳层的 55～70 mm 呈薄层构造且存在顺层的磷酸盐化钙质超微化石团块,钙质超微化石的遗迹结构是通过保存的钙质超微化石壳体的印模来辨认的。该层段的钙质超微化石组合总体上对应于 Okada 和 Bukry[26] 划分的化石带 CP8－CP9(对应 55～53.5 Ma),由 *Discoaster multiradiatus*, *Discoaster mohleri*, *Coccolithus pelegicus*, *Cocoolthus formosus*, *Neochiastozygus junctus*, *Chiasmolithus consuetus* 等组成。在 68 mm 处有一明显的突变边界,它可能与沉积环境的突然变化或者铁锰氧化物的生长中断相关。

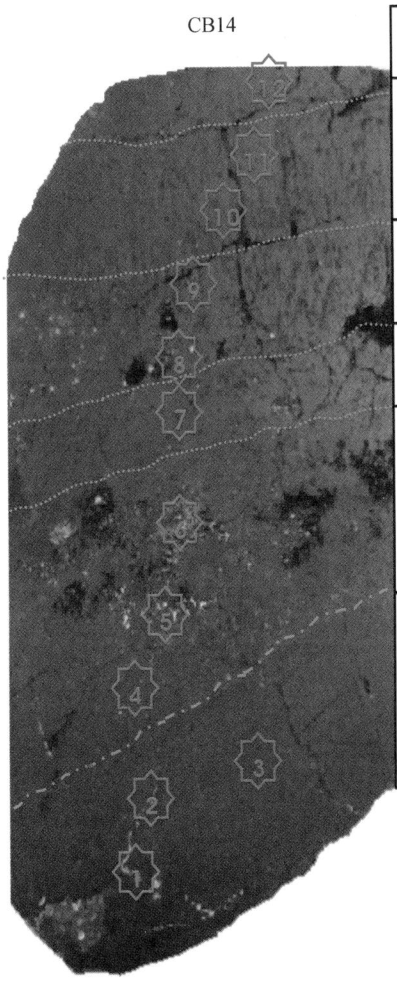

CB14

厚度 / mm	结构构造特征	鉴定的年代
0~20	致密块状，黑褐色，柱状构造	上新世 - 更新世
20~30	黑褐色，多孔，垂直方向呈柱状放射状结构，孔洞充填黏土物质	中中新世
30~40	致密块状，黑褐色，柱状构造	
40~55	褐黑色，以斑杂构造为主，含碳酸盐充填脉(内含钙质超微化石团块)	中始新世 - 晚始新世
55~70	褐黑色，细层状构造，含顺层的碳酸盐脉(内含钙质超微化石团块)	晚始新世 - 早始新世

图 1　CB14 结壳分层及生物地层学采样位置及信息图

⑨发现钙质超微化石的采样位置及编号

40～55 mm 段表现为模糊的、有斑点的柱状纹路,由铁锰氧化物柱状体和钙质超微化石充填孔隙及铁锰氧化物结构间隙而成。在铁锰氧化物和碳酸盐中包含以下的钙质超微生物组合:*Coccolithus pelagicus*, *Coccolthus formosus*, *Chiasmolithus* sp. cf. *Chiasmolithus consuetus*, *Cruciplacolithus* sp. cf. *Cruciplacolithus flavius*, *Ericsonia* sp. cf. *Ericsonia fenestrata*, *Pontosphaera* sp. 等。系统地鉴定了众多的钙质超微化石碎片,它们部分被铁锰化合物溶解和取代,40～55 mm 的形成时代对应于 NP14－NP20 或 CP12－15 (中始新世、晚始新世)(见图 2 和 3)。

20～40 mm 以高孔隙度、柱状和姜状铁锰氧化物及孔隙充填的黏土物质为特征,钙质超微化石保存得很差,有些壳体为铁锰化合物交代,但仍保留了其形貌和种属特征,能够从中识别出的钙质超微化

石的组合包括 *Ericsonia obruta*，*Trochoaster* sp.，*Cyclicargolithus floridanus*，*Coccolithus pelagicus*，高度溶蚀的 *Trochoaster* 属，很可能是 *Trochoaster duplex*，*Dicoaster variabilis*，*Trochoaster radiatus*．该层段的形成时段对应于 Bukry[31] 划分的 CN3－CN5a（中中新世）（图 2 和 3）。

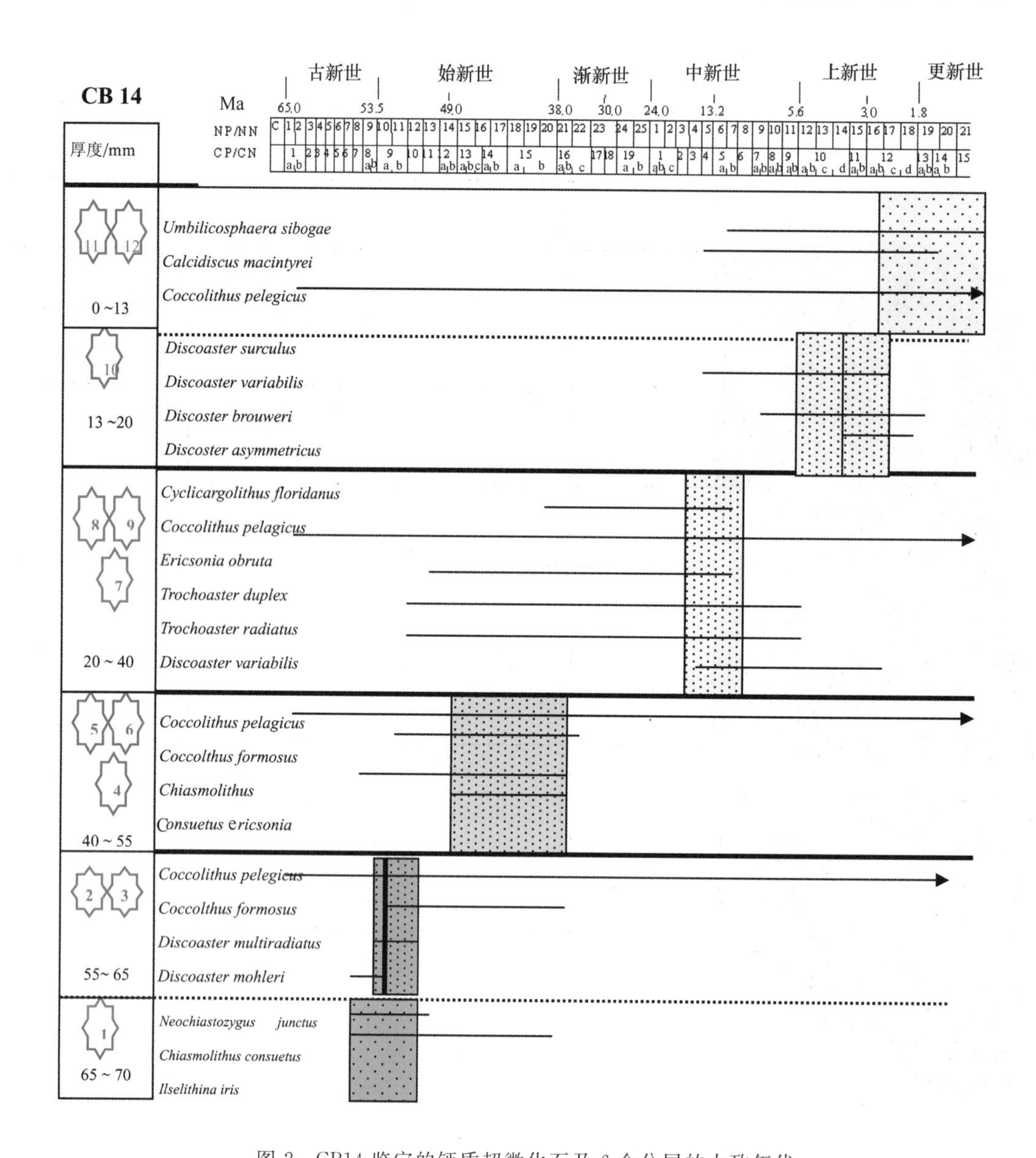

图 2 CB14 鉴定的钙质超微化石及 6 个分层的大致年代

每个分层的年代由化石年代交集来推定，定年方案参考文献[25,30－31,35－38]。NP/NN 表示钙质超微化石带，P 表示古生代，N 表示新生代；CP/CN 表示浮游有孔虫化石分带，P 表示古生代，N 表示新生代

0～20 mm 段铁锰氧化物呈致密块状，黑褐色，柱状构造，其中从 13～20 mm 段鉴别出上新世的钙质超微化石组合：*Discoaster* sp. cf. *Discoaster surculus*，*Discoaster variabilis*，*Discoaster brouweri*，*Discoster* sp. cf. *Discoaster asymmetricus*；从 0～13 mm 段识别出上新世到更新世的钙质超微化石组合：*Coccolithus pelagicus*，*Calcidiscus macintyrei*，*Umbilicosphaera sibogae*.

3.2 样品 CB09

根据结构构造的变化 CB09 被分为四层（见图 4），通过对结壳中钙质超微化石生物组合的鉴定，这四个结构层的形成时代分别是晚古新世、中始新世－晚始新世、中中新世至上新世和上新世至更新世，结壳的生长间断在早始新世和渐新世发生（见图 4 和 5）。

该样品 60～96 mm 段以纹层状（薄层状）构造

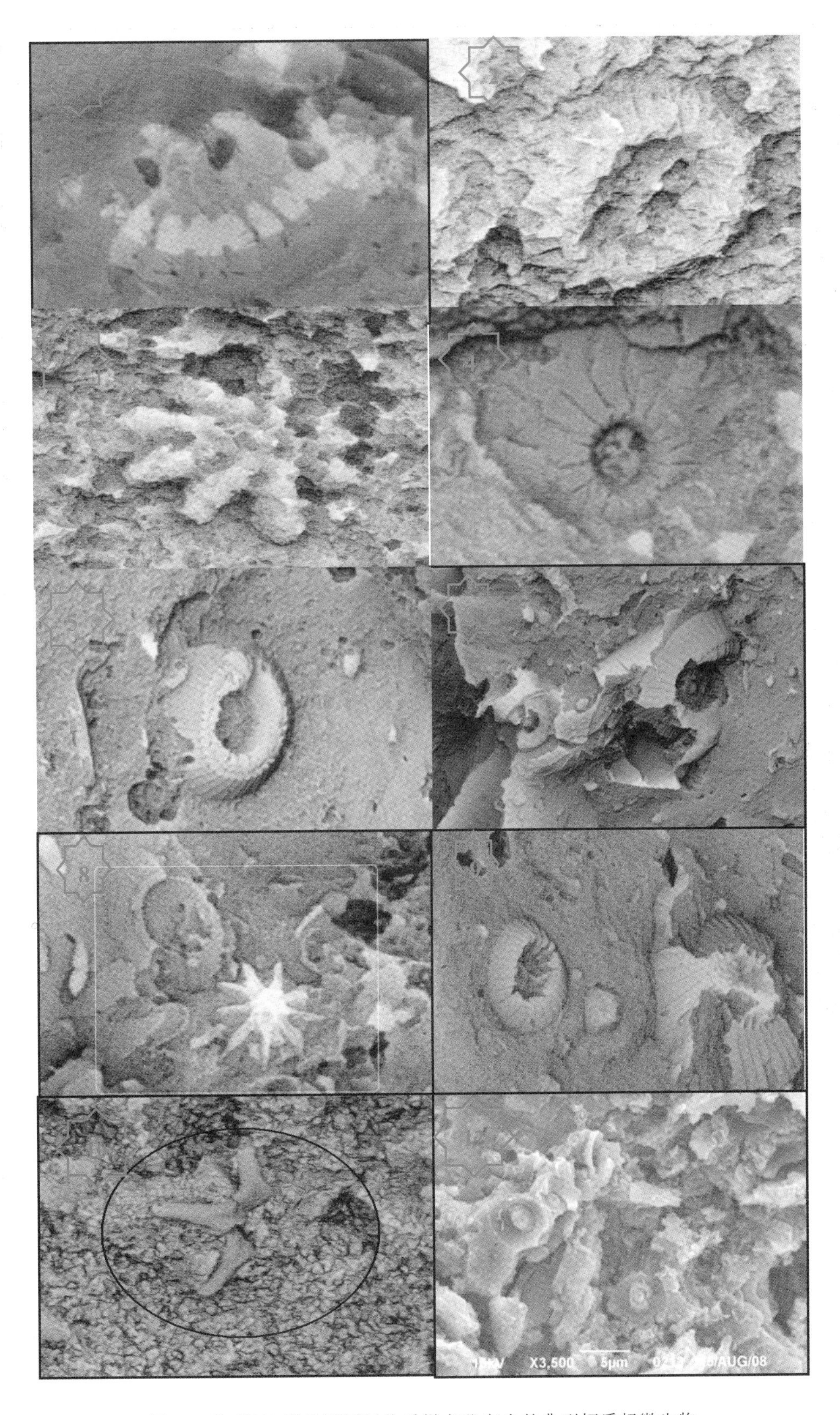

图 3　从 CB14 样品不同层位采样点鉴定出的典型钙质超微生物

1. *Ilselithina iris*；2. *Coccolithus formosus*；3. *Discoaster multiradiatus*；4. *Coccolithe*；5，6. *Cyclococcolithina*；8. *Trochoaster radiatus*；9. *Coccolithus pelagicus*；10. *Discoaster aff asymmetricus*；12. *Cycloccolithina*

CB09	厚度 / mm	结构构造特征	形成年代
	0~18	黑褐色，致密块状，柱状构造	上新世 - 更新世
	18~40	黑褐色，多孔，柱状、姜状构造，孔洞中充填粘土物质	中中新世 - 早上新世
	40~60	黑褐色，斑杂、短柱状构造，存在碳酸盐团块充填	中始新世 - 晚始新世
	60~86	褐黑色，细纹层状构造，含顺层的碳酸盐脉 86~96mm 层为新壳层，末鉴定	晚古新世

图 4　结壳 CB09 分层采样点位和结构构造特征

①指生物地层学鉴定采样点及编号

为特征，存在顺层的碳酸盐脉，从中鉴别出与 Okada 和 Bukry 划分的 CP8－CP9 (55～53.5 Ma)相对应的钙质超微化石组合，这个组合主要由 *Coccolithus pelagicus*，*Ericsonia cava*，*Prinsius* sp. cf. *Pr. bisulcus*（或者 *Coccolithus cavus*），*Discoaster mohleri* 组成。该层段在 86mm 处有一个突变界面，在该突变界面下伏一层沉积物，其下的结壳层呈柱状构造，而且生长纹的方向是向下的，说明此突变界面为结壳老壳层的剥离层，其下的壳层是后期倒着生长的结壳新壳层。

40～60 mm 段经鉴定属于 Okada 和 Bukry[26] 划分的 CP14－CP15，它们被充填含钙质超微化石的碳酸盐，其中钙质超微化石的印模保存得较好，钙质超微化石组合包括 *Chiasmolithus consuetus*，*Coccolithus pelagicus*，*Reticulofenestra coenura*，*Calcidiscus simplex*（见图 5 和 6）。

18～40 mm 段结壳层属于结壳剖面的上半部分（新壳层），该层段与 0～18 mm 层段间呈渐变过渡。该层段以多孔、柱状构造、孔隙中充填黏土物质为特征。0～18 mm 层段呈致密块状，以柱状和姜状构造为主，而且柱状和姜状铁锰氧化物紧密排列，之间不存在非矿物质的充填物。

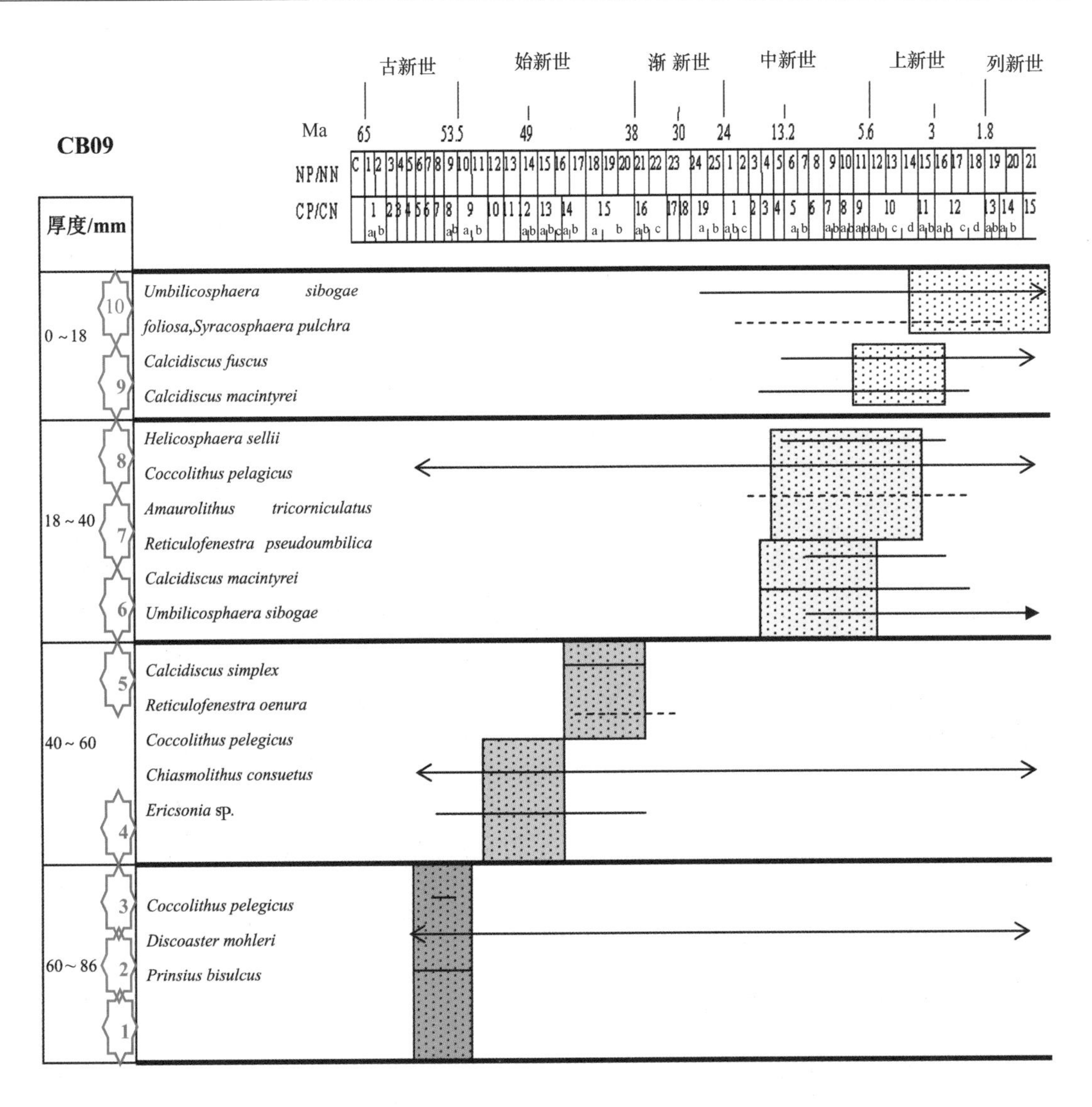

图 5 从 CB09 鉴定出的钙质超微化石及 4 个分层的大致年代

每个分层的年代由化石年代交集来推定，定年方案参考文献[25,30－31,35－38]。NP/NN 表示钙质超微化石带，P 表示古生代，N 表示新生代；CP/CN 表示浮游有孔虫化石分带，P 表示古生代，N 表示新生代

由于该结壳新壳层碳酸盐含量急剧降低而使生物地层学鉴定变得相对困难，但在 18～40 mm 层段仍找到一些钙质超微化石，它们堆积在铁锰氧化物柱体间的孔隙中，经鉴定组合如下：*Helicosphaera sellii*，*Coccolithus pelagicus*，*Reticulofenestra pseudoumbilica*，*Amaurolithus tricorniculatus*，*Calcidiscus* sp.，*Umbilicosphaera sibogae*。该钙质超微化石组合对应于 Martini[25] 划分的 NN7－NN15（中中新世－中上新世）（见图 5 和 6）。

从结壳的 0～18 mm 段鉴定出属于上新世至更新世的钙质超微化石组合，包括 *Calcidiscus macintyrei*，*Umbilicosphaera sibogae foliosa*，*Syracosphaera pulchra*，*Coccolithus pelagicus*（见图 5 和 6）。

4 讨论

两块样品均位于同一座海山上，CB09 位于海山的东坡上，而 CB14 位于海山的西北坡上，而且所处水深较浅。从结壳结构构造上看，两块样品很相似，都明显分为结构构造明显不同的新老壳层。新壳层的厚度均约为 4 cm，所不同的是 CB09 在新壳层上有一个明显的分层，表现在有两个结构构造突然改变的结壳生长间断面，而 CB14 的新壳层虽然也有次级的分层，但其间结构构造的改变是渐变过渡式的。从生物地层学定年结果看，两块样品的新壳层都是从中中新世至上新世再至更新世的，其间都不存在长时间的生长间断，合理的解释可能是后者存

图 6　从 CB09 样品不同层位采样点鉴定出的典型钙质超微生物

3. *Ericsonia cava*（或者 *Coccolithus cavus*），4. *Chiasmolithus* sp. cf. *Chiasmolithus consuetus*，5. *Calcidiscus* sp. cf. *Calcidiscus simplex*，6. *Reticulofenestra pseudoumbilica*，8. *Coccolithus pelagicus*，10. *Calcidiscus* sp. cf. *Calcidiscus fuscus*

在较短的生长间断，而前者只是结壳形成环境的恶化而已，并没有形成生长间断。

两块结壳的老壳层是一样的，CB14 在 5.5 cm 上下出现结构构造的改变，但界面不是很明显，也是渐变过渡式的，而 CB09 老壳层的分层间的分界在 6 cm上下，结构构造的改变更明显，并且存在明显的不整合断面。鉴定结果显示，CB14 的 5.5～7.0 cm段为晚古新世至早始新世，4.0～5.5 cm 段为中始新世一晚始新世，两分层间呈较连续生长；CB09 的 6.0～8.6 cm 段为晚古新世，4～6 cm 段为中始新世一晚始新世，两分层之间缺失早始新世段。这一结果也与武光海等[2]、Wu 等[3]、Pulyaeva 和 Melnikov[5]和 Su 等[18]的研究结果相符，均从结壳的老壳层鉴定出 53.5～55.0 Ma 的特征钙质超微化石组合，并且多数结壳缺少早始新世的生长层，说明早始新世是一个不利于结壳生长的时期[2]，而 CB14 可能较为特殊，它位于海山西坡，在早始新世只有短暂的生长停滞，这可能与其所处的水深相对较浅且环赤道表中层洋流从西向东流有关，说明当时此处的底流相对较强，环境氧化程度也相对较强，故其生长较连续。

两块样品在新老壳层之间均在表层向下 4 cm 上下存在明显的结壳生长间断，表现在存在明显的不整合断面，并且新老壳层间结构构造差别往往也明显，老壳层为细密夹磷酸盐或碳酸盐脉的细纹层状构造，而紧邻老壳层的新壳层则多为斑杂状、岛屿状和短柱状、姜状等构造。定年后可以看出，两结壳均缺失渐新世的生长段，说明整个渐新世是不适合结壳生长的，与笔者以前的研究[2-3,5]一样。结壳的生长主要集中于环境差异由不同因素控制的两个阶段（分别对应结壳的新老壳层），渐新世处于两种环境的转换期，也正好是海退期、大洋低生产力期、低 CCD 和生物碳酸盐低产率期，形成结壳生长的主要生长间断。

5 小结

通过对位于中太平洋同一座海山的 2 块铁锰结壳样品进行的生物地层学研究，发现 2 块样品的生长层位对应，生物组合也是相同的，经鉴定，2 块结壳的主要生长期都是在晚古新世、中始新世至晚始新世、中中新世至上新世，上新世至更新世，2 个主要的结壳生长间断分别在渐新世和早始新世。由该方法获得的定年结果是可靠的，但其结果并不连续，排除后期沿裂隙进入的早期化石（指要避开明显的裂隙和生长间断处即可）的影响，该方法所定的年代也应是结壳相应层段的最低时间段，而与所鉴定层段更老层段的年龄相比，没有钙质超微化石的层段的形成年龄要老于该层的鉴定年龄。

致谢：研究样品和航次相关资料由中国大洋协会提供，大洋航次海上调查人员也为研究样品的取得付出了辛勤劳动！

参考文献：

[1] 武光海. 中太平洋海山富钴结壳的特征及其形成环境[D]. 杭州：浙江大学，2001.

[2] 武光海，周怀阳，张海生，等. 中太平洋地区两个铁锰结壳的生长幕研究[J]. 地质学报，2006，80(4)：577—588.

[3] WU Guang-hai, ZHOU Huai-yang, ZHANG Hai-sheng, et al. New index of ferromanganese crusts reflecting oceanic environmental oxidation[J]. Science in China, 2007, 50(3): 371—384.

[4] COWEN J P, DeCARLO E H, McGEE D L. Calcareous nannofossil biostratigrphic dating of a ferromanganese crusts from Schumann Seamount[J]. Marine Geology, 1993, 115: 289—306.

[5] PULYAEVA I A, MELNIKOV M E. Manganese crusts of the Marcus-Wace and Magellan Seamounts: structure, composition and age [G]//Marine Geology and Paleoceanography: 30th International Geological Congress. Abstracts, Vol. 2. Washington: U S Govt Printing Office, 1996: 236.

[6] KU T L, KUSUKABE M, NELSON D E, et al. Constancy of oceanic deposition of ^{10}Be as recorded in manganese crusts[J]. Nature, 1982, 299: 240—242.

[7] MANGINI A, SEGL M, KURDRASS H, et al. Diffusion and supply rates of ^{10}Be and ^{230}Th radioisopes in two manganese encrustations from the South China Sea[J]. Geochim Cosmochim Acta, 1986, 50: 149—156.

[8] SEGL M, MANGINI A, BONANI G, et al. Be-dating of a manganese crust from central North Pacific and implications for ocean paleocirculation[J]. Nature, 1984, 309: 540—543.

[9] ANDERSEN M E, MacDOUGALL J D. Accumulation rates of manganese nodules and sediments: an alpha track method[J]. Geophys Res Lett, 1977, 4: 351—353.

[10] McDOUGALL J D. The distribution of total alpha radioactivity in selected manganese nodules from the North Pacific: implications for growth processes[M]//BISHOP J L, PIPER D. Marine Geology and Oceanography of the Pacific Manganese Nodule Province. New York: Plenum, 1979: 775—789.

[11] FUTA K, PETERMAN Z E, HEIN J R. Sr and Nd isotopic variations in ferromanganese crust from the central Pacific: implications for age and source provenance[J]. Geochim Cosmochim Acta, 1988, 45: 513—528.

[12] VONDERHAAR D, McMURTRY G, MAHONEY J J. Chemical and isotopic stratigraphy of a ferromanganese crust from the Hawaiian Archipelago[J]. EOS, 1988, 69: 1501.

[13] INGRAM B L, HEIN J R, FARMER G L. Age determination and growth rates of Pacific ferromanganese deposits using strontium isotopes[J]. Geochim Cosmochim Acta, 1990, 54: 1709—1721.

[14] HEIN J R, BOHRSON W A, SCHULZ M S, et al. Variations in the fine-scale composition of a central Pacific ferromanganese crust:

paleoceanographic implications[J]. Paleoceanography, 1992, 7: 63—77.

[15] PUTEANS D, HALBACH P. Correlation of Co concentration and growth rate—A method for age determination of ferromanganese crusts[J]. Chem Geol, 1988,69: 73—85.

[16] MANHEIM F T, LANE-BOSTWICH C M. Cobalt in ferromanganese crusts as a monitor of hydrothermal discharge on the Pacific Ocean sea floor[J]. Nature, 1988,335: 59—62.

[17] JANIN M C. Biostratigraphy of polymetallic concretions of the Tuamotu Archipelago based on the calcareous nannofossils[J]. Bull Soc Geol Fr, 1985,1: 79—87.

[18] 苏新,马维林,程振波. 中太平洋海山区富钴结壳的钙质超微化石地层学研究[J]. 地球科学——中国地质大学学报,2004,29(2):141—147.

[19] JANIN M C. The imprints of cenozoic calcareous nannofossils from polymetallic concretions: biostratigraphic significance for two crusts from the central Pacific[J]. Abh Geol, 1987,B-A 39: 121—141.

[20] JANIN M C. Micropaleontology of polymetallic concretions from the central Pacific:Clarion-Clipperton Zone, Mid-Pacific Mountains, Line Islands and Tuamotu Archipelago (Eocene-Recent) [J]. Mem Soc Geol Fr Ser, 1987,152:315.

[21] MELNIKOV M E, PULYAEVA I A. Ferromanganese crusts of Markus-Wake Rise and Magellan Seamounts of the Pacific Ocean[J]. Tikhooceanskaya Geologia (in Russian), 1994,4: 13—27.

[22] ROTH P H. Calcareous nannofossils—Leg 17, Deep Sea Drilling Project[R]//Initial Reports of the Deep Sea Drilling Project,Vol. 17. Washington:U S Govt Printing Office,1973:695—795.

[23] EDWARDS A R,PERCH-NIELSEN K. Calcareous nannofossils from the southern southwest Pacific, Deep Sea Drilling Project, Leg 29 [R]// Initial Reports of the Deep Sea Drilling Project,Vol. 29. Washington: V S. Govt Printing Office, 1975:469—539.

[24] PERCH-NIELSEN K. Cenozoic calcareous nannofossils[M]// BOLLI H M, SAUNDERS J B, PERCH-NIELSEN K. Plankton Stratigraphy. (Cambridge Earth,Vol. 2. Science Ser). Cambridge: Cambridge Univ Press, 1985: 427—554.

[25] MARTINI E. Standard Tertiary and Quaternary calcareous nannoplankton zonation[G]// FARINACCI A. Proc 2nd Planktonic Conf. Planktonic Microfassils. Roma:Ed Tecnosci, 1971: 739—785.

[26] OKADA H, BUKRY D. Supplementary modification and introduction of code numbers to the low latitude coccolith biostratigraphic zonation[J]. Mar Micropaleotol,1980, 5: 321—325.

[27] GARTNER S. Nannofossils and biostratigraphy: an overview[J]. Earth-Science Reviews, 1977,13(3):227—250.

[28] MARTINI E , WORSLEY T. Standard Neogene calcareous nannoplankton zonation[J]. Nature, 1970,225: 289—290.

[29] MARTINI E ,WORSLEY T. Tertiary calcareous nannoplankton from the western equatorial Pacific[R]// Init Rep DSDP, Vol. 7. Washington:U S Govt Printing Office,1971: 1471—1507.

[30] BUKRY D. Coocolith stratigraphy, eastern equatorial Pacific, Leg. 16, Deep Sea Drilling Project[R]// Init Rep DSDP, Vol. 16. Washington:U S Govt Printing Office,1973:653—711.

[31] BUKRY D. Phytoplankton stratigraphy, Deep Sea Drilling Project, Leg 20, western Pacific Ocean[R]// Init Rep DSDP, Vol. 16. Washington:U S Govt Printing Office,1973:307—317.

[32] BUKRY D. Cretaceous and Paleocene coccolith stratigraphy, Deep Sea Drilling Project, Leg. 26[R]// Init Rep DSDP. Washington:U S Govt Printing Office,1975:669—673.

[33] BUKRY D. Biostratigraphy of Cenozoic marine sediment by calcareous nannofossils[J]. Micropaleontology, 1978, 24(1):44—60.

[34] SHUMENKO S I. Calcareous nannoplankton(in Russian)[D]. Gelendzhik:State Scientific Centre Yuzhmorgeologia, 1987.

[35] BOLLI H M, SAUNDERS J B, PERCH-NIELSEN K. Plankton Stratigraphy[M]. Cambridge, London, New York: New Rochelle, 1985.

[36] BEEGGREN W A, KENT D V, FLYNN S J. Jurassic to Paleogcene: Part 2. Paleogcene geochronology and chronostratigraphy[G]// SNELLING N J. The Chronology of the Geological Record. Oxford: Published for the Geological Society by Blackwell Scientific Publications, 1985:141—195.

[37] BERGGREN W A, KENT D V , Van COUVERING L A. The Neogene: Part 2. Neogene geochronology and chronostratigraphy[G]// SNELLING N J. The Chronology of the Geological Record[G]. Oxford: Published for the Geological Society by Blackwell Scientific Publications, 1985: 211—260.

[38] BERGGREN W A, KENT D V, SWISHER C C, et al. A revised Cenozoic geochronology and chronostratigraphy[G]// BERGGREN W A, KENT D V, AUBRY M P, et al. Geochronology, Time Scales and Global Stratigraphic Correlation. Tulsa, Oklahoma ;SEPM Special Publication 54. 1995: 129—212.

Biostratigraphic research on the seamount ferromanganese crusts of the mid-Pacific Ocean

WU Guang-hai[1], PULYAEVA I A[2], LIU Jie-hong[1], LI Xue-fu[1]

(1. *Key Laboratory of State Oceanic Administration for Marine Ecosystem & Biogeochemistry*, *Second Institute of Oceanography*, *State Oceanic Administration*, *Hangzhou* 310012, *China*; 2. *Federal State Unitary Geological Enterprise* "*Kavkazgeolsyomka*", *Pyatigorsk*, *Russia*)

Abstract: The detailed biostratigraphic research has been applied to two ferromanganese crusts which are sampled on a mid-Pacific seamount using the method of biostratigraphy. The results reveal that the growth layers of these two samples are homologous and their calcareous nannofossil complexes are the same, too. Based on the identification of calcareous nannofossil imprints and original fossil remains, the main growth periods of the two samples are Late Paleocene, Mid-Late Eocene, Mid Miocene to Pliocene and Pliocene to Pleistocene. On the other hand, the two main growth gaps are at Oligocene and Early Eocene.

Key words: mid-Pacific Ocean; seamount ferromanganese crusts; biostratigraphy

（该文刊于《海洋学报》2011 年 33 卷 4 期）

马里亚纳南部弧内坡橄榄岩中的角闪石成分对于弧下地幔交代流体的指示

董彦辉[1,2]，初凤友[1,2]，朱继浩[1,2]，张平萍[1,2]

(1. 国家海洋局海底科学重点实验室，浙江 杭州 310012；2. 国家海洋局 第二海洋研究所，浙江 杭州 310012)

摘要：马里亚纳弧前的橄榄岩被认为是SSZ型蛇绿岩的现代等同物，记录了弧下地幔与俯冲流体的交代反应，其中的角闪石被认为是俯冲流体交代的产物。电子探针的数据表明角闪石主要包括透闪石和镁闪石两种，其中前者具有低的钠含量，后者则具有明显高的钠、铝含量，但 Mg# 较低。角闪石的组成反映了俯冲流体具有高硅、钙、铝、钠等元素的特征。形成成分不同的角闪石的原因可能是交代流体的来源深度不同，来源较浅的流体可能具有贫铝、钠而富硅、钙的特点，而与橄榄岩交代形成镁角闪石的流体的来源可能更深，具有富铝、钠的特征。

关键词：马里亚纳；橄榄岩；地幔交代作用；角闪石；俯冲带

1 引言

俯冲流体与地幔楔的相互作用是俯冲带工厂“运作”的核心问题，但是俯冲流体的组成以及它对地幔楔橄榄岩的交代作用还知之甚少。角闪石因为其晶格中含有 OH 而被认为是流体与橄榄岩发生交代反应的典型产物，对弧下地幔橄榄岩中的角闪石的研究对于了解流体的性质以及弧下地幔交代作用都有重要的意义。

马里亚纳海沟内坡的地幔橄榄岩，被认为是SSZ(supra-subduction zone)型蛇绿岩的等同物(与Teruaki Ishii个人交流)。这些橄榄岩经历了大比例(15%～25%)的熔体抽提，具有非常亏损的特点：尖晶石具有高的 Cr# (>50)，单斜辉石的含量极低[1-2]。但是，部分样品中含有大量角闪石，被Ohara等定为H型，认为是流体与橄榄岩交代的产物，并认为流体中含有钛、铝、铁、钠、钾[1]。陈俊兵等人研究了KH03－D7－64样品中的富铝的镁角闪石，认为含水熔体的渗透交代引起了铝、钙、铁、镁、钠和大量微量元素的迁移[3-4]。从已有的研究来看，马里亚纳弧前橄榄岩中的角闪石的种类多样，有透闪石、镁角闪石以及浅闪石等[1,3-7]，对于不同种类的角闪石的成因探讨有限，也制约了对于俯冲流体组分的讨论。本文将着重分析不同成分的角闪石的成因，并以此探讨俯冲板片释放的流体的化学特点。

2 地质概况

马里亚纳俯冲带是典型的洋内俯冲带，它是在约45 Ma左右太平洋板块漂移方向由北转为北北西的大背景下，在已有的长转换断层的基础上发展而来[8]。由于俯冲洋壳的年龄老、密度大[9]，同时太平洋的远洋沉积物比较薄，在马里亚纳俯冲带的弧前并不发育增生楔，反而由于俯冲的太平洋板片的构造侵蚀作用，将岛弧地壳深部以及弧下地幔的岩石揭露出来[10]。

马里亚纳俯冲带的的南部(关岛以南)是特殊的一段，太平洋板块的俯冲在这一段没有产生相应的岛弧，使这一段的弧内坡形成弧前—岛弧—弧后盆地—残留弧(西马里亚纳海岭)的天然剖面。本文研

基金项目：国家自然科学基金青年基金(40906037)；国家海洋局第二海洋研究所基本科研业务费项目(JG0901，JT1001，JT1104)；国家基础研究发展规划项目(2007CB41170301)的资助。

作者简介：董彦辉(1983—)，男，山西省晋城市人，助理研究员，研究方向为海底资源与成矿作用。E-mail：luster15991@163.com

究的样品来自于日本东京大学海洋研究所 KH－03 航次 D7 和 D8 两个拖网站位（图 1），站点位于关岛以南的弧内坡，D7 水深 5 000～4 500 m，D8 水深 4 000～3 500 m，拖网所取得的样品中纯橄岩与方辉橄榄岩共超过了 90%。Bloomer 等也报道了研究区附近有三个拖网取样站大部分样品为超基性岩[11]。虽然从拖网取得的火山岩以及沉积物中有些具有海山的特点，可能少量来源于太平洋板块的加积[11]。不过这些超基性岩的岩石学以及地球化学特点是与洋中脊的深海橄榄岩完全不同的，具有极度亏损的特点（Al_2O_3＜2%，尖晶石 $Cr^{\#}$＞50，单斜辉石的含量很低），表明这些超基性岩是俯冲侵蚀作用下出露的弧下地幔组成的代表，而不是洋中脊型的蛇绿岩的一部分[1]。

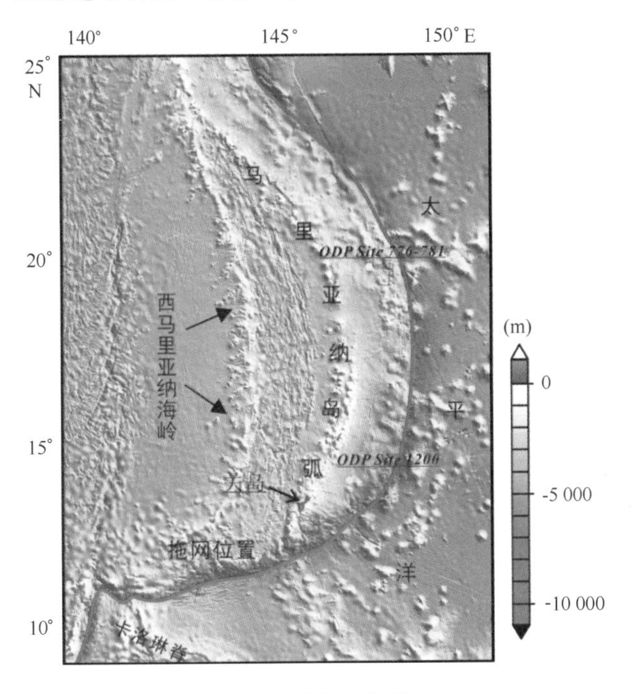

图 1　采样点位置

3　岩石学特征

本研究的样品包括了 10 件方辉橄榄岩以及 2 件纯橄岩。除 1 件样品略有定向构造以外，11 件的岩石都呈块状，普遍发育蛇纹石化，从个别较新鲜的样品来看，岩石呈现粗粒结构，局部有包橄结构。橄榄石占体积的 60%以上，$Mg^{\#}$ 在 91～92.5 之间（本工作未发表数据），粗粒的斜方辉石仅 2 件样品中见到。仅 2 件样品观察到单斜辉石，含量约 5%～10%，呈现它形分布于粒间。角闪石的结晶较晚，可以见到角闪石切穿橄榄石的现象，也可以见到斜方辉石被角闪石交代以及角闪石呈现单斜辉石假象，大部分的角闪石多在裂隙里出现（图 2）。没有观察到多个世代的角闪石，局部有角闪石蚀变为滑石的现象。尖晶石在这些样品中普遍存在，晶形以半自形粒状为主，$Cr^{\#}$ 一般大于 50，$Mg^{\#}$＜50（本工作未发表数据），显示出经历高度熔融的特征。磁铁矿主要出现在蛇纹石化程度较高的样品中，是蛇纹石化过程中形成的副矿物。另外，有 4 件样品中出现了镍黄铁矿。

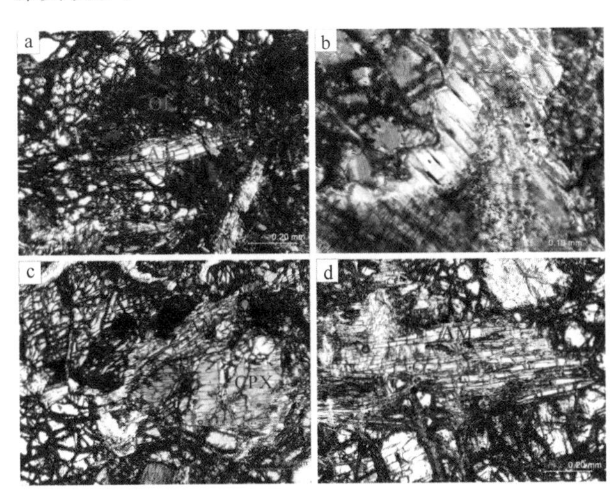

图 2　所研究的橄榄岩中的角闪石的典型岩相照片

AM—角闪石，Ol—橄榄石，OPX—斜方辉石，CPX—单斜辉石。照片 a：正交偏光，样品 D8－006，可以明显看到角闪石切穿橄榄石，其中角闪石为镁角闪石。照片 b：正交偏光，样品 D7－63，透闪石呈辉石假象。照片 c：正交偏光，样品 D7－63，镁角闪石分布于单斜辉石和斜方辉石之间，斜方辉石周围可以看到明显的蚀变（滑石化）。照片 d：单偏光，样品 D7－63－2，针状的角闪石

4　角闪石的化学组成

角闪石的电子探针分析在国家海洋局第二海洋研究所完成，仪器型号为 JOEL 8100，加速电压为 15 kV，测试电流为 2×10^{-8} A，数据采用 ZAF 校正。测试数据见表 1。

从电子探针的数据来看，岩石样品中的角闪石可以明显分为两类，一类为基本不含 Al_2O_3 和 Na_2O 的透闪石，占分析点的 70%以上；另一类为含有 Al_2O_3（最高达 10.14%）和 Na_2O（最高达 2.31%）的镁角闪石。另外，从 Ca＋Na＋K—Si 的角闪石分类图（见图 3）中还可以看到一个点投在浅闪石区域。透闪石明显具有高的 $Mg^{\#}$，一般超过 95，而富 Al_2O_3 的镁角闪石的 $Mg^{\#}$ 则明显偏低（＜93）。角闪石中的 SiO_2 与 Al_2O_3，Na_2O 明显具

有负相关关系（见图 4），与 $Mg^{\#}$ 则有正相关关系　（图未附）。

表 1　代表性的角闪石电子探针数据，阳离子的计算取 O=23

样品	D7－60	D7－63	D7－68	D7－70	D8－001	D8－002		D8－006			D8－007	D8－011	D8－101
SiO_2	57.63	57.51	58.26	59.73	57.08	54.27	59.28	56.10	49.31	50.73	58.24	50.84	55.54
TiO_2	0.05	0.00	0.04	0.00	0.05	0.09	0.04	0.00	0.06	0.07	0.03	0.05	0.02
Al_2O_3	1.10	0.69	1.28	0.13	1.27	5.25	1.23	2.94	10.14	7.74	0.62	6.95	3.44
Cr_2O_3	0.19	0.32	0.37	0.00	0.30	1.31	0.25	0.29	1.73	1.50	0.17	1.05	0.79
FeO	1.58	2.21	1.84	1.59	1.89	2.83	1.95	2.44	3.49	3.32	1.64	3.25	2.56
MnO	0.03	0.08	0.04	0.08	0.07	0.06	0.05	0.11	0.06	0.03	0.07	0.01	0.08
MgO	23.88	23.34	23.56	24.42	23.74	22.59	24.58	23.12	20.62	20.77	24.13	21.28	22.75
CaO	13.48	12.80	12.61	12.36	13.27	12.29	13.58	12.33	12.21	12.37	12.55	15.55	11.97
Na_2O	0.38	0.24	0.36	0.16	0.51	1.77	0.46	1.03	2.31	2.21	0.38	2.11	1.09
K_2O	0.00	0.02	0.01	0.03	0.04	0.05	0.03	0.06	0.16	0.02	0.01	0.11	0.04
NiO	0.10	0.01	0.08	0.06	0.13	0.09	0.08	0.06	0.08	0.10	0.08	0.11	0.09
Total	98.42	97.21	98.44	98.55	98.35	100.61	101.53	98.47	100.17	98.86	97.92	101.30	98.36
* $Mg^{\#}$	96.45	95.01	95.85	96.51	95.76	93.49	95.77	94.46	91.40	91.85	96.37	92.17	94.11
Si	7.83	7.91	7.89	8.04	7.78	7.32	7.81	7.65	6.76	7.02	7.92	6.94	7.59
Ti	0.01	0.00	0.00	0.00	0.01	0.01	0.00	0.00	0.01	0.01	0.00	0.00	0.00
Al	0.18	0.11	0.20	0.02	0.20	0.83	0.19	0.47	1.64	1.26	0.10	1.12	0.55
Cr	0.02	0.03	0.04	0.00	0.03	0.14	0.03	0.03	0.19	0.16	0.02	0.11	0.09
Fe	0.18	0.25	0.21	0.18	0.22	0.32	0.22	0.28	0.40	0.38	0.19	0.37	0.29
Mn	0.00	0.01	0.00	0.01	0.01	0.01	0.01	0.01	0.01	0.00	0.01	0.00	0.01
Mg	4.83	4.78	4.75	4.90	4.82	4.54	4.83	4.70	4.21	4.28	4.89	4.33	4.64
Ca	1.96	1.89	1.83	1.78	1.94	1.78	1.92	1.80	1.79	1.83	1.83	2.27	1.75
Na	0.10	0.06	0.09	0.04	0.14	0.46	0.12	0.27	0.61	0.59	0.10	0.56	0.29
K	0.00	0.00	0.00	0.00	0.01	0.01	0.01	0.01	0.03	0.00	0.00	0.02	0.01
Ni	0.01	0.00	0.01	0.01	0.01	0.01	0.01	0.01	0.01	0.01	0.01	0.01	0.01
total	15.12	15.05	15.03	14.98	15.17	15.42	15.13	15.24	15.65	15.56	15.07	15.73	15.23

注：$Mg^{\#}=Mg/(Mg+Fe^{2+})$。

5　讨论

5.1　角闪石成分反应出来的俯冲流体组成

角闪石作为流体与橄榄岩的交代反应产物，可以反映流体的化学组成。与弧下超亏损（CaO 和 Al_2O_3 含量极低）的地幔橄榄岩以及其中的橄榄石和斜方辉石的成分相比，角闪石，特别是富铝的镁闪石可以反映出流体中富集硅、铝、钙以及钠等元素，这两种角闪石中的钛含量都很低（<0.1），明显不同于板内橄榄岩包体中的角闪石（$TiO_2>1\%$）[13]，反映了板片脱水流体中贫高场强元素的特点。

5.2　透闪石和镁角闪石两种不同角闪石的成因

透闪石和镁角闪石有着明显的成分差异，产生这种差异的原因目前有不同的认识。有学者认为透闪石的形成是在蛇纹石化的阶段由于铝的损失形成的[5]。但是在蛇纹石化程度最低的样品（样品 D7－63，镜下蛇纹石化程度小于 30%）中，透闪石仍然是大量存在，同时，由于蛇纹石、滑石等蛇纹石化阶段形成的矿物中基本都不含 Al_2O_3，而铝在海水中的溶解度很低，将出现明显的物质不平衡，在镜下观察也没有观察到角闪石的明显蛇纹石化，这种观点在

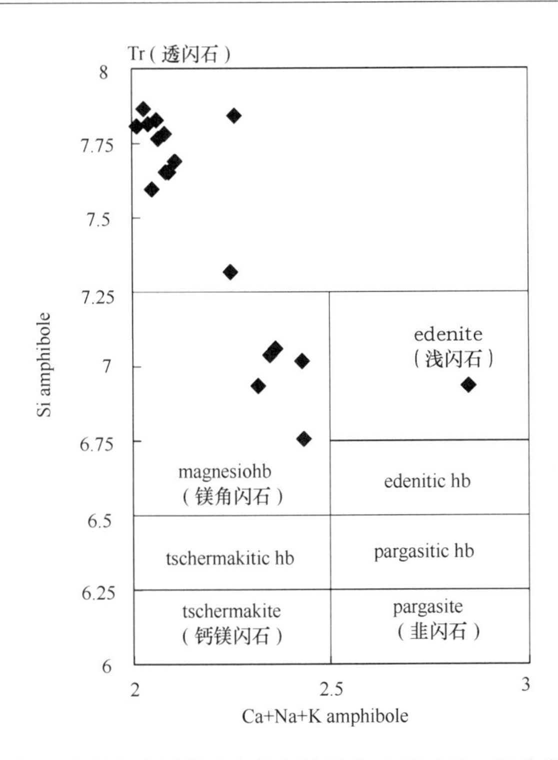

图3 本研究中橄榄岩中的角闪石 Ca+Na+K—Si 分类图[12]（部分分析点由于 Ca+Na+K<2 未投入图中）

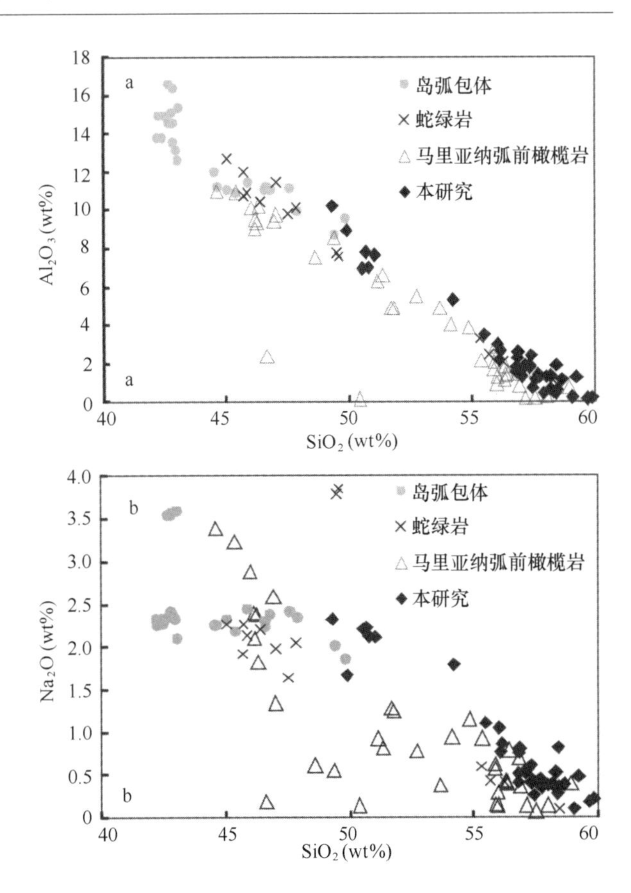

图4 角闪石 $SiO_2-Al_2O_3$(a)及 SiO_2-Na_2O(b)协变关系
岛弧带火山岩地幔包体的角闪石数据来源于[13-14]，与俯冲有关的蛇绿岩套中地幔岩的角闪石数据来源于[15-16]，马里亚纳弧前橄榄岩的数据来源于[1-6]

马里亚纳南部的橄榄岩中并不适用。陈俊兵等认为富铝的镁角闪石反映的是岩石早期的交代作用，温度和压力相对较高，交代单斜辉石形成的，而透闪石则是相对低温条件下的斜方辉石被交代的产物[3-4]。然而在镜下并没有观察到这两种角闪石有明显的结晶先后。从大量的薄片观察来看，两种角闪石与原岩的矿物如斜方辉石或是单斜辉石没有有明显的亲缘性，特别是在裂隙中出现的较自形的角闪石。同时，由于经历过高度的部分熔融，两种辉石本身的铝和钠含量也非常低有关（本工作未发表数据，斜方辉石中 $Al_2O_3<1.7\%$，$Na_2O<0.05\%$，单斜辉石中 $Al_2O_3<1.7\%$，$Na_2O<0.15\%$），与镁角闪石的成分差异甚大，相对于两种角闪石成分能产生的影响非常有限。

正是由于这种矛盾，我们认为两种角闪石成分上的差异主要反映的交代流体成分的差异，相对于镁角闪石，交代形成透闪石的流体中可能具有低钠、铝的特征。马里亚纳弧前蛇纹岩海山的冷泉水已经被证明具有低的钠含量[17]，同时具有较高的钙、镁含量，这与透闪石的成分一致。Murata 等人发现弧前蛇纹石海山中的次生单斜辉石具有非常高的 $Mg^{\#}$，明显高于原生的单斜辉石[5]。这也与角闪石中透闪石高的高 $Mg^{\#}$ 相一致，可能意味着 Mg 在流体的交代下可能有活化的现象或是板片释放的流体中含量镁，蛇纹石化的矿物中存在水镁石也映证了这一点。Mottl 指出，释放这种流体的俯冲板片顶的温压大致相当于蓝片岩相或更低[17]。

富铝、钠的镁角闪石的成分则与蓝片岩到榴辉岩相变过程中释放出来的流体成分相一致。Bebout 等人研究了美国 Santa Catalina 岛的蓝片岩和榴辉岩组成上的差别后认为相变过程中会有较多量的硅、碱以及相当量的铝[18]。Manning 等人认为俯冲板片在较深时会有相当量的铝伴随着硅和碱释放出来[19]。镁角闪石的形成与这种流体成分具有相当好的一致性。Hermann 等人认为在蓝片岩到榴辉岩相的相变过程中，释放出的流体是很稀的，不能明显地富集亏损的弧下地幔[20]。陈俊兵等人报道了马里亚纳弧前镁角闪石的原位微量元素数据，其左倾的 REE 配分模式，以及较低的 LILEs 含量都与这种模式相一致[4]。我们认为交代形成镁角闪石以至前人报道的浅闪石的流体应该是来自于俯冲板片的榴辉岩化。

5.3 向陆方向俯冲流体成分的变化

在地幔岩中，角闪石作为一种典型的交代成因矿物，在岛弧火山岩的地幔岩包体（如日本的 Ichinomegata[13]、俄罗斯勘察加半岛的岛弧火山岩[14]）以及与俯冲有关的蛇绿岩以及造山带橄榄岩地体（如意大利的 Ulten Zone[15] 和 Finero 橄榄岩地体[16]）中都有出现。不过它们与马里亚纳弧前橄榄岩中发现的角闪石有系统区别：岛弧火山岩的地幔岩包体、蛇绿岩以及造山带橄榄岩地体中的角闪石多以浅闪石或是更加富碱的韭闪石为主，Al_2O_3 和 Na_2O 的含量更高（见图 4），富集不相容元素，稀土元素配分呈右倾型[13,21]，富集 LREE，如 Lihir 交代的角闪石总稀土含量可以达到 89.9×10^{-6} 以上，富集钍、铀、锶等大离子亲石元素[21]。而马里亚纳弧前橄榄岩中的角闪石以透闪石和镁角闪石为主，Al_2O_3 和 Na_2O 的含量较低，特别透闪石几乎不含 Al_2O_3 和 Na_2O；角闪石中的不相容元素含量也很低，稀土元素含量低（如镁角闪石仅有 2.7×10^{-6} 左右，而透闪石则更低仅 0.25×10^{-6}[4]），配分模式呈左倾，并不具有明显富集的特征（图 5）。

这种成分上的系统差别，反映出板片流体从海沟向陆方向成分可能有系统性的变化：在弧前，流体主要来自于板片在低温低压条件下的脱水，富钙、硅、钠、铝，而大离子亲石元素含量低[20]。而在弧下的位置，流体的成分则可能主要受控于板片脱水的压力，在深部也可能有沉积物或是板片熔融等因素的影响，具有更高的铝、钠、钾以及不相容元素的含量。

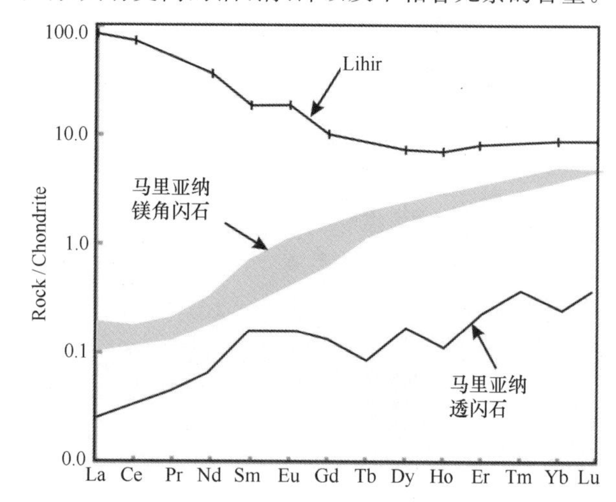

图 5 Lihir 火山岩包体中的角闪石与马里亚纳不同种类角闪石 REE 的配分模式

Lihir 角闪石的数据来源于[21]，马里亚纳角闪石的数据来源于文献[4]

6 结论

马里亚纳海沟南部弧内坡的橄榄岩中的角闪石主要有透闪石和镁角闪石两种，前者具有低的铝、钠含量，而具有高的 $Mg^{\#}$。角闪石之间成分的差异反映的是来源深度不同的流体对弧下地幔的交代作用。来源较浅的流体具有低的铝、钠，而相对富钙，交代产物对应于透闪石。交代形成镁角闪石的流体具有富铝、钠的特征，很可能来源于榴辉岩化的俯冲太平洋板片。

参考文献：

[1] OHARA Y, ISHII T. Peridotites from the southern Mariana forearc: heterogeneous fluid supply in mantle wedge[J]. Island Arc, 1998, 7(3): 541—558.

[2] PARKINSON I J, PEARCE J A. Peridotites from the Izu-Bonin-Mariana forearc (ODP Leg 125): evidence for mantle malting and melt-mantle interaction in a supra-subduction zone setting[J]. Journal of Petrology, 1998. 39(9): 1577—1618.

[3] 陈俊兵，曾志刚. 马里亚纳南部前弧橄榄岩的岩石及矿物学：对弧下地幔楔交代作用的指示[J]. 海洋地质与第四纪地质，2007(1): 53—59.

[4] 陈俊兵，曾志刚. 马里亚纳岛弧南部前弧方辉橄榄岩的交代作用：单斜辉石和角闪石的微量元素特征[J]. 中国科学：D 辑，2007(06): 720—727.

[5] MURATA K, MAEKAWA H, YOKOSE H, et al. Significance of serpentinization of wedge mantle peridotites beneath Mariana forearc, western Pacific[J]. Geosphere, 2009, 5(2): 90—104.

[6] 汪小妹，曾志刚，陈俊兵. 马里亚纳前弧南部橄榄岩的蛇纹石化[J]. 自然科学进展，2009(08): 859—867.

[7] PARKINSON I J, HAWKESWORTH C J, COHEN A S. Ancient mantle in a modern arc: osmium isotopes in Izu-Bonin-Mariana forearc peridotites[J]. Science, 1998, 281: 2011—2013.

[8] STERN R J, BLOOMER S H. Subduction zone infancy: examples from the Eocene Izu-Bonin-Mariana and Jurassic California arcs[J].

Geological Society of America Bulletin, 1992, 104: 1621—1638.
[9] HALL C E, GURNIS M, SDROLIAS M, et al. Catastrophic initiation of subduction following forced convergence across fracture zones [J]. Earth and Planetary Science Letters, 2003, 212(1-2): 15—30.
[10] 任建业. 海洋底构造导论[M]. 武汉：中国地质大学出版社,2008.
[11] BLOOMER S H. Distribution and Origin of Igneous Rocks from the landward slopes of the Mariana trench: implicaitons for its structure and evolution[J]. Journal of Geophysical Research, 1983, 88(B9): 7411—7428.
[12] LEAKE B E. A catalog of analysed calciferous and subcalciferous amphiboles together with their nomenclature and associated minerals [J]. Geological Society of America Special Paper, 1968, 98: 1—210.
[13] COLTORTI M, BONADIMAN C, FACCINI B, et al. Amphiboles from suprasubduction and intraplate lithospheric mantle[J]. Lithos, 2007, 99(1-2): 68—84.
[14] ISHIMARU S, ARAI S, ISHIDA Y, et al. Melting and multi-stage metasomatism in the mantle wedge beneath a frontal arc inferred from highly depleted peridotite xenoliths from the avacha volcano, southern kamchatka [J]. Journal of Petrology, 2007, 48(2): 395—433.
[15] MAROCCHI M, HERMANN J, MORTEN L. Evidence for multi-stage metasomatism of chlorite-amphibole peridotites (Ulten Zone, Italy): Constraints from trace element compositions of hydrous phases[J]. Lithos, 2007, 99(1-2): 85—104.
[16] ZANETTI A, MAZZUCCHELLI M, RIVALENTI G, et al. The Finero phlogopite-peridotite massif: an example of subduction-related metasomatism[J]. Contributions to Mineralogy and Petrology, 1999, 134(2): 107—122.
[17] MOTTL M J, WHEAT C G, FRYER, et al. Chemistry of springs across the Mariana forearc shows progressive devolatilization of the subducting plate[J]. Geochimica Et Cosmochimica Acta, 2004, 68(23): 4915—4933.
[18] BEBOUT G E, BARTON B D. Fluid flow and metasomatism in a subduction zone hydrothermal system: Catalina Schist terrane, California[J]. GEOLOGY, 1989, 17: 976—980.
[19] MANNING C E. The chemistry of subduction-zone fluids[J]. Earth and Planetary Science Letters, 2004, 223(1-2): 1—16.
[20] HERMANN J, SPANDLER C, HACK A, et al. Aqueous fluids and hydrous melts in high-pressure and ultra-high pressure rocks: Implications for element transfer in subduction zones[J]. Lithos, 2006, 92(3-4): 399—417.
[21] GRÉGOIRE M, MCINNES B I A, O'REILLY S Y. Hydrous metasomatism of oceanic sub-arc mantle, Lihir, Papua New Guinea: Part 2. Trace element characteristics of slab-derived fluids[J]. Lithos, 2001, 59(3): 91—108.

The amphibole in ultramafic rocks from southern Mariana trench inner slope: Implication for metasomatism in forearc setting

DONG Yan-hui[1,2], CHU Feng-you[1,2], ZHU Ji-hao[1,2], ZHANG Pin-pin[1,2]

(1. *Key Laboratory of Submarine Geosciences, State Oceanic Administrtion, Hangzhou* 310012,*China*; *The Second Institute of Oceanography, State Oceanic Administrtion, Hangzhou* 310012,*China*)

Abstract: The peridotites in landward-slope of Mariana trench regarded as the analogue of ophiolites, record the metasomatism between subducting slab fluid and subarc mantle wedge. Amphiboles is a product of the metasomatism. Our EPMA data suggest that the amphiboles in south Mariana trench inner-slope mainly tremolite and magnesiohornblende with little edenite. Magnesiohornblende have lower $Mg^{\#}$ and significantly high Na_2O and Al_2O_3 related to tremolite. The component of amphibole expectially magnesiohornblende suggests the matasomatic fluid contain high Si, Ca, Al, Na but extremely low Ti. The component difference between tremolite and magnesiohornblende might be attributed to fluid origin from difference depth. Fluid from relative shallow may be rich in Si and Ca but dilute Al and Na, and the fluid which formed magnesiohornblende may be origin from deeper slab which release more Al and Na.

Key words: Mariana trench; Peridotite; Sub-arc mantle metasomatism; Amphibole; subduction factory

(该文刊于《海洋学报》2011 年 33 卷 5 期)

Recent progress in China in the study of ocean's role in climate variation

LIU Qinyu[1,2*], ZHENG Xiaotong[1,2]

[1] Physical Oceanography Laboratory, Ocean University of China, Qingdao 266100, China

[2] Key Laboratory of Ocean-Atmosphere Interaction and Climate in Universities of Shandong, Ocean University of China, Qingdao 266100, China

Abstract

Recent (2007–2010) research results about ocean's role in climate variation and change by Chinese scientists are highlighted. This paper reviews a majority contributions by Chinese scientists to the understanding of ocean variability and change. This paper starts with the results about the important role of the tropical Indian Ocean in interannual variation of the Asia summer monsoon, the effect of sea surface temperature (SST) and freshwater flux on climate variability in the Pacific, and interannual variability research in other oceans. Then results about ocean dynamic and thermodynamic roles in decadal climate variation are reviewed. Finally, the results about oceanic response to global warming are discussed, again showcasing ocean's important role in climate.

Key words: ocean dynamic, interannual variation, decadal variability, climate change

1 Introduction

During 2007–2010, Chinese scientists made important progress in studying the role of ocean in climate variation, and their research expanded from the Pacific to the global ocean. Some of the research has received marked attention from the world. In the area of ocean effect on climate change, Chinese scientists have made some important contributions over the tropical Pacific, India, Southern and Arctic Oceans. Because of limited space, we cannot summarize all achievements during past 4 a. This review covers a part of the important research results, which was published during 2007–2010.

This paper is organized according to the different time and space scales as follows. Section 2 reviews the studies on the ocean dynamic role in interannual climate variation. Studies that unite the interannual variation of global tropical oceans are reviewed in Section 3. In Sections 4 and 5 the ocean dynamic role in decadal climate variation and the ocean response to global warming have been reviewed respectively. Section 6 provides a summary and discusses the remaining challenges.

2 Ocean's role in the interannual variation of climate

2.1 *The important role of the tropical Indian Ocean and effects of it on monsoon in interannual variation*

During recent years, Chinese scientists make great progress in understanding the tropical Indian Ocean (TIO) ocean-atmosphere interactions and related influences on the East Asian climate. Many studies of them show that the TIO is very important for the Asian climate, especially for summer rainfall over East Asia. Yang et al. (2007) discover that the Indian Ocean Basin mode (IOBM) following El Niño-Southern Oscillation (ENSO) can induce robust climatic anomalies over the Indo-west Pacific region in the summer, prolonging the El Niño's influence after equatorial Pacific SST anomalies has decayed. They refer the TIO as "capacitor effect": as a response to the positive IOBM, the increased precipitation over the TIO forces a Matsuno-Gill pattern in the troposphere, strengthening South Asian high and Indian summer monsoon (Yang et al., 2007). It is found that while El Niño decays rapidly in spring and vanishes by

Foundation item: The State Basic Research Program of China under contract Nos 2012CB955602 and 2012CB955603; the National Natural Science Foundation of China under contract Nos 40830106 and 41176006.

*Corresponding author, E-mail: liuqy@ouc.edu.cn

summer, the IOBM warming persists through summer and releases its influence, like a "discharging capacitor" that sustains electric currents after the battery is switched off.

The recent studies investigate the detail of IOBM and its "capacitor effect". Du et al. (2009) show that during boreal spring, the southwest Indian Ocean warming causes the cross-equator SST gradients that induce an antisymmetric wind pattern. When the summer Indian monsoon onsets in May, the northeasterly anomalies act to reduce the southwesterly monsoon and warm the ocean, and the IOBM persists through June-August (JJA) following El Niño.

All the features mentioned above are reproduced in a coupled model simulation initialized with a warming in the TIO, indicating that the IOBM is not only a passive response to ENSO but is also important for the summer Indo–west Pacific climate (Yang et al., 2007). Furthermore, Li et al. (2008) investigate the influence of IOBM on the East Asian climate using experiments of multiple atmospheric general circulation models (AGCMs), confirming the IOBM's "capacitor effect".

Chinese Scientists, in an international collaboration with University of Hawaii, found that the TIO warming causes tropospheric temperature to increase by a moist-adiabatic adjustment in deep convection, emanating a baroclinic Kelvin wave into the Pacific. In the northwest Pacific, this equatorial Kelvin wave induces northeasterly surface wind anomalies, and the resultant divergence in the subtropics triggers suppressed convection and the anomalous anticyclone (Xie et al., 2009).

Wu et al. (2010) investigate the relative role of local SST anomalies or IOBM in anchoring the anomalous anticyclone over the northwest Pacific using a suite of experiments in an AGCM. It is found that both of them maintain the anticyclonic anomalies over the northwest Pacific. The IOBM plays an essential role in late summer, while the local SST is important in early summer. In addition to the East Asian climate, the IOBM can also influence the mid-latitude atmosphere in boreal summer (Yang et al., 2009).

The IOBM's capacitor effect, which is generally unstable, is weak prior to the 1970s. Using a 21-member ensemble simulation with the Community Atmosphere model, version 3 (CAM3) forced by the observed SST during 1950–2000, it is shown that the TIO influence on the summer northwest Pacific strengthens in the mid-1970s, and the strengthened TIO teleconnection coincides with an intensification of summer SST variability over the TIO (Huang et al., 2010). This result points to a new direction to explore the mechanisms for such interdecadal modulations.

The Indian Ocean dipole (IOD) mode that is referred as the second EOF mode of TIO SST anomalies is also investigated by Chinese scientists. Yang et al. (2010) estimated the effect of IOB and IOD together and give a relative important of those two modes in a consistent way using the maximum covariance analyses (MCA). The IOBM is closely related to the Asian summer monsoon and atmospheric circulation. The increased evaporative moisture associated with the IOBM leads more rainfall over the TIO in summer and the IOD is related to the Asian winter monsoon rather than Asian summer monsoon. A positive IOD weakens Indian winter monsoon and induces more (less) rainfall over the southwest (eastern equatorial) TIO (Yang et al. 2010).

Analyses of up-to-date data from satellite-tracked surface drifters indicate that the Wyrtki jets (WJ) of the equatorial Indian Ocean (EIO) are developed firstly in the central EIO and then propagate westward along the equator at speeds of about 0.7 m/s. Climatologically, the fall jet is both stronger and wider than its spring counterpart. This westward propagation phenomenon is supported by altimetry observation. It is suggested that the westward propagation of the jets in the western EIO is primarily forced directly by the westward propagating zonal winds. Whereas in the eastern EIO, the propagation of the jet signals is ambiguous although the zonal wind pattern is observed moving east. It is also evident that the WJs are subject to strong interannual variability, which may associate with ENSO and IOD (Qiu et al., 2009).

The above results have important implications for the predictability of Indo-western Pacific summer climate. Since 2009, the IOB index has been considered as new index for climate prediction by the Japan Meterological Agency and has been used in climate prediction seminar of the National Climate Center, State Meteorological Administration of China. Furthermore, Chinese scientists make great contributions to Indian Ocean observations. In an international cooperation, Dr. Yu Weidong from the First Institute of Oceanography (FIO), State Oceanic Administration of

China participates the international Indian Ocean observation project. The FIO plays an active role in the international coordinated efforts in implementing the Indian Ocean observing system (IndOOS), with special contribution of deploying one surface buoy in the southeastern TIO and one subsurface mooring off the coast of Java Island (McPhaden et al., 2009; Masumoto et al., 2010). These observation studies have provided us valuable data to understand the mechanism of the summer monsoon first onset in the Bay of Bengal, and will play more important role in prediction climate in the future.

2.2 *The effect of SST and freshwater flux anomaly on climate variability in Pacific*

Based on observation analysis, the coupled model research explicitly demonstrates that the north Pacific oceanic warming can force a significant change of the atmospheric circulation with a strong seasonal dependence, which is characterized by a quasi-barotropic warm ridge in early winter, a transition to a quasi-barotropic warm trough in late winter, and then to a baroclinic response in summer with a trough and ridge. The north Pacific warming also forces a significant remote response over the tropical Pacific by the upper-ocean meridional overturning cell and equatorial ocean dynamics (Wu and Li, 2007).

The global response to a shutdown of the Atlantic meridional overturning circulation (AMOC) is investigated by conducting a water-hosing experiment with a coupled ocean-atmosphere general circulation model (Wu et al.,2008). The intense cooling in the extratropical North Atlantic is induced in the tropical Atlantic, with cooling north of the equator and warming on and south of the equator. The results demonstrate the following conclusions: ocean dynamical adjustments are responsible for the formation of the tropical Atlantic dipole; the air-sea interaction over the tropical Atlantic is the key to the tropical Pacific response; extratropical teleconnection from the North Atlantic is the most important for the north Pacific cooling, with the influence from the tropics being secondary (Wu et al., 2008).

The coupled ocean-atmosphere response to the observed freshwater flux trend over the Kuroshio-Oyashio extension (KOE) region is studied in a series of coupled model experiments (Zhang, Wu and Zhang, 2010). To prove the numerical simulation result of this climate model and the observation of atmosphere and ocean in the north Pacific will be development in the future.

2.3 *The major mode of SST variability and its predictability in the Atlantic*

The predictability of the tropical Atlantic variability (TAV) is analyzed within the framework of a linear stochastic climate model by Wang and Chang (2008a). They suggest that under the stochastic forcing, the useful predictive skill for the SST measured by normalized error variance is limited to 2 months on average (Wang and Chang, 2008a). Therefore, predicting the TAV poses more challenge than predicting El Niño in the tropical Pacific. Whereas, based on the first-mode baroclinic Rossby wave model the wintertime SST anomalies can be skillfully predicted up to 3 months ahead in the tropical Atlantic, 18 months in the eastern subtropical Atlantic, and 3 a east of Newfoundland on the basis of the first-mode baroclinic Rossby wave adjustment (Zhang and Wu, 2010).

Wang and Chang (2008b) point out that the tropical Atlantic has two types of coupled modes: a meridional mode at the decadal time scale and a zonal mode at the interannual time scale. The meridional mode, which manifests itself as an interhemispheric SST fluctuation, is controlled by the thermodynamical feedback among winds, latent heat flux, and SST, further modified by ocean heat transport. The zonal mode, which manifests itself as an SST fluctuation in the eastern equatorial basin, is dominated by the dynamical feedback among winds, thermocline, upwelling, and SST (Wang and Chang, 2008b).

2.4 *Interaction among different Oceans by "atmosphere bridge" and "ocean bridge"*

The atmospheric teleconnections of the tropical Atlantic SST variability have been investigated in a series of coupled ocean-atmosphere modeling experiments. It is found that the tropical Atlantic climate not only displays an apparent interhemispheric link, but also significantly influences the north Atlantic oscillation (NAO) and ENSO. Over the North Atlantic, the tropical Atlantic SST can force a significant coupled NAO-dipole SST response in spring that changes to a coupled wave train-horseshoe SST response in the following summer and fall, and a recurrence of the NAO in the next winter (Wu and Li, 2007).

A comprehensive assessment of the observed atmospheric response to global major ocean variability modes have been pointed out in a unified approach using the generalized equilibrium feedback analysis (Wen et al., 2010). They found that the classical response to the ENSO mode is consisted of two parts, one responding to the tropical Pacific ENSO mode and the other to the TIO SST anomaly monopole mode (Wen et al., 2010). The North Pacific SST anomaly mode appears to generate an equivalent barotropic warm SST-high response locally over the Aleutian Low and to influence the NAO downstream, while the North Atlantic SST anomaly tripole mode tends to force a local response on the NAO (Wen et al., 2010).

The climate model can give us the information about global teleconnections in response to a shutdown of the AMOC. As response in the tropical Atlantic, a SST dipole forms, with cooling north of the equator and warming on and south of the equator. In the tropical Pacific, a SST dipole forms in boreal spring in response to the intensified northeast trades across Central America and triggering the development of an El Niño-like warming that peaks on the equator in boreal fall. In the extratropical north Pacific, a basinwide cooling of 1°C takes place, with a general westward increase in intensity (Wu, He et al., 2007).

The inter-basin teleconnection between the North Atlantic and the north Pacific ocean-atmosphere interaction is studied by using a coupled ocean-atmosphere general circulation model (Li et al., 2009). The experiments explicitly demonstrate that the leading mode of the extratropical atmospheric internal variability plays a dominant role in shaping the hemispheric-scale response forced by oceanic variability over the North Atlantic and Pacific (Li et al., 2009).

Yang et al. (2009) found that the TIO can affect the Northern Hemisphere climate variation based on the observational analyses and model experiments. The IOBM persists from spring to summer, can generate a significant circumglobal teleconnecton (CGT) in the Northern Hemisphere summer mid-latitude atmosphere. A warm IOBM enhances the Indian summer monsoon (ISM) through the increased precipitation in the northeastern Arabian Sea-western India, which then forms an atmosphere heat source there and in turn the atmospheric waves, exciting the CGT (Yang et al., 2009).

2.5 *Unified view of variations of global tropical oceans*

The global tropical atmosphere is related to the all tropical oceans. Liu and Fan (2009) first indentifies the united interannual variation mode about the global tropical ocean and atmosphere coupled system based on the National Center for Environmental Prediction (NCEP) monthly SST and atmosphere reanalysis data from January 1948 to December 2005. The time series of the mode is consistent with the ENSO mode in the Pacific, which leads to the IOB mode in the TIO; however, the SST anomaly in the Atlantic is inconspicuous (Liu and Fan, 2009).

Wang (2010a) provides a consistent and unified solution for the two types of thermodynamical coupled modes in the atmosphere-ocean climate system: the tropical meridional mode and the subtropical dipole mode. The solution is derived analytically from a linear model that couples a simple atmosphere to a slab ocean via the wind-evaporation-SST (WES) feedback. For realistic parameter values, these thermodynamical coupled modes have periods and damping time scales in years; hence, they may play important roles in the tropical interannual-to-decadal climate variability.

A global wavenumber-3 dipole SST mode is shown to exist in the Southern Hemisphere subtropical climate variability in austral summer. The positive phase of the mode is characterized by negative SST anomalies in the east and positive SST anomalies in the southwest of the south Indian, Pacific, and Atlantic Oceans. The situation for the mode negative phase is reversed. This coherent dipole structure is largely a response of ocean mixed layer to the atmospheric forcing characterized by the migration and modulation of the subtropical high-pressures, in which the latent heat flux plays a leading role through wind-induced evaporation, although ocean dynamics may also be crucial in forming SST anomalies attached to the continents (Wang, 2010b).

Although those research results show some feature about the global tropical ocean variation, it is only at the start. The coherence in the global tropical oceans and their difference should be further studied in the future, because tropical ocean interannual variations control the global climate interannual variation.

3 The ocean dynamic and thermodynamic role in decadal climate variation

During 2007–2010, Chinese scientists concentrated on the role of ocean dynamic in Pacific decadal climate variability. Wu, Liu, Li et al. (2007) demonstrate that the extratropical decadal SST anomalies may propagate to the tropics through a coupled WES feedback. They further suggest that the extratropical-tropical teleconnection provides a positive feedback to sustain the decadal changes in both the tropical and extratropical north Pacific (Wu, Liu, Li et al., 2007).

The low potential vorticity (PV) water transport is an important cause of the decadal variation of stratification in the east of Taiwan, China and could contribute to Pacific decadal variability. Based on the data of simple ocean data assimilation, it is found that the central north Pacific (28°–35°N, 150°–170°W) is one of the main formation area of the low PV water between the isopycnal surfaces of 25.4 σ_θ to 25.8 σ_θ, and there is a channel to transport the low PV water from the central north Pacific to the east of Taiwan, China by the currents on the pycnocline by 12 a (Liu and Hu, 2007).

The entire China's coastal sea climate variations have been investigated recently. Two distinct low-frequency modes are found: a basin mode and north-south dipole mode. The basin mode is characterized by a uniform warming over the entire coastal ocean. The dipole mode varies coherently with the Pacific decadal oscillation (Zhang, Wu, Lin et al., 2010). The mechanism of those two modes is still unclear.

The coupled ocean-atmosphere experiment demonstrates that freshwater forcing in the western tropical Pacific can lead to a basin-wide response with the pattern resembling the Pacific decadal oscillation (PDO). The tropical responses are further substantiated by the positive Bjerknes feedback, and subsequently force significant changes in the extratropical north Pacific through the atmospheric teleconnection (Wu et al., 2010).

To sum up, it is demonstrated that the ocean dynamic processes, such as the ocean Rossby wave, subtropical gyre and thermohaline circulation, play an important role in the PDO. But until today there are still a lot of different opinions about the mechanism of the PDO, and the prediction of the PDO is very difficult.

4 The ocean response to global warming

4.1 *The response of the tropical Pacific to global warming*

Based on observation data, after removing both the long-term trend and decadal variation of the background climate, the ENSO has been enhanced during the past 50 a. This is inconsistent with the changes in the equatorial atmosphere which shows a slowdown of the zonal Walker circulation and tends to stabilize the tropical coupling system. Yang and Zhang (2008) point out that enhanced ENSO variability is attributed by strengthened equatorial thermocline that plays as a destabilizing factor of the tropical coupling system under the global warming. The magnitude of local term and its change are controlled equally by its two components, the mean vertical temperature gradient and the "virtual vertical heat flux". The former determines the turnaround of ENSO variability in the whole global warming period. The above result has been proved by Zhang et al. (2008). However, if the enhancement of ENSO in observation is solely associated with the ongoing global warming is still unclear. A recent study (Li et al., 2011) shows that the increase in ENSO amplitude for the past 50 a is part of natural centennial modulation, with an earlier peak at the turn of the 20th century. The respective contributions of global warming and natural variability to ENSO intensification need to be distinguished in the future. Therefore, whether the ENSO amplitude has changed under the global warming is still an important scientific question in the future.

Based on a set of Intergovernmental Panel on Climate Change (IPCC) Fourth Assessment Report (AR4) models, Zhu and Liu (2009) point out that the SST trend in the 20th century neither is a clear signal of the enhanced equatorial response (EER) warming nor exhibits a clear trend of the El Niño-like warming in the last century. But there is still different result, which is a La Niña-like response in the tropical Pacific to warm climate, with the equatorial upwelling has been pointed (Fang and Wu, 2008). This difference could be result of different dominant mechanisms for temperature change in different stages of global warming (Yang et al., 2009).

Yang and Wang (2009) propose that in studying the long-term changes in mean climate and tropical coupled climate variations to use the 20°C isotherm depth as the thermocline depth is improper. This is because the surface layer warms more and faster than the lower layers, the depth of maximum vertical temperature gradient shoals, and becomes consistent with the enhanced thermocline.

Based on a set of IPCC AR4 models result, a study of Chinese scientists, in an international collaboration with University of Rhode Island (Luo et al., 2009), indicates that under the warmer climate scenario, the subtropical mode waters in the north Pacific are produced on lighter isopycnal surfaces and are significantly weakened in terms of their formation and evolution. These changes are due to a more stratified upper ocean and thus a shoaling of the winter mixing depth, resulting mainly from a reduction of the ocean-to-atmosphere heat loss over the subtropical region. The basin-wide wind stress may adjust the mode waters indirectly through its impact on the surface heat flux and the subduction process.

4.2 *The response of tropical Indian Ocean and Southern Ocean*

The response of the TIO SST to the global warming has been investigated by Chinese scientists. Du and Xie (2008) find that the TIO displays the most robust warming of the world ocean for the past six decades, a trend simulated by a large ensemble of climate models. Based on the multi-model analysis, it is suggested that the warming is triggered by the greenhouse gas-induced increase in downward long-wave radiation, amplified by the water vapor feedback and atmospheric adjustments. They also found the shoaling of the thermocline in the eastern equatorial Indian Ocean in response to the global warming. Furthermore, Zheng et al. (2010) examine the response of IOD to increasing greenhouse gases. It is found that during the global warming, the oceanic feedback of IOD is intensified due to the thermocline shoaling in the eastern equatorial Indian Ocean (EEIO), while the atmospheric feedback of IOD is weakened due to the increased static stability of troposphere. The combined effect results in little change in the IOD variance under the global warming.

The role of westerly winds at southern high latitudes in global climate is investigated in a fully coupled ocean-atmosphere general circulation model (Ma et al., 2010). The coupled model explicitly demonstrates that a shutdown of southern high latitude wind stress induces a general cooling over the Antarctic Circumpolar Current (ACC) region. This cooling leads to an equatorward expansion of sea ice and triggers an equivalent barotropic response in the atmosphere to accelerate westerly anomalies. The shutdown of southern high latitude wind stress also significantly reduces the global meridional overturning circulation (MOC). In addition, it is found that the weakening of Atlantic MOC by as much as 50% is capable of cooling the time mean subpolar Atlantic temperature by only about 1°C (Ma et al., 2010).

In fact, the study of ocean response to the global warming just begins in China, because of the limitation of the observation data and bias of the climate models. There are a lot of difficulties to understand the ocean role in the future climate variation.

5 Summary

In the recent years (2007–2010), Chinese scientists in oceanography and climate have made fruitful progress on the ocean's role in climate variation and change. The main results and the remaining challenges are summarized as follows: Observational and modeling studies show some evidence of the important role of the TIO variation in summer monsoon variation, but it is still unclear for the role of the TIO in winter monsoon variation. On the other hand, several hypotheses about the variation mechanism of the TIO still should be proved by observation. The good news is that the India Ocean observational study has been carried out, and the new results should be released in the future.

Interaction among different oceans by "atmosphere bridge" and "ocean bridge" gives us possibility to understand the role of ocean and to find new climate prediction indices in addition to the El Niño; the "atmosphere bridge" and "ocean bridge" are important pathways in decadal and longer time scale variation. Research on the subject still has quite a lot of space. The atmospheric response to extratropical SST forcing, which is unclear till now, is important for interdecadal climate variability. Even if the extratropical SST effect on atmosphere could be fully understood, the extratropical SST is not well simulated in climate model, because of so many problems in the ocean model simulation.

Understanding how about ocean responses to the global warming is another difficult scientific problem, because the observational data are limited and the some errors exist in the climate model. There are a lot of difficulties to understand the ocean role in the future climate variation. Fortunately, with the increasing observation, such as Argo float and satellite data sets, we will have the possibility to evaluate and improve the model, leading to more and more skillful coupled atmosphere-ocean general circulation models being available in the future. This gives us a chance to apply the previous studies on current climate variability to the future climate studies.

In these years, the Chinese government has made great efforts on the climate change study. The oceanic dynamics under global warming is a major aspect of global climate change, and the regional patterns of SST warming result from changes in ocean circulation and air-sea interaction. We believe that through these huge projects, China will make great progress in studying ocean's role in the climate change in the next decade.

References

Du Yan, Xie Shang-Ping 2008. Role of atmospheric adjustments in the tropical Indian Ocean warming during the 20th century in climate models. Geophys Res Lett, 35: L08712, doi:10.1029/2008GL033631

Du Yan, Xie Shang-Ping, Huang Gang, et al. 2009. Role of air-sea interaction in the long persistence of El Niño-induced north Indian Ocean warming. J Climate: 22, 2023–2038

Fang Changfang, Wu Lixin. 2008. The role of ocean dynamics in tropical Pacific SST response to warm climate in a fully coupled GCM. Geophys Res Lett, 35: L08703, doi:10.1029/2007GL033097

Huang Gang, Hu Kaiming, Xie Shang-Ping. 2010. Strengthening of tropical Indian Ocean teleconnection to the northwest Pacific since the mid-1970s: an atmospheric GCM study. Journal of Climate, 23(19): 5294–5304

Li Shuanglin, Lu Jian, Huang Gang, et al. 2008. Tropical Indian Ocean Basin warming and East Asian summer monsoon: a multiple AGCM study. J Climate, 21: 6080–6088

Li Chun, Wu Lixin, Wang Qi, et al. 2009. An intimate coupling of ocean-atmospheric interaction over the extratropical North Atlantic and Pacific. Clim, Dyn, DOI: 10.1007/s00382-009-0529-4

Li Jinbao, Xie Shang-Ping, Cook E R, et al. 2011. Interdecadal modulation of El Niño amplitude during the past millennium. Nature Climate Change, 1: 114–118, doi:10.1038/nclimate1086

Liu Qinyu, Fan Lei. 2009. The leading mode of the tropical ocean-atmosphere coupling. Journal of Ocean University of China (in Chinese), 39(5): 815–821

Liu Qinyu, Hu Haibo. 2007. A subsurface pathway for low potential vorticity transport from the central north Pacific toward Taiwan Island. Geophys Res Lett, 34: L12710, doi: 10.1029/2007GL029510

Luo Yiyong, Liu Qinyu, Rothstein L M. 2009. Simulated response of north Pacific mode waters to global warming. Geophys Res Lett, 36: L23609, doi: 10.1029/2009GL040906

Ma Hao, Wu Lixin, Li Chun. 2010. The role of southern high latitude wind stress in global climate. Advance in Atmospheric Science, 27: 371–381

Masumoto Y, Yu Weidong, Meyers G, et al. 2010. Observing systems in the Indian Ocean. In: Hall J, Harrison D E, Stammer D, eds. Proc "OceanObs '09: Sustained Ocean Observations and Information for Society" Conference, Vol. 2. Venice, Italy, 21–25 September 2009. ESA Publication WPP-306

McPhaden M J, Meyers G, Ando K, et al. 2009. RAMA: the research moored array for African-Asian-Australian monsoon analysis and prediction. Bull Amer Meteor Soc, 90: 459–480. doi:10.1175/2008BAMS2608.1

Qiu Yun, Li Li, Yu Weidong. 2009. Behavior of the Wyrtki jet observed with surface drifting buoys and satellite altimeter. Geophys Res Lett, 36: L18607, doi: 10.1029/2009GL039120

Wang Faming. 2010a. Thermodynamic Coupled Modes in the Tropical Atmosphere-Ocean: An Analytical Solution. J Atmos Sci, 67: 1667–1677

Wang Faming. 2010b. Subtropical dipole mode in the Southern Hemisphere: A global view. Geophys Res Lett, 37: L10702, doi: 10.1029/2010GL042750

Wang Faming, Chang Ping. 2008a. Coupled variability and predictability in a stochastic climate model of the tropical Atlantic. J Climate, 21: 6247–6259

Wang Faming, Chang Ping. 2008b. A linear stability analysis of coupled tropical Atlantic variability. J Climate, 21: 2421–2436

Wen Na, Liu Zhengyu, Liu Qinyu, et al. 2010. Observed Atmospheric Responses to Global SST Variability Modes: A Unified Assessment Using GEFA. J Climate, 23: 1739–1759

Wu Lixin, He Feng, Liu Zhengyu, et al. 2007. Atmospheric teleconnections of tropical Atlantic variability: interhemispheric, tropical-extratropical, and cross-basin interactions. J Climate, 20: 856–870

Wu Lixin, Li Chun. 2007. Warming of the north Pacific ocean: local air-sea coupling and remote climatic impacts. J Climate, 20: 2581–2601

Wu Lixin, Li Chun, Yang Chunxue, et al. 2008. Global teleconnections in response to a shutdown of the Atlantic meridional overturning circulation. J Climate, 21: 3002–3019

Wu Bo, Li T, Zhou Tianjun. 2010. Relative role of Indian Ocean and western north Pacific SST forcing in the East Asian summer monsoon anomalies. J Climate 23: 2974–2986

Wu Lixin, Liu Zhengyu, Li Chun, et al. 2007. Extratropical control of recent tropical Pacific decadal climate variability: a relay teleconnection. Climate Dyn, 28: 99–112

Wu Lixin, Sun Yan, Zhang Jiaxu, et al. 2010. Coupled ocean-atmosphere response to idealized freshwater forcing over the western tropical Pacific. J Climate, 23: 1945–1954

Xie Shang-Ping, Hu Kaiming, Hafner J, et al. 2009. Indian Ocean capacitor effect on Indo-western Pacific climate during the summer following El Niño. J Climate, 22: 730–747

Yang Jianling, Liu Qinyu, Liu Zhengyu. 2010. Linking Asian monsoon to Indian Ocean SST in the observation: possible roles of Indian Ocean basin mode and dipole mode. J Climate, 23: 5889–5902

Yang Jianling, Liu Qinyu, Liu Zhengyu, et al. 2009. The basin mode of Indian Ocean sea surface temperature and Northern Hemisphere circumglobal teleconnection. Geophys Res Lett, 36: L19705, doi: 10.1029/2009GL039559

Yang Jianling, Liu Qinyu, Xie Shang-Ping, et al. 2007. Impact of the Indian Ocean SST basin mode on the Asian summer monsoon. Geophys Res Lett, 34: L02708, doi: 10.1029/2006GL028571

Yang Haijun, Wang Fuyao. 2009. Revisiting the thermocline depth in the equatorial Pacific. J Climate, 22: 3856–3863

Yang Haijun, Wang Lu. 2008. Estimating the nonlinear response of tropical ocean to extratropical forcing in a coupled climate model. Geophys Res Lett, 35: L15705, doi:10.1029/2008GL034256

Yang Haijn, Wang Fuyao, Sun Aidong. 2009. Understanding the ocean temperature change in global warming: the tropical Pacific. Tellus, 61A(3): 371–380

Yang Haijun, Zhang Qiong. 2008. Anatomizing the ocean role in ENSO changes under global warming. J Climate, 21: 6539–6555

Zhang Qiong, Guan Yue, Yang Haijun. 2008. ENSO amplitude change in observation and coupled models. Adv Atmos Sci, 25(3): 361–366

Zhang Honghai, Wu Lixin. 2010. Predicting North Atlantic sea surface temperature variability on the basis of the first-mode baroclinic Rossby wave model. J Geophys Res, 115: C09030, doi: 10.1029/2009JC006017

Zhang Liping, Wu Lixin, Lin Xiaopei, et al. 2010. Modes and mechanisms of sea surface temperature low-frequency variations over the coastal China seas. J Geophys Res, 115: C08031, doi: 10.1029/2009JC006025

Zhang Liping, Wu Lixin, Zhang Jiaxu. 2011. Coupled ocean-atmosphere responses to recent freshwater flux changes over the Kuroshio-Oyashio extension region. Journal of Climate, 24: 1507–1524

Zheng Xiao-Tong, Xie Shang-Ping, Vecchi G A, et al. 2010. Indian Ocean dipole response to global warming: analysis of ocean-atmospheric feedbacks in a coupled model. J Climate, 23: 1240–1253

Zhu Xiaojie, Liu Zhengyu. 2009. Tropical SST response to global warming in the 20th century. J Climate, 22: 1305–1312

(该文刊于《Acta Oceanologica Sinica》2012年31卷2期)

Sensitive study of the long and short surface wave-induced vertical mixing in a wave-circulation coupled model

ZHAO Chang[1,2,3], QIAO Fangli[2,3*], XIA Changshui[2,3], WANG Guansuo[1,2,3]

[1] College of Physical and Environmental Oceanography, Ocean University of China, Qingdao 266100, China

[2] Key Laboratory of Marine Science and Numerical Modeling, State Oceanic Administration, Qingdao 266061, China

[3] First Institute of Oceanography, State Oceanic Administration, Qingdao 266061, China

Abstract
The previous studies by the MASNUM research team have shown the effectiveness of the wave-induced mixing (Bv) in improving the simulation of upper-ocean thermal structure. The mechanisms of Bv are further investigated by incorporating different Bv products into the MASNUM wave-circulation coupled model. First, experiments were designed to explore the effects of Bv, which contain the contributions at different wave lengths (l). The results of three experiments, the non-Bv case, the short-wave case (l <300 m), and the long-wave case (l >300 m) are compared, and it is found that the long waves are the most important component for Bv to generate mixing in the upper ocean. As the swell plays dominant role in mixing, the parameterization of Bv into wind may be not a proper way. Second, Bv effects at different time-scales, including daily and monthly, were examined. The results show that the monthly averaged Bv has larger impact than the daily averaged Bv, especially in summer.

Key words: wave-induced mixing, wave-circulation coupled model, long surface wave-induced mixing, daily mean wave-induced mixing, monthly mean wave-induced mixing

1 Introduction

There are many vertical mixing schemes for numerical ocean models, such as Pacanowski and Philander (PP) scheme (Pacanowski and Philanzder, 1981), K-profile parameterization (KPP) scheme (Large et al., 1994), Mellor-Yamada (M-Y) turbulence closure scheme (Mellor and Yamada, 1982), and Canuto scheme (Canuto and Dubovikov, 1996), among others. These schemes are based on turbulence closure models, so they can describe the vertical structure of surface mixed layer. However, a common problem of these schemes is an underestimation of the vertical mixing in the upper layer and the mixed layer depth itself. Thus, the model sea surface temperature (SST) is often overestimated, the surface mixed layer is too shallow, and the strength of seasonal thermocline is underestimated, especially during summer (Martin, 1985; Kantha and Clayson, 1994; Ezer, 2000; Mellor, 2001).

To solve these problems, Yuan et al. (1999) suggested to develop a wave-circulation coupled model. Qiao, Yuan et al.(2004) and Qiao et al.(2010) developed the MASNUM (Key Laboratory of Marine Science and Numerical Modeling, State Oceanic Administration) wave-circulation coupled model, derived three-dimensional wave-induced Reynolds stress, and obtained wave-induced mixing coefficient, Bv. This kind of wave-induced mixing is unrelated to wave breaking, and has been observed in ingeniously designed laboratory experiments and ocean field observations (Babanin and Haus, 2009; Dai et al., 2010; Huang and Qiao, 2010). Much improved results are obtained by including Bv in ocean general circulation models (OGCMs) along with the M-Y scheme (Qiao, Ma et al., 2004; Qiao et al., 2006,2008; Lin et al., 2006; Lü et al., 2006; Xia et al., 2006). Subsequently, Bv was incorporated into the KPP scheme (Wang et al., 2010; Shu et al., 2011), and these model results show much

Foundation item: The "973" Project of China under contract No. 2010CB950300; the Project of the National Natural Science Foundation of China under contract Nos 40730842 and 41005032; and the Scientific Research Foundation of the First Institute of Oceanography, State Oceanic Administration of China under contrat No. 2011T02.
*Corresponding author, E-mail: qiaofl@fio.org.cn

improved simulations of temperature in the upper ocean. Meanwhile, other numerical experiments have shown that the nonbreaking wave-induced mixing plays a key role in improving the performance of climate models (Song et al., 2007, 2011; Babanin and Haus, 2009).

Though wave-circulation coupled models based on Bv have been successful, some issues still need to be investigated, such as how to choose the suitable Bv. For example, instantaneous Bv is preferred, but it much increases CPU cost. If monthly (vs. daily) averaged Bv is chosen, how would it make an impact on the model simulation? What is the role of long-wave (vs. short-wave) Bv in the wave-circulation coupled model? This study will provide answers to these issues through sensitive experiments.

This paper is organized as follows: Section 2 introduces model configuration and sensitive experiment design; Section 3 presents comparisons of simulated temperatures; other simulated results are analyzed in Sections 4; and finally, conclusions are given in Section 5.

2 Numerical model and sensitive experiments design

2.1 *MASNUM wave-circulation coupled model*

The numerical model used in this study is the MASNUM wave-circulation coupled model (Qiao, Yuan et al., 2004; Xia, 2005). The circulation part of the coupled model is based on the Princeton ocean model (POM; Blumberg and Mellor, 1987). During the past two decades, the POM has been widely used by the ocean modeling community, ranging in domain size from global, basin and coastal zones, although it was originally intended for regional applications. The POM is a three-dimensional, free surface, primitive equation model. The details of the model,can be referred to Blumberg and Mellor (1987). The wave part of the coupled model is the MASNUM wave number spectral model (Yuan et al., 1991; Yang et al., 2005).

Bv is developed by Qiao, Yuan et al. (2004) as follows:

$$Bv = \alpha \iint_{\vec{k}} E(\vec{k})\exp(2kz)\mathrm{d}\vec{k} \times \frac{\partial}{\partial z}\Big[\iint_{\vec{k}} \omega^2 E(\vec{k})\exp(2kz)\mathrm{d}\vec{k}\Big]^{1/2}, \quad (1)$$

where $E(\vec{k})$ represents the wave number spectrum; ω is the wave angular frequency; k is the wave number; α is a constant coefficient and set to 1.0; and z is the vertical coordinate axis (upward positive; with z=0 at the sea mean level). Details on Bv can be found in Qiao, Yuan et al.(2004) and Qiao et al.(2010).

First, $E(\vec{k})$ can be calculated using the MASNUM wave number spectral model, or other kinds of third-generation wave models. Then, Bv can be computed with Eq. (1), and be added to the vertical viscosity K_m and diffusivity K_h calculated from the M-Y scheme in the POM (Qiao, Yuan et al., 2004; Qiao, Ma et al., 2004).

2.2 *Model configuration and parameters*

The model domain is (78°S–65°N, 0°–360°E) with a horizontal resolution of 0.5°×0.5°. The topography of the model is based on the global 0.5′×0.5′ data set of Etopo 5. Two modifications are made to the original topography data: (1) setting the minimum depth to be 10 m and the maximum to be 5 000 m in the model, which should have little effect on the results because the paper is focused on the upper ocean; (2) smoothing the topography by the following criteria:

$$\frac{|H_{i+1} - H_i|}{(H_{i+1} + H_i)} \leqslant \alpha, \quad (2)$$

where H_{i+1} and H_i are the depths at two adjacent model grids, and α is a slope factor, which is set to be 0.2. This topographic smoothing is for reducing pressure gradient errors over steep slopes in sigma coordinate.

Twenty vertical sigma layers are used with a finer vertical resolution in the surface mixed layer, so as to better depict Ekman layer and thermocline. The values of the sigma coordinate are (0.000, –0.002, –0.004, –0.008, –0.017, –0.033, –0.067, –0.133, –0.200, –0.267, –0.333, –0.400, –0.467, –0.533, –0.600, –0.667, –0.733, –0.800, –0.867, –0.933, –1.000) from surface to bottom.

The cyclic boundary conditions are used for the east-west boundaries. The southern and northern boundaries are set to be solid walls. The circulation model is forced with monthly climatology of surface wind stress and net heat fluxes from the comprehensive ocean-atmosphere data set (COADS; da Silva et al., 1994) with a resolution of 1°×1°. The net heat flux is of Haney type (Haney, 1971):

$$Q = Q_{\mathrm{C}} + (\mathrm{d}Q/\mathrm{d}T)_{\mathrm{C}}(T^{\mathrm{o}}_{\mathrm{C}} - T^{\mathrm{o}}_{\mathrm{m}}), \quad (3)$$

where the variables with a subscript C mean they are the data from COADS; Q is the net heat flux; Q_C is net heat flux from COADS; dQ/dT is the variation of net heat flux with SST; and T_C^o and T_m^o are mean SST from COADS and numerical model, respectively. The NCEP (National Center for Environmental Prediction) reanalysis wind field with the horizontal resolution of $1.25° \times 1°$ and time interval of 6 h is interpolated onto the model grid to calculate the wave number spectrum.

The model is initialized with the Levitus (1982) climatological temperature and salinity data in January, and cold start. Considering the slow process of thermohaline adjustment, the model is integrated for 10 a to spin up the upper ocean fully. After 10 a spin-up, the outputs on the 1st January are stored as the initial fields for the sensitivity experiments. Then, the model results of another ten years average are used for the following analysis.

2.3 *Numerical experiment design*

Five numerical experiments were designed to investigate the model sensitivity to different Bv. The five experiments are: (1) experiment with instantaneous (6 h) Bv (Exp. 1); (2) experiment with instantaneous short-wave (wave lengths less than 300 m) related Bv (Exp. 2); (3) experiment with Bv=0 (Exp. 3); (4) experiment with daily mean Bv (Exp. 4); and (5) experiment with monthly mean Bv (Exp. 5). The Bv is calculated by the wind time interval of 6 h.

2.4 *Model-data comparison*

The simulated temperatures are compared with the Levitus data. The probability distribution of the simulated ocean temperature bias in the upper 20 m is shown in Fig. 1. Note that the probability distribution of Exp. 4 is more symmetric about 0℃ than that of Exp. 3. The asymmetry in Exp. 3 is mainly due to the positive bias of simulated SST in summer. By introducing Bv, the problem is much alleviated. The probabilities of positive errors are 52.5% (Exp. 4), 52.0% (Exp. 5), and 62.1% (Exp. 3). In order to reveal the horizontal distribution of the simulated temperature bias, Fig. 2 shows distributions of temperature differences between simulations (Exp. 4) and Levitus data at 10 m layer. The temperature bias at 10 m is mostly located within −1–1℃, in other words, the model results show good agreements with Levitus data.

3 Results of sensitive experiments

3.1 *Role of long surface wave-induced mixing*

In the ocean, wave can be divided into the short-wave and the long-wave. While the short-wave is locally wind-driven, and the long-wave (also called swell) comes from other regions. Here we intends to distinguish the mixing roles of short-wave and long-wave.

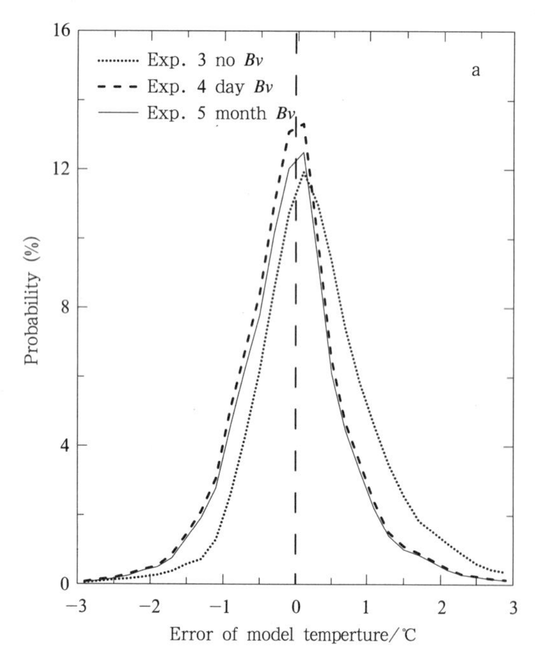

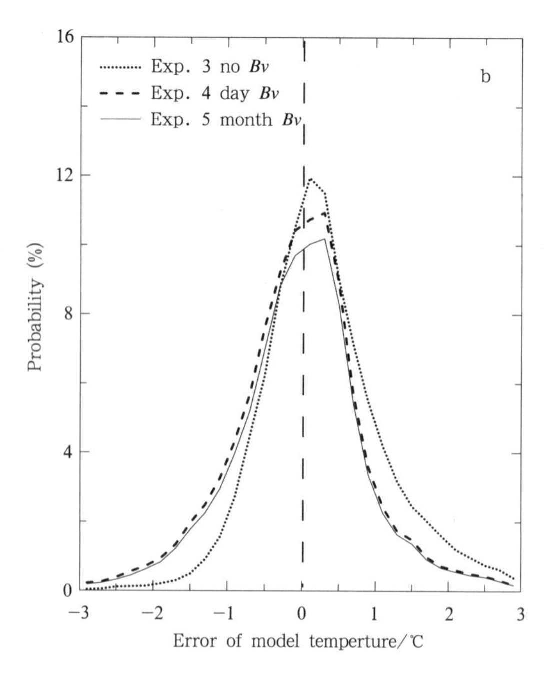

Fig.1. Probability distribution of simulated temperature bias from Levitus for the upper 20 m in February (a) and August (b).

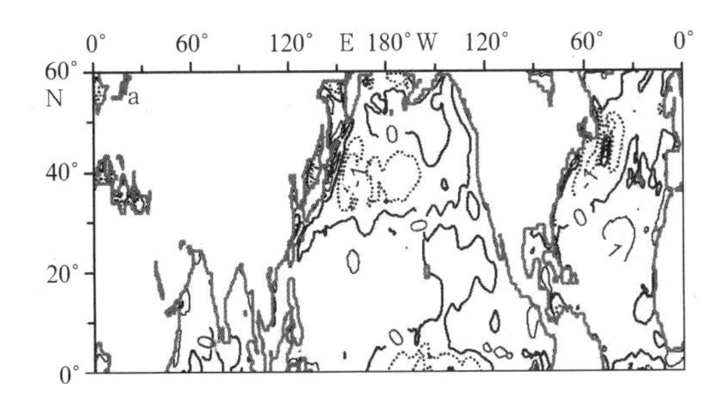

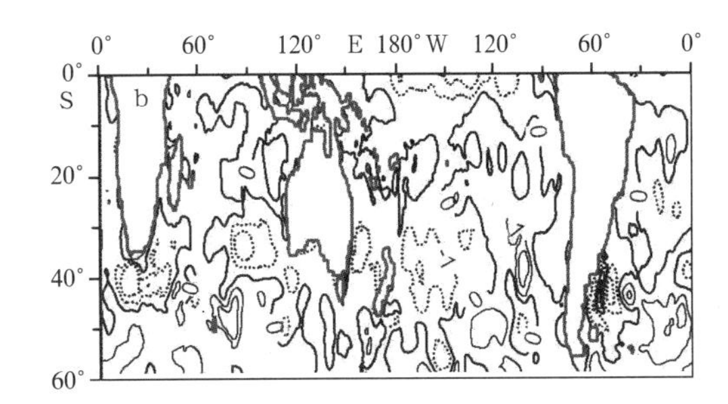

Fig.2. Horizontal distributions of simulated temperature bias (contour interval 1℃) from Levitus at 10 m in August (a) and February (b) for Exp. 4 with daily Bv. The positive value means that the simulated ocean temperature is warmer than that of Levitus.

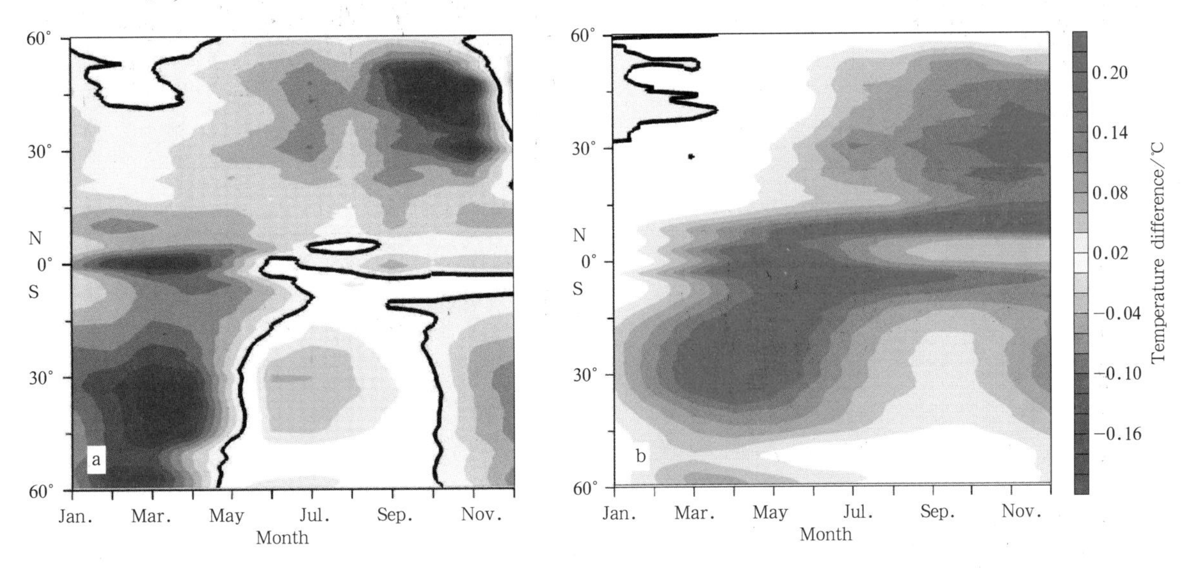

Fig.3. Seasonal variation of simulated zonal mean ocean temperature differences between Exps 1 and 2 at surface (a) and 70 m layer (b). The positive value means that the simulated ocean temperature of Exp. 1 is warmer than that of Exp. 2 (Exp. 1 with instantaneous Bv and Exp. 2 with instantaneous short-wave Bv).

We compare the zonal mean SST and the ocean temperature at 70 m layer, between Exps 1 and 2. The differences are large in the later summer of each hemisphere. The maximum difference is more than −0.2℃ in October for zonally averaged SST (Fig. 3).

The vertical distributions of the temperature difference between Exps 1 and 2 are shown in Fig. 4. April and October are selected as representatives, because the differences in these two months are large according to Fig. 3. All panels show the following patterns: the simulated temperature of Exp. 1 in the upper 50 m layer is lower than that of Exp. 2, and is higher in deeper layers, which is more than 0.8℃ in the 80 m layer in the eastern tropical Pacific.

In order to show the seasonal variation of temperature difference between Exps 1 and 2 in the top 150 m, three profiles are shown in Fig. 5. The bias is smaller as compared with Fig. 4, because the profiles are zonally averaged. From Fig. 5a, the upper layer bias is negative, and the coldest occurs in October, while the warmest occurs at 80 m layer. The equatorial section (Fig. 5b) shows the same pattern as that of Fig. 5a; for example, the upper layer bias is negative, and the warmest occurs in May at about 80 m. The 35°S shows the same pattern (Fig. 5c) as that of Fig. 5a, but the maximum difference occurs in April.

To show the relationship between temperature and long-wave related Bv, we compute the vertical profiles of the domain (20°–60°S, 0°–360°E) averaged temperature and Bv in March for Exps 1, 2 and 3 (Fig. 6). The temperature difference between Exps 1 and 2 is negative in the upper 40 m layer (Fig. 6a) and the warmest occurs at 50–80 m layer, while the maximum positive difference between Exps 1 and 3 (Exp. 1 minus Exp. 3) occurs at 30–50 m layer. Correspondingly, as compared with the short-wave (wave length less than 300 m) related Bv, the long-wave related

Bv is more powerful below 40 m (Figs 6b and 6c). According to the results of Qiao et al. (2008), the wave-induced mixing decays with depth following the rule of e^{3kz}, with k being the wave-number and z the depth. That means the long-wave-induced mixing can influence much deeper ocean (Fig. 6c), because it has a smaller wave-number as compared with that of the short-wave.

Figure 5 shows very strong seasonal variation. In order to investigate the role of long-wave related Bv in the wave-circulation coupled model, we analyze the domain (45°–55°N, 0°–360°E) averaged temperature and Bv (Fig. 7). By considering Bv, the SST decreases (Fig. 7a), and the maximum impact of Bv

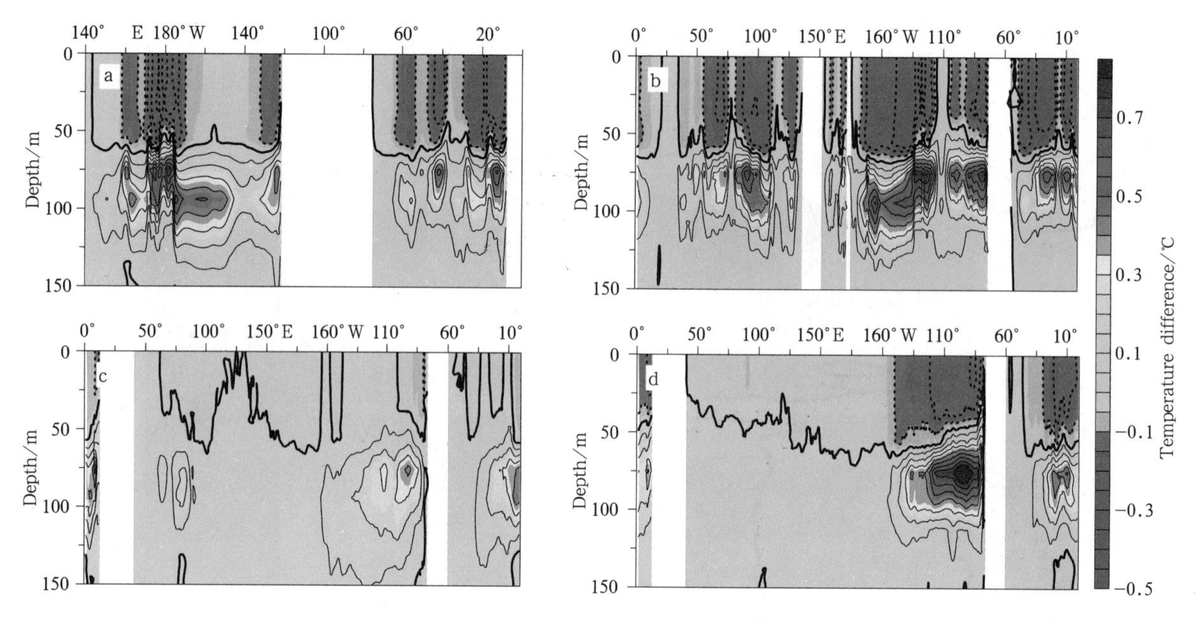

Fig.4. Vertical temperature difference (Exp. 1 minus Exp. 2, which can be regarded as the effect of long-wave Bv) along four different transections, 35°N in October (a), 35°S in April (b), zonal mean for the band of 10°S–10°N in October (c), and zonal mean for the band of 10°S–10°N in April (d). The positive value means that the simulated ocean temperature of Exp. 1 is warmer than that of Exp. 2 (Exp. 1 with instantaneous Bv and Exp. 2 with instantaneous short-wave Bv).

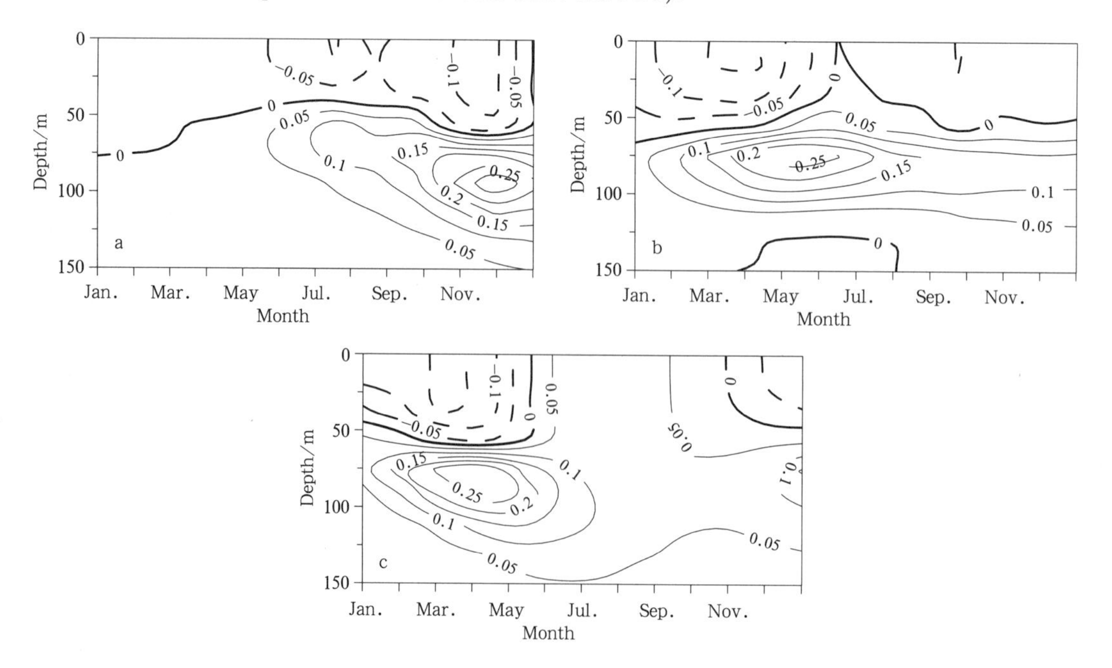

Fig.5. Seasonal variation of vertical temperature differences between Exps 1 and 2 for zonal mean of 35°N (a), at equator (b), and of 35°S (c). The positive value means that the simulated ocean temperature of Exp. 1 is warmer than that of Exp. 2 (Exp. 1 with instantaneous Bv and Exp. 2 with instantaneous short-wave Bv).

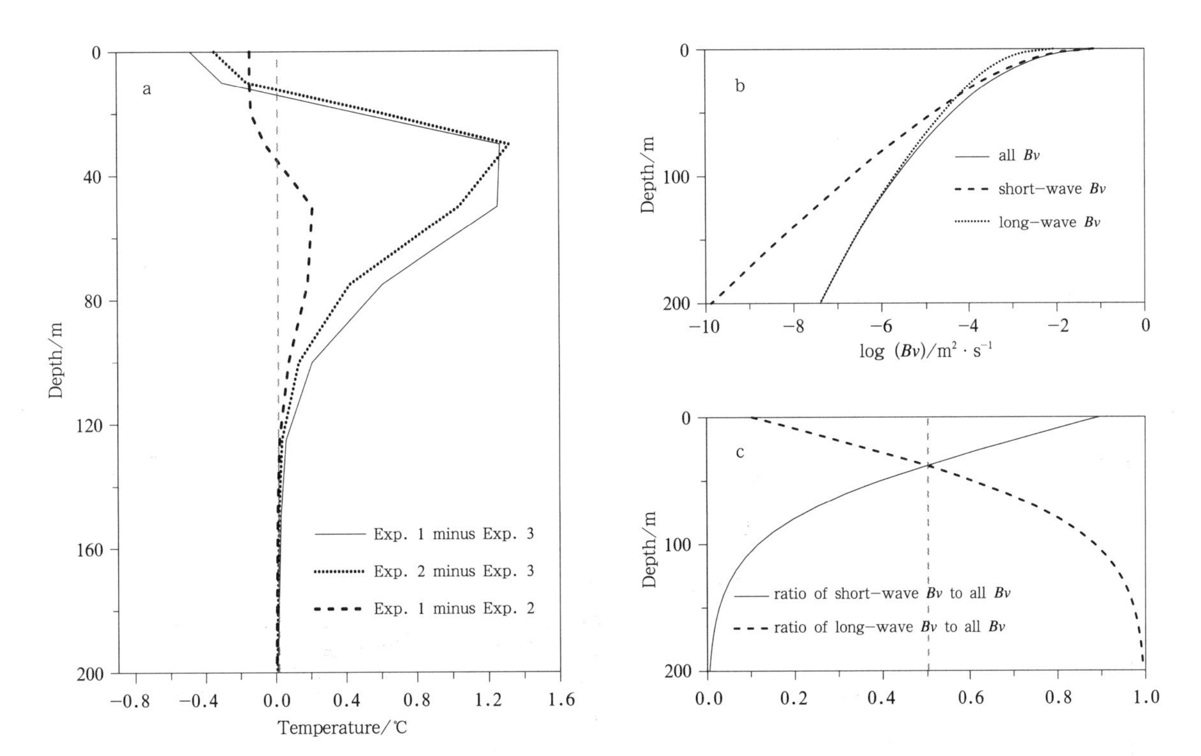

Fig.6. Profiles of the domain (20°–60°S, 0°–360°E) averaged temperature differences between two of the three experiments (Exps 1, 2 and 3) (a), profiles of the domain averaged Bv (b), and (c) ratio profiles of the domain averaged Bv in March (Exp. 1 with instantaneous Bv, Exp. 2 with instantaneous short-wave Bv; and Exp. 3 no Bv).

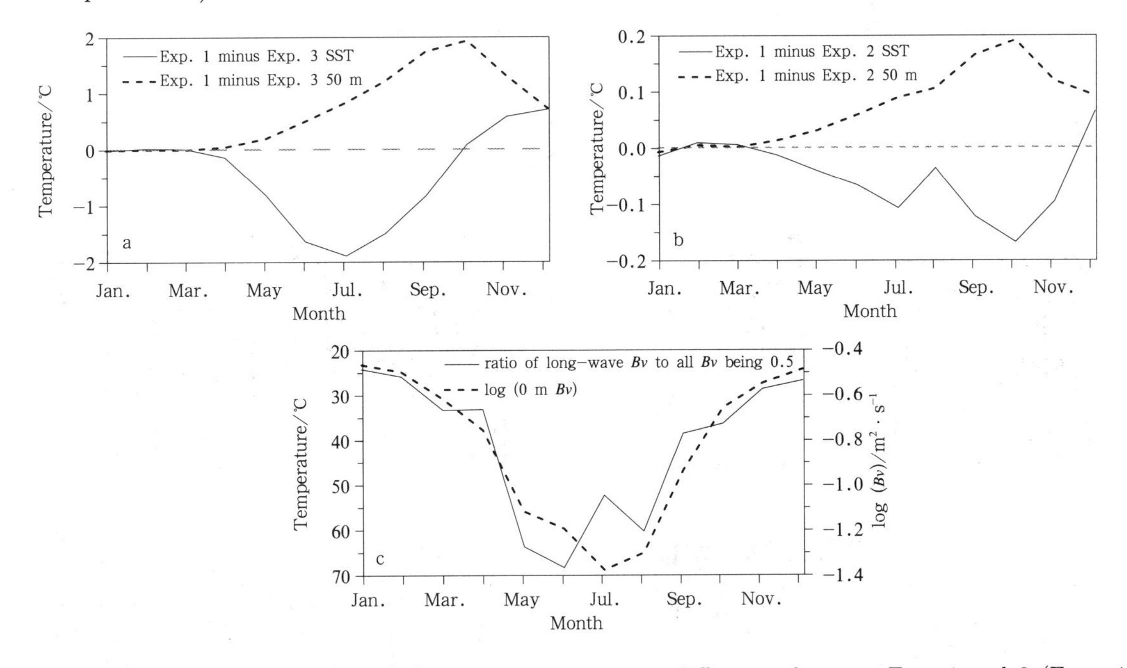

Fig.7. Domain (45°–55°N, 0°–360°E) averaged temperature differences between Exps 1 and 3 (Exp. 1 minus Exp. 3) for SST and 50 m layer (a), The same as (a) but for the difference between Exps 1 and 2 (Exp. 1 minus Exp. 2) (b), and domain averaged Bv and the depth at which the long-wave related Bv and short-wave related Bv are equal (Exp. 1 with instantaneous Bv, Exp. 2 with instantaneous short-wave Bv, and Exp. 3 no Bv) (c).

occurs in July, while the maximum impact of Bv on subsurface layer (such as 50 m) occurs in October. Fig. 7b shows the effect of long-wave related Bv, the maximum impacts of long-wave related Bv occur in October for both surface and 50 m layer. The domain averaged Bv is shown in Fig. 7c, at the depth of which the long-wave related and short-wave related Bv are equal.

3.2 *Difference of daily vs. monthly Bv wave-induced mixing*

First, we investigate the difference of using daily vs. monthly Bv in the wave-circulation coupled model through comparing the simulated ocean temperature difference between Exps 4 and 5. The zonal mean differences for the surface and 30 m layer are shown in Fig. 8. Here, the SST and the 30 m layer are selected to represent surface and subsurface layers, respectively. As shown in Fig. 8a, major SST differences between Exps 4 and 5 appear in summer, where the model SST is higher with daily Bv. The maximum difference is more than 0.3℃ in July. Same as the SST, the major temperature differences of 30 m layer between Exps 4 and 5 are also in the summer hemispheres, and the maximum difference is more than -0.3℃ in August.

The vertical distributions of temperature difference between Exps 4 and 5 are shown in Fig. 9. February and August are selected as representatives of

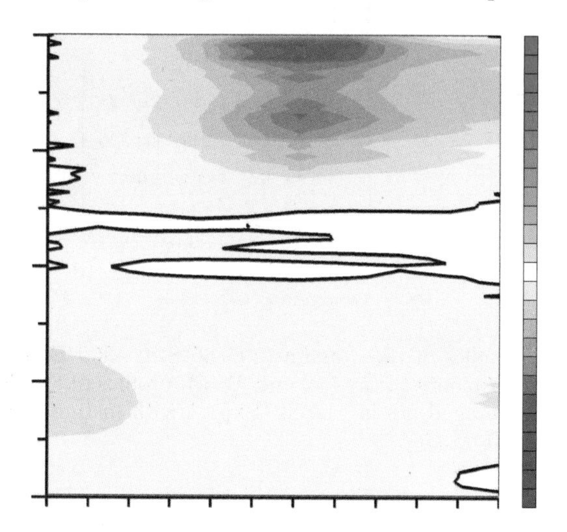

Fig.8. Seasonal variation of simulated zonal mean ocean temperature differences between Exps 4 and 5 at surface (a) and 30 m layer (b). The positive value means that the simulated ocean temperature of Exp. 4 is warmer than that of Exp. 5 (Exp. 4 with daily Bv and Exp. 5 with monthly mean Bv).

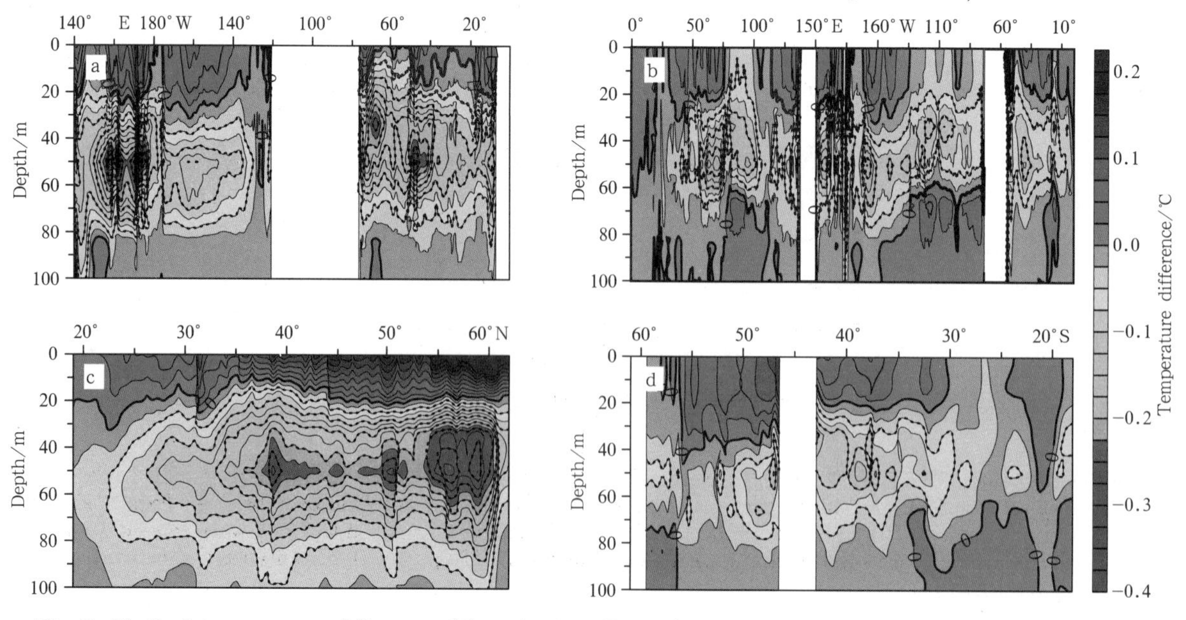

Fig.9. Vertical temperature differences (Exp. 4 minus Exp. 5) along four transections, 35°N in August (a), 35°S in February (b), zonal mean in August (c), and 170°E in February (d). The positive value means that the simulated ocean temperature of Exp. 4 is warmer than that of Exp. 5 (Exp. 4 with daily Bv and Exp. 5 with monthly mean Bv).

the summer of south and north hemispheres, respectively. The distributions show the following patterns: the simulated temperature of Esp. 4 in the upper 20 m layer is higher than that of Exp. 5, while the simulated temperature of Exp. 4 is lower in the subsurface layer.

In order to test the seasonal variation of vertical temperature difference between Exps 4 and 5, the seasonal variations of zonal mean at 35°N and 35°S are shown in Fig. 10. The difference in Fig. 10 is smaller as compared with that in Fig. 9. Figure 10a shows that the upper-layer difference is positive in summer, and the warmest occurs in July; but the coldest occurs in September at about 50 m. The similar characteristics are shown in Fig. 10b for 35°S; for example, the upper-layer difference is positive in summer, and the warmest occurs in January; the coldest occurs in February at about 50 m. These patterns are weaker in Fig. 10b than that in Fig. 10a.

What causes the difference in Figs 9 and 10 for Exps 4 and 5? We select northwest Pacific of (0°–50°N, 100°–150°E) as a target area, to check the time evolutions of domain averaged SST and Bv of the two experiments in July (Fig. 11). Generally speaking, the SST in Exp. 4 has a nonlinear variation, while the SST in Exp. 5 has a linear variation. Since the difference between these two experiments is only from Bv. The monthly mean SST of Exp. 4 is higher than that of Exp. 5, 27.42℃ in Exp. 4 and 27.31℃ in Exp. 5. The model results from two other years (Figs 11b and c) show the same tendency as that of Fig. 11a.

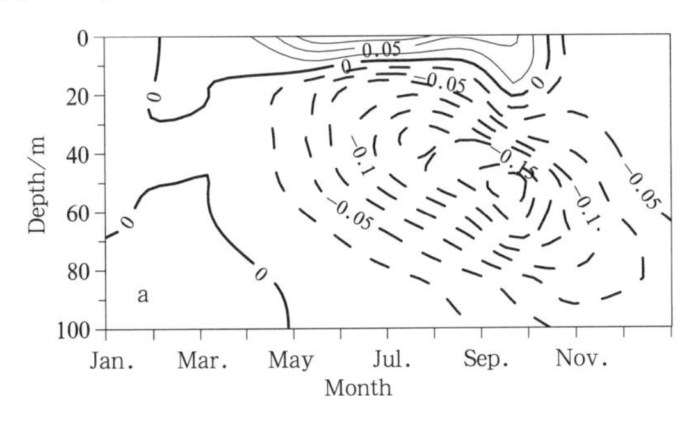

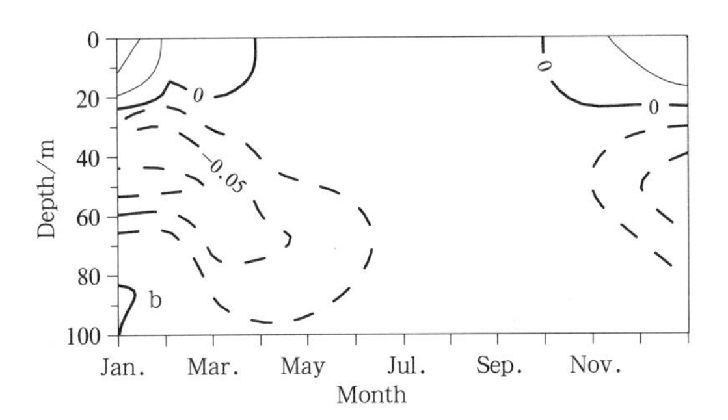

Fig.10. Seasonal variation of vertical temperature differences between Exps 4 and 5 for zonal-mean of 35°N (a) and zonal-mean of 35°S (b). The positive value means that the simulated ocean temperature of Exp. 4 is warmer than that of Exp. 5 (Exp. 4 with daily Bv and Exp. 5 with monthly mean Bv).

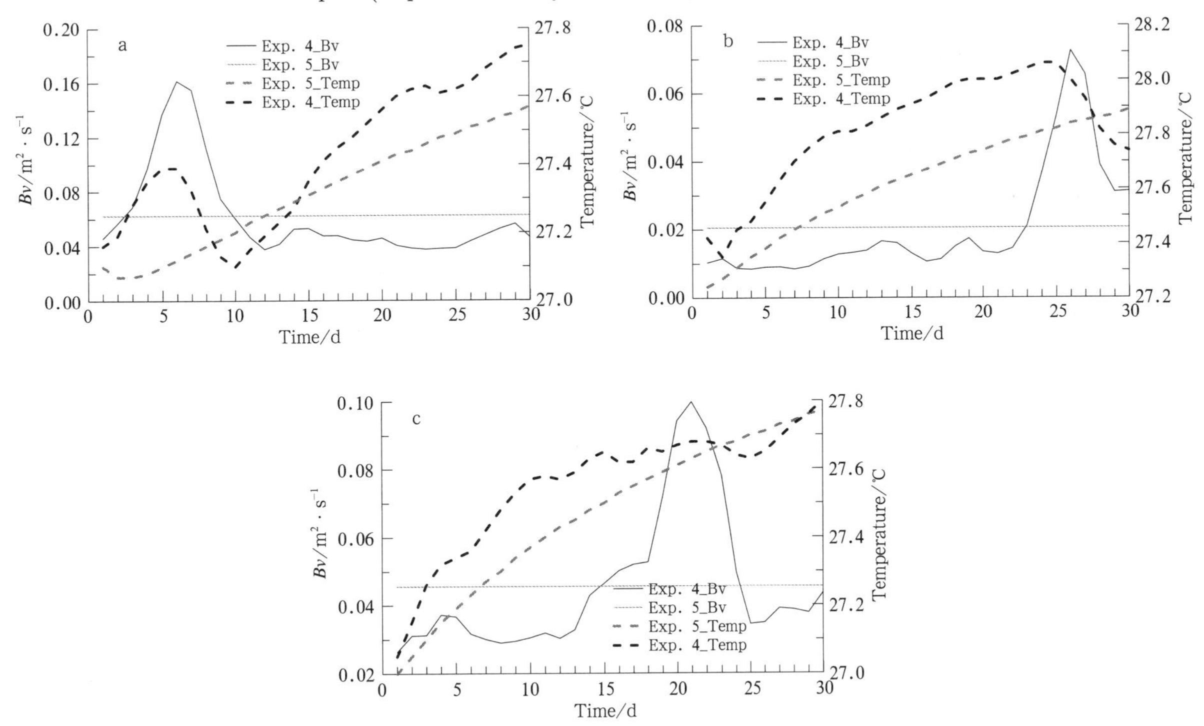

Fig.11. Domain averaged SST and Bv in the northwest Pacific of (0°–50°N, 100°–150°E) in July from Exps 4 and 5 for 1996 (a), 1999 (b) and 2003(c) (Exp. 4 with daily Bv and Exp. 5 with monthly mean Bv).

4 Summary and conclusions

In this study, the wave-induced mixing is incorporated into the M-Y scheme to study its sensitivities in the wave-circulation coupled model. Five sensitive experiments with different Bv are carried out. The long-wave related Bv plays a more important role below 40 m. This is due to the long-wave has a smaller wave-number as compared with the short-wave, so the long surface wave-induced mixing decays slowly. As we know, the surface wave with wave length more than 300 m is mainly swell, and it is hard to parameterize swell with wind data. The attempt to parameterize the non-breaking wave-induced vertical mixing Bv into wind is not the solution. The results show that the monthly mean Bv can result in a little more evident mixing effects than that of the daily Bv.

Acknowledgements

Thanks to Dr. LI Kuiping and two anonymous reviewers for their constructive suggestions.

References

Babanin A V, Haus B K. 2009. On the existence of water turbulence induced by non-breaking surface waves. J Phys Oceanogr, 39: 2675–2679, doi:10.1175/2009JPO4202.1

Blumberg A F, Mellor G L. 1987. A description of a three-dimensional coastal ocean circulation model. In: Heaps N S, ed. Three-Dimensional Coastal Ocean Models, Vol. 4. Washington D C: American Geophysical Union, 1–16

Canuto V M, Dubovikov M S. 1996. A dynamical model for turbulence: I. General formalism. Physics of Fluids, 8: 571–586

da Silva A M, Young C C, Levitus S. 1994. Atlas of Surface Marine Data 1994, Volume 4, Anomalies of Fresh Water Fluxes. NOAA Atlas NESDIS 9. US Department of Commerce, NOAA, NESDIS, 308

Dai Deijun, Qiao Fangli, Sulisz W, et al. 2010. An experiment on the non-breaking surface-wave-induced vertical mixing. J Phys Oceanogr, 40: 2080-2188, doi:10.1175/2010JPO4378.1

Ezer T. 2000. On the seasonal mixed layer simulatedby a basin-scale ocean model and the Mellor-Yamada turbulence scheme. J Geophys Res, 105(C7): 16843–16855

Haney R. 1971. Surface thermal boundary condition for ocean circulation models. J Phys Oceanogr, 1: 241-248

Huang Chuanjiang, Qiao Fangli. 2010. Wave-turbulence interaction and its induced mixing in the upper ocean. J Geophys Res, 115: C04026, doi:10.1029/2009JC005853

Kantha L H, Clayson C A. 1994. An improved mixed layer model for geophysical applications. J Geophys Res, 99: 25235–25266

Large W G, McWilliams J C, Doney S C. 1994. Oceanic vertical mixing: a review and a model with a nonlocal boundary layer parameterization. Rev Geophys, 32: 363–403

Levitus S. 1982. Climatological Atlas of the World Ocean. NOAA Prof. Paper No.13. US Government Printing Office, 173

Lin Xiaopei, Xie Shangping, Chen Xinping, et al. 2006. Awell-mixed warm water column in the central Bohai Sea in summer: effects of tidal and surface wave mixing. J Geophys Res, 111: C11017, doi:10.1029/2006JC003504

Lü Xingang, Qiao Fangli, Xia Changshui, et al. 2006. Upwelling off Yangtze River estuary in summer. J Geophys Res, 111: C11S08, doi:10.1029/2005JC003250

Martin P J. 1985. Simulation of the mixed layer at OWS November and Papa with several models. J Geophys Res, 90: 581–597

Mellor G L. 2001. One dimensional, ocean surface layer modeling: a problem and a solution. J Phys Oceanogr, 31: 790–809

Mellor G L, Yamada T. 1982. Development of a turbulence closure model for geophysical fluid problems. Rev Geophys and Space Phys, 20: 851–875

Pacanowski R C, Philander G. 1981. Parameterization of vertical mixing in numerical models of tropical oceans. J Phys Oceanogr, 11: 1442–1451

Qiao Fangli, Ma Jian, Yang Yongzeng, et al. 2004. Simulation of the temperature and salinity along 36°N in the Yellow Sea with a wave-current coupled model. J Kor Soc Oceanogr, 39(1): 35–45

Qiao Fangli, Yang Yongzeng, Lü Xingang, et al. 2006. Coastal upwelling in the East China Sea in winter. J Geophys Res, 111: C11S06, doi:10.1029/2005JC003264

Qiao Fangli, Yang Yongzeng, Xia Changshui, et al. 2008. The role of surface waves in the ocean mixed layer. Acta Oceanologica Sinica, 27(3): 30–37

Qiao Fangli, Yuan Yeli, Ezer T, et al. 2010. A three-dimensional surface wave-ocean circulation coupled model and its initial testing. Ocean Dynamics, 60: 1339-1355, doi: 10.1007/s10236-010-0326-y

Qiao Fangli, Yuan Yeli, Yang Yongzeng, et al. 2004. Wave-induced mixing in the upper ocean: distribution and application to a global ocean circulation model. Geophysics Res Lett, 31: L11303, doi: 10.1029/2004GL019824

Shu Qi, Qiao Fangli, Song Zhenya, et al. 2011. Improvement of MOM4 by including surface wave-induced vertical mixing. Ocean Modelling, 40: 42-51, doi:10.1016/j.ocemod.2011.07.005

Song Zhenya, Qiao Fangli, Wang Chunzai. 2011. The correctness to the spuriously simulated semi-annual cycle of the sea surface temperature in the equatorial eastern Pacific. Science China: Earth Sciences, 54(3): 438–444, doi: 10.1007/s11430-011-4176-3

Song Zhenya, Qiao Fangli, Yang Yongzeng, et al. 2007. An improvement of the too cold tongue in the tropical Pacific with the development of an ocean-wave-atmosphere coupled numerical model. Prog Nat Sci, 17(5): 576–583

Wang Yonggang, Qiao Fangli, Fang Guohong, et al. 2010. Application of wave-induced vertical mixing to the K profile parameterization scheme. J Geophys Res, 115: C09014, doi: 10.1029/2009JC005856

Xia Changshui. 2005. The establishment of the wave-circulation coupled model based on POM and its applications in the ocean and the coastal sea (in Chinese) [dissertation]. Qingdao: Ocean University of China

Xia Changshui, Qiao Fangli, Yang Yongzeng, et al. 2006. Three-dimensional structure of the summertime circulation in the Yellow Sea from a wave-tide-circulation coupled model. J Geophys Res, 111:11S03, doi:10.1029/2005JC003218

Yang Yongzeng, Qiao Fangli, Zhao Wei, et al. 2005. The development and application of the MASNUM wave numerical model in spherical coordinates. Acta Oceanologica Sinica (in Chinese), 27: 1–7

Yuan Yeli, Hua Feng, Pan Zengdi, et al. 1991. LAGFD-WAM numerical wave model: I. Basic physical model. Acta Oceanologica Sinica, 10: 483–488

Yuan Yeli, Qiao Fangli, Hua Feng, et al. 1999. The development of a coastal circulation numerical model: 1. Wave-induced mixing and wave current interaction. J Hydrodyn: Ser A (in Chinese), 14: 1–8

(该文刊于《Acta Oceanologica Sinica》2012年31卷4期)

Historical simulation and twenty-first century prediction of oceanic CO_2 sink and pH change

BAO Ying[1,2,3], QIAO Fangli[2,3*], SONG Zhenya[2,3]

[1] College of Physical and Environmental Oceanography, Ocean University of China, Qingdao 266100, China

[2] First Institute of Oceanography, State Oceanic Administration, Qingdao 266061, China

[3] Key Laboratory of Marine Science and Numerical Modeling, State Oceanic Administration, Qingdao 266061, China

Abstract
A global ocean carbon cycle model based on the ocean general circulation model POP and the improved biogeochemical model OCMIP-2 is employed to simulate carbon cycle processes under the historically observed atmospheric CO_2 concentration and different future scenarios (called Representative Concentration Pathways, or RCPs). The RCPs in this paper follow the design of Intergovernmental Panel on Climate Change (IPCC) for the Fifth Assessment Report (AR5). The model results show that the ocean absorbs CO_2 from atmosphere and the absorbability will continue in the 21st century under the four RCPs. The net air-sea CO_2 flux increased during the historical time and reached 1.87 Pg/a (calculated by carbon) in 2005; however, it would reach peak and then decrease in the 21st century. The ocean absorbs CO_2 mainly in the mid latitude, and releases CO_2 in the equator area. However, in the Antarctic Circumpolar Current (ACC) area the ocean would change from source to sink under the rising CO_2 concentration, including RCP4.5, RCP6.0, and RCP8.5. In 2100, the anthropogenic carbon would be transported to the 40°S in the Atlantic Ocean by the North Atlantic Deep Water (NADW), and also be transported to the north by the Antarctic Bottom Water (AABW) along the Antarctic continent in the Atlantic and Pacific oceans. The ocean pH value is also simulated by the model. The pH decreased by 0.1 after the industrial revolution, and would continue to decrease in the 21st century. For the highest concentration scenario of RCP8.5, the global averaged pH would decrease by 0.43 to reach 7.73 due to the absorption of CO_2 from atmosphere.

Key words: ocean carbon cycle model, air-sea CO_2 flux, anthropogenic carbon, pH value

1 Introduction

The atmospheric CO_2 concentration increased rapidly from the 280×10^{-6} before the industrial revolution to the present 390×10^{-6}, because of human activities such as the burning of fossil fuels. As described by the Forth Assessment Report of Intergovernmental Panel on Climate Change (IPCC AR4) (Solomon, 2007), the increase in atmospheric CO_2 concentration is mostly responsible for the global warming. The ocean plays a key role in reducing atmospheric CO_2 concentration by absorbing about one-third anthropogenic emission, and so the concentration of dissolved inorganic carbon (DIC) in the ocean increases. The ocean anthropogenic carbon is the DIC concentration perturbation of the contemporary level relative to the pre-industrial value, clearly due to the anthropogenic CO_2 emission. Thus, the oceanic CO_2 sink in the past, present, and future is quite important for the global carbon cycle and climate change. On the other hand, according to the seawater carbonate chemistry (Zeebe and Wolf-Gladrow, 2001), the absorption of CO_2 can enhance the dissociation of carbonate acid which is formed by CO_2 combined with water molecule, and increase the hydrogen ion (H^+), thus reduce the pH in the ocean. This pH reduction in the ocean is called ocean acidification which is a big challenge for marine ecosystem, and ocean acidification has been confirmed

Foundation item: The 973 Project under contract Nos 2010CB950300 and 2010CB950500; the Key Project of the National Natural Science Foundation of China under contract No. 40730842; the Public Science and Technology Research Funds projects of ocean under contract No. 201105019; the International Cooperation Project of Ministry of Science and Technology of China under contract No. S2011GR0348.

*Corresponding author, E-mail: qiaofl@fio.org.cn

by observation (Doney et al., 2009).

During the past decades, due to the difficulty of observing global ocean carbon cycle processes, there were quite limited publications on the net air-sea CO_2 flux and ocean anthropogenic carbon (Key et al., 2004; Sabine et al., 2004; Mikaloff Fletcher et al., 2006; Sweeney et al., 2007; Gruber et al., 2009; Takahashi et al., 2009), and the results may be different from each other. Because of the observation limitation, the ocean carbon cycle model study has made great progress which has been improved from the box model (Craig, 1957) to the three-dimensional (3D) ocean circulation model with complicated biogeochemical processes (Maier-Reimer and Hasselmann, 1987; Bacastow and Maier-Reimer, 1990; Maier-Reimer, 1993; Orr et al., 2001; Doney et al., 2004). Although still with high uncertainty, numerical models serve as the main player to understand ocean carbon cycle processes, especially its prediction. Now, it becomes a main stream to include carbon cycle processes in climate models (Houghton, 2001; Friedlingstein et al., 2006; Taylor et al., 2009).

Due to its complexity, the global ocean carbon cycle model research in China is quite rare (Jin and Shi, 2000; Xu and Li, 2009). Bao et al. (2012) developed a carbon cycle model based on the general circulation model of POP (Parallel Ocean Program) and an improved version of OCMIP-2 (the second phase of Ocean Carbon Model Inter-comparison Project) biotic model, then the model is validated by comparing model results with available historical observation results. The validation shows that the global carbon cycle processes can be well reproduced. Based on the previous work, this study is to investigate the consequence of the rising atmospheric CO_2 in history, present, and future on the air-sea CO_2 flux, ocean anthropogenic carbon, and the pH value in the ocean.

The model and its numerical experiments design are given in Sections 2 and 3, respectively. In Section 4, we discuss how the ocean reacts to different Representative Concentration Pathways (RCPs) in the 21st century, including the net air-sea CO_2 flux, the anthropogenic carbon, and the ocean pH value. The conclusion is in Section 5.

2 Model linkage

The Parallel Ocean Program (POP) model (Smith et al., 1992; Smith and Gent, 2002) is employed to simulate the general ocean circulation. POP is developed by the Los Alamos National Laboratory in the US using MPI and OpenMP parallel schemes which significantly improve the computational efficiency. POP is widely used in the study of ocean circulation (Smith et al., 2000; Maltrud and McClean, 2005) and climate simulation such as in the National Center for Atmospheric Research (NCAR) climate model (Smith and Gent, 2002; Collins et al., 2006; Gent et al., 2011).

The ocean carbon cycle model is an improved version of OCMIP-2 (the second phase of Ocean Carbon Model Inter-comparison Project) biotic model (Doney et al., 2006). The original OCMIP-2 biotic model is derived from the model of Najjar et al. (1992), and is described in Najjar and Orr (1998) and Doney et al. (2003, 2004, 2006). In Doney et al. (2006), the nutrient uptake is changed from the nutrient restoring formulation of the original OCMIP-2 to a prognostic formulation above the compensation depth which is the depth where photosynthesis is equal to respiration of the biological community (Najjar and Orr, 1998); and iron is added to limit nutrients, in addition to phosphate for nutrient uptake. Thus, the nutrient uptake in the model is determined by phosphate and iron, temperature, surface solar irradiance, and ocean mixed layer depth which is considered when the mixed layer is deeper than the compensation depth.

The atmospheric CO_2 gets into or out of the ocean through the CO_2 air-sea exchange process because of the difference of the CO_2 partial pressure in the ocean and the atmosphere. After CO_2 is absorbed by the ocean, it involves in ocean biogeochemical processes and is transported in the global ocean by the ocean general circulation. According to Najjar and Orr (1998) and Doney et al. (2006), there are six prognostic biogeochemical variables calculated in the model, which are dissolved inorganic carbon (DIC), alkalinity (ALK), phosphate (PO_4), dissolved organic phosphate (DOP), total dissolved inorganic iron (Fe), and oxygen (O_2). The control equations are as follows,

$$\frac{\partial C}{\partial t} + L(C) = HDiff(C) + VDiff(C) + J_C,$$

where $L(C)$ is advection; $HDiff(C)$ and $VDiff(C)$ are horizontal and vertical mixing processes, respectively; J_C is the biogeochemical source-sink term. $L(C)$, $HDiff(C)$, and $VDiff(C)$ represent the physical pump, while J_C represents the biological pump.

The three-dimensional global ocean carbon cycle model is built by adding this improved biogeochemical model OCMIP-2 to the ocean circulation model POP. Then, the model is used to simulate the carbon cycle processes for the periods of historical time and the 21st century.

3 Numerical experiments design

The global ocean carbon cycle model is forced by the National Centers for Environmental Prediction (NCEP) climatological daily atmospheric forcing and initialized from the Levitus temperature and salinity data for the global ocean circulation. To check the response of ocean carbon cycle to the increasing atmospheric CO_2 concentration, all the atmospheric forcing except atmospheric CO_2 concentration is the contemporary climate all the time. The resolution of the model is of 0.8–1.8 degrees (higher at the equator) in latitude and 3.6 degrees in longitude, and with 25 levels in the vertical direction.

For the biogeochemical variables, the initial values are constants, as described in the design of OCMIP-2 (Najjar and Orr, 1998). To reach the preindustrial equilibrium condition, the atmospheric CO_2 concentration is set to 280×10^{-6} at the level in 1800. After integrating the model for 3 100 a, the averaged air-sea CO_2 flux of the last 100 a is less than 0.01 Pg/a (the CO_2 fluxes [Pg/a and g/(m^2·a)] in this article are calculated by carbon), which indicates that the model reaches the preindustrial equilibrium condition according to the criteria suggested by Najjar and Orr (1998). Then, the historical and future experiments are performed (Table 1). For the historical experiment, the observed atmospheric CO_2 concentration (Fig. 1) from 1800 to 2005 is used to force the model.

Table 1. Numerical experiment design

Experiment	Atmospheric CO_2	Year	Integration/a	Initial conditions
Ctl	280×10^{-6}	1800	3 100	constant value for biogeochemical variables
Hist	historical observation	1801–2005	205	restart from Ctl
RCP2.6	scenario RCP2.6	2006–2100	95	restart from Hist
RCP4.5	scenario RCP4.5	2006–2100	95	restart from Hist
RCP6.0	scenario RCP6.0	2006–2100	95	restart from Hist
RCP8.5	scenario RCP8.5	2006–2100	95	restart from Hist

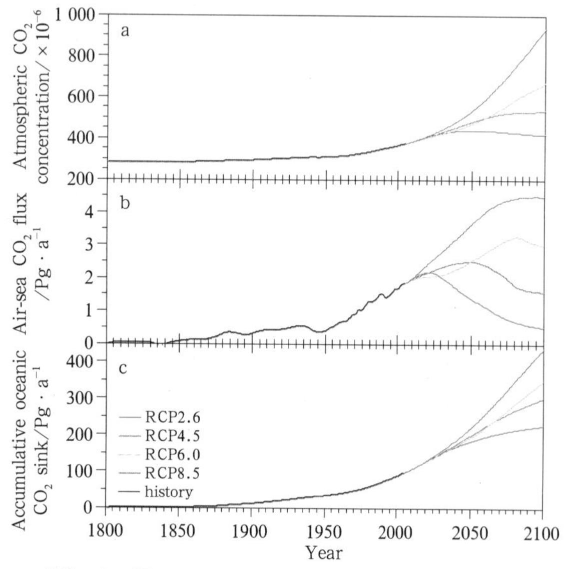

Fig.1. Time series of atmospheric CO_2 concentration (a), air-sea CO_2 flux (b), and the accumulative oceanic CO_2 sink (c). The positive net air-sea CO_2 flux means that ocean absorbs CO_2 from the atmosphere, and vice versa.

The scenarios named RCPs (Moss et al., 2008, 2010) are used to evaluate the ocean carbon cycle responses in the 21st century. RCPs are the newly developed scenarios for the Fifth Assessment Report (AR5) of IPCC to replace the Special Report on Emissions Scenarios (SRES) used in the former IPCC assessment reports. Four RCPs including RCP2.6, RCP4.5, RCP6.0 and RCP8.5 are fixed at the IPCC Expert Meeting in 2007 (Moss et al., 2008). Figure 1 illustrates the atmospheric CO_2 concentration of these RCPs. For RCP8.5, the total radiative forcing is more than 8.5 W/m^2 in 2100, and the CO_2 concentration is rising rapidly all the time, reaching 936×10^{-6} in 2100. For RCP2.6, the total radiative forcing reaches the peak of about 3 W/m^2 before 2100 and then declines, and the CO_2 concentration peaks at about 443×10^{-6} in 2050 and declines to 421×10^{-6} in 2100. RCP4.5 and RCP6.0 are pathways without overshoot, and are at stabilization after 2100. For RCP4.5, the total radiative forcing reaches 4.5 W/m^2 and the CO_2 concentration is 538×10^{-6} in 2100, while for RCP6.0, the total radiative forcing reaches 6 W/m^2 and the CO_2 concentration is 670×10^{-6}. Four sensitivity experiments are conducted under these four different scenarios to simulate the ocean carbon cycle in the 21st century.

4 Model results

The correlation coefficients between the simulation and observation are greater than 0.85 for sea surface temperature, salinity, dissolved inorganic carbon, alkalinity, and dissolved oxygen (Fig. 2), which indicates that the physical and biogeochemical processes have been properly reconstructed by the model. The further analysis of the changes of the net air-sea CO_2 flux, anthropogenic carbon transport, and the ocean pH value over the historical time and the 21st century is as follows.

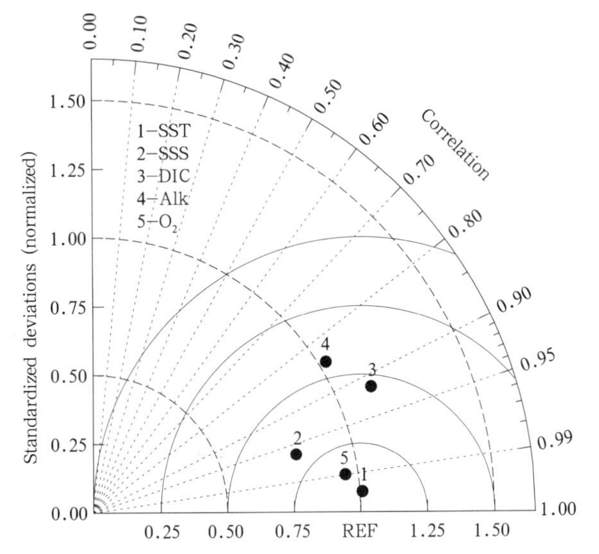

Fig.2. Taylor diagram for annual-averaged sea surface temperature (SST), salinity (SSS), dissolved inorganic carbon (DIC), alkalinity (Alk), dissolved oxygen (O_2) from the historical run compared to climatology WOA01 and GLODAP data.

4.1 *Oceanic CO_2 sink*

Over the past 200 a, the ocean has absorbed CO_2 from the atmosphere, and the net air-sea CO_2 flux has increased as the atmospheric CO_2 concentration has increased (Figs 1b and c); especially after 1950, the net CO_2 flux increased rapidly. In 2005, the net air-sea CO_2 flux reached 1.87 Pg/a, and the ocean accumulative CO_2 sink from atmosphere for the last 205 a, from 1800 to 2005, is 99 Pg carbon, which are in the range of the contemporary values from the previous works (Sarmiento et al., 1992; Jin and Shi, 2000; Orr et al., 2001; McNeil et al., 2003; Mikaloff Fletcher et al., 2006; Sweeney et al., 2007; Gruber et al., 2009; Takahashi et al., 2009; Xu and Li, 2009).

In the 21st century, the net air-sea CO_2 flux is positive for all the four RCPs, which means that ocean will keep absorbing CO_2 from the atmosphere (Fig. 1b). However, the net air-sea CO_2 flux does not follow the increasing of the atmospheric CO_2 concentration. For all the scenarios, the net CO_2 flux would reach a peak and then decline. For the low-level concentration scenario RCP2.6, the atmospheric CO_2 concentration reaches its peak in 2050, and the net CO_2 flux would only increase a little during the first two decades, reach its peak around 2025, and then decrease; it would be 0.52 Pg/a by 2100. For RCP4.5 and RCP6.0 with slowly growing atmospheric CO_2 concentrations, the net CO_2 fluxes would reach their peaks in the 2050s and 2080s, respectively, and decrease to 1.60 and 3.03 Pg/a in 2100, respectively. Under the high-level concentration scenario of RCP8.5, the atmospheric CO_2 concentration will rise rapidly in the future 100 a; the net CO_2 flux would reach its peak in the 2090s, then decrease slowly, and would be about 4.52 Pg/a in 2100.

Figure 3 illustrates the distribution of air-sea CO_2 exchange in the pre-industrial period, 2005, and 2100 for different RCPs. In 2005, the ocean absorbs CO_2 from atmosphere mainly in the mid latitude of the Southern Hemisphere and the mid and high latitudes of the Northern Hemisphere, and releases CO_2 mainly in the equatorial Pacific Ocean and the Antarctic Circumpolar Current (ACC) area, which is similar to the observation pattern (Takahashi et al., 2009). And the uptake area in the mid-latitudes of both hemisphere increased for 2005 while the release area in equator and ACC area reduced, as compared with the pre-industrial distribution. For all the RCPs, the air-sea CO_2 flux pattern will not change much in most areas but the region south of 50°S, which is the main CO_2 release area from ocean to atmosphere in pre-industry and history periods because of the upwelling induced by strong wind in the ACC area that brings the high DIC concentration water to the surface. For the lower atmospheric CO_2 pathway of RCP2.6, the region south of 50°S remains a CO_2 release area in 2100, but for the higher atmospheric CO_2 pathways of RCP4.5, RCP6.0, and RCP8.5, the release area south of 50°S is shrinking (so more area changes to uptake area). In the equatorial Pacific, the CO_2 release also declines for RCP6.0 and RCP8.5 in 2100. The time evolution of the zonally averaged air-sea CO_2 flux in the 21st century is shown in Fig. 4. The source-sink change of the CO_2 flux south of 50°S is clear for the CO_2 rising scenarios of RCP4.5, RCP6.0, and RCP8.5

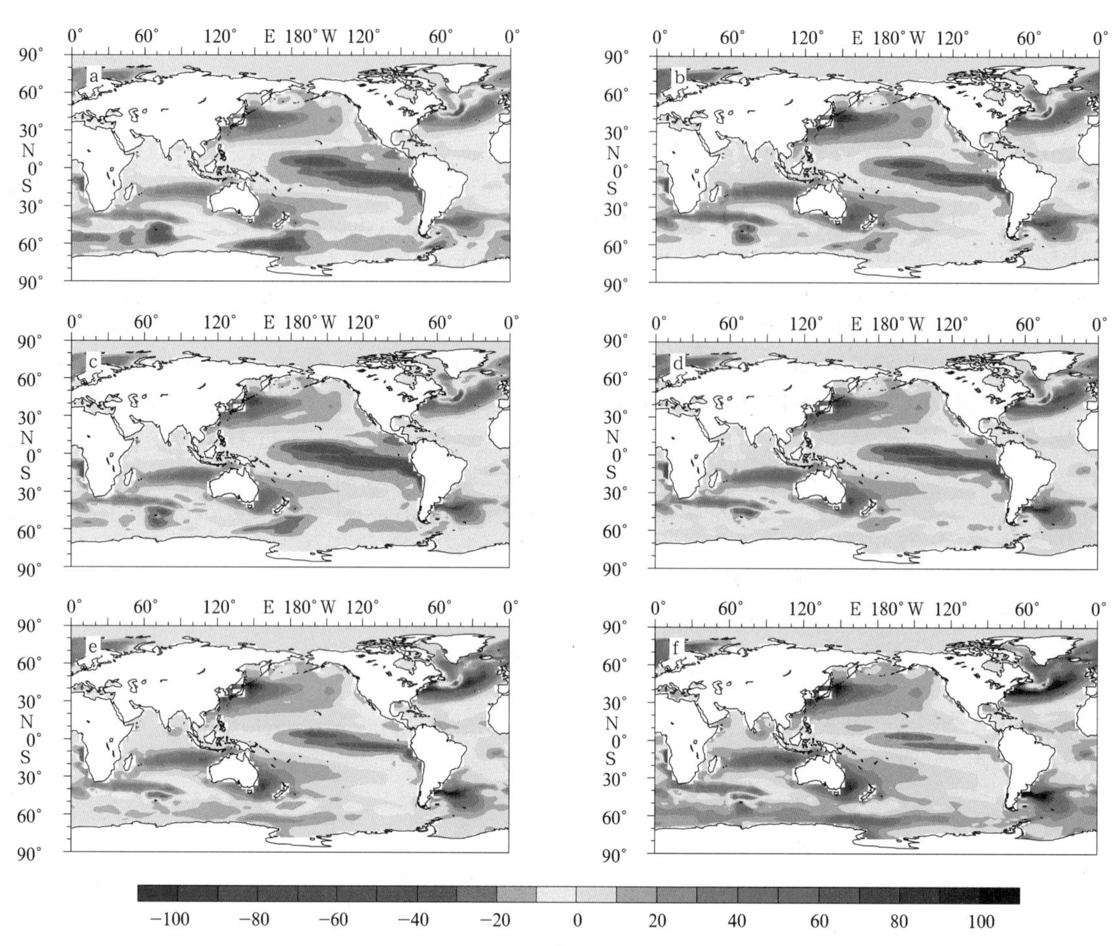

Fig.3. Spatial distributions of air-sea CO_2 flux [g/(m^2·a)] in 1800 (a), 2005 (b), and 2100 for different RCPs (c. RCP2.6, d. RCP4.5, e. RCP6.0, and f. RCP8.5). Positive value means that ocean absorbs CO_2 from the atmosphere, and vice versa.

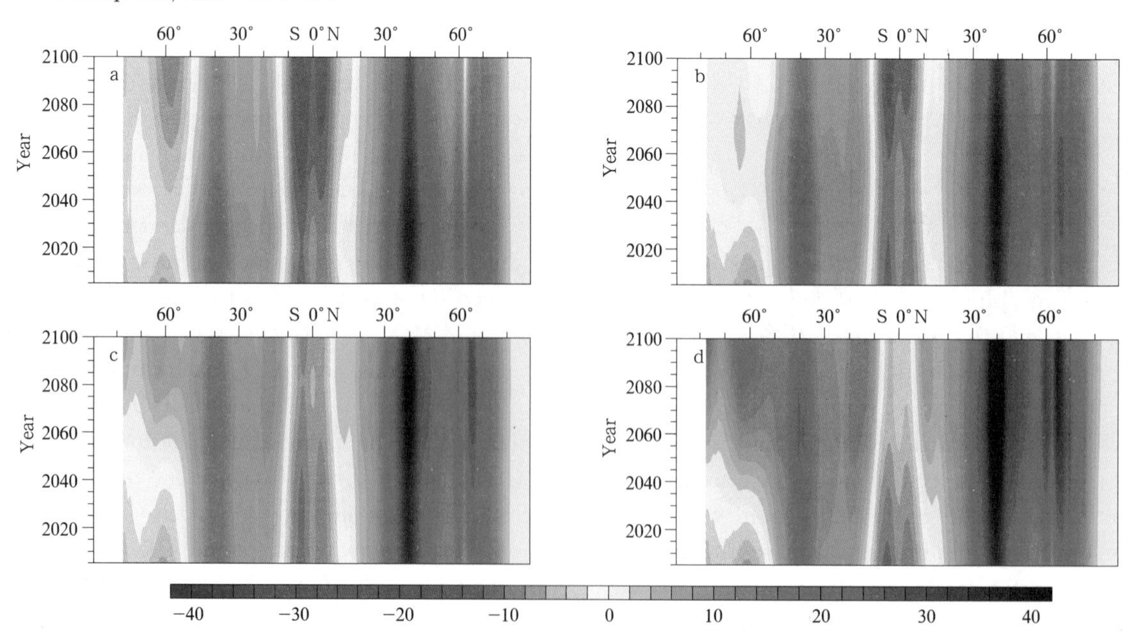

Fig.4. Time evolution of zonally averaged air-sea CO_2 flux [g/(m^2·a)] in the 21st century for different RCPs. Positive value means that ocean absorbs CO_2 from the atmosphere, and vice versa, a. RCP2.6, b. RCP4.5, c. RCP6.0, and d. RCP8.5.

because of the more rapid increase of CO_2 partial pressure in the atmosphere.

4.2 *Anthropogenic CO_2*

The total absorption by the ocean is 138, 213, 259, and 348 Pg carbon in the 21st century for RCP2.6, RCP4.5, RCP6.0, and RCP8.5 (Fig. 1c), respectively. Through seawater carbonate chemistry processes (Zeebe and Wolf-Gladrow, 2001), the DIC concentration in the ocean will increase after the ocean absorbs a great amount of CO_2. In Bao et al. (2012), the simulated DIC concentration in the 1990s was compared against the observed results by Key et al. (2004), and they are almost the same for the surface value and the vertical profile. Figure 5 illustrates the simulated surface DIC concentration distributions in the pre-industrial period, 2005 and 2100 for the four RCPs. The DIC concentration is lower in the equatorial area, especially in the warm pool area, and higher in the sub-polar area. The highest value is near the Antarctic. These pattern characteristics are quite the same for all the years. However, the concentration in 2005 is higher than that in pre-industrial period, and it is even higher in 2100, especially in the subtropical area because of the convergence of subtropical gyre. For RCP8.5, the surface DIC concentration is 0.15 mol/m^3 higher than that in 2005 on the average, and the difference is more than 0.2 mol/m^3 in the subtropical area.

Because of the increase in DIC concentration, the anthropogenic carbon is rising. Figure 6 shows the column integrated anthropogenic carbon in 2100 for all the RCPs. Because of the formation and transportation of the North Atlantic Deep Water (NADW), the north Atlantic contains the most anthropogenic carbon by 2100 as that in the 1990s given by Sabine et al. (2004). And the anthropogenic carbon is transported to the south along the west boundary of the Atlantic Ocean due to the intensified southward western boundary current of the Atlantic deep circulation (Hogg, 1983). In the mid latitude of the Pacific and Indian oceans, the anthropogenic carbon concentrations are also higher in 2100 than those in 2005.

The transport of anthropogenic carbon in the ocean is illustrated by the sections of the Atlantic, Pacific, and Indian oceans (Fig. 7). In the upper ocean, the common characteristics of the three sections are similar. The anthropogenic carbon is high in the surface layer, and is constrained by the main thermocline in the upper 1 000 m. In the Atlantic, due to the deep convection in the formation of the NADW, the anthropogenic carbon is transported to the bottom of the North Atlantic, and propogates southward by the NADW. The anthropogenic carbon is well mixed in the North Atlantic, and is transported to ~40°S at about 3 000 m depth in 2100 (Fig. 7a). Along the Antarctic continent shelf, the anthropogenic carbon is transported downward and northward by the formation of the Antarctic Bottom Water (AABW). There is no anthropogenic carbon in the North Pacific (Fig. 7b), since no deep water formation occurs there. However, in the South Pacific the AABW forms in the Ross Sea, so the anthropogenic carbon can be transported downward and northward along the continental shelf as that in the South Atlantic. The northward transport by the AABW can reach 50°S along the ocean bottom in both Pacific and Atlantic; however, in the Indian Ocean, there is no obvious downward transport of anthropogenic carbon because there is no obvious AABW formation, which needs to be verified by data.

4.3 *Surface pH*

Through the seawater carbonate chemistry processes (Zeebe and Wolf-Gladrow, 2001), the dissolution of carbonate acid in the ocean will be enhanced after absorbing atmospheric CO_2, so hydrogen iron in the sea water increases, yield the decrease of the ocean pH value. The IPCC AR4 (Solomon, 2007) reported that the ocean pH has decreased by 0.1 since the industrial revolution. In future, the ocean will continue to absorb CO_2 from the atmosphere as shown by our model simulation results as well as others, which will reduce the ocean pH value.

The distribution of the simulated surface pH in the pre-industrial period, 2005, and 2100 for different RCPs is shown in Fig. 8. The high value appears in the mid latitudes of both hemispheres, while the low value is in the equatorial and southern oceans. At the pre-industrial period, the seawater pH was higher than 8.1 in most areas. By 2005, the pH value is higher than 8.1 only in the mid latitude, while the value is lower than 8.0 in some areas around the equator and the Antarctic. The time series for global averaged pH value (Fig. 9) suggest that the pH value decreases in the historical time. The global averaged pH value in 2005 is 0.1 lower than that of the pre-industrial period, which is in the same order as that of the IPCC AR4 (Solomon, 2007).

In the 21st century, the pH value would continue

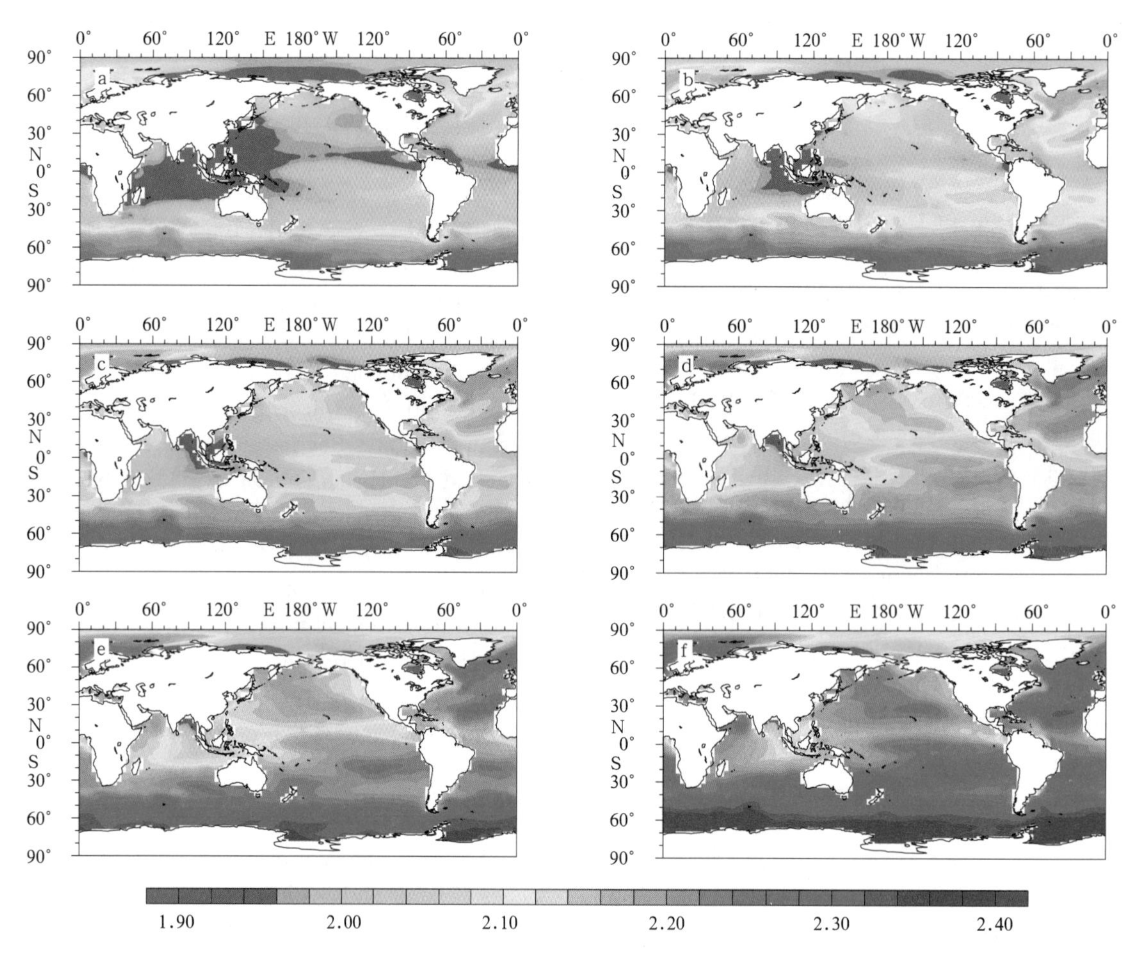

Fig.5. Distribution of sea-surface DIC (mol/m^3) in 1800 (a), 2005 (b), and 2100 for different RCPs (c. RCP2.6, d. RCP4.5, e. RCP6.0, and f. RCP8.5).

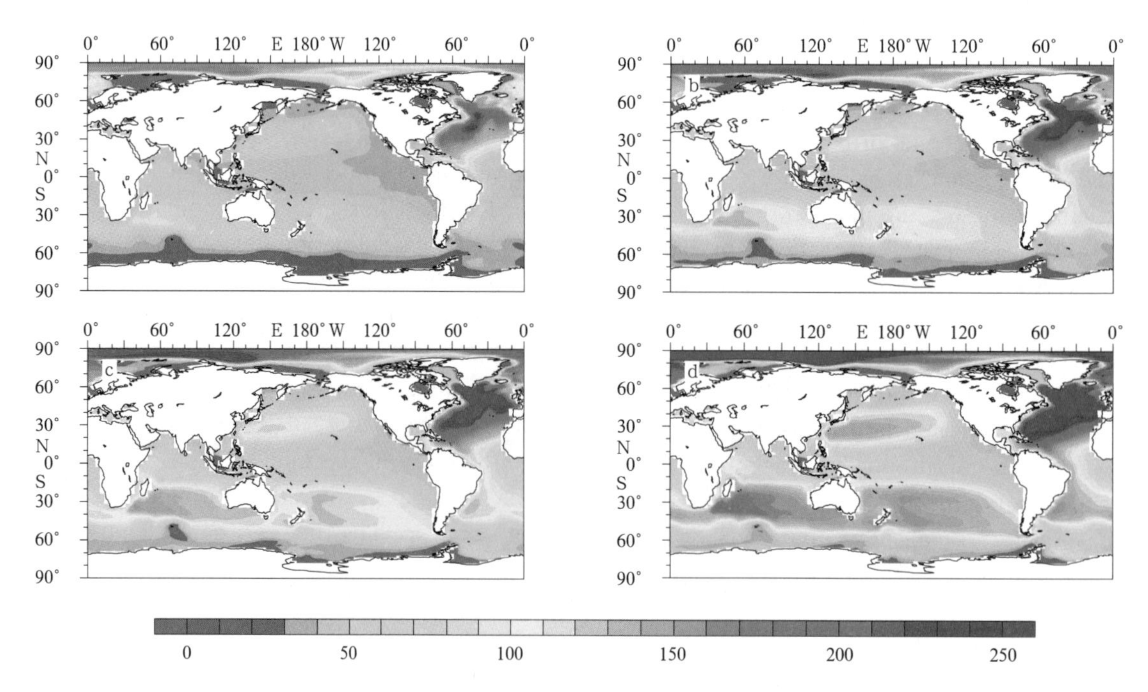

Fig.6. Column integrated anthropogenic carbon (mol/m^2) in 2100 for different RCPs. a. RCP2.6, b. RCP4.5, c. RCP6.0, and d. RCP8.5.

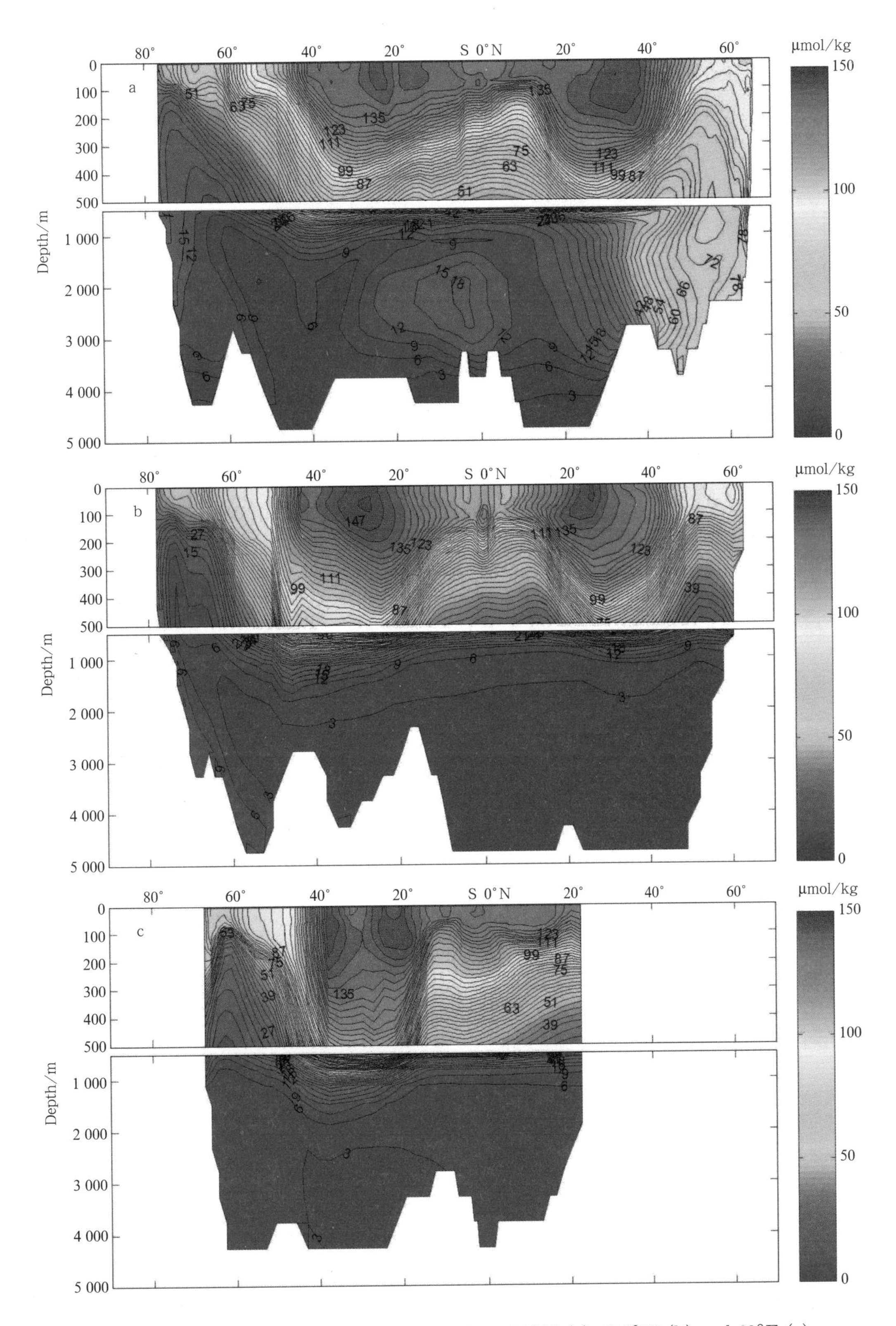

Fig.7. Anthropogenic carbon of RCP4.5 along 20°W (a), 180°W (b) and 60°E (c).

to decrease (Figs 8 and 9). For RCP2.6, the global averaged pH value decreases at first then slightly increases as the net air-sea CO_2 flux changes; by 2100, the global averaged pH value would be 8.02, decreased by 0.14 from that of the pre-industrial level, which means 38% increase of seawater hydrogen ion (Table 2). But for the highest CO_2 concentration pathway of RCP8.5, the pH value would decrease to 7.65 in high

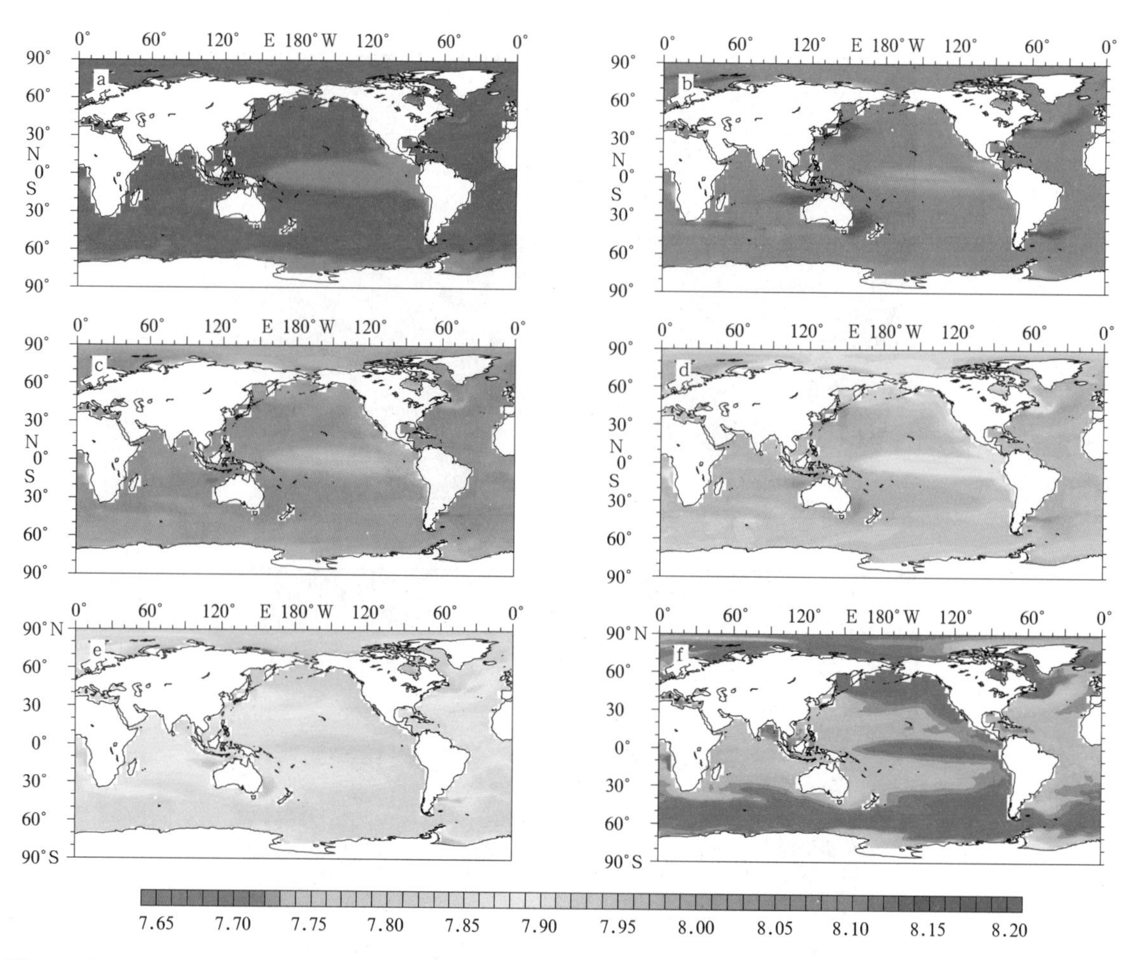

Fig.8. Distributions of sea-surface pH value in 1800 (a), 2005 (b), and 2100 for different RCPs (c. RCP2.6, d. RCP4.5, e. RCP6.0, and f. RCP8.5).

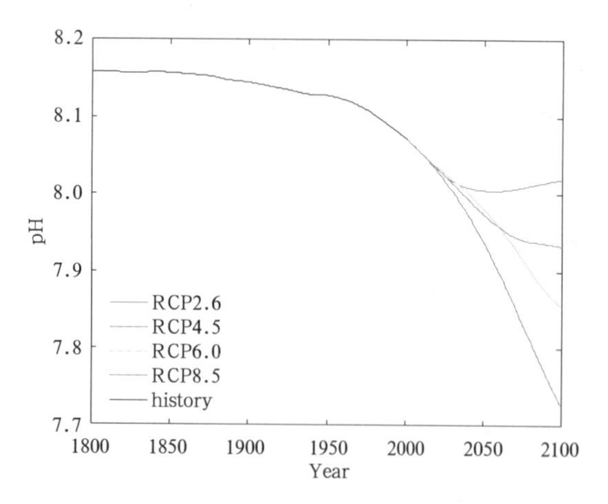

Fig.9. Time series of global averaged pH values.

latitude and to 7.8 in mid latitude in 2100; the global averaged value would be 7.73, decreased by 0.43, or 169% increase in seawater hydrogen ion. It would be a great challenge for the marine ecosystem with such an increase of atmospheric CO_2 concentration as the laboratory experiment results of Orr et al. (2005) suggested.

5 Concluding remarks

The simulated results of the 3-D global ocean carbon cycle model based on the POP circulation model and improved OCMIP-2 biological model show that the ocean absorbs CO_2 from the atmosphere in the historical time and will keep absorbing in the 21st century. However, in the 21st century, the net CO_2 flux would reach a peak and then decrease for all the RCPs. The DIC concentrations will increase after absorbing high amount of atmospheric CO_2. The North Atlantic contains the most anthropogenic carbon, and by 2100 the entire North Atlantic deep ocean would be filled with anthropogenic carbon because of the formation and transportation of the NADW. By 2100, the anthropogenic carbon would be transported southward to 40°S by the NADW, while it would be transported northward to the 50°S by the AABW along the ocean bottom. The simulated surface pH value shows that the pH decreased by 0.1 in the historical time and will continue to decrease in future because of the absorption of the atmospheric CO_2. For RCP8.5, the pH would decrease rapidly in the 21st century.

Table 2. Global averaged pH value

Year	Global averaged pH value	Change of pH relative to 1800	Increase of $[H^+]$ relative to 1800
1800	8.16	—	—
2005	8.06	-0.10	30%
2100(RCP2.6)	8.02	-0.14	38%
2100(RCP4.5)	7.93	-0.23	70%
2100(RCP6.0)	7.85	-0.31	104%
2100(RCP8.5)	7.73	-0.43	169%

References

Bacastow R, Maier-Reimer E. 1990. Ocean-circulation model of the carbon cycle. Climate dynamics, 4(2): 95–125

Bao Ying, Qiao Fangli, Song Zhenya. 2012. The 3-dimensinal numerical simulation of global ocean carbon cycle. Acta Oceanologica Sinica (in Chinese), 34(3): 19–26

Collins W D, Brrz C M, Blackmon M L, et al. 2006. The community climate system model version 3 (CCSM3). Journal of Climate, 19(11): 2122–2143

Craig H. 1957. The natural distribution of radiocarbon and the exchange time of carbon dioxide between atmosphere and sea. Tellus, 9(1): 1–17

Doney S C, Fabry V J, Feely R A, et al. 2009. Ocean acidification: the other CO_2 problem. Annual Review of Marine Science, 1: 169–192

Doney S C, Lindsay K, Caldeira K, et al. 2004. Evaluating global ocean carbon models: The importance of realistic physics. Global Biogeochem Cycles, 18: GB3017, doi: 1029/2003GB002150

Doney S C, Lindsay K, Fung I, et al. 2006. Natural variability in a stable, 1000-yr global coupled climate-carbon cycle simulation. Journal of Climate, 19(13): 3033–3054

Doney S C, Lindsay K, Moore J K. 2003. Global ocean carbon cycle modeling. Ocean Biogeochemistry: A JGOFS/IGBP Synthesis volume: 217–238

Friedlingstein P, Cox P, Betts R, et al. 2006. Climate-carbon cycle feedback analysis: Results from the C4MIP model intercomparison. Journal of Climate, 19(14): 3337–3353

Gent P R, Danabasoglu G, Donner L J, et al. 2011. The community climate system model version 4. Journal of Climate, 24: 4973–4991, doi: 10.1175/2011JCLI4083.1

Gruber N, Gloor M, Fletcher S, et al. 2009. Oceanic sources, sinks, and transport of atmospheric CO_2. Global Biogeochemical Cycles, 23: GB1005, doi: 10.1029/2008GB003349

Hogg N G. 1983. A note on the deep circulation of the western North Atlantic: its nature and causes. Deep Sea Research Part A Oceanographic Research Papers, 30(9): 945–961

Houghton J. 2001. Climate Change 2001: the Scientific Basis. Cambridge: Cambridge University Press

Jin Xin, Shi Guangyu. 2000. A simulation of CO_2 uptake in a three dimensional ocean carbon cycle model. Acta Meteorologcia Sinica (in Chinese), 58(1): 40–48

Key R M, Kozyr A, Sabine C L, et al. 2004. A global ocean carbon climatology: Results from Global Data Analysis Project (GLODAP). Global Biogeochem Cycles, 18: GB4031, doi: 10.1029/2004GB002247

Maier-Reimer E. 1993. Geochemical cycles in an ocean general circulation model. Preindustrial tracer distributions. Global Biogeochemical Cycles, 7(3): 645–677

Maier-Reimer E, Hasselmann K. 1987. Transport and storage of CO_2 in the ocean—an inorganic ocean-circulation carbon cycle model. Climate dynamics, 2(2): 63–90

Maltrud M E, McClean J L. 2005. An eddy resolving global 1/10 ocean simulation. Ocean Modelling, 8(1–2): 31–54

McNeil B I, Matear R J, Key R M, et al. 2003. Anthropogenic CO_2 uptake by the ocean based on the global chlorofluorocarbon data set. Science, 299: 235–239

Mikaloff Fletcher S E, Gruber N, Jacobson A R, et al. 2006. Inverse estimates of anthropogenic CO_2 uptake, transport, and storage by the ocean. Global Biogeochemical Cycles, 20: GB2002, doi: 10.1029/2005GB002530

Moss R H, Babiker M, Brinkman S, et al. 2008. Towards New Scenarios for Analysis of Emissions, Climate Change, Impacts, and Response Strategies. Itergovernmental Panel on Climate Change, Geneva, 132

Moss R H, Edmonds J A, Hibbard K A, et al. 2010. The next generation of scenarios for climate change research and assessment. Nature, 463: 747–756

Najjar R G, Orr J C. 1998. Design of OCMIP-2 simulations of chlorofluorocarbons, the solubility pump and common biogeochemistry. Internal OCMIP Report, LSCE/CEA Saclay, Gif-sur-Yvette, France

Najjar R G, Sarmiento J L, Toggweiler J. 1992. Downward transport and fate of organic matter in the ocean: Simulations with a general circulation model. Global Biogeochemical Cycles, 6(1): 45–76

Orr J C, Maier-Reimer E, Mikolajewicz U, et al. 2001. Estimates of anthropogenic carbon uptake from four three-dimensional global ocean models. Global Biogeochemical Cycles, 15: 43–60

Orr J C, Fabry V J, Aumont O, et al. 2005. Anthropogenic ocean acidification over the twenty-first century and its impact on calcifying organisms. Nature, 437: 681–686

Sabine C L, Feely R A, Gruber N, et al. 2004. The oceanic sink for anthropogenic CO_2. Science, 305: 367–371

Sarmiento J L, Orr J C, Siegenthaler U. 1992. A perturbation simulation of CO_2 uptake in an ocean general circulation model. Journal of Geophysical Research, 97(C3): 3621–3645

Smith R D, Dukowicz J K, Malone R C. 1992. Parallel ocean general circulation modeling. Physica D: Nonlinear Phenomena, 60: 38–61

Smith R D, Gent P. 2002. Reference manual for the Parallel Ocean Program (POP), ocean component of the Community Climate System Model (CCSM2.0 and 3.0). Los Alamos National Laboratory Technical Report: 1–63

Smith R D, Maltrud M E, Bryan F O, et al. 2000. Numerical simulation of the North Atlantic Ocean at 1/10. Journal of Physical Oceanography, 30: 1532–1561

Solomon S. 2007. Climate Change 2007: the Physical Science Basis. Cambridge: Cambridge University Press

Sweeney C, Gloor E, Jacobson A R, et al. 2007. Constraining global air-sea gas exchange for CO_2 with recent bomb ^{14}C measurements. Global Biogeochemical Cycles, 21: GB2015, doi: 10.1029/2006GB002784

Takahashi T, Sutherland S C, Wanninkhof R, et al. 2009. Climatological mean and decadal change in surface ocean pCO_2, and net sea-air CO_2 flux over the global oceans. Deep Sea Research Part II: Topical Studies in Oceanography, 56(8–10): 554–577

Taylor K E, Stouffer R J, Meehl G A. 2009. A summary of the CMIP5 experiment design. PCDMI Rep, 33. http://cmip-pcmdi.llnl.gov/cmip5/docs/Taylor_CMIP5_design.pdf

Xu Yongfu, Li Yangchun. 2009. Estimates of Anthropogenic CO_2 Uptake in a Global Ocean Model. Advances in Atmospheric Sciences, 26(2): 265–274

Zeebe R E, Wolf-Gladrow D A. 2001. CO_2 in Seawater: Equilibrium, Kinetics, Isotopes. v 65. Amsterdam, The Netherlands: Elsevier Science

(该文刊于《Acta Oceanologica Sinica》2012年31卷5期)

Spatial and temporal variability and size fractionation of chlorophyll a in the tropical and subtropical Pacific Ocean

ZHANG Dongsheng[1], WANG Chunsheng[1]*, LIU Zhensheng[1], XU Xuewei[1], WANG Xiaogu[1], ZHOU Yadong[1]

[1] Laboratory of Marine Ecosystem and Biogeochemistry, State Oceanic Administration, Hangzhou 310012, China

Abstract
The spatial and temporal variability and size fractionation of chlorophyll a (Chl a) were investigated in the tropical and subtropical Pacific Ocean during four survey cruises from 2005 to 2009. The surface Chl a (S-Chl a) concentration ranged from 0.002 to 0.497 mg/m^3 and was obviously higher in the eastern Pacific than in the western and central Pacific. The vertical distribution of Chl a displayed a single peak pattern, and the maximum Chl a layer (MCL) was observed at a shallower depth in the eastern Pacific than in the western Pacific. All three size fractions of Chl a measurements in the surface water showed a similar distribution to total Chl a and were found in higher concentrations in the eastern Pacific than in the western and central Pacific. Picoplankton dominated the phytoplankton in the surveyed tropical and subtropical Pacific Ocean. Furthermore, pico-Chl a (0.2–2 μm) accounted for a larger percentage of the total Chl a in the central Pacific than it did in the western Pacific and eastern Pacific. In the western Pacific, there seemed to be a latitudinal variability in the phytoplankton community composition where small-sized phytoplankton (<2 μm) were more dominant in the tropical than in the subtropical western Pacific. The spatial and temporal variability and size fractionation of Chl a were controlled by hydrological and chemical characteristics and climate events, such as El Niño and La Niña.
Key words: chlorophyll a, size fractionation, Pacific Ocean

1 Introduction

Phytoplankton is the primary producer of the ocean. Its fixation of carbon dioxide not only affects the atmospheric carbon cycle and global climate but also is of fundamental biological importance in marine ecosystems (Aranami et al., 2001; Honda, 2003). Studies of the biomass and size composition of phytoplankton community in terms of Chl a have been extensively conducted for decades. It has been well documented that nano- and picoplankton predominate the phytoplankton community of oligotrophic regions, particularly during the periods of stratification (Liu et al., 2005; Chen and Lin, 2008). As the cell sinking rates, type of grazing and trophic transfer were all affected by cell size, and this unique size structure is thought to exert further effects on carbon circulation (Higgins and Mackey, 2000). To explain these observations, various hypotheses have been proposed, for example, top down control by grazers and limitations by iron or silicate (Dugale and Wilkerson, 1998; Smetacek, 1998). On the other hand, phytoplankton community may respond to events on different time scales, for example wind bursts and ENSO (El Niño—Southern Oscillation) events (Higgins and Mackey, 2000), which affect environmental temperature, nutrients recruitment and so on.

The area encompassed by the central and eastern tropical Pacific is the largest high-nutrient low-chlorophyll (HNLC) area in the world, and upwelling supplies a great amount of macronutrients to the surface (Toggweiler and Carson, 1995). Even though the nutrient concentrations are above those necessary to saturate phytoplankton uptake, phytoplankton biomass in the tropical Pacific is low (Wilson and Qiu, 2008). Micronutrients (e.g., iron), grazer regulation,

Foundation item: The Scientific Research Fund of the Second Institute of Oceanography, SOA under contract No. JG1024; the COMRA Special Foundation under contract Nos DY125-13-E-01 and DY125-14-E-02.
*Corresponding author, E-mail: wang-sio@163.com

silicate and the limited seeds of bloom-forming species are considered to be potential reasons why phytoplankton population is held at low levels (Chavez et al., 1996). The subtropical and tropical western areas of the North Pacific Ocean are characterized by the presence of warm water in the upper mixed layer, which results in stable stratification (Yan et al., 1992). Under such conditions, the upward flux of nutrients becomes suppressed. Different environmental conditions in the western Pacific compared with the eastern Pacific lead to these areas playing different roles in global biogeochemical cycles. Many international programs have been carried out on phytoplankton variability in the equatorial Pacific, such as the Joint Global Ocean Flux Study (JGOFS), Equatorial Pacific Ocean Circulation Study (EPOCS) and Tropical Ocean Global Atmosphere (TOGA) programs. The distribution features of phytoplankton and their interannual variability have been characterized (Le Bouteiller et al., 1992; Murray et al., 1994; Karl et al., 1995; Chavez and Toggweiler, 1995; Chavez et al., 1996; Chavez et al., 1999). However, some features remain unclear, including important aspects of the biological productivity in the 10°N thermocline ridge area (Pennington et al., 2006). Therefore, more studies are still needed.

From 2005 to 2009, four of the China Ocean Mineral Resources Research and Development Association (COMRA)'s *Dayang* cruises were conducted in the tropical and subtropical Pacific. Our investigation areas, including the 10°N eastern tropical Pacific and western subtropical Pacific area, had rarely been studied previously. In the present study, we report on Chl a concentrations and phytoplankton size fractionations in the tropical and subtropical Pacific Ocean with the aim to better understand the spatial and temporal variability of phytoplankton and their communities under different environment conditions.

2 Materials and methods

2.1 *Study area and sampling*

Four multidisciplinary cruises (DY17, 19, 20 and 21) were conducted from 2005 to 2009 in the tropical and subtropical Pacific Ocean by the R/V *Dayang 1*. Six sea surface lines and thirteen CTD stations, including two transects (the western Pacific transect—WP1 to WP4 and the eastern Pacific transect—EP1 to EP6), were located in three separate regions, which are the western subtropical Pacific (120°E–160°E), the north central Pacific (160°E–160°W) and the eastern tropical Pacific (160°W–80°W) (Fig. 1). Twelve discrete water column samples were collected with Niskin bottles on a Rosette sampler at selected depths (0, 10, 20, 30, 40, 50, 75, 100, 125, 150, 175 and 200 m) within the euphotic zone. The detailed sample information for each of the four cruises can be found in Table 1 and Fig. 1.

2.2 *Methods*

Chl a concentrations were analyzed and determined using the fluorescence method. Five-hundred-

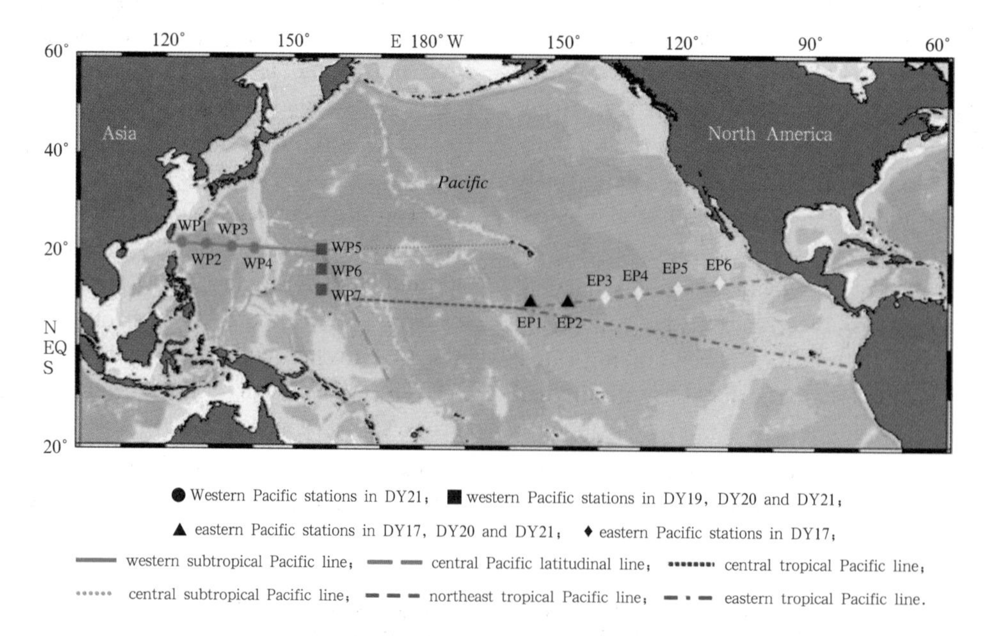

Fig.1. Location of the CTD stations and sea surface lines during the four cruises.

Table 1. Sampling information for the four cruises

Cruise	Date	Surface lines	CTD stations
DY17	May–Aug. 2005	Central subtropical Pacific line (160°E–145°W, 20°N)	EP1–EP6
		Northeast tropical Pacific line (145°W–90°W, 7°N–15°N)	
DY19	May–Aug. 2007	Western subtropical Pacific line (120°E–160°E, 20°N)	WP5, WP6, WP7
		Central Pacific latitudinal line (155°E–175°E, 10°S–20°N)	
DY20	May–Aug. 2008	Western subtropical Pacific line (120°E–160°E, 20°N)	WP5, WP6, WP7
		Central tropical Pacific line (160°E–145°W, 10°N–7°N)	EP1, EP2
		Eastern tropical Pacific line (145°W–80°W, 7°N–2°S)	
DY21	Jul.–Oct. 2009	Western subtropical Pacific line (120°E–160°E, 20°N)	WP1–WP7
		Central tropical Pacific line (160°E–145°W, 10°N–7°N)	EP1, EP2
		Eastern tropical Pacific line (145°W–80°W, 7°N–2°S)	

milliliter water subsamples were filtered with 47 mm GF/F fiberglass filters and extracted with 10 ml of 90% acetone for 24 h at a low temperature with periodical shaking. The Chl a concentration was then analyzed using a 10-AU Turner Design Fluorometer, which was calibrated before and after each cruise using pure Chl a (Sigma) as a standard. The samples for size-fractionated Chl a were sequentially filtered through 20 μm nylon membrane (Millipore NY2004700), 2 and 0.2 μm pore size polycarbonate membranes (Millipore). The extraction and analysis procedures followed the Chl a methods described above.

The temperature and salinity data were collected by a Seabird 911 Plus CTD. Water samples for nitrate, nitrite and phosphate analysis were filtered through pre-ignited glass fiber membranes (Whatman GF/F), and for silicate analysis were filtered through acid-cleaned acetate cellulous filters (pore-size: 0.45 μm). Nutrient concentrations were measured according to "Specifications for oceanography survey" (GB/T 12763.4) with spectrophotometer (7230G, shanghai). For the availability of data, only partial CTD stations were analyzed with regard to physical and nutrient parameters.

3 Results

3.1 *Physical and nutrient characteristics*

The vertical distributions of temperature and salinity in the western Pacific and eastern Pacific are shown in Fig. 2. In the western Pacific, temperature and salinity in the euphotic zone varied insignificantly between 2008 and 2009. Surface temperature and salinity were close to 30°C and 35 respectively, and the temperature decreased slowly with depth. Figure 2a show a very weak salinity oscillation below 40 m at DY20-WP5, which was much weaker at DY21-WP5. DY20-WP7 and DY21-WP7 were characterized with a weak maximum salinity layer localized between 80–180 m (Fig. 2a).

In the eastern Pacific, surface temperature was a

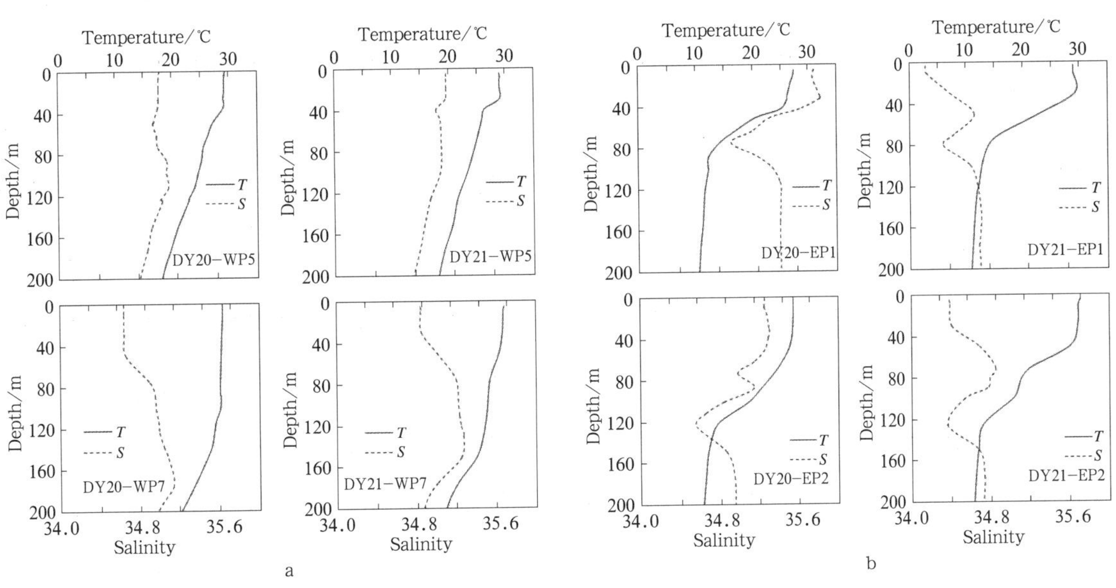

Fig.2. Vertical distribution of the temperature (T) and salinity (S) in 2008 and 2009.

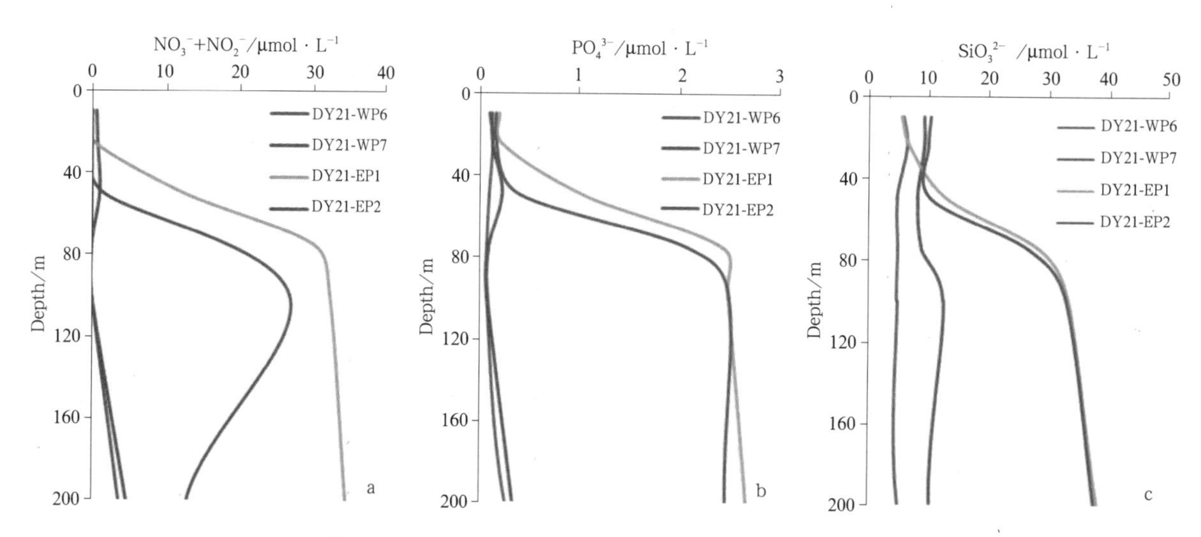

Fig.3. Vertical distribution of nutrient concentrations.

little higher in 2009 (29–30℃) than that in 2008 (26–27℃). Shallow thermocline was observed at about 50 m (Fig. 2b), and an over-10℃ decrease occurred in this layer. The vertical profiles of salinity were different between 2008 and 2009. The salinity was observed higher in surface layer and tended to decrease with depth in 2008, which, however, showed an opposite pattern in 2009 (Fig. 2b). These differences of physical characters between 2008 and 2009 might be attributed to a La Niña event which occurred during the winter of 2007–2008, when cold and salty deep seawater was brought to the surface by the strong upwelling.

Nutrient concentrations in the upper 40 m were very low, and there was no obvious difference between the eastern and western Pacific. However, the vertical profiles of [NO_3^-+NO_2^-], PO_4^{3-} and SiO_3^{2-} were quite different between the eastern and western Pacific (Fig. 3). All nutrients ([NO_3^-+NO_2^-], PO_4^{3-} and SiO_3^{2-}) increased quickly from 50 m to 100 m in the eastern Pacific but remained low in the entire euphotic zone in the western Pacific. In the eastern Pacific, a shallow thermocline and halocline (Fig. 2) indicated the occurrence of strong upwelling that brought nutrient-rich water from the deep sea to the surface, while strong stratification (Fig. 2) below the euphotic zone limited the upward flux of nutrients in the western Pacific. Physical characteristics were the major factors affecting nutrient distribution.

3.2 *Chl a*

The surface Chl a (S-Chl a) concentration ranged from 0.002 to 0.497 mg/m^3 during the four cruises. The S-Chl a was obviously higher in the eastern Pac-

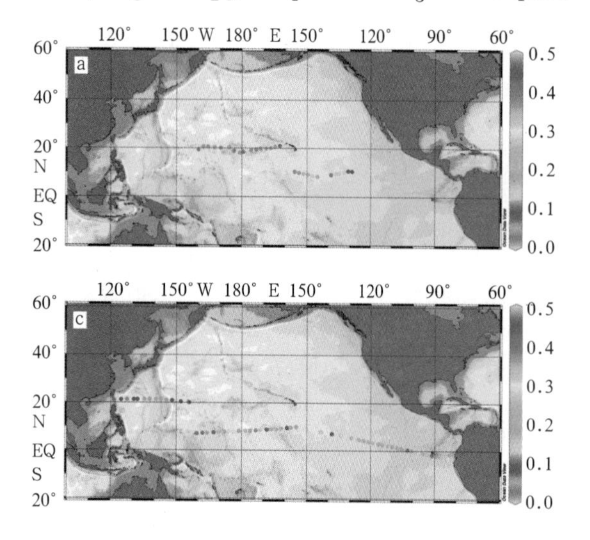

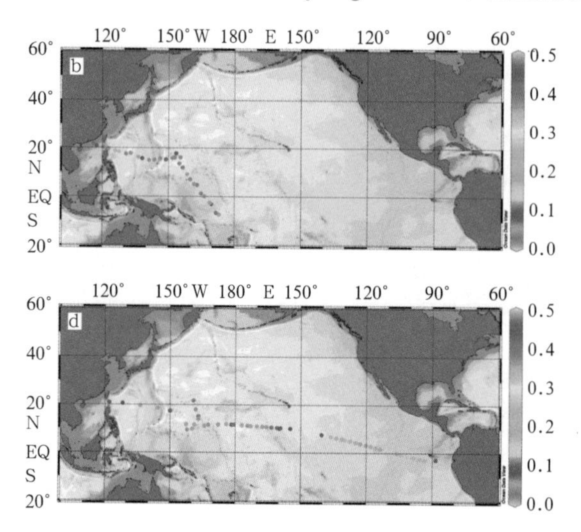

Fig.4. Horizontal distribution of surface Chl a (mg/m^3) during four cruises. a. 2005, b. 2007, c. 2008, and d. 2009.

ific than in the western Pacific and central Pacific (Fig. 4). In 2005, the S-Chl a of the northeast tropical Pacific line (NTPL) averaged 0.106 mg/m^3, which was more than twice of the central subtropical Pacific line (CSPL, 0.042 mg/m^3) (Fig. 4a). The average S-Chl a of the western subtropical Pacific line (WSPL) and the central Pacific latitudinal line (CPLL) were similar in 2007, and no obvious longitudinal variability in S-Chl a was observed in the WSPL, while the S-Chl a in CPLL showed a tendency to slightly decrease from south to north (Fig. 4b). The horizontal distribution of S-Chl a in 2008 and 2009 was quite similar, and S-Chl a increased markedly from west to east. The average S-Chl a of the Eastern tropical Pacific line (ETPL) was higher than that of the Central tropical Pacific line (CTPL) and the WSPL. The highest S-Chl a was observed in the eastern equatorial Pacific and reached from the coast of Central and South America to the Galapagos Islands (Figs 4c and d).

The vertical profiles of Chl a were different between the western Pacific (Stas WP-5, WP-6 and WP-7) and the eastern Pacific (Stas EP-1 and EP-2). In the western Pacific, the Chl a concentration was low (<0.1 mg/m^3) and stable in the upper 50 m and then increased quickly with depth until the maximum Chl a layer (MCL, 0.2–0.3 mg/m^3). The MCL was observed between 100 and 125 m (Fig. 5a). In the eastern Pacific, the layer characterized with low and stable Chl a concentration was limited in the upper 20 m. MCL occurred between 40 and 75 m, which corresponded to the nutricline and was much shallower than that in the western Pacific (Fig. 3). The Chl a concentration decreased quickly below the MCL and was close to the detection limit at 200 m (Fig. 5b). The maximum Chl a concentrations were similar between the western and eastern Pacific during the same cruise. However, there was an interannual variability that the maximum Chl a concentration was higher in 2008 than in other years.

In the western Pacific transect, Chl a at the surface and the MCL ranged from 0.031–0.109 and 0.154–0.274 mg/m^3 respectively, both of which decreased from west to east. Furthermore, the MCL showed a slight deepening tendency from west to east (Fig. 6a). The high Chl a at the west end of the transect was probably due to the hydrographic conditions, such as the Kuroshio Current and nutrient import from Asia. Along the eastern Pacific transect, no obvious longitudinal variability in Chl a concentration or the MCL depth was observed, and a high Chl a concentration occurred between 40 and 100 m (Fig. 6b).

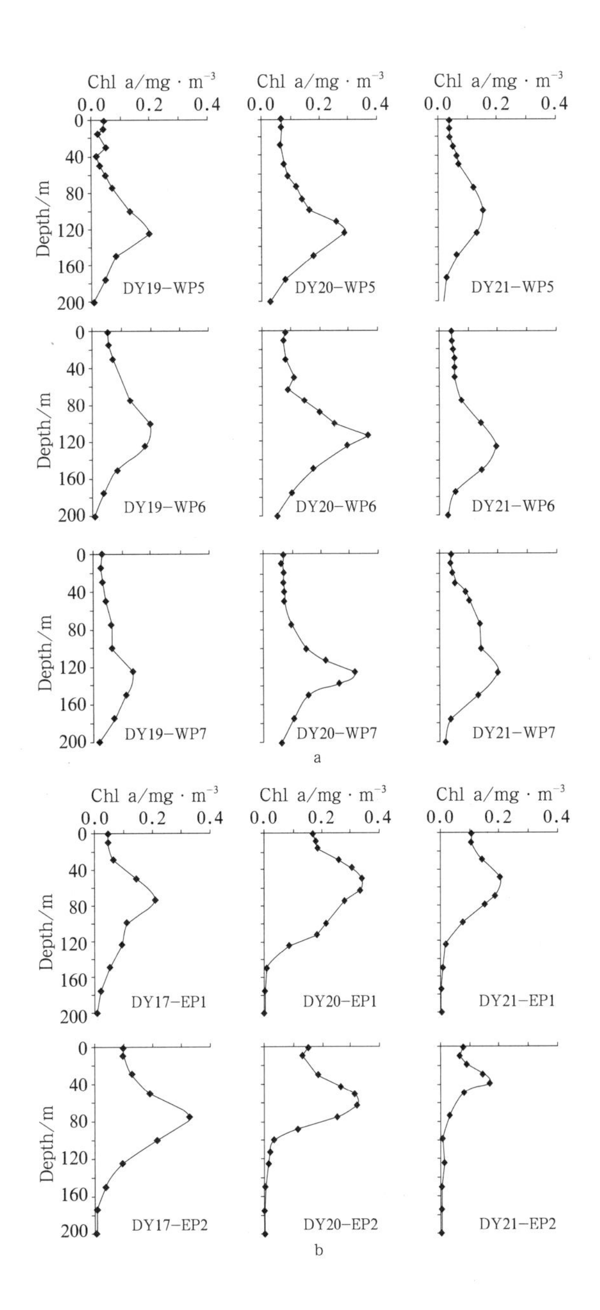

Fig.5. Vertical distribution of Chl a. a. Western Pacific and b. eastern Pacific.

3.3 *Size-fractionated Chl a*

All three size-fractionated Chl a concentrations in the surface water showed a similar horizontal distribution to the total Chl a according to the following order: ETPL>CTPL>WSPL (Table 2). The size-fractionated Chl a results suggest that the contribution of the picoplankton (0.2–2 μm) to the total phytoplankton biomass predominated in the entire tropical and subtropical Pacific Ocean. However, the size fraction compositions were different among the western Pacific, central Pacific and eastern Pacific. The aver-

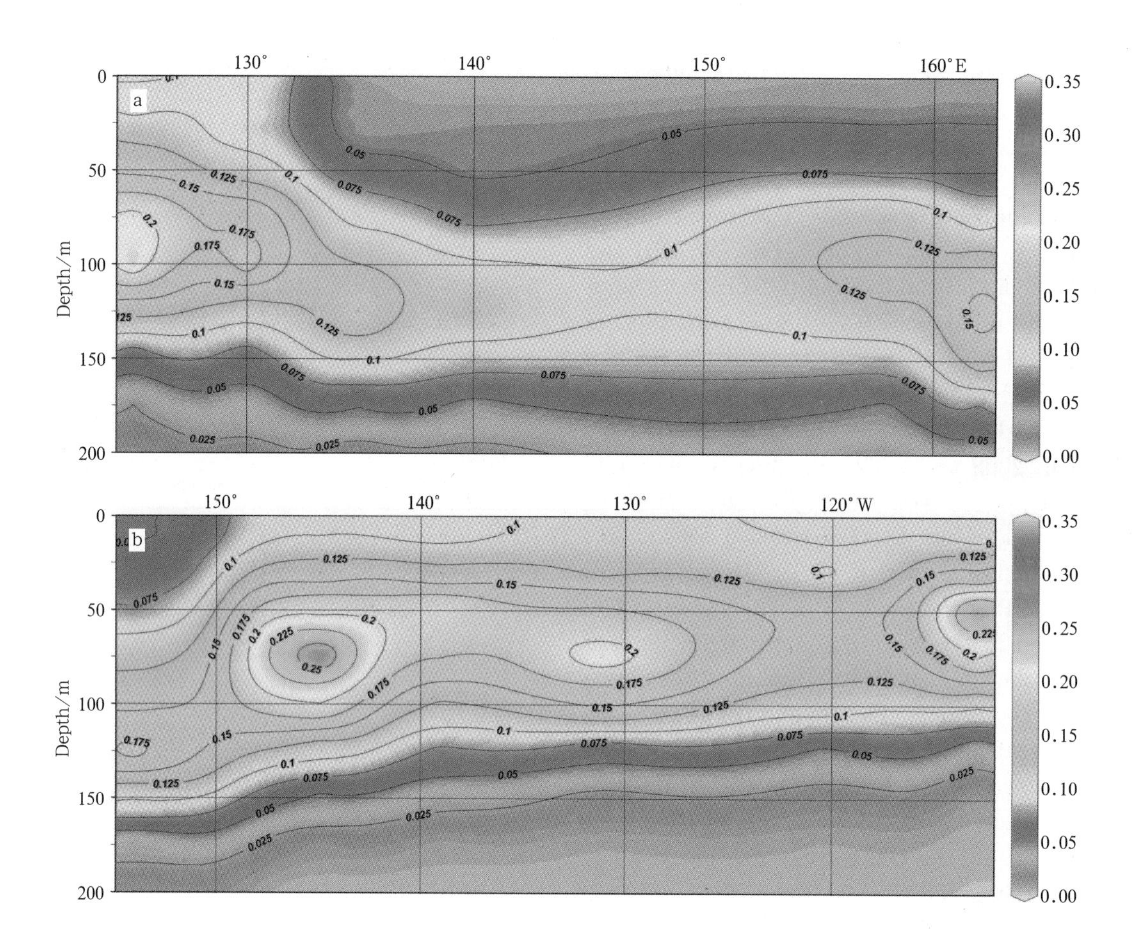

Fig.6. Distribution of Chl a (mg/m^3) along the western Pacific (a) and the eastern Pacific (b) transects.

Table 2. Size-fractionated Chl a (mg/m^3) and the percentage of total Chl a in the tropical and subtropical Pacific

Surface lines*	Micro-plankton (>20 μm)		Nano-plankton (2–20 μm)		Picoplankton (0.2–2 μm)	
	Average Chl a	Percentage	Average Chl a	Percentage	Average Chl a	Percentage
WSPL	0.010±0.010	14.2%	0.017±0.005	27.40%	0.038±0.013	58.40%
CTPL	0.004±0.006	4.2%	0.014±0.009	15.8%	0.071±0.038	80.0%
ETPL	0.025±0.020	12.0%	0.041±0.023	20.5%	0.131±0.052	67.5%
CTD stations**						
DY20-WP5	0.003	4.88%	0.022	32.94%	0.039	62.18%
DY20-WP6	0.004	4.81%	0.020	22.71%	0.077	72.49%
DY20-WP7	0.003	3.87%	0.017	21.72%	0.070	74.41%
DY20-EP1	0.008	9.46%	0.021	17.36%	0.086	73.19%
DY20-EP2	0.004	6.85%	0.014	18.78%	0.053	74.37%
DY21-WP5	0.003	5.59%	0.016	26.10%	0.052	68.31%
DY21-WP6	0.000	0.00%	0.021	27.80%	0.062	72.20%
DY21-WP7	0.001	1.18%	0.014	17.22%	0.076	81.61%
DY21-EP1	0.006	8.35%	0.015	17.66%	0.066	73.99%
DY21-EP2	0.005	10.30%	0.010	19.43%	0.041	70.26%

Notes: * average value of cruises DY20 and DY21; ** average value of depths.

age percentage of pico-Chl a (0.2–2 μm) to the total Chl a was 80.0% in the CTPL, which was higher than that in the ETPL (67.5%) and the WSPL (58.4%). Nano- and micro-Chl a (2–20 μm and >20 μm, respectively) contributed less to the total Chl a in the ETPL than they did in the CTPL and the WSPL (Table 2).

Pico-Chl a (0.2–2 μm) dominated in the euphotic zone (0–200 m) at all CTD stations just as in the surface water, where it accounted for 50%–90% of the total Chl a (Fig. 7). The average percentage of pico-Chl a (0.2–2 μm) from the entire euphotic zone was similar between the eastern Pacific and the western Pacific. In the western Pacific, the average percentage of pico-Chl a (0.2–2 μm) was lowest at DY20-WP5 and DY21-WP5 but highest at DY20-WP7 and DY21-WP7 (Table 2). It seems that there was latitudinal variability in the phytoplankton community composi-

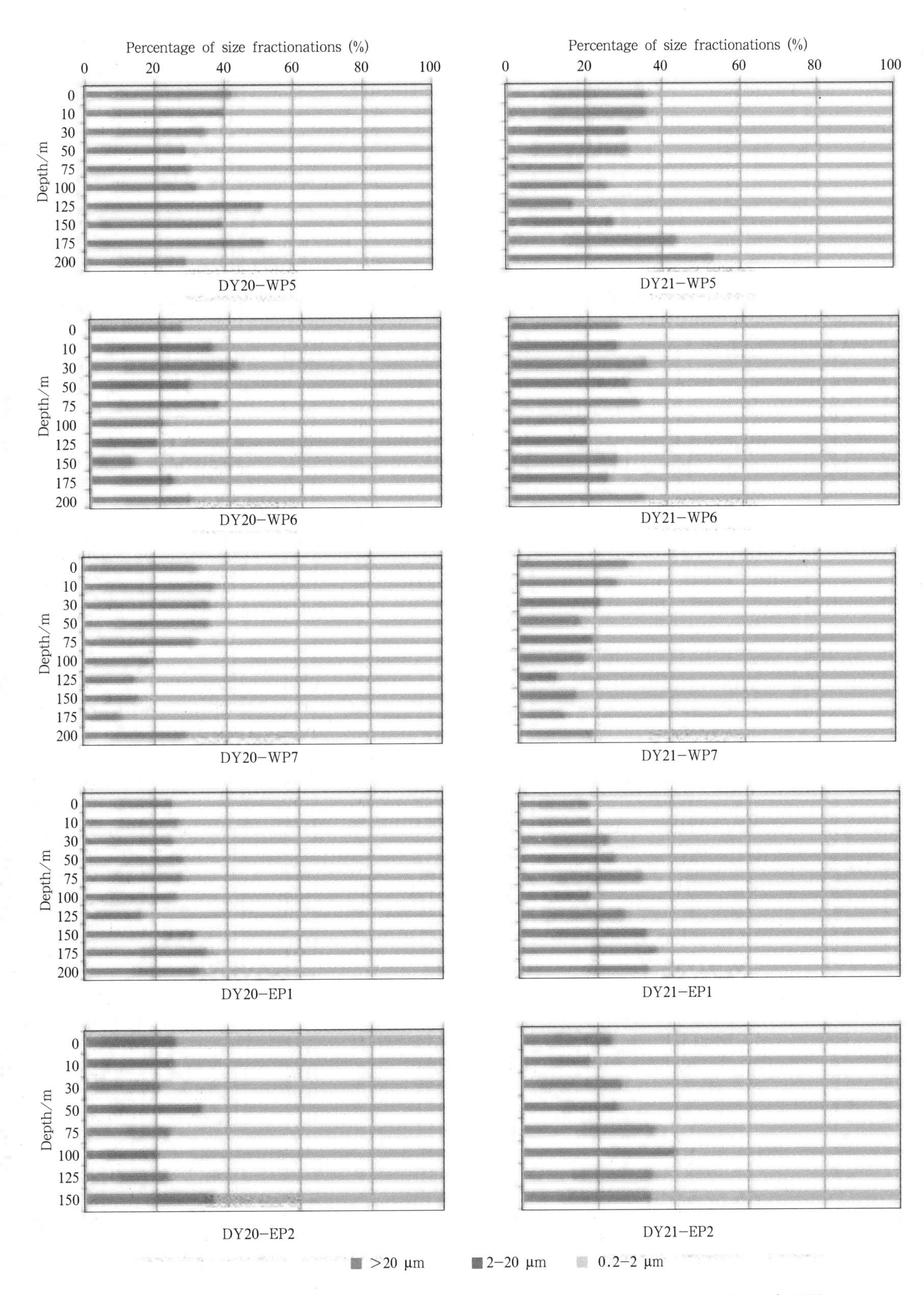

Fig.7. The percentage of size-fractionated Chl a at the CTD stations in 2008 and 2009.

tion in the western Pacific where small-sized phytoplankton (<2 μm) were more dominant in the tropical than in the subtropical western Pacific. In addition, nano-Chl a (2–20 μm) accounted for a larger fraction of the total Chl a in the western Pacific than in the eastern Pacific. In contrast, micro-Chl a (>20 μm) accounted for a smaller fraction of the total Ch a in the western Pacific than in the eastern Pacific (Fig. 7).

4 Discussion

4.1 *Chl a in the oligotrophic open ocean*

The area encompassing the tropical and subtropical Pacific is a typical oligotrophic ecosystem in which phytoplankton biomass is limited by nutrient concentrations (Shen and Shi, 2002). Where the thermocline is shallow and intersects the lighted euphotic zone, biological production is high. In the eastern equatorial Pacific, the thermocline depth is controlled by three interrelated processes: an east/west thermocline tilt, a thermocline shoaling, and local wind-driven upwelling (Barber and Chavez, 1983; Tomczak and Godfrey, 1994). These processes regulate the supply of nutrient-rich subsurface waters to the euphotic zone and enhance the phytoplankton biomass in this area. Enhanced supply rates of macronutrients (N, P, Si) maintain the levels of primary production in the eastern tropical Pacific above those of the oligotrophic gyres (Pennington et al., 2006). Many previous studies have found a close link between biological and chemical parameters (Herbland et al., 1985; Le Bouteiller et al., 1992; Chavez et al., 1996). Our results clearly show the tendency of the S-Chl a to increase from west to east in the study areas (Fig. 4). Surface nutrient levels are low in both the tropical and subtropical Pacific (Fiedler and Talley, 2006), but the nutricline is much shallower in the eastern tropical gyres, where the euphotic zone may receive more nutrients with depth (Pennington et al., 2006). Thus, the depth of the nutricline might be the main reason for the S-Chl a distribution. Furthermore, the extremely high S-Chl a concentration that occurred near the Galapagos islands (Figs 4c and d) could be explained by the equatorial undercurrent (EUC), which impinges on the western side of the islands (Chavez and Brusca, 1991), enhancing mixing and upwelling and supplying extra nutrients to the surface.

Additionally, nutrients accounted for the vertical distribution and size fractionation of Chl a in the euphotic zone. Of all the nutrients, nitrogen (N) and

Table 3. Nutrient concentrations and size fractions of phytoplankton

Station No.	Depth/m	Nutrients/$\mu mol \cdot L^{-1}$				N:P	Chl a/	Percentage of size fractions (%)		
		Silicate	Phosphate	Nitrate	Nitrite		$mg \cdot m^{-3}$	>20 μm	2–20 μm	0.2–2 μm
DY21-WP6	10	5.827	0.102	BL	0.027	0.3	0.042	0.00%	27.05%	72.95%
	25	6.478	0.131	BL	0.007	0.1	0.050	0.00%	24.93%	75.07%
	50	4.852	0.102	BL	0.011	0.1	0.053	0.00%	30.11%	69.89%
	75	4.960	0.083	BL	0.002	0.02	0.075	0.00%	32.92%	67.08%
	100	4.852	0.083	0.003	0.023	0.3	0.142	0.00%	19.70%	80.30%
	200	5.068	0.274	3.652	0.035	13.5	0.030	0.00%	34.25%	65.75%
DY21-WP7	10	9.296	0.131	0.516	0.007	4.0	0.037	0.00%	25.74%	74.26%
	25	9.296	0.140	0.651	BL	4.7	0.051	4.66%	21.26%	74.07%
	50	8.212	0.236	0.987	BL	4.2	0.142	1.19%	14.76%	84.06%
	75	8.972	0.102	BL	BL	ND	0.139	0.72%	18.46%	80.81%
	100	12.660	0.093	BL	BL	ND	0.143	0.86%	16.08%	83.07%
	200	10.488	0.359	4.771	0.002	13.3	0.019	2.81%	16.51%	80.68%
DY21-EP1	10	5.498	0.207	BL	0.055	0.3	0.107	0.00%	14.04%	85.96%
	25	7.015	0.236	0.015	0.076	0.4	0.143	0.00%	17.11%	82.89%
	50	13.195	1.055	11.941	0.396	11.7	0.205	5.89%	18.64%	75.48%
	75	28.471	2.446	29.903	0.088	12.3	0.186	8.23%	23.24%	68.52%
	100	33.244	2.494	32.263	0.002	12.9	0.077	6.96%	10.91%	82.14%
	200	38.126	2.684	34.448	0.002	12.8	0.004	ND	ND	ND
DY21-EP2	10	10.480	0.169	BL	0.011	0.1	0.068	0.00%	11.18%	88.82%
	25	10.050	0.178	BL	0.002	0.01	0.119	1.82%	17.67%	80.51%
	50	10.490	0.417	1.259	0.173	3.4	0.080	9.31%	15.17%	75.52%
	75	26.740	2.084	26.419	0.331	12.8	0.029	14.06%	20.31%	65.63%
	100	32.810	2.503	12.888	0.011	5.2	0.008	21.21%	18.18%	60.61%
	200	37.580	2.475	13.833	0.002	5.6	0.002	0.00%	30.07%	69.93%

Notes: BL represents data below the detection limit and ND no data observed.

phosphorus (P) most commonly limit the phytoplankton biomass and growth in marine ecosystems. Phytoplankton cells on average have a ratio of N to P of approximately 16:1, the Redfield ratio (Redfield, 1958). Nutrient ratios can be used to determine the most limiting nutrient (Goldman et al., 1979). Many studies suggested that N is more limited than P in several areas of the oligotrophic Pacific (Chavez et al., 1996; Dufour et al., 1999). According to Table 3, the N:P was significantly lower than the Redfield ratio, especially in the upper euphotic zone (<100 m), which suggests that N is more limiting than P in both the eastern and western Pacific.

As shown in Fig. 7, picoplankton was the most important group in the phytoplankton community in the region. The picoplankton community components were thought to be *Synechococcus*, picoeukaryotes, *Prochlorococcus* and heterotrophic bacteria (Zhang et al., 2008). The latter two showed much higher cell abundance than the former two. However, vertical profiles showed good correlations between pico-Chl a concentration and *Synechococcus* & picoeukaryotes cell abundances (Zhang et al., 2008), indicating these two groups might contribute more to the Chl a concentration.

Although picoplankton dominated in the entire euphotic zone in both the western subtropical Pacific and the eastern tropical Pacific, the phytoplankton size structures were different among the five CTD stations sampled in 2009 (Table 3). The micro-phytoplankton accounted for a higher percentage of the total Chl a at DY21-EP2 where the silicate concentration was higher too. Additionally, the micro-phytoplankton contributed less to the total Chl a, and was accompanied by a lower silicate concentration at DY21-WP7 and DY21-EP1. At DY21-WP6, micro-Chl a was too low to be detected, and the silicate was significantly lower (<7 μmol/L) in the entire euphotic zone than it was at other stations. Large diatoms are the most abundant micro-phytoplankton in the oligotrophic Pacific (Landry et al., 1996), and diatom-based biomass and primary production are potentially limited by silicate (Dugdale and Wilkerson, 1998; Thomalla et al., 2010). Thus, the silicate concentration was likely responsible for the differences in the phytoplankton size structure.

4.2 *Interannual variability of Chl a and climate change*

El Niño and La Niña episodes are exceedingly important sources of interannual variability in the tropical and subtropical Pacific (Matsumoto et al., 2004; Strutton et al., 2008). Our data were collected during summer (May to October) generally considered to be an interim between climate episodes, which was weakly affected by climate change. Nevertheless, we still found an interannual variability in Chl a vertical profiles in the western and eastern Pacific, and the maximum Chl a was higher in 2008 than in the other years (Fig. 5). During the period of our investigation, there were two El Niño events (2004–2005, 2009–2010) and one La Niña event (2008–2009). La Niña, accompanied by increased nutrients, might be the main reason for the interannual maximum Chl a variability mentioned above. Chen and Lin (2008) studied Chl a and size fractionations of phytoplankton in the eastern Pacific where was investigated in this study. Their results show that MCL was shallower in 1999 when a strong La Niña event occurred; however, there was no significant variability of MCL in the other investigation years (1994, 1997, 1998, 2001 and 2003). It seems that phytoplankton did not response to the climate events well in the eastern tropical Pacific (10°N, 145–155°W). Sampling season might be one reason since all cruises were carried out during summer, when the nutrient conditions and phytoplankton biomass were close to normal status (Evans et al., 2009). On the other hand, no obvious change of Chl a and MCL was observed during the El Niño event from 1997 to 1998, which was the strongest El Niño event in several past decades and affected phytoplankton biomass significantly in the central and eastern equatorial Pacific (Wilson and Adamec, 2001; Wang et al., 2005). Further studies are needed to explain this phenomenon.

Additionally, the average S-Chl a in the central tropical Pacific was observed to be higher in 2008 than in other years; however, no obvious difference of the average S-Chl a in the eastern tropical Pacific was found between 2008 and 2009 (Table 4). According to NASA scientists, a new type of El Niño was noted, and ocean warming was found in the central equatorial region rather than the eastern Pacific. Such central Pacific El Niño events were observed in 2004–2005 and 2009–2010 (http://www.nasa.gov/topics/earth/features/elnino-20100825.html). Based on this, we suppose that there may have been a central Pacific La Niña, which affected the nutrients and Chl a in the central tropical Pacific more than in the eastern Pacific. If so, the high average S-Chl a in the central tropical Pacific in

2008 might be the consequence of a La Niña event during 2008-2009. On the other hand, the insignificant variability of S-Chl a in the eastern equatorial Pacific might be attributed to iron limitation. Upwelled macronutrient concentrations in the eastern equatorial Pacific are consistently high (Barber and Chavez, 1991). Given the extremely low nitrate uptake rates observed at the equator, if the upwelling stopped, it would still take over 6 months to deplete the surface nitrate (McCarthy et al., 1996; Aufdenkampe and Murray, 2002). This high-nitrate low-chlorophyll condition develops because of an iron limitation (Rocap et al., 2003). Therefore, without extra iron input, an increase in nutrients did not change the ecosystem balance, and thus, no increase in phytoplankton biomass was observed in the eastern equatorial Pacific.

Besides the S-Chl a, a percentage of the size-fractionated Chl a also showed an interannual variability with climate change. Strutton and Chavez (2000) quantified the changes in productivity and biomass associated with the being greater than 1 μm and greater than 5 μm phytoplankton size fraction during the transition from the intense El Niño of 1997–1998 to the La Niña conditions of mid- to late 1998. They observed an increase from 20% to 56% for the being greater than 1 μm fraction contribution to chlorophyll. The response of the being greater than 5 μm fraction was similar, as was the response of both size fractions with respect to their contribution to productivity. This conclusion is supported by the data presented in this study that the percentage of the pico-sized fraction to the total Chl a increased from the weak La Niña of 2008–2009 to the El Niño of 2009–2010, while the nano- and micro-sized fractions decreased during the same period (Table 5). However, there is a conflict between our data and traditional opinion. Landry et al. (1997) emphasized that picoplankton is a "background" population whose biomass and productivity vary little as a function of El Niño events, and a diatom community becomes more dominant when iron limitation is relieved via enhanced upwelling. Our results indicate that the changes in the total chlorophyll and the phytoplankton types that occurred between 2008 and 2009 were mainly attributed to the picoplankton. Further study is needed to understand the reason for the above contradiction.

Table 4. Inter-annual variation of S-Chl a (mg/m^3)

Year	Western Pacific	Central Pacific	Eastern Pacific
2005	—	0.058±0.033	—
2007	0.042±0.021	—	—
2008	0.067±0.017	0.157±0.076	0.222±0.080
2009	0.066±0.020	0.057±0.014	0.213±0.098

Table 5. Relationships among the SST, total S-Chl a and size fractions

Area	Year	SST*	Total S-Chl a	Micro (>20 μm)	Nano (2–20 μm)	Pico (0.2–2 μm)
Nino 3	2008	25.41	0.215±0.082	14.12%	21.68%	64.20%
	2009	25.98	0.188±0.055	8.82%	19.02%	72.15%
Nino 3.4	2008	26.70	0.169±0.054	9.78%	18.49%	71.73%
	2009	27.64	0.124±0.059	5.89%	15.83%	78.28%
Nino 4	2008	28.22	0.162±0.076	5.30%	16.11%	78.59%
	2009	29.34	0.057±0.014	2.89%	15.51%	81.60%

Notes: * SST in this table is an average value from July to October in 2008 and 2009.

5 Conclusions

(1) The S-Chl a ranged from 0.002 to 0.497 mg/m^3 during the four cruises and showed evident spatial and temporal distribution characteristics. The S-Chl a was higher in the eastern Pacific than in the western Pacific and central Pacific. Additionally, a significantly interannual variability in the S-Chl a was observed in the central Pacific, which showed a response to the La Niña event.

(2) The vertical profiles of Chl a showed a single peak pattern, and the maximum chlorophyll a layer (MCL) was observed at a greater depth in the western Pacific than in the eastern Pacific. The variation of the Chl a vertical profiles was echoed in the hydrological and chemical properties.

(3) Picoplankton (0.2–2 μm) made a major contribution to the total Chl a at the surface and in the entire euphotic zone, and were more dominant in the central Pacific than in the western Pacific and eastern Pacific. Furthermore, the size fractionation of the phytoplankton varied between different cruises, which might suggest a response to a climate change.

Acknowledgements

The authors wish to thank the officers and crew of the R/V *Dayang 1* for their assistance on board. We also wish to thank Zen Ruijian for water temperature and salinity data and Xu Yanqing for the nutrient data.

References

Aranami K, Watanabe S, Tsunogai S, et al. 2001. Biogeochemical variation in dimethylsulfide, phytoplankton pigments and heterotrophic bacterial production in the subarctic north Pacific. Journal of Oceanography, 57: 315–322

Aufdenkampe A K, Murray J. 2002. Controls of new production: the role of iron and physical processes. Deep-Sea Research II, 49: 2649–2688

Barber R T, Chavez F P. 1983. Biological consequences of El Ninõ. Science, 222: 1203–1210

Barber R T, Chavez F P. 1991. Regulation of primary productivity rate in the equatorial Pacific Ocean. Limnology and Oceanography, 36: 179–186

Chavez F P, Brusca R C. 1991. The Galapagos Islands and their relation to oceanographic processes in the tropical Pacific. In: James M J, ed. Galapagos Marine Invertebrates. New York: Plenum Press, 9–33

Chavez F P, Buck K R, Service S K, et al. 1996. Phytoplankton variability in the central and eastern tropical Pacific. Deep-Sea Research II, 43: 835–870

Chavez F P, Strutton P G, Friederich G E, et al. 1999. Biological and chemical response of the equatorial Pacific Ocean to the 1997–98 El Niño. Science, 286: 2126–2131

Chavez F P, Toggweiler J R. 1995. Upwelling in the ocean: modern processes and ancient records. In: Summerhayes C P, Emeis K C, Angel M V, et al., eds. Physical Estimates of Global New Production: the Upwelling Contribution. Chichester: Wiley, 313–320

Chen Xingqun, Lin Rongchen. 2008. Chlorophyll a and primary production in the northeastern Pacific Ocean. Acta Oceanologica Sinica, 27(1): 77–84

Dugdale R C, Wilkerson F P. 1998. Silicate regulation of new production in the equatorial Pacific upwelling. Nature, 391: 270–273

Dufour P, Charpy L, Bonnet S, et al. 1999. Phytoplankton nutrient control in the oligotrophic South Pacific subtropical gyre (Tuamotu Archipelago). Marine Ecology Progress Series, 179: 285–290

Evans W, Strutton P G, Chavez F P. 2009. Impact of tropical instability waves on nutrient and chlorophyll distribution in the equatorial Pacific. Deep-Sea Research I, 56: 178–188

Fiedler P C, Talley L D. 2006. Hydrography of the eastern tropical Pacific: a review. Progress in Oceanography, 69: 143–180

GB/T 12763.4—2007. 2007. The Specification for Oceanographic Survey—Part 4: Survey of Chemical Parameters in Sea Water. Beijing: Standards Press of China

Goldman J C, McCarthy J J, Peavy D G. 1979. Growth rate influence on the chemical composition of phytoplankton in oceanic waters. Nature, 279: 210–215

Herbland A, Le Bouteiller A, Raimbault P. 1985. Size structure of phytoplankton biomass in the equatorial Atlantic Ocean. Deep-Sea Research Part A—Oceanographic Research Papers, 32(7): 819–836

Higgins H W, Mackey D J. 2000. Algal class abundances, estimated from chlorophyll and carotenoid pigments, in the western Equatorial Pacific under El Niño and non-El Niño conditions. Deep-Sea Research, 47: 1461–1483

Honda M. 2003. Biological pump in northwestern north Pacific. Journal of Oceanography, 59: 671–684

Karl D M, Leteiler R, Hebel D, et al. 1995. Ecosystem changes in the North Pacific subtropical gyre attributed to the 1991–92 El Niño. Nature, 373: 230–234

Landry M R, Kirshtein J, Constantinou J. 1996. Abundances and distributions of picoplankton populations in the central equatorial Pacific from 12°N to 12°S, 140°W. Deep-Sea Research II, 43: 871–890

Landry M R, Barber R T, Bidigare R R, et al. 1997. Iron and grazing constraints on primary production in the central equatorial Pacific: An EqPac Synthesis. Limnology and Oceanography, 42: 405–418

Le Bouteiller A, Blanchot J, Rodier M. 1992. Size distribution patterns of phytoplankton in the western Pacific: towards a generalization for the tropical open ocean. Deep-Sea Research Part A—Oceanographic Research Papers, 39(5A): 805–823

Liu Zilin, Chen Jianfang, Chen Zhongyuan, et al. 2005. The size-fractionated chlorophyll a and primary productivity in the Bering Sea during the summer of 2003. Acta Oceanologica Sinica, 24(6): 127–134

Matsumoto K, Furuya K, Kawano T. 2004. Association of picophytoplankton distribution with ENSO events in the equatorial Pacific between 145°E and 160°W. Deep-Sea Research I, 51: 1851–1871

McCarthy J J, Garside C, Nevins J L, et al. 1996. New production along 140°W in the equatorial Pacific during and following the 1992 El Niño event. Deep-Sea Research II, 4–6: 1065–1093

Murray J W, Barber R T, Roman M R, et al. 1994. Physical and biological controls on carbon cycling in the Equatorial Pacific. Science, 226: 58–65

Pennington J T, Mahoney K L, Kuwahara V S, et al. 2006. Primary production in the eastern tropical Pacific: A review. Progress in Oceanography, 69: 285–317

Redfield A C. 1958. The biological control of chemical factors in the environment. American Scientist, 46: 205–221

Rocap G, Larimer F, Lamerdin J, et al. 2003. Genome divergence in two Prochlorococcus ecotypes reflects oceanic niche differentiation. Nature, 424: 1042–1047

Shen Guoying, Shi Bingzhang. 2002. Primary production in marine. In: Shen Guoying, Shi Bingzhang, eds. Marine Ecology. 2nd ed. Beijing: Science Press, 197–207

Smetacek V. 1998. Diatoms and the silicate factor. Nature, 391: 224–225

Strutton P G, Chavez F P. 2000. Primary productivity in the equatorial Pacific during the 1997–98 El Niño. Journal of Geophysical Research, 105: 26089–26101

Strutton P G, Evans W, Chavez F P. 2008. Equatorial Pacific chemical and biological variability, 1997–2003. Global Biogeochemical Cycles, 22, GB2001, doi:10.1029/2007GB003045

Thomalla S J, Waldron H N, Lucas M I, et al. 2010. Phytoplankton distribution and nitrogen dynamics in the Southwest Indian subtropical gyre and southern ocean waters. Ocean Science Discussions, 7: 1347–1403

Tomczak M, Godfrey J S. 1994. Regional Oceanography: An Introduction. Delhi: Daya Publishing House, 390

Toggweiler J R, Carson S. 1995. What are upwelling systems contributing to the ocean's carbon and nutrient budgets? In: Summerhayes C P, Emeis K C, Angel M V, et al., eds. Upwelling in the Ocean: Modern Processes and Ancient Records. Chichester: John Wiley and Sons, 337–360

Wang Xiujun, Christian J R, Murtugudde R, et al. 2005. Ecosystem dynamics and export production in the central and eastern equatorial Pacific: A modeling study of impact of ENSO. Geophysical Research Letters, 32, L02608, doi:10.1029/2004GL021538

Wilson C, Adamec D. 2001. Correlations between surface chlorophyll and sea surface heitht in the tropical Pacific during the 1997–1999 El Niño-Southern Oscillation event. Journal of Geophysical Research, 106: 31175–31188

Wilson C, Qiu X M. 2008. Global distribution of summer chlorophyll blooms in the oligotrophic gyres. Progress in Oceanogr, 78: 107–134

Yan Xiaohai, Ho C R, Zheng Quanan, et al. 1992. Temperature and size variabilities of the Western Pacific Warm Pool. Science, 258: 1643–1645

Zhang Yao, Jiao Nianzhi, Hong Ning. 2008. Comparative study of picoplankton biomass and community structure in different provinces from subarctic to subtropical oceans. Deep-Sea Research II, 55: 1605–1614

(该文刊于《Acta Oceanologica Sinica》2012年31卷3期)

The distribution of chlorophyll a in the tropical eastern Indian Ocean in austral summer

HONG Lisha[1,2], WANG Chunsheng[1,2*], ZHOU Yadong[1,2], CHEN Mianrun[3], LIU Hongbin[3], LIN Zhongyang[1,4], SONG Xunshu[1,5]

[1] The Second Institute of Oceanography, State Oceanic Administration, Hangzhou 310012, China

[2] Laboratory of Marine Ecosystem and Biogeochemistry, State Oceanic Administration, Hangzhou 310012, China

[3] Division of Life Science, Hong Kong University of Science and Technology, Hong Kong, China

[4] Key Laboratory of Submarine Geosciences, State Oceanic Administration, Hangzhou 310012, China

[5] State Key Laboratory of Satellite Ocean Environment Dynamics, Hangzhou 310012, China

Abstract
To study the effect of hydrographic factors on the spatial distributions of chlorophyll a (Chl a), an investigation was carried out in the tropical eastern Indian Ocean (80°–100°E along 7°S, and 7°–18°S along 80°E) in December 2010. The fluorescent method was used to obtain total Chl a and size-fractioned Chl a at the 26 stations. The results show that surface Chl a concentration averaged at (0.168±0.095) mg/m^3 s.d. (range: 0.034–0.475 mg/m^3), concentrations appeared to be higher in the west for longitudinal variations, and higher in the north for latitudinal variations. Furthermore, the surface Chl a concentration was lower (0.034–0.066 mg/m^3) in the region to the south of 16°S. There was a strong subsurface Chl a maximum layer at all stations and the depth of the Chl a maximum increased towards to the east and south along with the respective nitracline. The spatial variation of Chl a was significant: correlation and regression analysis suggests that it was primarily affected by PO_4^{3-}, N(NO_3–N+NO_2–N) and temperature. Size-fractionated Chl a concentration clearly showed that the study area was a typical oligotrophic open ocean, in which picophytoplankton dominated, accounting for approximately 67.8% of total Chl a, followed by nanophytoplankton (24.5%) and microphytoplankton (7.6%). The two larger fractions were sensitive to the limitation of P, while picophytoplankton was primarily affected by temperature.

Key words: eastern Indian Ocean, chlorophyll a, size fraction, Indonesian Throughflow

1 Introduction

Phytoplankton are the main contributor to marine primary productivity. Through photosynthesis, phytoplankton provide energy and fixed organic material for the marine food web (Huang et al., 2006). Chlorophyll a (Chl a) is the principal pigment for photosynthesis and thus can be used as an indicator of marine primary biomass according to relationships between Chl a content and photosynthesis rate and biomass (Chen and Gao, 2000). Spatial and temporal distributions of Chl a and environmental driving factors of the size abundance and structure of phytoplankton have become important research topic in oceanography. As the physiological characteristics of different sizes of phytoplankton and their ecological functions are different, it is essential to understand the composition and consequences of variability in the size of phytoplankton. For example, large-sized phytoplankton are easily grazed by mesozoooplankton and the fixed carbon is ultimately exported to great depths, while carbon produced by small-sized phytoplankton is generally recycled in the euphotic zone. Therefore, it is essential to understand the material and energy transfer in the planktonic food web in marine ecosystems from the perspective of size structure of phytoplankton for the study of marine primary biomass (Fu et al., 2009a). In the marine ecological

Foundation item: China Ocean Mineral Resources R & D Association under contract No. DY125-13-E-01; the Scientific Research Fund of the Second Institute of Oceanography, State Oceanic Administration under contract No. JG1024.
*Corresponding author, E-mail: wang-sio@163.com

environment, picophytoplankton (<2 μm) dominate in the oligotrophic waters because of its large surface area per unit volume, greater capacity to acquire nutrients and the efficiency in their use for growth and maintenance, and its smaller package effect, increasing the efficiency of light utilization (Raven, 1998). On the other hand, large-sized phytoplankton are limited by nutrient source. For example, the percentage of Pico-sized phytoplankton can account for 70%–90% of total Chl a in the oligotrophic waters in the Pacific Ocean, Atlantic Ocean and Indian Ocean (Odate, 1996; Savidge and Gilpin, 1999; Poulton et al., 2006).

As compared with the Pacific Ocean and the Atlantic Ocean, the Indian Ocean has two unique characteristics which fundamentally impact its biogeochemical processes. The first is the northern land boundary that precludes significant thermocline ventilation in the north and provides dust sources for elevated Aeolian iron deposition. The second unique feature is the annual monsoon cycle and the seasonal evolution of oceanic current patterns and upwelling distributions that develop in response to this forcing, providing the physical framework that leads to pronounced biogeochemical variability (Wiggert et al., 2006). In the north Indian Ocean, the formation of the monsoon currents is influenced by the tropical monsoon (Shankar et al., 2002), whereas in the South Indian Ocean, the South Equatorial Current is stable and flows from east to west all year round (Smith and Thorrington, 1971); The Indonesian Throughflow (ITF) brings high-temperature, low-salinity Pacific waters into the Indian Ocean, which causes the higher sea-surface temperature (SST) and the deepening of thermocline in the eastern Indian Ocean (Murtugudde and Busalacchi, 1998; McCreary et al., 2007).

Some studies have shown that the displacements of the thermocline between the eastern water and the western water are due to Rossby waves or Ekman pumping (Murtugudde and Busalacchi, 1998; Xie et al., 2001). Rossby waves, also known as planetary waves, are generated in the middle of the South Indian Ocean (SIO), and are due to the wind-stress curl between the southeasterly trades and equatorial westerlies, and they propagate westward (Xie et al., 2001). As compared with the Rossby waves, the Ekman drift effects are smaller. During the developing stage of Rossby waves, Ekman pumping appears to contain an in-phase westward-propagating component, exerting a resonant forcing (Xie et al., 2001).

In recent years, studies of the distribution of phytoplankton in the eastern Indian Ocean have been carried out. For example, ocean remote sensing data show that the primary productivity in eastern Indian Ocean is generally low, so the system is considered to be a typical tropical oligotrophic open-ocean according to Wiggert et al. (2006) and Marinelli et al. (2008). A comprehensive environmental survey (The cruise DY115-21 of China) studying the distribution and size structure of Chl a in the South Equatorial Current zone in the eastern Indian Ocean was carried out from April to May in 2010 (Zhou et al., 2011). A second survey was conducted in the tropical eastern Indian Ocean in December 2010. The study presented here aims to understand the effect of hydrographic factors on the distribution pattern and size-fractions of Chl a and additionally, we also attempt to do an intercomparison of surface Chl a between satellite data and in situ measurements.

2 Materials and methods

2.1 *Investigation area*

A comprehensive environmental investigation was conducted along two survey lines, one along 7°S (Transect A) and the other along 80°E (Transect B) on R/V *Dayang 1* in December 2010 (Fig. 1). Transect A comprised six stations (Stas A1–A6) from 80°–100°E. Transect B included Sta. A6 at 7°S, 80°E and 20 add-

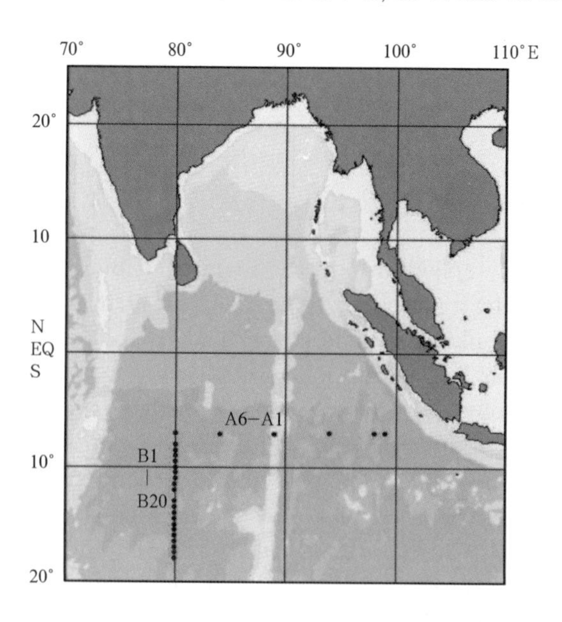

Fig.1. Investigation stations (December 2010). The stations along Transect A were Stas A1–A6 from east to west, and the stations along Transect B were Stas A6 and B1–B20 from north to south.

itional stations (Stas B1–B20) from 7°–18°S.

2.2 *Sampling and research methods*

Water samples were collected by Niskin bottles attached to a rosette instrumented with a Seabird 911 Plus CTD system. The sampling depths were 2, 10, 25, 50, 60, 70, 80, 90, 100, 125, 150, 175 and 200 m respectively, a total of 13 layers. Water samples of 500 ml were filtered onto glass fiber filters (Millipore APFF04700, 47 mm, 0.7 μm) for the determination of total Chl a. For size-fractionated Chl a, 20 μm (Millipore NY2004700, 47 mm), 2 μm (Millipore TTP04700, 47 mm) and 0.2 μm (Millipore GTTP04700, 47 mm) (polycarbonate membrane filters) were used, respectively. Five hundred milliliters water samples were filtered in sequence (20 μm first, then to the next smaller size). The filters were frozen immediately at −20°C then processed on board. Before the fluorometric determination of Chl a concentration, the filters were extrated at 4°C in the dark for 24 h in 8 ml 90% acetone. A Turner 10-AU Fluorometer was used to measure fluorescence before and after acidification of the extraction, and Chl a concentrations were calculated according to the specification for Oceanographic Survey (The Specification for Oceanographic Survey).

Measurements of temperature and salinity were obtained from the Seabird 911 plus CTD, and the water samples for measuring pH, dissolved oxygen and nutrients were collected from the same NIskin bottles from which Chl a was sampled. The specific processes for testing and analysis followed the Specification for Oceanographic survey (The Specification for Oceanographic Survey).

Multiple regression analysis of the Chl a variations and environmental factors, including the N (NO_3-N+NO_2-N), PO_4^{3-}, SiO_3^{2-}, temperature and salinity, was carried out to elucidate the most important factors that might be influencing the Chl a distribution. The multiple regression test was done by SPSS 14.0 and the data for the regression analysis were the column-integrated Chl a (mg/m^2, 0–200 m) and other environmental data of all stations.

3 Results

3.1 *The distribution of environmental factors*

3.1.1 *Temperature and salinity*

From Figs 2 and 3, it can be seen that along 7°S, the sea surface temperature (SST) was high to the east of 85°E (28.02–28.58°C), and then declined gradually to the value of 26.8°C at the west end of Transect A. Along 80°E, SST was much lower to the north (25.74±0.314°C between 8° and 12°S) than to the south of Transect B, and SST was lowest at the region of about 10°S which was only 25.15°C near 10°S. The steady decline of SST between 12° and 18°S was probably related to the change of latitude. The sectional distribution of temperature indicated stratification of the upper water column though large spatial variation was found. The thermocline along Transect A was gradually shallower from east to west, while it was gradually deeper from north to south along Tran-

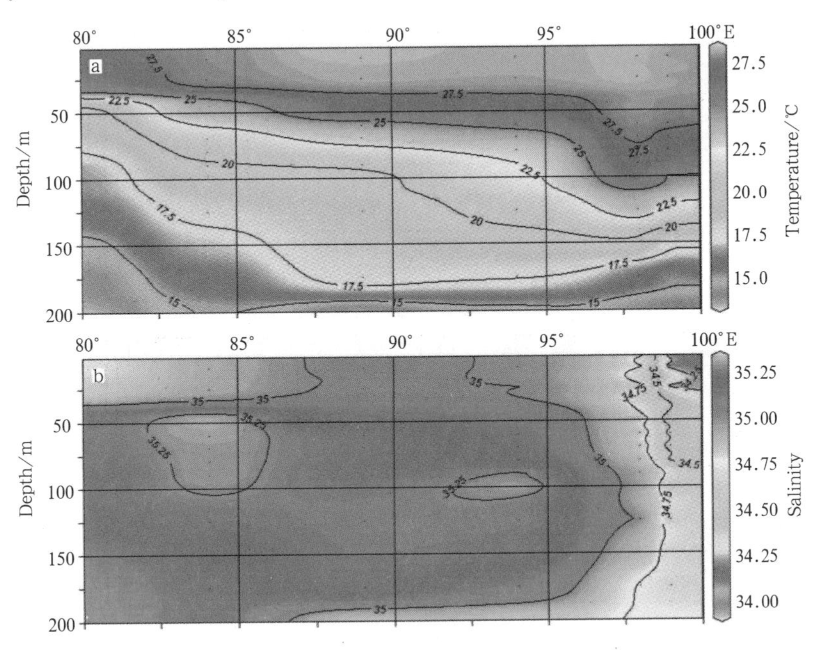

Fig.2. Sectional distribution of temperature and salinity along Transect A (7°S).

sect B, and it was shallowest at the region of about 10°S.

The surface salinity of investigated region did not vary much, but some anomalies occurred at specific stations. For example, the surface salinity at the east end of Transect A (Sta. A1) was abnormally low

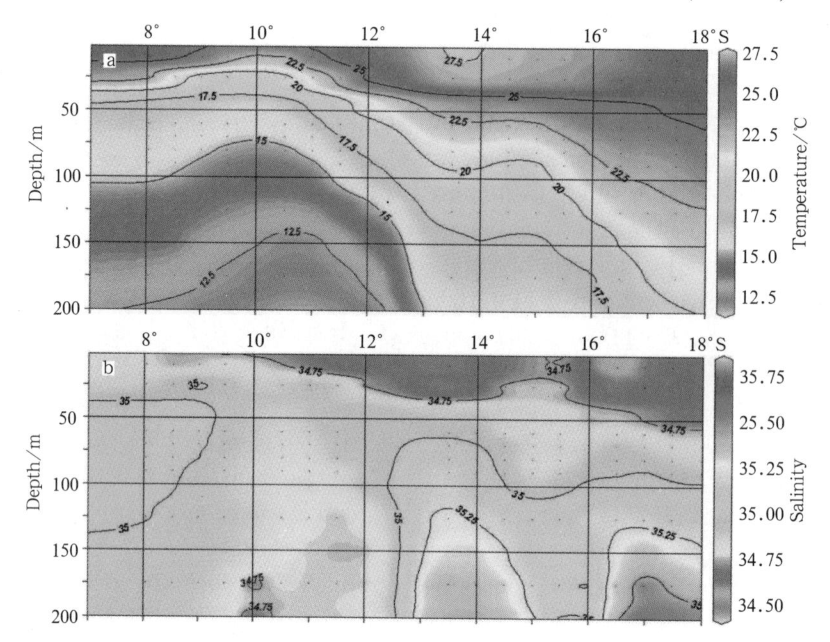

Fig.3. Sectional distribution of temperature and salinity along Transect B (80°E).

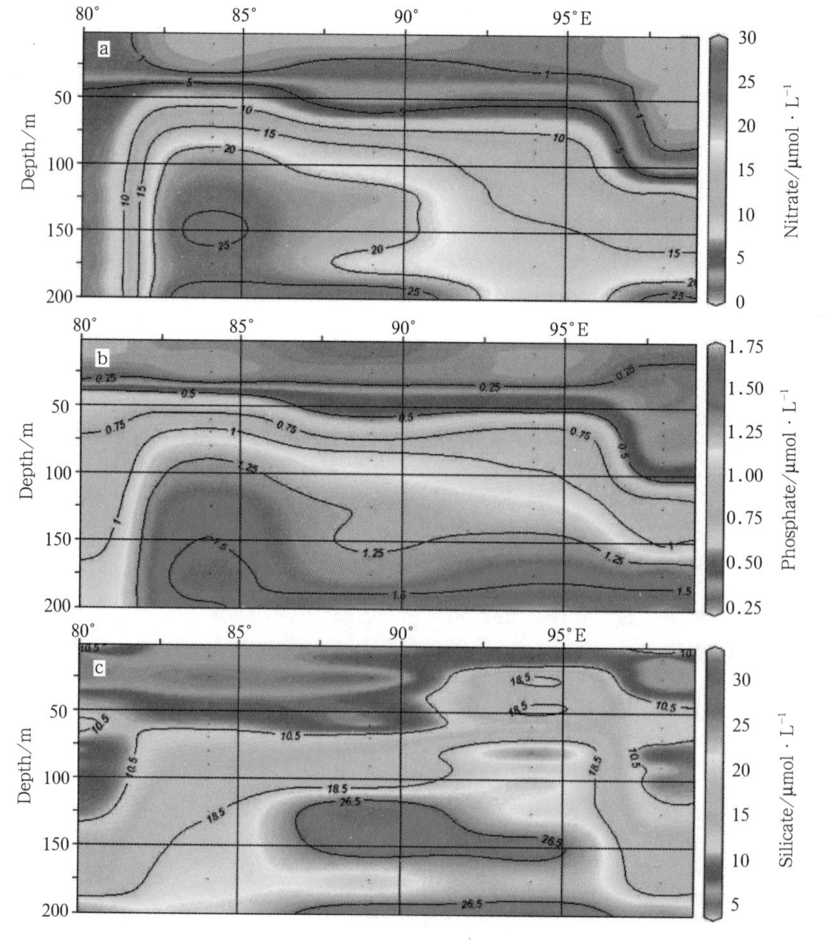

Fig.4. Sectional distribution of nutrients (NO_3^-, PO_4^{3-} and SiO_3^{2-}) along Transect A (7°S).

(33.94). Below the halocline (20–50 m), the change of the vertical structure of salinity was not obvious in most regions except for the regions to the south of 13°S (Figs 2 and 3).

3.1.2 *Nutrients*

Concentrations of NO_3^- at the surface varied greatly (From near zero to 7.40 μmol/L). Along Transect B it was higher to the north, varied and then decreased from north to south, and the highest value appeared at about 10°S, associated with the doming of the thermocline. Surface PO_4^{3-} concentration was relatively stable and it remained at a low level (0.18–0.24 μmol/L) of Transect A. However, along Transect B, PO_4^{3-} concentration was higher to the north and then decreased from north to south with a similar pattern to that of NO_3^- concentration with a maximum value where the thermocline was shallowest (0.80 μmol/L) at 10°S, and then decreasing gradually to a low value region to the south of 16°S (0.11–0.14 μmol/L). The variation range of SiO_3^{2-} concentration was also large. Sectional profiles of nutrients demonstrated the consistency between the nutriclines and thermoclines (Figs 4 and 5). From the perspective of vertical distribution, NO_3^- and PO_4^{3-} concentration was very low in the upper water column, and then it achieved the nutricline in which NO_3^- and PO_4^{3-} concentration increased rapidly at subsurface depth (Fig. 6).

3.2 *The distribution of Chl a*

The mean surface Chl a concentration of the investigated region was (0.168±0.095) mg/m^3 s.d.. The averages for transects were (0.248±0.129) mg/m^3 s.d. and (0.143±0.070) mg/m^3 s.d. along Transect A (Stas A1–A6) and Transect B (Stas B1–B20) respectively, while the ranges were 0.121–0.475 mg/m^3 and 0.034–0.267 mg/m^3. The surface Chl a along Transect A was gradually higher from east to west, and along Transect B, it was generally higher to the north end and then gradually decreased from north to south (Figs 7 and 8). Especially in the area to the south of 16°S, the

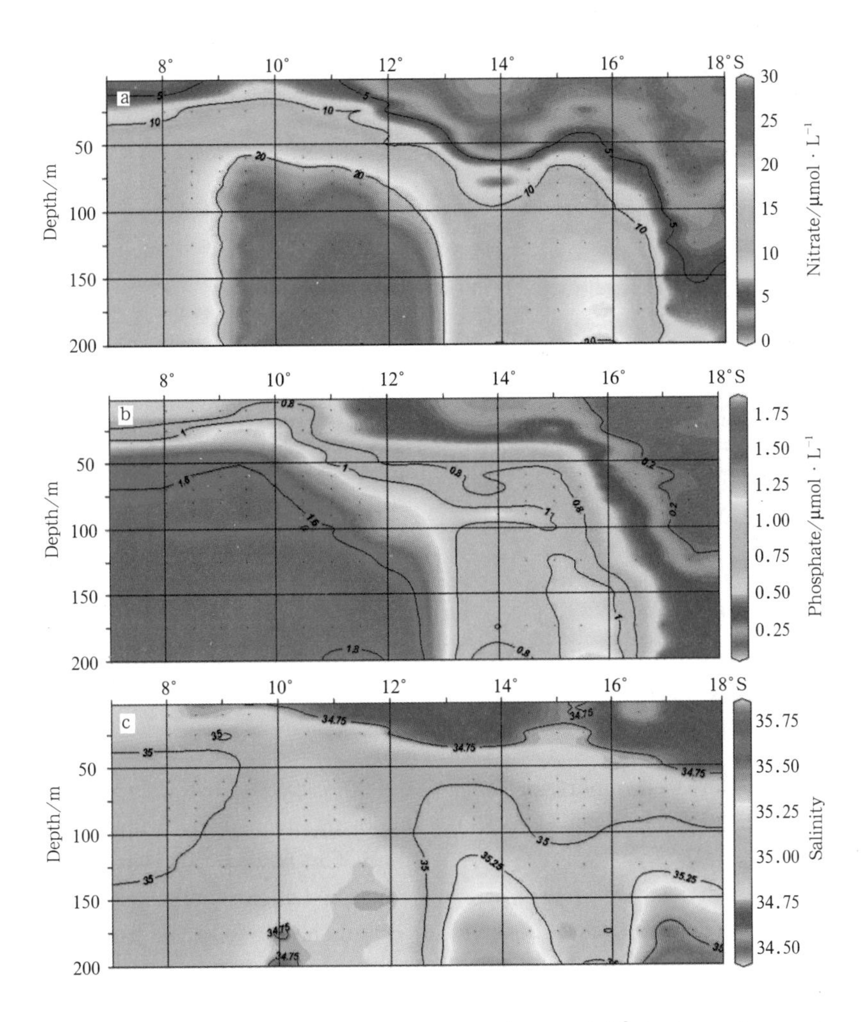

Fig.5. Sectional distribution of nutrients (NO_3^-, PO_4^{3-} and SiO_3^{2-}) along Transect B (80°E).

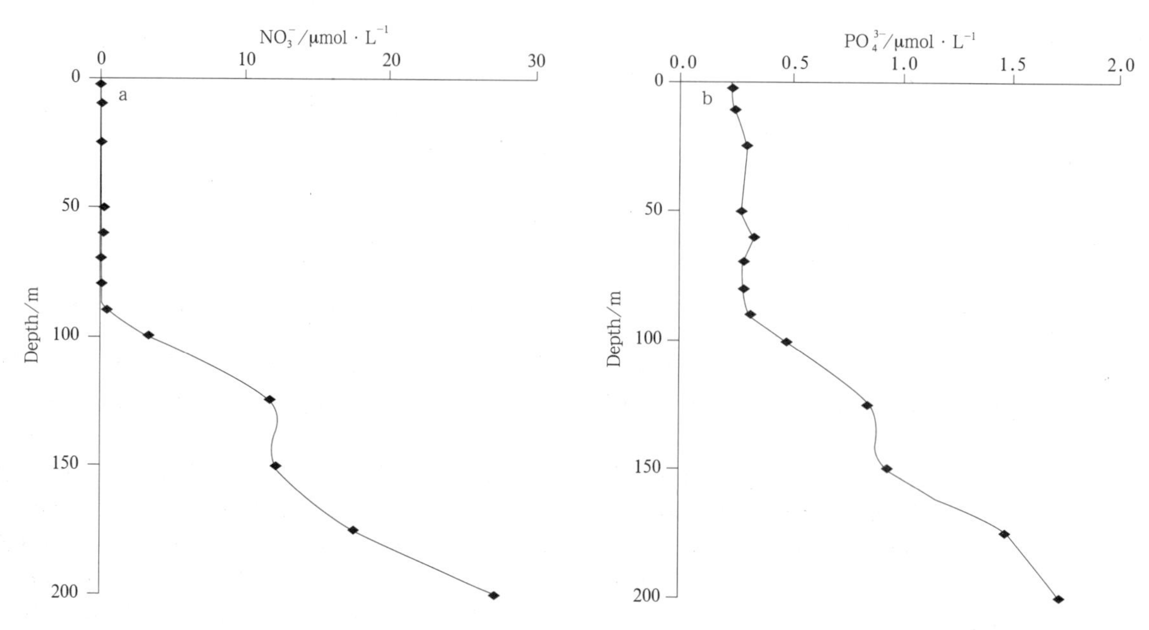

Fig.6. The vertical distribution of NO_3^-, PO_4^{3-} at Sta. A2.

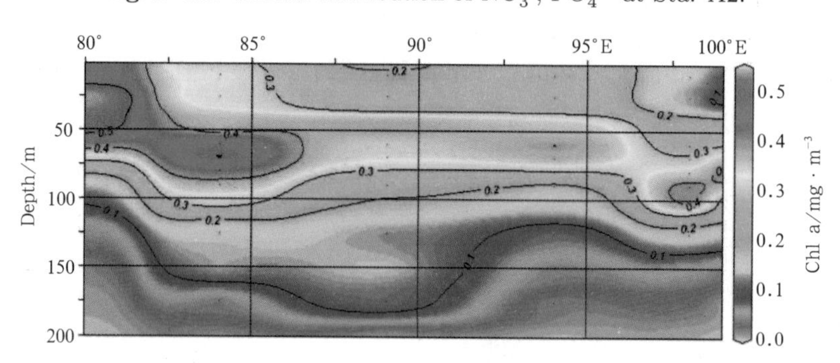

Fig.7. Sectional distribution of Chl a along Transect A (7°S).

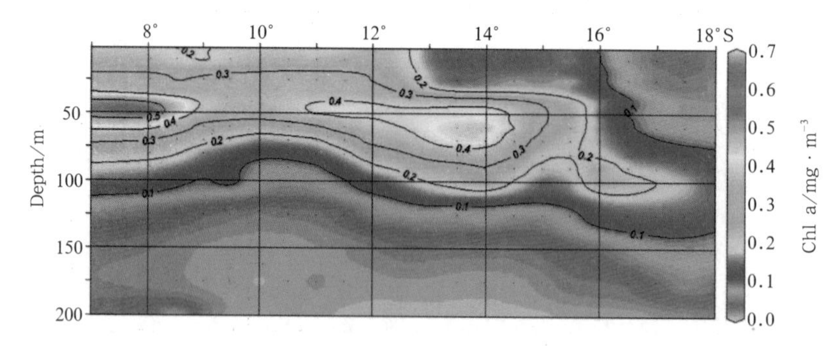

Fig.8. Sectional distribution of Chl a along Transect B (80°E).

surface Chl a concentration decreased remarkably and the concentrations of all stations never exceeded 0.100 mg/m^3.

From the perspective of vertical distribution, the Chl a appeared low at the surface, and then became greater with increasing depth until reaching Chl a maximum value at the subsurface (Fig. 9), and below that, the Chl a decreased with increasing depth and remained at a low level with the value less than 0.100 mg/m^3 below 150 m. The depths of the maximum Chl a were different among stations along two transects which tended to be deeper to the east (80–90 m) and shallower to the west (25–50 m). The range of maximum values was 0.404–0.566 mg/m^3 and its mean value was (0.476±0.062) mg/m^3 s.d. along Transect A and shallower in the north (50–60 m) and deeper in the south (90–100 m) with the range of maximum values being 0.125–0.711 mg/m^3 and its mean value being (0.398±0.138) mg/m^3 s.d. along Transect B (Figs 7 and 8). Around the junction of the two transects, the subsurface Chl a maximum was highest generally (the maximum value exceeded 0.700 mg/m^3).

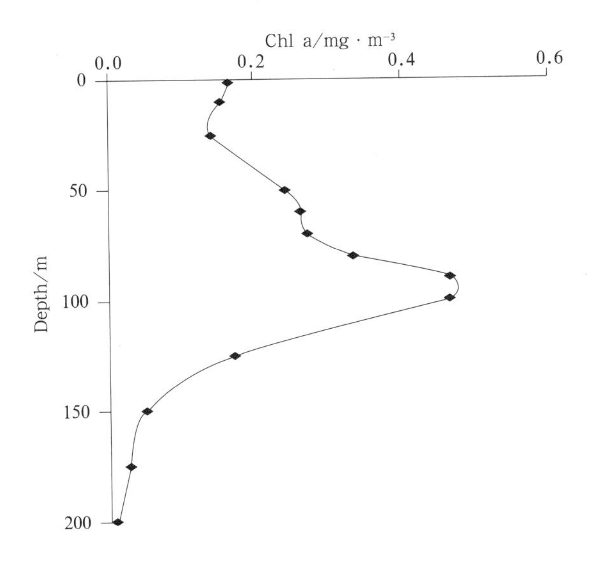

Fig.9. The vertical distribution of Chl a at Sta. A2.

3.3 *The size fraction of phytoplankton*

Size-fractionated analysis shows that picophytoplankton (Pico: >0.2 μm and <2.0 μm) were dominant in the total community, accounting for an average of 67.8% of the total Chl a for all samples, along Transect A the mean was 73%, while along Transect B it was relatively lower (66%). Nanophytoplankton (Nano: >2.0 μm and <20 μm) accounted for approximately 20% and 26% along the two transects respectively followed by microphytoplankton (Micro: >20 μm) which did not exceed 10% for both transects. At the area from 8° to 10°S, the percentage of Pico was lower (60.2%–68.8%) than the adjacent waters.

3.4 *Regression analysis of Chl a variations*

N (NO_3–N+NO_2–N) was rather weakly correlated with Chl a (Model 1, R^2=0.186, p=0.035), suggesting a weak influence of N on the variation of Chl a. On the other hand, PO_4^{3-} was the most important factor (Models 2 and 3, total R^2=0.435, p=0.006; If only P is considered, R^2=0.623, p <0.001). Temperature was the second significant factor explaining the variations of Chl a (Model 3, total R^2=0.618, p=0.006). Other factors including SiO_3^{2-} and salinity which were excluded in Table 1 had no further effect on Chl a based on non-significant p values.

Similarly, N was positively correlated with being greater than 20 μm and 2–20 μm Chl a, respectively (Micro: Model 1, R^2=0.374, p=0.002; Nano: Model 2, R^2=0.393, p=0.001), but when PO_4^{3-} was considered N was negatively correlated (Micro: Model 2, total R^2=0.760, p <0.001; Nano: Model 2, total R^2=0.679, p <0.001) (Tables 2 and 3), suggesting PO_4^{3-} playing a more important role in the variations of Micro and Nano. Other environmental factors including SiO_3^{2-}, temperature and salinity presented no relation with Micro and Nano. It is worthwhile to note that there was no correlation between Pico and PO_4^{3-} and N, but temperature was positively correlated (Model 2, total R^2=0.346, p=0.017) (Table 4).

Table 1. Regression coefficients for Chl a variations. Numbers in bold indicates significant level p <0.05

	Beta	Std. error	Standardized beta	T	p
Model 1					
Constant	0.765	0.336			
N	0.223	0.100	0.431	2.241	**0.035**
Model 2					
Constant	0.779	0.286			
N	−0.223	0.170	−0.431	−1.316	0.202
PO_4^{3-}	0.653	0.215	0.996	3.042	**0.006**
Model 3					
Constant	−1.514	0.779			
N	−0.207	0.143	−0.400	−1.450	0.162
PO_4^{3-}	0.642	0.181	0.979	3.548	**0.002**
Temperature	0.085	0.027	0.428	3.097	**0.006**

Notes: R^2=0.186 for Model 1, R^2=0.435 for Model 2, and R^2=0.618 for Model 3. Beta stands for regression coefficient, standardized beta standardized regression coefficient, and T the result of T test. Model 1 includes 1 single factor, while Models 2 and 3 include additional factors to explain the variations of dependents (the followed tables are the same).

Table 2. Regression coefficients for Micro Chl a variations. Numbers in bold indicates significant level p <0.05

	Beta	Std. error	Standardized beta	T	p
Model 1					
Constant	−1.234	0.403			
N	0.433	0.119	0.611	3.624	**0.002**
Model 2					
Constant	−1.209	0.255			
N	−0.327	0.151	−0.462	−2.162	**0.042**
PO_4^{3-}	1.112	0.192	1.240	5.804	**<0.001**

Notes: R^2=0.374 for Model 1, R^2=0.760 for Model 2, n=334.

Table 3. Regression coefficients for Nano Chl a variations. Numbers in bold indicates significant level p <0.05

	Beta	Std. error	Standardized beta	T	p
Model 1					
Constant	−0.156	0.269			
N	0.302	0.080	0.627	3.777	**0.001**
Model 2					
Constant	−0.142	0.201			
N	−0.142	0.119	−0.296	−1.198	0.244
PO_4^{3-}	0.650	0.150	1.066	4.318	**<0.001**

Notes: R^2=0.393 for Model 1, R^2=0.679 for Model 2, n=334.

Table 4. Regression coefficients for Pico Chl a variations. Numbers in bold indicates significant level p <0.05

	Beta	Std. error	Standardized beta	T	p
Model 1					
Constant	0.771	0.315			
N	0.193	0.094	0.402	2.061	0.051
Model 2					
Constant	−18.111	7.305			
N	−0.157	0.084	0.328	1.859	0.077
Temperature	0.547	0.212	0.456	2.587	**0.017**

Notes: R^2=0.162 for Model 1, R^2=0.364 for Model 2, n=334.

4 Discussion

4.1 *Comparing patterns of measured Chl a with remote sensing data*

Figure 13 shows the average monthly surface Chl a in December 2010 as detected by the aboard satellite. The solid black regions in the figure were mainly due to the shielding by clouds, leading to the exclusion of the data from the processed image. In general, the hydrographic factors in the studied area in December were expected to be relatively steady, because the main currents, such as Indonesian Throughflow (ITF), and South Equatorial Current (SEC), should have no significant changes. For example, ITF is the strongest from May to September and it is weaker from November to March (Meyers et al., 1995; Qiu et al., 1999), and the SEC is the strongest from July to September (Feng and Wijffels, 2002). Because the distribution of Chl a is based primarily on the change of hydrographic dynamics (Fu et al., 2009b), the comparison between the average monthly surface Chl a concentration in December 2010 by the remote sensing of ocean color and in situ measurement data is acceptable. Generally speaking, the spatial variation of surface Chl a determined in situ agreed with ocean remote sensing satellite data. For example, the surface Chl a increased gradually from south to north along Transect B in both date sets (Figs 8 and 13).

Direct comparison of values obtained by satellite data with in situ measured data, showed that the estimates of surface Chl a from the satellite were higher than the values obtained by in situ measurement. For example, the surface Chl a concentration obtained by in situ measurement at around 10°S was about 0.200 mg/m^3, but the concentration obtained by the satellite exceeded 0.400 mg/m^3. In addition, the surface Chl a concentration obtained by the satellite to the south of 16°S exceeded 0.100 mg/m^3, but the concentration obtained by in situ measurement was less than 0.070 mg/m^3. Krezel et al. (2005) also believed that the satellite remote sensing data were suitable to observe the trends of surface Chl a, but that the estimates of surface Chl a from the current algorithms was not very accurate.

4.2 *Distribution of Chl a relation to hydrographic parameters*

In the surface waters of tropical oceans, the primary productivity is easily limited by nutrients due to the persistent existence of the thermocline that prevents the mixing of nutrients from deep water into the euphotic zone. Dugdale hypothesized that oceanic species were able to survive in chronically nutrient-depleted waters by virtue of their efficient N uptake at low ambient concentrations (i.e., high substrate affinity manifest by a low K_s; K_s is the half-saturation parameter) (Harrison et al., 1996). However, the range of K_s for SiO_3^{2-} was relatively large, because different diatom species may have the bigger different affinity for SiO_3^{2-} (Nelson and Dortch, 1996). According to the half-saturation constant of nutrient uptake of phytoplankton which were referred to in the autumn survey in SEC zone (The K_N of NO_3^- was 0.01–0.12 μmol/L; the K_P of PO_4^{3-} was 0.04–0.18 μmol/L; the K_{Si} of SiO_3^{2-} was 0.5–5 μmol/L; K_N, K_P and K_{Si} are the half-saturation parameter for uptake of nitrate, phosphate and silicate respectively) (Zhou et al., 2011), it could be found that the nutrients concentrations of

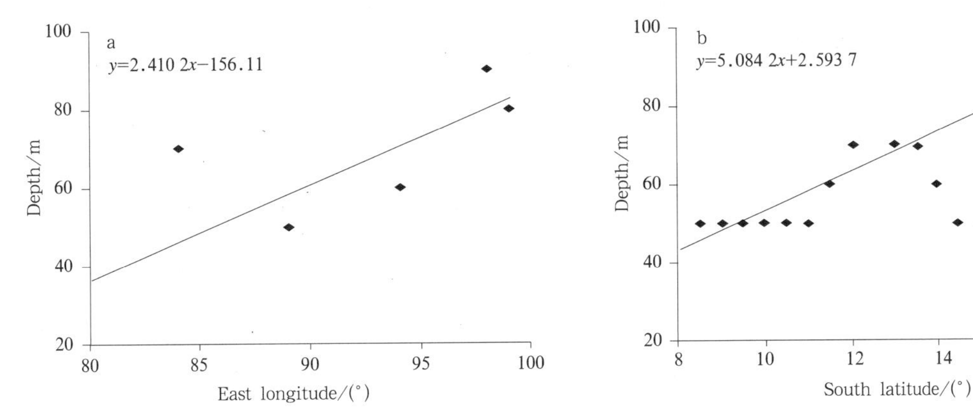

Fig.10. The trends of the depth of the maximum Chl a with longitude or latitude. a. Transect A (7°S), n=6, r=0.797, p >0.05; and b. Transect B (80°E), n=20, r=0.803, p <0.001.

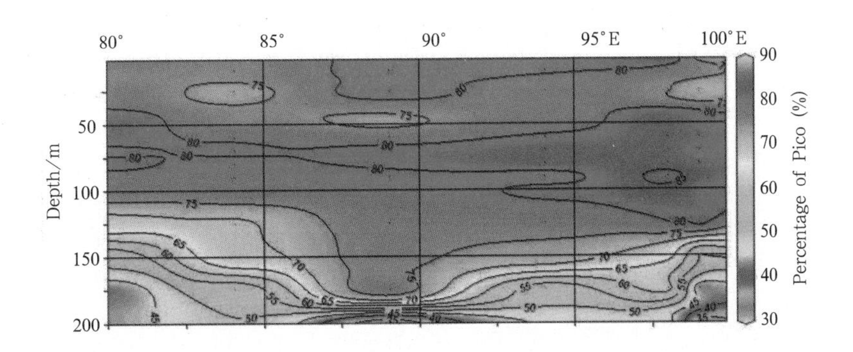

Fig.11. Sectional distribution of the contribution rate of Pico to total Chl a along Transect A (7°S).

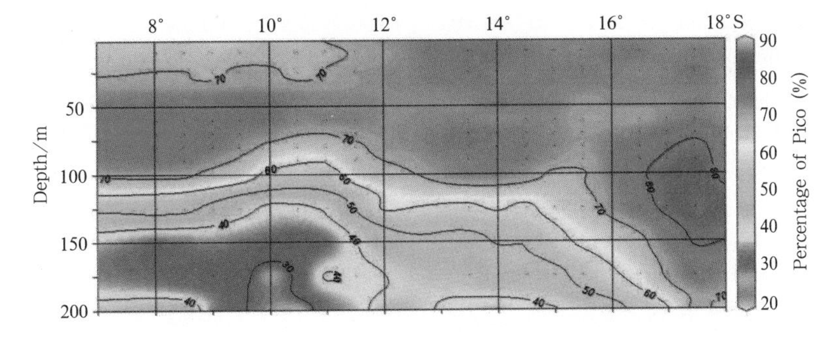

Fig.12. Sectional distribution of the contribution rate of Pico to total Chl a along Transect B (80°E).

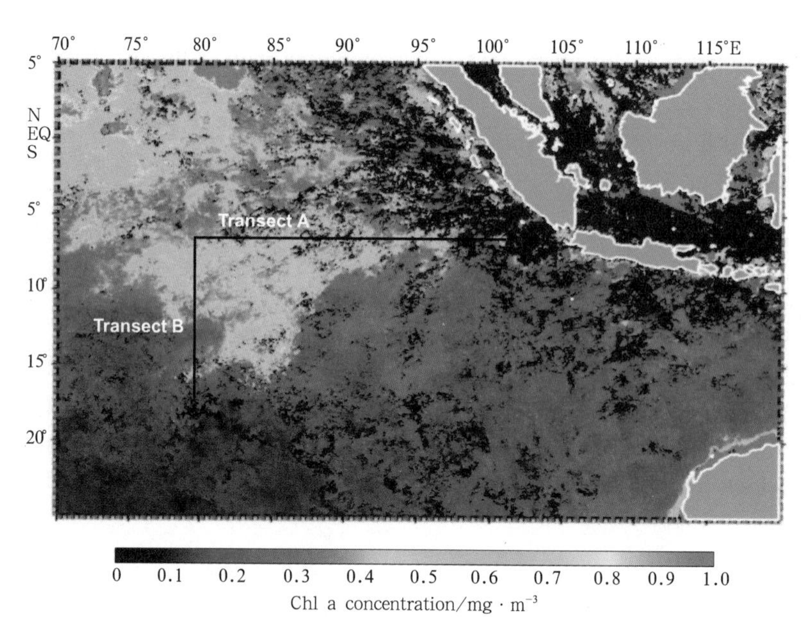

Fig.13. The average monthly surface Chl a in the tropical eastern Indian Ocean in December 2010 from ocean color remote sensing. Level 3 product in HDF format from the ocean color official website (http://oceancolor.gsfc.nasa.gov/).

the mixed layer in most stations were higher than half-saturation constant in summer, indicating that the restriction in summer was not as strong as in autumn, which lead to the mean surface Chl a concentration in summer (0.168 ± 0.095 mg/m^3) was higher than the concentration in autumn (0.122 ± 0.052 mg/m^3). The results investigated in autumn show that surface Chl a concentration in the east was higher than in the west, possibly due to the influence of high-temperature, low-salinity and nutrient-rich surface water from the South Java Current (SJC) and ITF (Zhou et al., 2011). However, on the contrary, this study shows that the surface Chl a in the west of the survey region was higher than in the east. Based on the above analysis, it can be suggested that the Chl a distribution was seasonal, which was similar to the seasonal changes of Chl a in the Atlantic Ocean (Herbland et al., 1985; Perez et al., 2005). The reasons for the seasonal differences of the distribution of Chl a might be due to the seasonal change of the SEC, SJC, ITF and Rossby waves by changing hydrographic features (Xie et al., 2001). For example, the SEC is strengthened during July to September, SJC is strengthened in May and November (Bray et al., 1997), and the transportation speed of ITF is highest between July and September but slowest between November and March (Meyers et al., 1995; Qiu et al., 1999). On the other hand, an upwelling in the west of the survey region could have brought nutrient-rich water from deep to the euphotic zone, stimulating productivity and giving rise to higher surface Chl a in the west which was higher than in the east, so that it masked the influence of SJC on the elevation of surface Chl a in the east. In addition, the SJC has a very warm, relatively fresh surface layer (salinities ~33.8) all the year round except from May to September when there is an upwelling area between Java and north-west coast of Australia with cold and salty surface water (Bray et al., 1997; Sprintall et al., 1999). Consequenlty, so low salinity (33.94) at Sta. A1 may be due to the effect of SJC which is limited to the east of Sta. A1 in the study area. Moreover, some other studies also show that there might be an upwelling at about 10°S. For example, the study by Xie et al. (2001) shows that from 5° to 15°S in the SIO there was an upwelling throughout the year, and the study by Wilson and Qiu (2008) shows that the presence of phytoplankton blooms along 10°S in the SIO was clearly associated with a hydrographic feature, which explains the bloom within a conventional upwelling scenario. The examination of remote sensing observations also reveals a number of parameters anomalies at 10°S, suggesting an upwelling (Subrahmanyam et al., 2009); maximum concentration of NO_3^- and PO_4^{3-} at around 10°S in this study also gives indirect evidence to the presence of upwelling (Fig. 3).

In addition, as Rossby waves move from east to west in the study region, they do not transport water masses with them, so they should be able to lift nutrients closer to the surface as they propagate, leading to the production of phytoplankton blooms (Subrahmanyam et al., 2009). Siegel (2001) dubbed the process as Rossby rototiller. The presence of Rossby waves was clearly detected at about 10°S in the SIO during 2003–2006 in the study by Subrahmanyam et al. (2009), and significant surface Chl a anomalies were associated with them, consistent with the results of this research that the anomalies of surface Chl a were detected between 7°–12°S, especially along Transect A (Figs 2, 3, 7 and 8).

Nitrogen is important in marine ecosystems, especially from the estuarine to coastal continuum, and N is generally considered to be the primary limiting nutrient for phytoplankton biomass accumulation (Rabalais, 2002; Lewis et al., 1986; Smith, 1984). Our results show that there was a positive correlation between integrated surface layer Chl a and N (Table 1). However, N could be supplied not only from below, but also by sources such as nitrogen fixation and recycling. On the other hand, the sources of P are vertical mixing and recycling, which can lead to P limitation in the surface water (Smith and Atkinson, 1984; Howarth, 1988).

Our multiple regression analysis shows that P was particularly important when the factor of N is fixed. Moreover, relatively higher beta values (Table 1) even suggest that P was probably a leading limiting factor for most stations. Phosphorus limitation was also shown in the studies in the Florida Bay and southeastern Mediterranean (Krom et al., 1991; Testudinum, 1992). The limitations of N and P for primary productivity in oceans are not absolute, however, they are influenced by the interaction of the relative rate of water exchange and internal biochemical process to adjust the N/P ratio of the ecosystem (Smith, 1984). Wilson and Qiu (2008) suggested that the process of nitrogen fixation would naturally lead to P limitation, as there was not a supply of P coupled to the N derived from nitrogen fixation, and dissolved inorganic phosphate is generally negligible in the surface oligotrophic ocean. *Trichodesmium* is the most well-known ocean diazotroph. Although there have been rather few studies in the Indian Ocean, recent studies suggested a rich diversity cyanobacteria in the western Indian Ocean and many of the taxa identified were known to fix or were potential nitrogen fixers, especially the genus *Richelia*, which is particularly common in the area (Bergman, 2001).

The Redfield ratio is often used to describe the potential demand for nutrients of phytoplankton, and the analysis of N/P ratios (the ration of integrated nitrate+nitrate in the upper 200 m to phosphate in the upper 200 m) of all stations indicates that only the value of Sta. B17 was greater than 16, and the N/P ratios of all other stations were less than 16. Moreover, the average value was only 5.43 μmol/L. These results show that the source of N from vertical mixing is not as adequate as the source of P in the surface waters.

To the south of 16°S, there was a region of low PO_4^{3-} concentration, which was close to half-saturation constant or less (0.11–0.14 μmol/L), indicating that the growth of phytoplankton was limited by PO_4^{3-} or by both N and PO_4^{3-} in this region, which led to the surface Chl a (0.034–0.066 mg/m^3) being much lower than the mean surface Chl a of the whole area (0.168±0.095 mg/m^3). By the analysis of ocean color remote sensing data, it was shown that the primary biomass of phytoplankton in the oligotrophic southeast Indian Ocean was limited by trace element iron (Wiggert et al., 2006). Because the stations along Transect A were relatively close to the land, the aeolian deposition brought rich iron to sustain the rapid growth of surface phytoplankton. However, along Transect B especially the region to the south far from the land, the source of iron was restricted, perhaps leading to a significant reduction in surface Chl a.

4.3 *Comparison of size-fractioned Chl a*

In the marine ecological environment, phytoplankton can be divided into microphytoplankton, nanophytoplankton and picophytoplankton according to the particle size. Picophytoplankton dominates in oligotrophic waters because of its large surface area per unit volume, greater capacity to acquire nutrients and the efficiency in their use for growth and maintenance, and its smaller package effect (Raven, 1998). Similar to total Chl a, regression analysis suggests that Micro and Nano were more limited by PO_4^{3-} than N (Tables 2 and 3). The results might be explained on the basis of two cases: (1) when N was adequate, the amount of PO_4^{3-} had the most important influence on the variation of Chl a variations; and (2) if the amount of P was inadequate, the variation of Chl a would be limited, regardless of the changes of N. Pico presented no correlations with PO_4^{3-}, and it could be seen that when the amount of N and PO_4^{3-} limited the Micro and Nano it did not limit the abundance of Pico, suggesting the Pico has higher affinity for nutrients in the low-nutrient environment. In the entire investigation, the average contribution of Pico to total Chl a was 67.8% which was a little lower than that for the autumn survey (75%). The reasons for the differences might be that nutrient concentrations in the mixed layer in summer were higher than in autumn. In low-nutrient environments, Pico has a high affinity for nutrients, allowing them to maintain high growth, leading to dominance (Agawin et al., 2002). On the contrary, in the high-nutrient environments, the productivity of Pico would be limited (Agawin et al., 2000). Figure 12 shows that the contribution of Pico was smaller than that in the adjacent waters at around 10°S, and might be because the nutrients in this water were richer than the surrounding waters (Fig. 5), leading to the growth of Pico being limited and the dominance decreasing. On the whole, the contribution of Pico to the total Chl a was lower relative to other areas in summer in the eastern Indian Ocean. For example, some studies show that the percentage of Pico to total chlorophyll was 80%–90% in the Atlantic Ocean (Poulton et al., 2006), and 86% in the subtropical circle area of the Pacific Ocean (Liu et al., 2006).

5 Conclusions

The results of this environmental investigation in the tropic eastern Indian Ocean show that the clear patterns of SST, and the position of thermocline, tend to be deep in the east and shallow in the west along Transect A due to the influence of ITF, Rossby waves. N and PO_4^{3-} were the main limiting factors for phytoplankton growth, and PO_4^{3-} is inferred to be the most important based on the regression analysis. The surface Chl a appeared low in the east and high in the west, high in the north and low in the south, and to the south of 16°S, it was abnormally low which might be due to limitation by PO_4^{3-}. The vertical stratification structures of Chl a were apparent and the depth of the maximum Chl a showed the same trend with the change of thermocline which became shallower gradually from east to west along Transect A and became deeper gradually from north to south along Transect B. Picoplankton dominated in the contribution to the total Chl a, which was 67.8% on the average, showing that the study area was a typical oligotrophic open ocean. Similar to the total Chl a, microphytoplankton and nanophytoplankton, size classes were inferred to be limited by PO_4^{3-} and NO_3^-. However, picophytoplankton presented no correlations with PO_4^{3-} and NO_3^-, which may be due to its advantage of small cell size. Based on the minimum temperature and the maximum NO_3^-, PO_4^{3-}, Chl a concentrations at 10°S, it could be speculated that there might be a strong upwelling at around 10°S.

Acknowledgements

The authors sincerely thank the officers and crew of the R/V *Dayang 1* for their assistance during the cruise; Yao Mei and Liu Xizhen for the nutrients data; Tu Qianguang and Han Zhengbin for their guidance on using drawing software. We wish to give special thanks to Prof. John Cullen of Dalhousie University, Canada and Prof. Zhu Mingyuan of the First Institute of Oceanography, SOA for the work to be more perfect of this article.

References

Agawin Nona S R, Agustí Susana, Duarte Carlos M. 2002. Abundance of Antarctic picophytoplankton and their response to light and nutrient manipulation. Aquatic Microbial Ecology, 29: 161–172

Agawin Nona S R, Duarte Carlos M, Agusti Susana. 2000. Nutrient and temperature control of the contribution of picoplankton to phytoplankton biomass and production. Limnology and Oceanography, 45(3): 591–600

Bergman B. 2001. Nitrogen-fixing cyanobacteria in tropical oceans, with emphasis on the Western Indian Ocean. South African Journal of Botany, 67: 426–432

Bray N A, Wijffels S E, Chong J C, et al. 1997. Characteristics of the Indo-Pacific throughflow in the eastern Indian Ocean. Geophysical Research Letters, 24(21): 2569–2572

Chen Yuwei, Gao Xiyun. 2000. Comparison of Two Methods for Phytoplankton Chlorophyll-a Concentration Measurement. Journal of Lake Science (in Chinese), 12(2): 185–188

Feng Ming, Wijffels Susan. 2002. Intraseasonal variability in the South Equatorial Current of the East Indian Ocean. American Meteorological Society, 32: 265–277

Fu Mingzhu, Wang Zongling, Li Yan, et al. 2009a. Study on size-fraction and carbon fixation of phytoplankton primary productivity in Jiaozhou Bay. Advances in Marine Science (in Chinese), 27(3): 357–366

Fu Mingzhu, Wang Zongling, Sun Ping, et al. 2009b. Size structure and potential export of phytoplankton primary production in the southern Huanghai (Yellow) Sea. Acta Oceanologica Sinica (in Chinese), 31(6):

100–109

Harrison W G, Harris L R, Irwin B D. 1996. The kinetics of nitrogen utilization in the oceanic mixed layer: Nitrate and ammonium interactions at nanomolar concentrations. Limnology and Oceanography, 41(1): 16–32

Herbland A, Bouteiller A Le, Raimbault P. 1985. Size structure of phytoplankton biomass in the equatorial Atlantic Ocean. Deep-Sea Research, 32(7): 819–836

Howarth Robert W. 1988. Nutrient limitation of Net primary production in marine ecosystems. Annual Review of Ecology and Systematics, 19: 89–110

Huang Bangqin, Liu Yuan, Chen Jixin, et al. 2006. Temporal and spatial distribution of size-fractionized phytoplankton biomass in East China Sea and Huanghai Sea. Acta Oceanlolgica Sinica (in Chinese), 28(2): 156–164

Krezel Adam, Szymanek Lena, Kozlowski Lukasz, et al. 2005. Influence of coastal upwelling on chlorophyll a concentration in the surface water along the Polish coast of the Baltic Sea. Oceanologia, 47(4): 433–452

Krom M D, Kress N, Brenner S. 1991. Phosphorus limitation of primary productivity in the eastern Mediterranean Sea. Limnology and Oceanography, 36(3): 424–432

Liu Zilin, Chen Zhongyuan, Zhou Beifeng, et al. 2006. The seasonal distribution of the standing stock of phytoplankton in the source area of the Kuroshio and adjacent areas. Transactions of Oceanology and Limnology (in Chinese), 1: 58–63

Lewis Marlon R, Hebert David, Harrison W Glen, et al. 1986. Vertical Nitrate Fluxes in the Oligotrophic Ocean. Science, 234(4778): 870–873

Marinelli Marco A, Lynch Mervyn J, Pearce Alan F. 2008. A remote sensing study of the phytoplanktonspatial-temporal cycle in the south eastern Indian Ocean. Journal of Applied Remote Sensing, 2: 1–21

McCreary Julian P, Miyama Toru, Furue Ryo, et al. 2007. Interactions between the Indonesian Throughflow and circulations in the Indian and Pacific Oceans. Progress in Oceanography, 75: 70–114

Meyers G, Bailey R J, Worby A P. 1995. Geostrophic transport of Indonesia throughflow. Deep-Sea Research I, 42(7): 1163–1174

Murtugudde Ragu, Busalacchi Antonio. 1998. Interannual variability of the dynamics and thermodynamics of the tropical Indian Ocean. Journal of Climate, 12: 2300–2326

Nelson D M, Dortch Q. 1996. Silicic acid depletion and silicon limitation in the plume of the Mississippi River: evidence form studies in spring and summer. Marine Ecology Progress Series, 136: 163–178

Odate Tsuneo. 1996. Abundance and Size Composition of the Summer Phytoplankton Communities in the Western North Pacific Ocean, the Bering Sea, and the Gulf of Alaska. Journal of Oceanography, 52: 335–351

Perez Valesca, Fernandez Emilio, Maranon Emilio, et al. 2005. Seasonal and interannual variability of Chl a and primary production in the Equatorial Atlantic: in situ and remote sensing observations. Journal of Plankton Research, 27: 189–197

Poulton Alex J, Holligan Patrick M, Hickman Anna, et al. 2006. Phytoplankton carbon fixation, chlorophyll-biomass and diagnostic pigments in the Atlantic Ocean. Deep-Sea Research II, 53: 1593–1610

Qiu Bo, Mao Ming, Kashino Yuji. 1999. Intraseasonal Variability in the Indo-Pacific Throughflow and the Regions Surrounding the Indonesian Seas. Journal of Physical Oceanography, 29: 1599–1618

Rabalais Nancy N. 2002. Nitrogen in aquatic ecosystems. Royal Swedish Academy of Sciences, 31(2): 102–112

Raven J A. 1998. The twelfth Tansley Lecture. Small is beautiful: the picophytoplankton. Functional Ecology, 12: 503–513

Savidge Graham, Gilpin Linda. 1999. Seasonal influences on size-fractionated chlorophyll a concentrations and primary production in the north-west Indian Ocean. Deep-Sea Research II, 46: 701–723

Shankar D, Vinayachandran P N, Unnikrishnan A S. 2002. The monsoon currents in the north Indian Ocean. Progress in Oceanography, 52: 63–120

Siegel David A. 2001. The Rossby rototiller. Nature, 409: 576–577

Smith S V. 1984. Phosphorus versus nitrogen limitation in the marine environment. Limnology Oceanography, 29(6): 1149–1160

Smith S V, Atkinson M J. 1984. Phosphorus limitation of net production in a confined aquatic ecosystem. Nature, 307: 626–627

Smith M, Thorrington. 1971. West Indian Ocean phytoplankton: a numerical investigation of phytohydrographic regions and their characteristic phytoplankton associations. Marine Biology, 9: 115–137

Sprintall Janet, Chong Jackson, Syamsudin Fadli, et al. 1999. Dynamics of the South Java Current in the Indo-Australian Basin. Geophysical Research Letters, 26(16): 2493–2496

State Technology Supervision Bureau. 2007. GB/T 12736. 6-2007. The Specification for Oceanographic Survey. Beijing: Standards Press of China

Subrahmanyam Bulusu, Heffner David M, Cromwell David, et al. 2009. Detection of Rossby waves in multi-parameters in multi-mission satellite observations and HYCOM simulations in the Indian Ocean. Remote Sensing of Environment, 113: 1293–1303

Testudinum Thalassia. 1992. Phosphorus limitation of primary production in Florida Bay: Evidence from C: N: P ratios of the dominant seagrass. Limnology and Oceanography, 37(1): 162–171

Wiggert J D, Murtugudde R G, Christian J R. 2006. Annual ecosystem variability in the tropical Indian Ocean: Results of a coupled bio-physical ocean general circulation model. Deep-Sea Research II, 53: 644–676

Wilson Cara, Qiu Xuemei. 2008. Global distribution of summer chlorophyll blooms in the oligotrophic gyres. Progress in Oceanography, 78: 107–134

Xie Shangping, Annamalai H, Schott Friedrich A, et al. 2001. Structure and Mechanisms of South Indian Ocean Climate Variability. Journal of Climate, 1–35

Zhou Yadong, Wang Chunsheng, Wang Xiaogu, et al. 2011. The distribution of size-fractionated chlorophyll a in the Indian Ocean South Equatorial Current. Acta Ecologica Sinica (in Chinese), 31(16): 4586–4598

(该文刊于《Acta Oceanologica Sinica》2012年31卷5期)

The occurrence of gold in hydrothermal sulfide at Southwest Indian Ridge 49.6°E

YE Jun[1,2,3], SHI Xuefa[2*], YANG Yaomin[2], LI Naisheng[4], LIU Jihua[2], SU Wenchao[5]

[1] Institute of Oceanology, Chinese Academy of Sciences, Qingdao 266007, China

[2] First Insititute of Oceanography, State Oceanic Administration, Qingdao 266061, China

[3] Graduate University of the Chinese Academy of Sciences, Beijing 100049, China

[4] National Oceanographic Center, Qingdao 266071, China

[5] State Key Laboratory of Ore Deposit Geochemistry, Chinese Academy of Sciences, Guiyang 550002, China

Abstract
Massive sulfide precipitates found in the Southwest Indian Ridge (SWIR) 49.6°E hydrothermal field are enriched in gold. Here, the mineralogy and mineral chemistry of these massive sulfides to constrain the process of gold precipitation were studied. Sulfide samples in this field include lower-temperature Zn-rich sulfides and relative higher-temperature Fe-rich sulfides. Zn-rich sulfides are dominated by sphalerite-pyrite-chalcopyrite assemblages, with concentrations of gold ranging from 9.08 to 17.0 μg/g. Fe-rich sulfides consist mainly of pyrite-marcasite-isocubanite assemblages, with gold concentrations from 2.17 to 3.79 μg/g. The significant enrichment in gold within the lower-temperature Zn-rich sulfides and the effective separation of Zn and Fe in hydrothermal precipitates at the surface of this field are here interpreted to reflect the strong temperature dependence of gold transportation and deposition within the sulfides. In Zn-rich samples, large amounts of isolated native gold grains were identified. They were found mainly as inclusions up to 8 μm in diameter, occupying porous cavities in sphalerite or in the elevated iron content rim of sphalerite. The fineness of the gold ranged from 810 to 830. Unlike previously published results on other hydrothermal fields, these data show a low gold fineness values in SWIR 49.6°E. The FeS content of sphalerite associated with gold grains ranged from 3.2 mole % to 18.9 mole %. This was higher than in other fields, indicating that the sulfur activity is relatively low during the gold precipitation process and that sulfur activity may be one of the main factors affecting gold fineness in the SWIR 49.6°E hydrothermal field. Evidence regarding gold fineness and sulfur activity suggests that gold was quite likely transported as $AuHS^0$ rather than as a $Au(HS)_2^-$ complex.

Key words: hydrothermal sulfide, Southwest Indian Ridge, occurrence of gold, mineralogy

1 Introduction

Over the past three decades, exploration of the modern seafloor has resulted in the identification of more than 300 sites of hydrothermal activity and mineralization in diverse settings (Hannington et al., 2005). These include the hydrothermal sulfide deposits located on fast-, intermediate-, and slow-spreading ridges, back-arc basins, and recently on ultraslow spreading ridges. Most of these sulfides have been shown to be enriched in gold (Hannington et al., 1986; Hannington et al., 1991; Herzig et al., 1993; Münch et al., 2001).

On intermediate- and slow-spreading ridges, high gold content is ordinarily limited to low-temperature, Zn-rich sulfide assemblages, although some high-temperature, Cu-rich sulfides (e.g., Cu-Au assemblages from Logatchev field from slow-spreading Mid-Atlantic ridge) have also been found to be extremely enriched in gold in ultramafic environment (Hannington et al., 1986; Hannington et al., 1995; Fouquet et al., 2010; Murphy and Meyer, 1998). The primary

Foundation item: The International Seabed Area 11th Five Year Plan Program of China Ocean Mineral Resources R&D Association under contract No. DYXM-115-01-2-1; the International cooperation program of the Ministry of Science and Technology under contract No. 2006DFB21620; the program of the National Natural Science Foundation of China under contract No. 40776034; Grant from the scientific research fund of the First Institute of Oceanography, SOA under contract No. GY02-2012G10.

*Corresponding auther, E-mail: xfshi@fio.org.cn

gold grains observed in these sulfides generally show low Ag levels and the associated sphalerite is usually Fe-poor, indicating high levels of sulfur activity during the mineralization (Hannington et al., 1995). On fast-spreading ridges, the black smokers are uniformly gold poor because of the diffusion of vent fluids from the conduits before they can cool substantially below the temperature of gold saturation (Hannington et al., 1995; Herzig et al., 1993). In the back-arc basins, the sulfide precipitates are also locally extremely gold-rich (Herzig et al., 1993), and the native gold identified in the sulfide is also with high purity (Moss and Scott, 2001), although the low levels of electrum fineness have been reported in a few locations (Ihle et al., 2005). For ultra-slow spreading ridges, however, the documents regarding gold enrichment of sulfide are rare. This is because sulfide mineralization is only rarely found. Only Münch et al. (2001) has published a report on geochemistry of the sulfide precipitates at Mount Jourdanne (SWIR 63°56′E) with the gold content up to 11.9 μg/g.

SWIR 49.6°E hydrothermal field was discovered during the Chinese investigation cruise DY115-19 by R/V *Dayangyihao* in 2007 (Tao et al., 2007). Massive sulfides, chimneys, and basalt samples were found and recovered from the south wall of the valley rift. In this study, we report on the occurrence of gold and the mineralogy and geochemistry of sulfide precipitates recovered from ultra-slow spreading SWIR 49.6°E and determine the stage of gold mineralization. We also evaluated similarities and differences by comparing our results with those of previously published results from the other hydrothermal fields and thus investigated factors that may constrain the process of gold precipitation in SWIR 49.6°E hydrothermal field.

2 Geological setting

The SWIR separates the African and Antarctic plates and extends from the Bouvet Triple Junction in South Atlantic to Rodriguez Triple Junction in Central Indian Ocean. It extends over 7 200 km and has a full spreading rate that varies only slightly, with a half rate of 8 mm/a (Patriat and Segoufin, 1988). The SWIR is characterized by two very different stable spreading modes: long, straight sections lying nearly parallel to the ridge trend with relatively gentle topography and few offsets, and sections lying oblique to the ridge trend with numerous transform and non-transform offsets (Meyzen, 2005). The latter offsets are generally spaced sufficiently close to one another that mantle upwelling and melt generation beneath the ridge are probably controlled by the local plate geometry. On the other hand, mantle processes are more likely to dominate the magmatic segmentation in the long, straight segments. Examples of this contrasting behavior on the SWIR are the highly fragmentecd section between 52°E and 60°E and the more linear segment between 45°E and 50°E. The rocks exposed on the seafloor are mainly basalts, with some gabbros, pyroxenites and serpentinized peridotites. The scientifically valuable aspect of SWIR is the presence of the Marion, Bouvet, Del Cano and Crozet plateau hot spots (Sauter and Cannat, 2010). The ridge spreading and hydrothermal activities may interact with them.

The SWIR 49.6°E hydrothermal field is located at the west end of the segment between Indomed and Gallieni FZ (Fig. 1). This segment display almost constant and slight overall obliquities with water depth along this segment axis varing from 1 500 m at the southern end to 2 800 m at the northern end (Sauter and Cannat, 2010). The presence of axial bathymetric highs, gravity lows and thicker crust (up to 9 km) (Muller et al., 2000) in this part reflect either remnant effects of the Del Cano Rise or excess volcanism due to the off-axis Crozet plume (Georgen et al., 2001) or abundant melt supply which could provide enough heat for hydrothermal activity. The seafloor surrounding the hydrothermal field is a dramatic relief, with a great deal of steep slope and lack of sediment. The vent is located at a high mound on the south east wall of the ridge valley with water depth of 2 755 m. The substrate rock that drives from the The SWIR 49.6°E field is basalt.

3 Materials and methods

Samples in this study, which were supplied by the Chinese Oceanic Sample Repository, were recovered by TV-grab from the surface of the SWIR 49.6°E hydrothermal field. These samples include fragments of sulfide chimneys, massive sulfides, and a pyrite chimney.

Integrated mineralogical and chemical studies have been conducted on six bulk samples, ranging in size from 500 g to 1 000 g. Half of each sample was selected and ground to powder through 200 mesh to prepare for chemical analysis. The other half was prepared for polishing sections.

Mineralography of the sulfide assemblages was

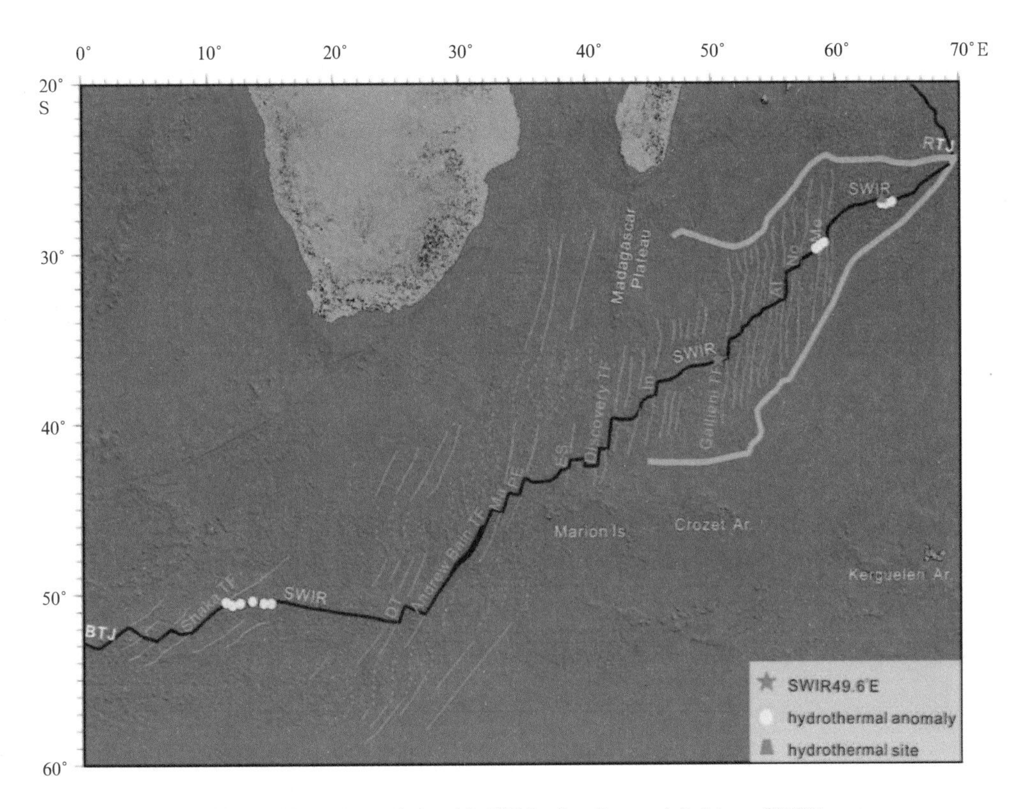

Fig.1. Location of the 49.6°E hydrothermal field on SWIR.

examined in 16 polished sections from six different samples using a ZEISS Axiol 40 A POL microscope equipped with a ZEISS Digital Camera HRC1200 and Axiol imaging software. The identification and characterization of individual gold grains and other sulfide phases were carried out on a QUANTA200 scanning electron microscope in combination with an energy-dispersive X-ray microanalyzer at Key Laboratory of Marine Sedimentology & Envrironmental Geology of State Oceanic Administration in Qingdao. Mineral compositions of specific sulfide phases and elemental mapping of sphalerite were obtained by means of EPMA-1600 electron microprobe equipped with four wavelength-dispersive spectrometers (WDS) at State Key Laboratory of Ore Deposit Geochemistry of Chinese Academy of Sciences in Guiyang. The composition of individual gold grains was studied using EPMA-1600 in combination with energy-dispersive spectrum (EDS). The analytical conditions of the electron microprobe were as follows: accelerating voltage 25 keV, beam current 10 nA, count time for every analyzing dot 100 seconds, SPI International Standards.

All bulk chemical analyses were carried out at Australia Laboratory Service Group Mineral Division (Guangzhou, China). Concentrations of gold in selected sulfide samples were determined through the method of 30 g fire assay and using atomic absorption spectrophotometer (AAS). Concentrations of Fe, Zn, Cu, S, Ag, As, Sb, Pb, Co, Cd, and Mo in each sample were determined using inductively coupled plasma emission spectroscopy (ICP-AES).

4 Results

4.1 *Mineralogy*

Sulfide samples in the SWIR 49.6°E field were dominated by two distinct types: Fe-rich sulfides and Zn-rich sulfides (Ye et al., 2011). General descriptions of these samples are given in Table 1.

The Fe-rich sulfides include pyrite-rich chimneys and massive pyrite-marcasite assemblages. They consist mainly of pyrite, marcasite. The colloform structure of fine grain marcasite aggregates was found to be radially oriented toward the core of the coarse grain cubic pyrite (Fig. 2a). Sphalerite, chalcopyrite, and isocobanite were less abundant. Microprobe analyses of sphalerite in the samples indicated that FeS levels were within a range of 6.8–8.9 mole % (N=5). Exsolution lamellae of chalcopyrite, showing typical basket weave texture, were found to occur in isocobanite in some samples (Fig. 2b). The occurrence of isocubanite in Fe-rich sulfides indicated that Fe-rich sulfide formed at a higher temperature. Rare grains of pyrrhotite occurring as inclusions in enhedral pyrite were also identified within a pyrite-dominated chimney. Galena, barite, and native metals (Cu, W) were also occasionally identified under SEM.

The Zn-rich sulfides included massive sphalerite-pyrite assemblages and sphalerite-rich fragments. These samples consisted predominantly of fine-grained dendrite and colloform sphalerite with minor amounts of pyrite and chalcopyrite disseminated in the sphalerite. Galena, barite, and secondary covellite have also been observed occasionally. A porous structure is very common among sphalerite aggregates (Fig. 2c). The pores were usually lined with fine gains of pyrite and chalcopyrite. Microprobe analyses of sphalerite indicate that FeS levels ranged from 3.2–18.9 mole % (N=33). The highest concentrations of Fe were located around the porous structures (Figs 3a and b). The crystallographic boundaries of almost every sphalerite grain were found to have an elevated Fe content rim (Figs 3c–f). All these samples contained well-preserved primary banding, colloform structures, and dendritic sulfides, indicating that much of this material was derived from the recent collapse of sulfide chimneys. Based on the main mineral assemblages, these two type samples were found to some extent to be similar to the white smoker chimneys found on other hydrothermal fields (Hannington and Scott, 1989; Herzig et al., 1993). They probably formed at lower temperatures than the Cu-rich black smoker chimneys on other fields.

Table 1. Sulfide samples recovered from SWIR 49.6°E hydrothermal field

Sample type	Sample No.	Description	
Fe-rich	SWIR742	Fragments of chimneys with stratification in the samples	Massive, porous, fine-grained dendritic and colloform pyrite±marcasite with minor sphalerite
	SWIR743	Massive sulfide talus	Massive, porous, fine-grained, dendritic and colloform pyrite±marcasite with minor sphalerite
	SWIR744	Fragments of chimneys with stratification in the samples	Massive, fine grained pyrite and colloform pyrite±marcasite with abundant anhedral chalcopyrite in cavities
	SWIR746	A segment of pyrite chimney with 38 cm diameter and 30 cm height	Massive, fine grained pyrite and colloform pyrite±marcasite with abundant anhedral chalcopyrite in cavities with thin (<5 mm) outer oxidized crusts of red-brown to yellow Fe-oxides
Zn-rich	SWIR741	Fragments of chimneys with stratification in the samples; some had small conduits lined with chalcopyrite	Massive, porous, fine-grained dendritic and colloform sphalerite with a small amount of anhedral pyrite and chalcopyrite disseminated in sphalerite; cavities lined with colloform pyrite; the inner wall of the small conduits was lined with euhedral chalcopyrite
	SWIR747	Massive sulfide talus	Massive, porous, fine-grained, dendritic and colloform sphalerite with less anhedral pyrite and chalcopyrite disseminated in the sphalerite than in other samples; cavities lined with colloform pyrite

Fig.2. Photographs in reflected light, indicating different textural types of massive sulfide mineralization. a. Colloform structure of fine grain marcasite aggregates radially oriented toward the core of the coarse grain cubic pyrite, b. exsolution lamellae of chalcopyrite in isocobanite, and c. dissolution porous structure of sphalerite aggregates. Ma represents marcasite, Py pyrite, Cpy chalcopyrite, and Sp sphalerite.

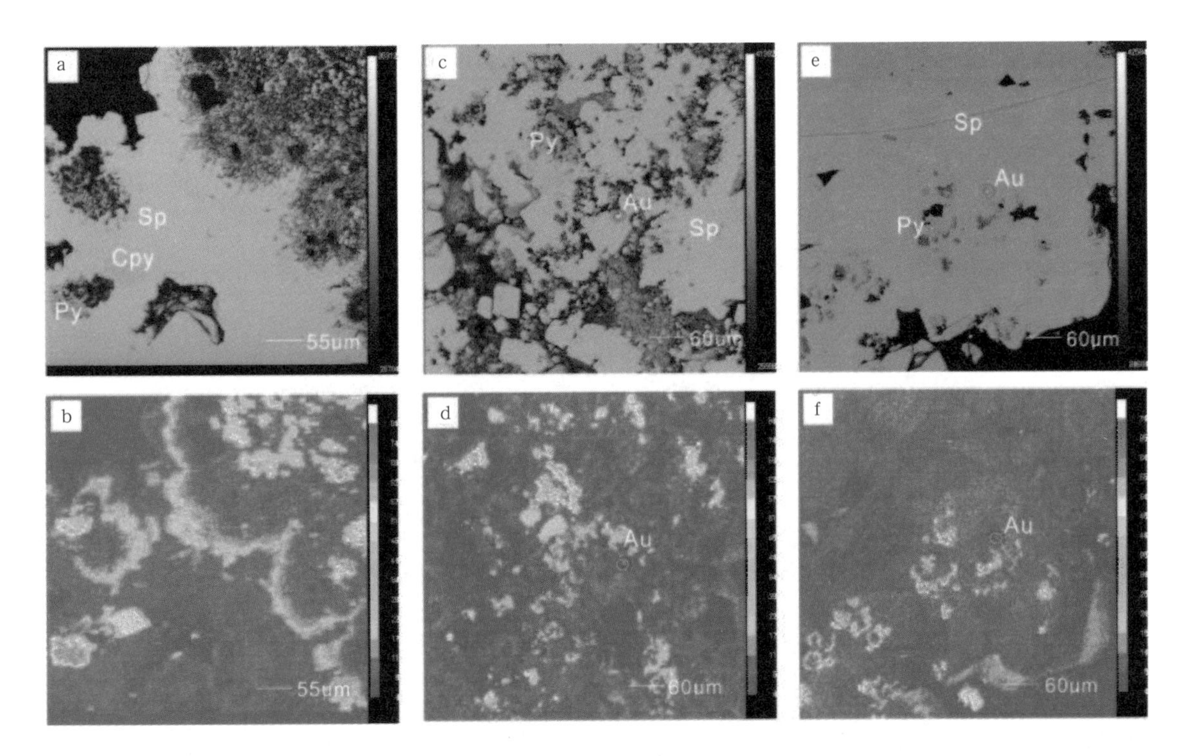

Fig.3. Photographs under scanning electron microscope. a. Back-scatter image of sphalerite aggregates in Zn-rich sulfide, in which the dissolution porous area is shown in the upper right field. b. Iron distribution of corresponding Image a. The highest Fe content was found around the dissolution porous structure. c and e. Back-scatter image of sphalerite aggregates in Zn-rich sulfide. d and f. Iron distribution of corresponding Images c. e. Almost every sphalerite grain have an elevated Fe content rim. Gold grains are located in or near the elevated Fe area.

4.2 *Gold in the sulfide samples*

A chemical analysis of these two different types sulfides is given in Table 2 and Fig. 4. The pyrite-rich chimneys and massive pyrite-marcasite assemblages were found to contain rather high concentrations of Fe, Cu, As, and Co, but massive sphalerite-pyrite assemblages and sphalerite-rich fragments were enriched in Zn, Ag, Cd, Mn, and Pb. The strong composition fractionation between these two types of sulfide may be attributable to different forming temperatures. Fe-rich sulfide contains 2.17 to 3.79 μg/g Au, with an average of 2.93 μg/g Au. However, Zn-rich samples from this field were found to have gold contents of up to 17.0 μg/g. This shows that gold is strongly partitioned into the Zn-rich sulfide in this field, although Fe-rich sulfides are also found to contain significant amounts of gold.

In Fe-rich samples, gold-bearing phases were not identified under the electron microscope at magnifications of up to 3 000×. This may suggest that the gold is likely to be present as finely sub-microscopic divided inclusions which are smaller than the resolution of electron microscope. They may exist either as fine-grained gold adsorbed onto mineral surfaces or as the chemical constituent within other phases.

In Zn-rich samples, discrete grains of gold were distinctly visible in polished sections. About 40 grains of primary electrum were identified within two pieces of 2 cm×1 cm polished section under electron microprobe at magnifications of more than 500× (Table 3).

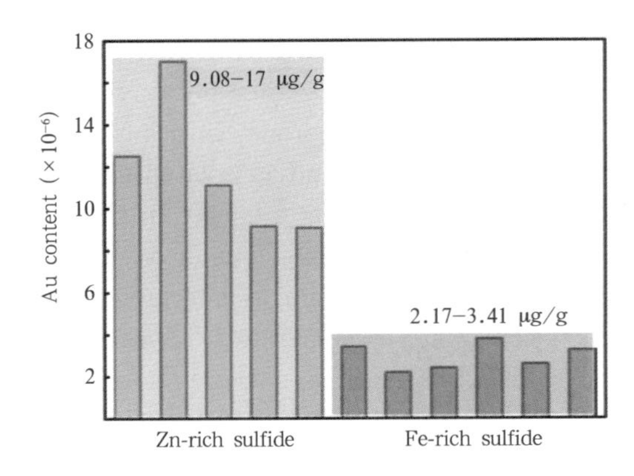

Fig.4. Gold concentration in Zn-rich and Fe-rich sulfides.

Table 2. Chemical composition of sulfide samples from the SWIR 49.6°E hydrothermal field

Sample type	Sample No.	Fe	Zn	Cu	Au	Ag	As	Cd	Co	Mn	Mo	Pb	Sb
			(%)						$\mu g \cdot g^{-1}$				
Zn-rich	SWIR741	12.9	46.5	0.38	12.5	176	50	1080	0.43	180	30.0	210	31.5
	SWIR741-4	7.8	53.4	0.48	17.0	156	24	1730	0.54	92	15.3	139	26
	SWIR747	11.4	43.9	0.37	11.1	305	60	1120	0.73	190	30.0	390	25.5
	SWIR747-1	19.8	34.8	0.25	9.15	198	39	900	0.71	147	34.2	584	19.5
	SWIR747-2	7.6	56.5	0.35	9.08	242	45	1117	0.75	109	26.8	264	31.5
Fe-rich	SWIR742	39.4	6.4	1.09	3.41	86	60	190	180	30	20.0	170	3.87
	SWIR742-2	39.8	3.7	0.88	2.17	59	46	109	239	17	21.1	132	4.49
	SWIR743	40.4	3.3	1.87	2.40	57	80	90	310	20	20.0	130	4.85
	SWIR743-3	32.7	12.1	0.44	3.79	154	43	312	82	36	16.6	135	6.94
	SWIR744-1	37.1	5.1	1.42	2.57	64	43	172	255	29	18.2	98	4.32
	SWIR746	42.0	2.1	1.66	3.25	73	90	70	250	10	20.0	110	—

Fig.5. Back-scatter images of gold grains (Au) in sphalerite-rich sample from 49.6°E hydrothermal sulfide in SWIR. a. Gold grain in sphalerite near the crystallization face. b. Two gold grains in sphalerite with colloform pyrite. One of them is included in the sphalerite. The other is hanging upon the edge of sphalerite. c and d. Anhedral gold grain in the cavities and intergrowth of fine-grained sphalerite. e. Gold grain included in pyrite. f. Gold grain along the boundary between sphalerite and pyrite.

Sixty percent of these gold grains were found as isolated grains in sphalerite porous cavities (Figs 5c and d). Forty percent were found as isolated inclusions in sphalerite and most of them are close to the elevated iron content crystallographic boundary of the host sphalerite. Some were found as intergrowths within the fine-grain pyrite in sphalerite (Figs 5a and b). In several cases, the grains were found as inclusions in pyrite (Fig. 5e) or on the boundary between sphalerite and pyrite (Fig. 5f). Most of the gold grains occur as anhedral or worm-like grains, although a few grains had straight crystallographic boundaries and more complicated forms. These textures indicate that the gold grains grow under an uninhibited condition in the open spaces of the sulfide. The main sizes of the grains were between 1 μm and 5 μm, though the largest one reached up to 8 μm in diameter. The electron microprobe analyses of the gold grains in the Zn-rich sample show that the purity of these Au particles is uniformly not so high. The Ag content of the gold grains was ordinarily about 17% (wet weight) (Fig. 6). In general, the fineness of the gold grains ranged from 810 to 830, although there were a few outliers.

Table 3. The occurrence of gold grains in Zn-rich sulfide from the SWIR 49.6°E field

Mode of occurrence		Number of grains
As inclusion in:	Sphalerite	11
	Pyrite	3
Boundary between Py and Sph		2
Cavity fill		22
Total		38

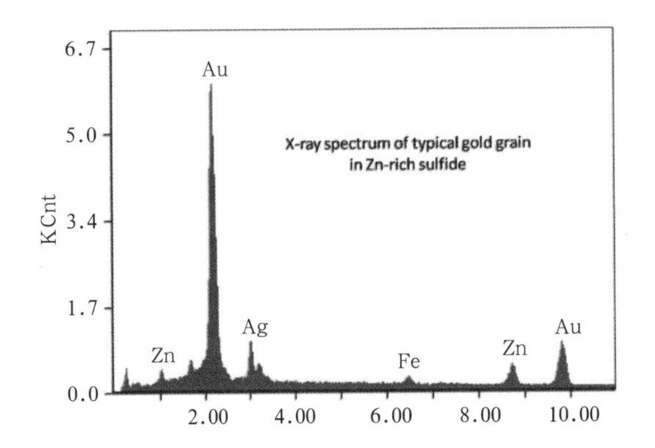

Fig.6. X-ray energy-dispersive spectrum of a typical gold grain in Zn-rich sulfide.

5 Discussion

5.1 *Sulfide mineralization stage*

According to mineral assemblages and textures, there were least two mineralization stages in this hydrothermal field, the Zn-rich sulfide mineralization stage, and the Fe-rich sulfide mineralization stage.

Stage I: Zn-rich sulfide mineralization stage. Sphalerite-pyrite-chalcopyrite is the main mineral association. Minor euhedral pyrite and chalcopyrite were included in dominant sphalerite aggregates, which indicate that the deposition of sphalerite was the main event of this stage. Two growth generations of the sphalerite grains were identified on the basis of the distribution of Fe (Fig. 3f) within the sphalerite. Generation 1, which took place in the core of the grains, was characterized by low Fe content and planar growth boundaries. Generation 2 was characterized by relatively high levels of Fe in the euhedral rim (Figs 3d and f). During the first sphalerite growth generation, abundant low-Fe sphalerite precipitated out from the hydrothermal fluid and piled up loosely without cementation. During the second growth generation, relatively high-Fe, Zn-rich fluids invade into the early low-Fe sphalerite aggregates. Then high-Fe sphalerite precipitated out of the fluid. The low-Fe sphalerites from the first generation were not only covered in but also cemented with high-Fe sphalerite. A dissolution porous texture then developed in sphalerite aggregates, the boundaries of which have the abnormally high Fe content (Figs 3d and f). Their inner walls are lined with many amorphous pyrites, indicating that the sulfide products of this mineralization stage have been reworked by later hydrothermal fluid which rich in Fe rather than in Zn.

Stage II: Fe-rich sulfide mineralization stage. Pyrite-marcasite-sphalerite is the main mineral association. Abundant colloform structures of fine grain marcasite aggregates were radially oriented toward the core of the coarse grain cubic pyrite. Less sphalerite was present in the mineral cavities of the pyrite and marcasite. This indicates that Fe-sulfide is the main component of this mineralization stage. The fluid of this mineralization stage may Fe-rich and it may have locally reworked the early Zn-rich sulfide precipitated during the early mineralization stage. The sphalerite may arise from the dissolution of the early stage sphalerite in the Zn-rich sulfide stage.

The mineralogical and chemical differentiation between the sulfide products of these two stages indicates that the physical and chemical conditions of the ore-forming fluids differ distinctly over time. This differentiation may be attributable to volcanic and tectonic activities, which are very common in this mid-ocean ridge hydrothermal field.

5.2 *Gold mineralization*

In Zn-rich sulfide, Au can be enriched up to 17.0 μg/g. However, Fe-rich sulfide has a relatively low Au content (range from 2.17 to 3.79 μg/g). All native gold is found in Zn-rich sulfide. This indicates that the main gold mineralization stage takes place during the Zn-rich mineralization stage.

The comparison between the gold grain occurrence site and the sphalerite growth generations shows that most of the gold grains are wrapped in the second growth generation of sphalerite or adhere to the surface of sphalerite, which implies that the gold was precipitated during the second sphalerite growth generation and that gold concentration had a strong relationship with high levels of Fe in the sphalerite.

The average molar percentage of FeS in sphalerite

for Zn- and Fe-rich sulfide from SWIR 49.6°E is plotted against bulk gold content for each kind sulfide. It is compared with data collected from modern sea-floor hydrothermal fields (Murphy and Meyer, 1998; Hannington and Scott, 1989a; Hannington et al., 1995), as shown in Fig. 7. The results of this research do not extend the trend suggested by Hannington (1989b) that there is a trend towards higher gold concentration in hydrothermal precipitates with lower iron content of coexisting sphalerite. Rather, these results are similar to those of Logatchev field. This shows that the FeS content of sphalerite in SWIR 49.6°E is higher than those of many other modern sea-floor settings and shows a trend different from that of the negative FeS/Au correlation (Murphy and Meyer, 1998).

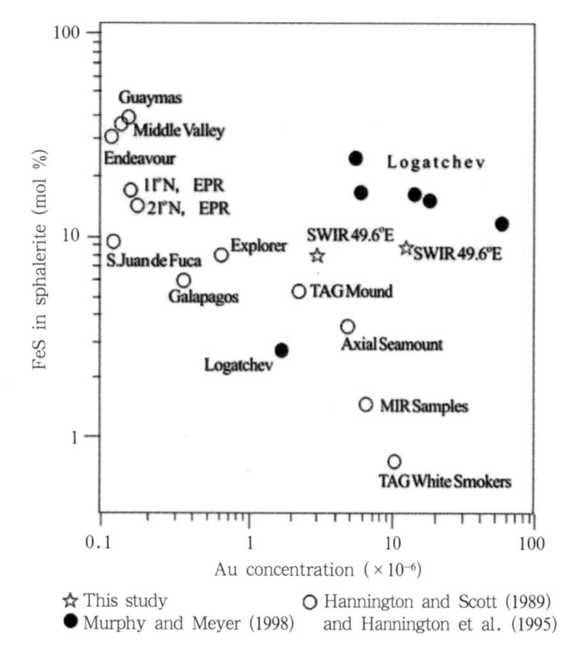

Fig.7. Bulk gold content vs. average molar percentage FeS in sphalerite (determined by electron mincroprobe) for gold-bearing sulfide. Logatchev data were given by Murphy and Meyer (1998) and data regarding the other sea-floor sulfides were provided by Hannington and Scott (1989) and Hannington et al. (1995). They are shown for comparison.

The substrate in Logatchev hydrothermal field is ultramafic rock, but in most of the other fields shown in Fig. 7, the substrate is basalt. The Southwest Indian ridge consists of linked magmatic and amagmatic accretionary ridge segments with abundant amounts of exposed mantle peridotite with scattered volcanics and a thin basalt shell (Dick et al., 2003). Therefore, although the rock recovered from SWIR 49.6°E field is basalt, it can also be inferred that this hydrothermal field may be to some extent affected by plutonic rocks exhumed from the deeper crust and shallow mantle.

5.3 *Effects on the gold fineness*

The fineness and other correlative characteristics of the native gold in Zn-rich sulfide at SWIR 49.6°E and other sites are summarized in Table 4. It shows that the fineness of the gold grains in Zn-rich sulfide from SWIR 49.6°E field is similar to that in Zn-rich sulfide from Logatchev and Roman Ruins, but lower than that of other fields. Another common feature of these gold-bearing Zn-rich sulfides from SWIR 49.6°E, Logatchev, and the Roman Ruins, is that the sphalerites coexisting with the gold grain are characterized by a higher and more variable FeS content (Table 4), which indicates distinctly lower sulfur activity during mineral assemblage (Barton and Toulmin, 1966; Scott and Barnes, 1971). The coordinated variation of gold fineness and FeS content in sphalerite may illustrate the lower activity of sulfur, the higher Ag content of the gold grains. This is consistent with early works showing that the silver content of electrum in equilibrium with Ag_2S (or another Ag-bearing phase) is inversely proportional to the activity of sulfur (Barton and Toulmin, 1964; Barton, 1980). The previous work on the occurrence of gold in hydrothermal sulfide has also demonstrated that prolonged hydrothermal reworking has a strong effect on gold fineness. For example, the high purity of the native gold in the MIR recrystallized sulfides may be attributable to the repeated chemical refining process (Hannington et al., 1995). A similar process has also been suggested to explain the low purity of electrum from the upper parts of some Kuroko deposits (Shimazaki, 1974).

5.4 *Transportation of gold in hydrothermal system*

The abundant electrum grains found in SWIR 49.6°E samples indicate that the solution became saturated in gold, which was then precipitated directly from solution as the native metal (Hannington and Scott, 1989a; Herzig et al., 1993).

The transportation of gold in hydrothermal fluid

Table 4. Characteristic of gold grains of massive sulfide at different hydrothermal fields

Field	Mid-Ocean Ridge						Back-Arc Basin		
	SWIR	MIR of TAG[1]	Logatchev[2),3)]	Logatchev[2),3)]	Snake pit[4)]	Ashadze[5)]	Lau basin[6)]	Eastern manus basin[7)]	Roman Ruins[8)]
Ore types	Zn-rich sulfide	Cu-Fe-Zn rich	Zn-rich sulfide	Cu-rich sulfide	oxides Cu-rich chimney	Zn-rich sulfide	Zn-rich sulfide	Zn-rich sulfide	Zn-rich sulfide
Gold genesis	primary	primary	primary	primary/ secondary	primary/ secondary	primary	primary	primary	primary
Host minerals	Sph, Py	Cpy, Py, Sph	Sph, Py	Cpy, bornite, covellite	digenite, Si-Fe layer, bornite	Sph	Sph	Sph, Wur, Barite	Sph, Cpy
FeS in Spy (mole %)	3.2–18.9	<2	≈12	13–22	2.6%	2.1–7.2	average 2.2	2.3±3.1	average 6.6
Fineness or purity	800–850	950	$(Au/Ag)_{grain}$ <5	$(Au/Ag)_{grain}$: 20–50–100	average 5.7% Ag	—	average 5.8% Ag	average 5.8% Ag	836–920
Size/μm	1–5, max 8	1–2, max 4	1–5	<0.5–15	—	≈8	1–5, max 18	1–5	≈4
Temperature/°C	—	265–366	<300	188–350	—	—	230	270–230	—

Notes: [1] Hannington et al. (1995), [2] Murphy et al. (1998), [3] Schmidt et al. (2007), [4] Fouquet et al. (1993), [5] Mozgova et al. (2008), [6] Herzig et al. (1993), [7] Moss et al. (2001), and [8] Ihle et al. (2005). — uncollected information.

has been discussed in depth in terms of solubility models based on aqueous chloride ($AuCl_2^-$) or reduced sulfur complexing [e.g., $Au(HS)_2^-$ or $AuHS^0$] (Seward, 1991; Pal′yanova, 2008). The general consensus is that the gold is transported as $Au(HS)_2^-$ in fluids at near neutral pH, temperatures less than about 350°C and moderately reducing conditions (Seward and Barnes, 1997). However, many recent experiments have proved that $AuHS^0$ complex may play an important role in fluid of lower pH and lower f_{H_2S} (Moss and Scott, 2001; Ihle, Petersen et al., 2005; Pal′yanova, 2008).

The gold-bearing sulfide with high FeS content and low sulfur activity suggests that the conditions in the SWIR 49.6°E field, are very different from those described by Hannington and Scott (Hannington and Scott, 1989), which include high gold content with low levels of Fe sphalerite and high levels of sulfur activity. The transportation of gold may take place via a different mechanism in SWIR 49.6°E. Ihle et al. (2005) has shown that the $AuHS^0$ is probably responsible for the transportation of gold in fluids from Roman Ruins (2005). This is also probably true of the Zn-rich sulfide in SWIR 49.6°E. This may be because $AuHS^0$ complex is more stable than the $Au(HS)_2^-$ complex at low levels of sulfur activity.

6 Conclusions

The SWIR 49.6°E field hydrothermal sulfides are the first example of active hydrothermal sulfide on ultra-slow spreading ridge. The studies of the occurrence of gold and the mineralogy and geochemistry of sulfide precipitates in this field support the following conclusions:

There are two sulfide mineralization stages in this hydrothermal field. Stage I is characterized by relative low-temperature Zn-rich assemblage. Stage II is characterized by relative high-temperature Fe-rich assemblage. Both stages are associated with gold mineralization. But the main gold mineralization stage takes place during the Zn-rich mineralization stage with the gold content reaching up to 17 μg/g. This reflects the strong temperature dependence of gold transport and deposition within the sulfides. In Zn-rich sulfides, the sphalerites undergo two growth generations. Generation 1 is characterized by low Fe content in the core of the grains and by planar growth boundaries. Generation 2 is characterized by relatively high Fe in the euhedral rim, which indicates a low level of sulfur activity. A large amount of low fineness gold grains present in high Fe sphalerite rim reflects that gold precipitation takes place in a low sulfur activity condition during sphalerite generation 2. It could be concluded that sulfur activity may be one of the main factors affecting gold transportation and mineralization in the SWIR 49.6°E hydrothermal field.

As compared with the sulfide precipitates in other hydrothermal fields on the mid-ocean ridges, the gold-bearing sulfides in the SWIR 49.6°E field show a high gold content with low levels of sulfur activity like that of Logathev and Roman Ruins fields, but different from other fields which include high gold content with high sulfur activity. This indicates that the gold in SWIR 49.6°E field is probably transported as $AuHS^0$ complex in fluid rather than $Au(HS)_2^-$, because $AuHS^0$ complex is more stable than the $Au(HS)_2^-$ complex at low sulfur activity condition. The complex tectonic and magmatic processes in Southwest Indian ridge may be attributable for this big different transportation mechanism in the SWIR 49.6°E field.

References

Barton M D. 1980. The Ag-Au-S system. Economic Geology, 75(2): 303–316

Barton P B, Toulmin P. 1964. The electrum-tarnish method for the determination of the fugacity of sulfur in laboratory sulfide systems. Geochimica et Cosmochimica Acta, 28: 619–640

Barton P B, Toulmin P. 1966. Phase relations involving sphalerite in the Fe-Zn-S system. Economic Geology, 61(5): 815

Dick H J B, Lin J, Schouten H. 2003. An ultraslow-spreading class of ocean ridge. Nature, 426: 405–412

Fouquet Y, Wafik A, Cambon P, et al. 1993. Tectonic setting and mineralogical and geochemical zonation in the Snake Pit sulfide deposit (Mid-Atlantic Ridge at 23°N). Economic Geology, 88(8): 2018–2036

Georgen J E, Lin J, Dick H J B, et al. 2001. Evidence from gravity anomalies for interactions of the Marion and Bouvet hotspots with the Southwest Indian Ridge: Effects of transform offsets. Earth and Planetary Science Letters, 187(3–4): 283–300

Hannington M, Herzig P, Scott S D, et al. 1991. Comparative mineralogy and geochemistry of gold-bearing sulfide deposits on the mid-ocean ridges. Marine geology, 101(1–4): 217–248

Hannington M D, de Ronde C E J, Petersen S, et al. 2005. Sea-floor tectonics and submarine hydrothermal systems. In: Hedenquist J W, Thompson J F H, Goldfarb R J, et al., eds. Economic Geology, 100th Anniversary Volume, 1905–2005. Society of Economic Geologists, Littleton, Colorado, 111–141

Hannington M D, Peter J M, Scott S D, et al. 1986. Gold in sea-floor polymetallic sulfide deposits. Economic Geology, 81(8): 1867–1883

Hannington M D, Scott S D. 1989a. Gold mineralization in volcanogenic massive sulfides: implications of data from active hydrothermal vents on the modern seafloor. Economic Geology Monograph, 6: 491–507

Hannington M D, Scott S D, 1989b. Sulfidation equilibria as guides to gold mineralization in volcanogenic massive sulfides; evidence from sulfide mineralogy and the composition of sphalerite. Economic Geology, 84(7): 1978–1995

Hannington M D, Tivey M K, Larocque A C, et al. 1995. The occurrence of gold in sulfide deposits of the TAG hydrothermal field, Mid-Atlantic Ridge. Canadian Mineralogist, 33: 1285–1310

Herzig P M, Hannington M D, Fouquet Y, et al. 1993. Gold-rich polymetallic sulfides from the Lau back arc and implications for the geochemistry of gold in sea-floor hydrothermal systems of the Southwest Pacific. Economic Geology, 88(8): 2182–2209

Ihle T, Petersen S, Herzig P M, et al. 2005. Siting of gold and characteristics of gold-bearing massive sulfides from the interior of the felsic-hosted PACMANUS massive sulfide deposit, eastern Manus basin (PNG). In: Mao Y, Bierlein F P, eds. Mineral Deposit Research: Meeting the Global Challenge: Proceedings of 8th Biennial SGA Meeting, Beijing, China, 18–25 August 2005. Springer-Verlag: 623–626

Meyzen C M, Ludden J N, Humler E, et al. 2005. New insights into the origin and distribution of the DUPAL isotope anomaly in the Indian Ocean mantle from MORB of the Southwest Indian Ridge. Geochemistry Geophysics Geosystems, 6(11): Q11K11

Moss R, Scott S D. 2001. Geochemistry and mineralogy of gold-rich hydrothermal precipitates from the eastern Manus Basin, Papua New Guinea. Canadian Mineralogist, 39(4): 957–978

Mozgova N N, Trubkin N V, Borodaev Y S, et al. 2008. Mineralogy of massive sulfides from the Ashadze hydrothermal field,13°N, Mid-Atlanditc Ridge. Canadian Mineralogist, 46(3): 545–567

Muller M R, Minshull T A, White R S, et al. 2000. Crustal structure of the Southwest Indian Ridge at the Atlantis II Fracture Zone. J Geophys Res, 105: 25809–25828

Murphy P J, Meyer G. 1998. A gold-copper association in ultramafic-hosted hydrothermal sulfides from the Mid-Atlantic Ridge. Economic Geology, 93(7): 1076–1083

Münch U, Lalou C, Halbach P, et al. 2001. Relict hydrothermal events along the super-slow Southwest Indian spreading ridge near 63°56′E—Mineralogy, chemistry and chronology of sulfide samples. Chem Geol, 177: 341–349

Pal′yanova G. 2008. Physicochemical modeling of the coupled behavior of gold and silver in hydrothermal processes: Gold fineness, Au/Ag ratios and their possible implications. Chemical Geology, 255(3–4): 399–413

Patriat P, Segoufin J. 1988. Reconstruction of the Central Indian Ocean. Tectonophysics, 155(1–4): 211–234

Sauter D, Cannat M. 2010. The ultraslow spreading Southwest Indian Ridge, in diversity of hydrothermal systems on slow spreading ocean ridges. Geophys Monogr Ser, 153–173

Schmidt K, Koschinsky A, Garbe-Schnberg D, et al. 2007. Geochemistry of hydrothermal fluids from the ultramafic-hosted Logatchev hydrothermal field, 15 N on the Mid-Atlantic Ridge: temporal and spatial investigation. Chemical geology, 242(1–2): 1–21

Scott S D, Barnes H L. 1971. Sphalerite geothermometry and geobarometry. Economic Geology, 66(4): 653–669

Seward T M. 1991. The hydrothermal chemistry of gold. In: Fpster R P, ed. Gold Metallogeny and Exploration. Glasgow: Blochie and Son Ltd, 37–62

Seward T M, Barnes H L. 1997. Metal transport by hydrothermal ore fluids. Geochemistry of Hydrothermal Ore Deposits, 3: 435–486

Shimazaki Y. 1974. Ore minerals of the Kuroko-type deposits. Mining Geol Spec Issue, 6: 311–322

Tao Chunhui, Lin Jian, Guo Shiqin. 2007. Discovery of the first active hydrothermal vent field at the uhraslow spreading Southwest Indian Ridge: The Chinese DY115-19 Cruise. Ridge Crest News, 16: 25–26

Ye Jun, Shi Xuefa, Yang Yaomin, et al. 2011. Mineralogy of sulfides from ultraslow spreading Southwest Indian Ridge 49. 6°E hydrothermal field and its metallogenic significance. Acta Mineralogica Sinica, 31(1): 17–29

(该文刊于《Acta Oceanologica Sinica》2012年31卷6期)

Rare earth element geochemistry of hydrothermal deposits from Southwest Indian Ridge

CAO Zhimin[1], CAO Hong[1,2*], TAO Chunhui[3], LI Jun[2], YU Zenghui[1], SHU Liping[1,4]

[1] Key Laboratory of Submarine Geosciences and Technology, Ministry of Education, Department of Marine Geoscience, Ocean University of China, Qingdao 266100, China

[2] Key Laboratory of Marine Hydrocaobon Resources and Environment Geology MLR, Qingdao Institute of Marine Geology, Qingdao 266071, China

[3] Laboratory of Submarine GeoScience, Second Institute Oceanography, State Oceanic Administration, Hangzhou 310012, China

[4] Petrology of the Oceanic Crust, Geosciences Department, University of Bremen, Bremen 28359, Germany

Abstract

The REE compositions of hydrothermal deposits and basalt samples from the Southwest Indian Ridge (SWIR) were determined with ICP-MS. The results show that there are significant differences between different types of samples although all samples show relative LREE enrichment. The contents of REE in hydrothermal sulfides and alterated rocks samples are lower (from 7.036×10^{-6} to 23.660×10^{-6}), while those in the white chimney deposits are relatively higher (ranging from 84.496×10^{-6} to 103.511×10^{-6}). Both of them are lower than basalts. Chondrite-normalized REE distribution patterns show that sulfides and alterated rocks samples are characterized by significant positive Eu anomalies. On the contrary, white chimney deposits have obvious negative Eu anomalies, which may be caused by abundant calcite existing in the white chimney samples. Both the content and distribution pattern of REE in sulfides suggest that REE most possibly is originally derived from hydrothermal fluids, but influenced by the submarine reducing ore-forming environment, seawater convection, mineral compositions as well as the constraint of mineral crystallizations.

Key words: rare earth element, hydrothermal deposits, Southwest Indian Ridge

1 Introduction

After the discovery of high-temperature black smokers on the East Pacific Rise (EPR) 21°N (Equipe, 1979), the study of sea-floor hydrothermal mineralization has largely been focused on the rapid spreading ridge of the East Pacific. It was once believed that such high-temperature vents only occurred on the rapid to intermediate spreading ridges until the high-temperature hydrothermal sulfide deposits were found at the slow spreading Mid-Atlantic Ridge (Rona et al., 1986; Li et al., 2008). Due to its low thermal budget, SWIR was once considered impossible to develop high-temperature hydrothermal activities. In order to search this ridge for hydrothermal vent sites and sulfide deposits, submersible investigations focus on the fissures and chasms, which may strengthen fluids convection. During the Indoyo cruise with Japan Yokosuka investigation ship in 1998, relict hydrothermal sulfides, hydrothermal chimneys and hydrothermal mounds were found in the east of the Melville fracture zone (27°51′S, 63°56′E), whose ages were determined varing between 70 000 and 13 000 years (Münch et al., 2001). This discovery proves that high-temperature sulfide chimneys can also develop at ultra-slow spreading ridge such as the Southwest Indian Ridge. Furthermore, the sulfide samples from this field show great differences in their mineralogical, as well as chemical compositions, when compared with sulfide samples from rapid spreading ridge environment (Münch et al., 2001). So, this discovery provides a new chance to better understanding the global mid-ocean ridge hydrothermal system, thus greatly enriching the hydrothermal mineralization theory.

The special tectonic environment of ultra-slow spreading segment on Southwest Indian Ocean Ridge

Foundation item: The National Natural Science Foundation of China under contract No. 40872063.
*Corresponding author, E-mail: caohong_qingdao@126.com

provides us an excellent natural laboratory, and meanwhile it is a major break point for further understanding of the earth about the internal dynamics state, deep structure, origin and evolution of magma. In the slow-spreading ridges, the low frequency of tectonic events may avail to sustain long life hydrothermal upwelling and multi-period events, and much more conducive to the formation of large deposits, compared with highly unstable hydrothermal systems on the fast spreading ridges (Charlou et al., 1998; Li, 2007).

Because of the unique geochemical characteristics, the rare earth elements play a major role in inferring chemical evolution and material sources of hydrothermal fluid. The REE geochemical characteristics of hydrothermal chimneys and hosted basalt obtained from the Southwest Indian Ocean ridge were firstly determined and the material sources and evolution mechanism of the REE were discussed also in this paper.

2 Samples

Two recent Global Ocean Expeditions organized by China Ocean Association in 2007 and 2008, have successfully discovered the first active hydrothermal vent field at the Southwest Indian Ridge and also recovered hydrothermal sulfide deposit samples in the vent sites (Tao et al., 2007). In the second cruise, a large range of 20 km^2 of new type calcium carbonate "white chimney" hydrothermal field has also been detected (Song, 2009).

The samples recovered during the Global Ocean Expedition are shown in Table 1 and Fig. 1. Sample AIR 1 and AIR 2 are sulfides recovered during the first cruise. Sample ISU 1, ISU 2, ISU 4, ISU 5, IBA 1 and IBA 2 were recovered during the second cruise, in which ISU 1 and ISU 2 are sulfides, ISU 4 and ISU 5 white chimney deposits, IBA 1 and IBA 2 basalts.

Table 1. Sampling stations

Sample No.	Station		Water depth /m
	East longitude(°)	South latitude(°)	
AIR1	69.596 7	23.878 0	3 292
AIR2	69.596 7	23.878 0	3 292
ISU1	49.648 1	37.780 2	2 783
ISU2	50.467 2	37.658 6	1 740
ISU4	50.945 5	37.624 0	2 098
ISU5	51.009 1	37.600 0	2 034
IBA1	50.473 1	37.658 2	1 751
IBA2	49.647 8	37.783 9	2 825

The mineral composition identification and analysis using the electronic microscope and X ray diffraction (Fig. 2) method, are as follows:

AIR 1 is yellow and porous sulfide, with a clear mineral zoning. AIR 1 is possibly collapsed sulfide chimney, mainly consisting of sphalerite and pyrite, in addition to chalcopyrite, sphalerite, small amounts of barite and quartz. Sample AIR 2 is also collapsed sulfide chimney, with a red out layer and black inner core, mainly consisting of pyrite, marcasite and gypsum, a small amounts of quartz, chalcopyrite and sphalerite. The ISU 1 in dark color and with massive structure and oxides crust, is mainly composed of lepidocrocite and chalcopyrite, a small amount of pyrite, marcasite, sphalerite, gypsum, barite and quartz. The yellow and porous ISU 2 with obvious mineral zoning hasthe outermost crust composed of loose black material and a color change to the inner from brown zone to reddish yellow zone. The most inner layer is pale yellow zone with poor crystallinity, and mainly consists of kurnakovite, lizardite, manganese oxide and iron alum mineral, inferred to be hydrothermal altered ultramafic rocks. Sample ISU 4 and ISU 5 are wheat and white loose crumby respectively. Most minerals are calcite, and a small amount of magnesium calcite and zeolite. Sample IBA 1 and IBA 2 are pillow basalts with 5 mm thick fresh glassy rim covered by weathered brown-black film. Rock-forming minerals mainly are plagioclase and pyroxene.

3 Test method of the samples

Major elements (Ca and Mg) and REE were respectively analized by Inductively Coupled Plasma-Atomic Emission Spec-trometry (ICP-AES) and Inductively Coupled Plasma-Mass Spectrometry (ICP-MS), which has high sensitivity and low detection limit. First, the samples were vibrated and cleaned using ultrapure water. They were subsequently dried at low temperature and grinded into powder (less than 200 meshes in size) within an agate mortar. Then, the samples were dried at 105 ℃ for 3 h in an oven. Finally, they were cooled for 24 h in dryer.

The samples of 0.04 g weighed using high precision balance of ten thousandth of the scale were putted into digestion tank and digested in approximately 2 ml mixed acid (HNO_3:HF=10:1). They were subsequently shaked gently, then microwave digestion program was executed. The solutions were transferred into PTFE crucible, and heated to nearly dry on electric heating plate. When heating until the white smoke disappeared, 2 ml of 2% HNO_3 was added. These crucibles were removed, cooling. The solutions were transferred to vials, rinsing crucible wall three times using ultrapure water, and then diluted to 20 g with 2% HNO_3 (A). After shaking, 5 g sample solution was picked up with pipette gun, and diluted to 20 g with 2% HNO_3 again. They were shaking again (B), at last, the solution A and solution B were respectively analized by ICP-AES (OPTIMA4300, Perkin Elimer) and ICP-MS (Agilent 7500c, Agilent Technologies) at "element and isotope analysis laboratories" of Marine Geosciences, Ocean University of China.

Fig.1. Pictures of sample.

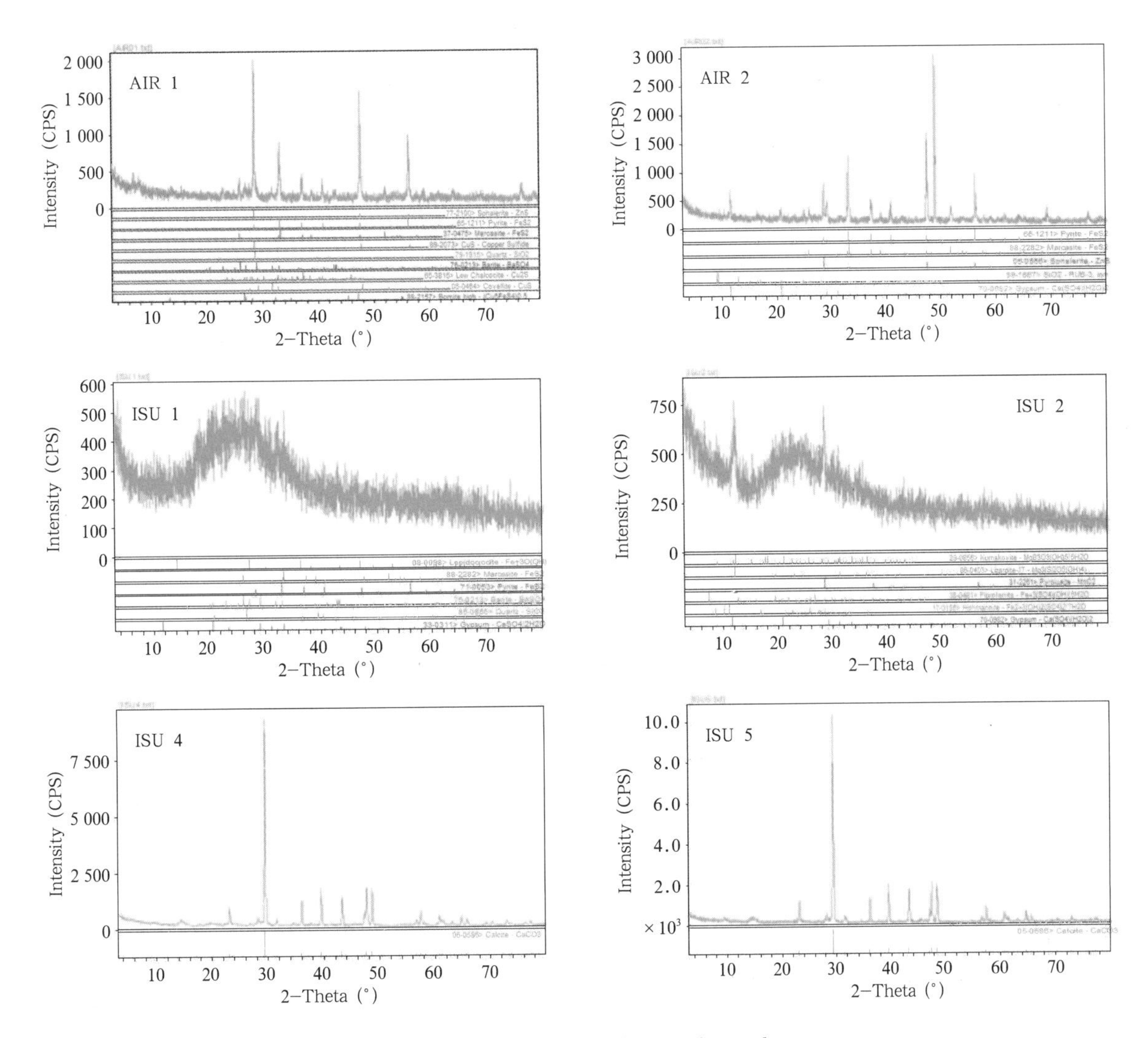

Fig.2. *X* diffraction figure of samples.

In order to ensure the reliability of data the parallel samples were added to each samples, and blank and standard material (GBW07312) added together in this study. The analysis value of standard material was consistent with the given value, and repeatability was less than 10%.

4 Results

The REE contents analysis results and characteristic parameters are shown in Table 2, and the chondrite standard data of REE are quoted from Boynton (1984).

As shown in Table 2, different types of hydrothermal deposits samples have large difference in REE contents. The REE contents of hydrothermal altered rocks are lower (7.036×10^{-6}). REE content of hydrothermal sulfides have a range from 17.117×10^{-6} to 23.660×10^{-6} lower than those of the white chimney deposit of which the REE content varies from 84.496×10^{-6} to 103.511×10^{-6}.

The REE Chondrite-normalized distribution patterns of samples are shown in Fig. 3 from which both differences and similarities between the black hydrothermal chimneys and white chimneys can be found. Hydrothermal altered rocks and sulfides samples are characterized by significant positive Eu anomalies (δEu=1.252–11.520) and the enrichment of LREE relative to HREE. Meanwhile, they also have slightly negative Ce anomalies (δCe=0.722–0.811). It is impossible for deposits to show negative Ce anomalies just by precipitation from conduction-cooled hydrothermal fluid, and only when the convection mixing happened, deposition can bear both Eu positive anomalies and negative Ce anomalies (Ding et al., 2000). Therefore, negative Ce anomalies, superposing on the significant positive Eu anomalies, may indicate the convection mixing between hydrothermal fluid and seawater before the precipitation of the sulfides. While the white chimney samples manifest obvious negative Eu and Ce anomalies, varying in a small range (δEu=0.578–0.615, δCe=0.454–0.471). The slope of Chondrite-normalized distribution curve of hydrothermal black and white chimneys are similar to each other. $(La/Yb)_N$ values change in the range of 2.899–19.027, showing the relative enrichment of LREE to HREE (Fig. 3). Different samples also show different degree fractionation between LREE or HREE. $(La/Sm)_N$ changes from 2.460 to 8.152, indicating that the LREE has a clear fractionation; and $(Gd/Yb)_N$ range from 1.004 to 2.196, indicating that the HREE fractionation is weak.

Table 2. REE contents (10^{-6}) and parameters of hydrothermal deposition from SWIR

Element	AIR1	AIR2	ISU1	ISU2	ISU4	ISU5	IBA1	IBA2
La	6.227	4.397	4.62	1.20	27.75	24.11	9.19	12.95
Ce	8.982	7.238	7.452	1.931	26.700	22.280	26.570	33.150
Pr	0.855	0.747	0.691	0.272	5.118	4.274	4.739	5.274
Nd	3.242	3.017	2.578	1.400	22.640	18.590	27.200	28.530
Sm	0.566	0.543	0.357	0.306	4.503	3.493	8.775	8.317
Eu	2.141	1.448	0.147	0.369	0.889	0.652	2.195	2.200
Gd	0.510	0.424	0.326	0.347	3.764	2.962	8.598	7.722
Tb	0.076	0.063	0.046	0.052	0.697	0.458	2.134	1.785
Dy	0.399	0.362	0.294	0.425	4.327	2.990	12.070	10.150
Ho	0.062	0.050	0.051	0.083	0.885	0.587	2.453	2.022
Er	0.272	0.231	0.281	0.279	2.717	1.808	7.254	6.010
Tm	0.038	0.028	0.029	0.046	0.401	0.272	1.113	0.902
Yb	0.247	0.156	0.209	0.278	2.703	1.740	7.399	5.996
Lu	0.044	0.028	0.032	0.051	0.417	0.281	1.081	0.882
Y	1.851	1.331	1.525	2.531	3.427	76.540	27.850	56.860
LREE/HREE	13.360	12.952	12.497	3.506	5.506	6.614	1.869	2.549
$\sum$REE	23.660	18.733	17.117	7.036	103.511	84.496	120.771	125.890
δEu	11.520	8.463	1.252	3.394	0.615	0.578	0.741	0.798
δCe	0.722	0.811	0.802	0.775	0.471	0.454	1.229	1.137
$(La/Yb)_N$	17.017	19.027	14.895	2.899	6.922	9.342	0.837	1.456
$(La/Sm)_N$	6.925	5.090	8.152	2.460	3.876	4.342	0.659	0.979
$(Gb/Yb)_N$	1.668	2.196	1.255	1.004	1.124	1.374	0.938	1.039
Ba	1 396	1 537	100.5	316.8	121	133.6	74.73	129.6
Ca(%)	0.746	1.511	0.794	0.287	28.579	32.914	7.052	7.357

5 Discussion

(1) Material source

REE chondrite-normalized distribution patterns of hydrothermally altered rocks and sulfides samples are different from underlying basalts, also quite different from seawater (Fig. 3). However, they are rather similar to the high-temperature hydrothermal fluids occurring on global ridges with different tectonic settings and base rock type (Klinkhammer, 1994). Hydrothermal fluids investigation (Michard et al., 1983; Michard and Alharede, 1986; Michard, 1989) indicates that submarine high-temperature hydrothermal fluids generally show LREE (La-Gd) enrichment and significant positive Eu anomalies (Ding et al., 2000). Therefore, the REE in hydrothermal sulfides from the SWIR hydrothermal fields maybe mainly derive from hydrothermal fluids.

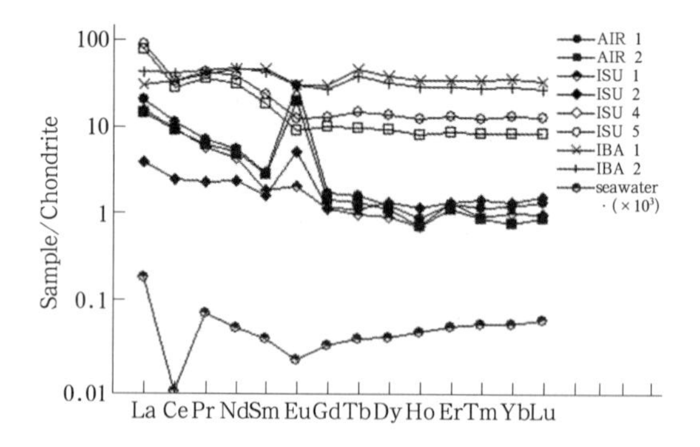

Fig.3. Chondrite-normalized REE patterns of hydrothermal deposits and basalts samples from SWIR. The REE content data of seawater quoted from (Gillis et al., 1990).

(2) Precipitation mechanism of REE

Different types of hydrothermal sedimentary samples of SWIR have different REE contents and distribution pattern. The REE contents of hydrothermally altered rocks are lower. REE contents of hydrothermal sulfides are lower than those of the white chimney deposits. The concentrating of REE in calcite ore (Michard, 1989) may be the reason for the relatively high content (84.50×10^{-6}–103.51×10^{-6}) of REE in the white chimney deposits which are mainly composed of calcite. REE contents of these samples show a good positive correlation relationship with Ca (Fig. 4).

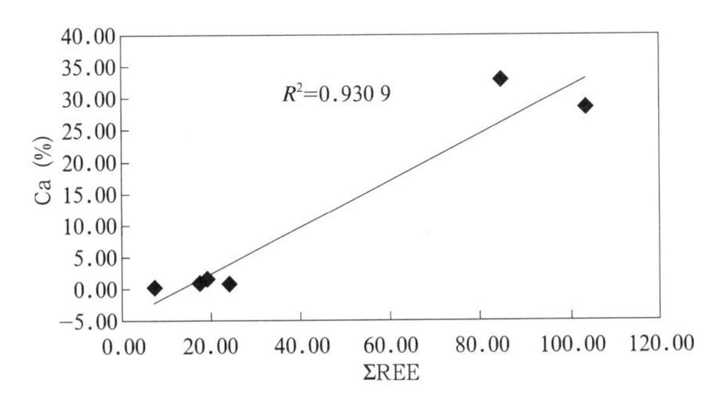

Fig.4. The correlation of $\sum$REE and Ca of hydrothermal deposits from SWIR.

The chondrite-normalized pattern of white chimney deposit is right-lean type, namely, the relative enrichment of light rare earth elements (LREE). As ionic radius of $LREE^{3+}$ is more similar to that of Ca^{2+} than $HREE^{3+}$, the LREE is easier to replace the lattice of Ca^{2+} than $HREE^{3+}$ when REE come into hydrothermal calcites mainly by the replacement of REE^{3+} for Ca^{2+}. In addition, as REE mainly exists as complex in solution, the complex stability of REE to CO_3^{2-} and HCO_3^- increases with the increase of atomic number of REE (Wood, 1990; Lottermoser, 1992; Haas et al., 1995; Terakado and Masuda, 1988; Cantrell et al., 1987; Shuang et al., 2006). Therefore, the REE distribution coefficients between calcite and fluid decreases with the increase of atomic number (Wood, 1990; Zhong and Mueei, 1995; Rimstidt et al., 1998; Shuang et al., 2006). The above two points may codetermine the relative enrichment of LREE of white chimney.

δEu value plays a significant role in the REE geochemistry, and is an important reference for the discussion of mineralization condition. In relatively reducing conditions, the REE contents are generally high in calcite and the chondrite-normalized pattern gives Eu negative anomalies (Liang et al., 2007). This fact suggests that the white chimney deposits formed in a reduced environment. Liu et al. (2005) studied REE elements of massive sulfides from Jade hydrothermal field in the central Okinawa Trough and found that the intensity of Eu anomaly is proportional with the barium contentin both the copper-zinc sulfide ore, recrystalline-amorphous SiO_2 type ore. Considering that when the solution temperature higher than 250℃ Eu in the form of Eu^{2+} will have the ion radius roughly similar to Ba^{2+}, and will instead Ba^{2+} into the $BaSO_4$ mineral with hydrothermal fluid venting out from the sea floor and sulfides rapidly precipitating. The correlation coefficient between δEu and Ba is high up to 0.91 in hydrothermal samples (Fig. 5), which may be another reason for the positive Eu anomalies occurring in sulfides. As there is still lack of the temperature of hydrothermal fluids in the study areas, the above inference remains to be verified.

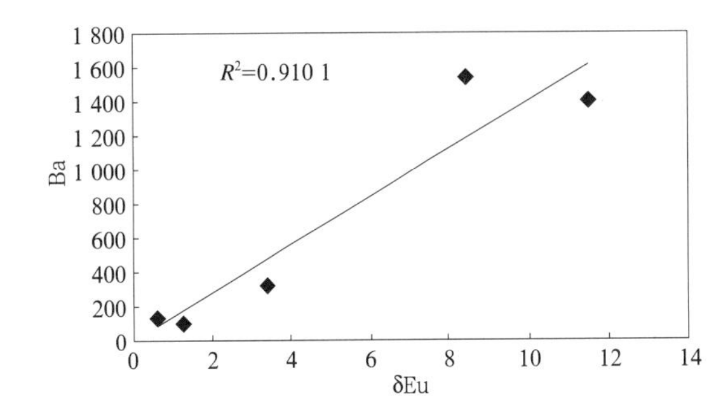

Fig.5. The correlation of δEu and Ba of hydrothermal deposits from SWIR.

(3) Comparison of different ridge

The REE contents of hydrothermal sulfides from SWIR (average of 19.83×10^{-6}) is obviously higher than those of from East Pacific Rise (EPR9-10°N) (REE $= 0.481\times10^{-6}$) (An, 2006) and Atlantic (TAG) (REE $= 1.595\times10^{-6}$) (Zeng et al., 1999). However, the Chondrite-normalized REE distribution patterns are approximately same, namely, characterized by significant positive Eu anomalies and the enrichment of LREE relative to HREE. REE contents of hydrothermal sulfide show a good positive correlation relationship with REE in water solution, while the latter is associated with the rock type occurrence of water rock interaction (Annette and Robert, 1991), thus the REE contents of hydrothermal sulfides from different hydrothermal area reflect the difference of rock mineral components.

6 Conclusions

(1) The REE contents is low in hydrothermally altered rocks and sulfides samples from the South West Indian Rige. Chondrite-normalized REE patterns show significant positive Eu anomalies and LREE enrichment, inheriting the characteristics of hydrother-

mally fluids, and suggesting that the REE in hydrothermal altered rocks and sulfides may be mainly derived from hydrothermal fluids.

(2) The REE contents are high in the white chimney deposits dominantly composed of calcite. Significant negative Eu anomalies may indicate the relative reduction mineralization conditions.

(3) Insteadance of Eu^{2+} for Ba^{2+} into the $BaSO_4$ lattice may be another reason for Eu anomalies of the hydrothermal samples. However, the inference remains to be verified as there is still lack of the temperature of hydrothermal fluids in the study areas.

(4) Hydrothermal deposits samples from different ridge are different in REE contents. It reflects the difference of rock mineral components during water rock interaction in the hydrothermal activity.

Acknowledgements

The authors appreciate the assistance of China Ocean Samples Repository and Prof. Zhai Shikui in providing valuable samples for this experiments, and also grateful to engineer Zhang Aibin from "element and isotope analysis laboratory", Marine Geosciences, Ocean University of China, for his valuable advice and selfless help for this experiment.

References

An Wei. 2006. Characteristics and control factors of modern seafloor hydrothermal ore-forming processes [dissertation]. Qingdao: Ocean University of China Marine Geology Department

Annette M O, Robert M O. 1991. The enropium anomaly of seawater: implication for fluvial versus hydrothermal REE imputs to the Oceans. Chemical Geology, 92: 317–328

Boynton W V. 1984. Cosmochemistry of the earth elements: Meteorite studies. In: Henderson P, ed. Rare Earth Element Geochemistry. Amsterdam: Elsevier, 63–114

Cantrell K J, Hauiday A N, Scrivener R C. 1987. Samarium-Neodymium direct dating of fluorite mineralization. Science, 252: 949–951

Charlou J L, Fouquet Y, Bougauh H, et a1. 1998. Intense CH_4 plumes generated by serpentinization of ultramafic rocks at the intersection of the 15°20′N fracture zone and the Mid-Atlantic ridge. Geochimica et Cosmochimica Ata, 62: 2323–2333

Ding Zhenju, Liu Congqiang, Yao Shuzhen et al. 2000. Rare earth elements compositions of high-temperature hydrothermal fluids in sea floor and control factors. Advances in Earth Science, 15(3): 307–312

Equipe Scientifique Cyamex. 1979. Découverte par submersible de sulfures polymetal liques massifs sur la dorsale du Pacifique oriental, par 21°N (projet RITA). C R Acad Sci, 287: 365–1368

Gillis K M, Smith A D, Ludden J N. 1990. Trace element and Sr isotopic contents of hvdrothermal clays and sulfides from the Snakepit hydrothermal field: ODP site 649. Proc ODP Sci Res, 106/109: 315–319

Haas J R, Everett L, Shock, et al. 1995. Rare earth elements in hydrothermal systems: Estimates of standard partial molal thermodynamic properties of aqueous complexes of the rare earth elements at high pressures and temperatures. Geochimica et Cosmochimica Acta, 59(21): 4329–4350

Klinkhammer G P, E1derfield H, Mitra A. 1994. Geochemical implications of rare earth element patterns in hydrothermal fluids from mid-ocean Ridges. Geochim Cosmochim Acta, 88: 5105–5113

Li Wenyuan. 2007. Classification, distribution and forming setting of massive sulfide deposits. Journal of Earth Sciences and Environment, 29(4): 331–344

Li Xiaohu, Chu Fengyou, Lei Jijiang, et al. 2008. Advances in slow-ultraslow-spreading Southwest Indian Ridge. Advances in Earth Science, 23(6): 595–603

Liang Ting, Wang Denghong, Qu Wejun, et al. 2007. REE geochemistry of calcites in the Dachang tin-polymetallic deposit, Guangxi. Acta Petrologica Sinica, 23(10): 2493–2503

Liu Yanguang, Meng Xianwei, Fu Yunxia. 2005. Rare earth element and strontium-neodymium isotope characteristics of hydrothermal chimney in Jade area in the Okinawa Trough. Acta Oceanologica Sinica, 27(5): 67–72

Lottermoser B G. 1992. Rare earth elements and hydrothermal ore formation processes. Ore Geology Reviews, 7(1): 25–41

Michard A. 1989. Rare earth element systematics in hydrothermal fluids. Geochim Cosmochim Acta, 53: 45–759

Michard A, Alharede F. 1986. The REE contents of some hydrothermal fluids. Chemical Geology, 53: 31–60

Michard A, Albarede F, Michard G, et al. 1983. Rare-earth elements and uranium in high-temperature solutions from East Pacific Rise hydrothermal field 13°N. Nature, 303: 795–797

Münch U, Lalou C, Halbach P, et al. 2001. Relict hydrothermal events along the super-slow Southwest Indian spreading ridge near 63°56′E-mineralogy, chemistry and chronology of sulfide samples. Chemical Geology, 177(3–4): 341–349

Rimstidt J D, Balog A, Webb J. 1998. Distribution of trace elements between carbonate minerals and aqueous solutions. Geochim Cosmochim Acta, 62: 1851–1863

Rona P A, Klinkhammer G, Nelsen T A, et al. 1986. Black smokers, massive sulphides and vent biota at the Mid-Atlantic Ridge. Nature, 321: 33–37

Shuang Yan, Bi Xianwu, Hu Ruizhong, et al. 2006. REE geochemistry of hydrothermal calcite from tin-polymetallic deposit and its indication of source of hydrothermal ore-forming fluid. Mineral Petrol, 26(2): 57–65

Song Xuechun. 2009. Which lasted 300 days, accumulated more than 46,000 sea miles sailing-"Da Yang Yi Hao" full return? People's Daily, 03–18(5)

Tao Chunhui, Lin Jian, Guo Shiqin, et a1. 2007. Discovery of the first active hydrothermal vent field at the ultraslow spreading Southwest Indian Ridge: the Chinese DYI 15–19 Cruise. Ridge Crest News, 16: 25–26

Terakado Y, Masuda A. 1988. The coprecipitation of rareearth elements with calcite and aragonite. Chem Geol, 69: 103–110

Wood S A. 1990. The aqueous geochemistry of the rare-earth elements and yttrium: 1. Review of available low-temperature data for inorganic complexes and the inorganic REE speciation of natural waters. Chem Geol, 82: 159–186

Zeng Zhigang, Zhai Shikui, Zhao Yiyang, et al. 1999. Rare earth element geochemistry of hydrothermal sediment from the TAG hydrothermal field, Mid-Atlantic Ridge. Marine Geology and Quaternary Geology, 19(3): 59–66

Zhong S, Mueei A. 1995. Partitioning of rare earth elements (REEs) between calcite and seawater solutions at 25 ℃ and 1 atm, and high dissolved REE concentration. Geochim Cosmochim Acta, 59: 443–453

(该文刊于《Acta Oceanologica Sinica》2012年31卷2期)

Paleoceanographic records in the Chukchi Basin, western Arctic Ocean during the late Quaternary

WANG Rujian[1*], XIAO Wenshen[1], SHAO Lei[1], CHEN Jianfang[2], GAO Aiguo[3]

[1] State Key Laboratory of Marine Geology, Tongji University, Shanghai 200092, China

[2] Second Institute of Oceanography, State Oceanic Administration, Hangzhou 310012, China

[3] Department of Oceanography, Xiamen University, Xiamen 361005, China

Abstract

The late Quaternary paleoceanographic changes in the western Arctic Ocean are revealed by quantitative studies of foraminiferal abundance, ice-rafted detritus (IRD) and its mineralogical and petrological compositions, planktonic *Neogloboquadrina pachyderma* (sin.) (Nps)-$\delta^{18}O$ and -$\delta^{13}C$, biogenic and non-biogenic components in Core M03 token from the Chukchi Basin during the Second Chinese National Arctic Expedition cruise. Seven IRD events appeared at MIS 7, 5, 3 and 1. These IRD were carried in massive icebergs, which were exported to the Beaufort Sea through the M'Clure Strait Ice Stream, Canadian Arctic Archipelago, and then transported into the Chukchi Basin by the Beaufort Gyre. Low IRD deposition occurred during the glacial times when more extended ice cover and weakened Beaufort Gyre, while the open water condition and the intensified Beaufort Gyre during interglacial periods favored the IRD deposition. Therefore, the IRD events not only indicate the provenance of coarser detritus and ice export events, but also reflect the evolutionary histories of the Beaufort Gyre and North American ice sheet. Seven light Nps-$\delta^{18}O$ and -$\delta^{13}C$ excursions could respond to enhanced rates of sea ice formation resulting in the production and sinking of isotopically light brines, but was irrelevant to the warm Atlantic water and freshwater inputs. Whereas, the heavy Nps-$\delta^{18}O$ and -$\delta^{13}C$ values separately reflect the lessened Arctic freshwater and Pacific water, and well-ventilated surface water from the continental shelf and halocline water. Variations of $CaCO_3$ content and planktonic foraminiferal abundance during the interglacial and glacial periods can demonstrate the incremental or diminishing input of the Atlantic water, while the total organic carbon (TOC) and opal contents increased and decreased during the glacial and interglacial periods, respectively, which could be related to the TOC degradation, opal dissolution and redox conditions of interface between the bottom water and sediments.

Key words: IRD events, ice sheet, light Nps-$\delta^{18}O$ and -$\delta^{13}C$ excursions, surface productivity, late Quaternary, Arctic Ocean Chukchi Basin

1 Introduction

The Arctic Ocean is a complex natural system characterized by several sets of climatic, hydrographic, sedimentary, and biological features that make it unique among the Earth's oceans. The most distinctive features of the Arctic Ocean system are the perennial ice cover over most of the ocean, the relative importance of the continental shelves and shelf processes, and the complex interaction of water masses of various origins including the Atlantic, Pacific, and riverine sources (Moritz et al., 2002; Chen, 2003). All of these features varied profoundly during the Quaternary times, thus incurring dramatic changes within and far beyond the Arctic Ocean (Darby et al., 2006). The Arctic Ocean during the Quaternary was affected immensely by repeated formation of large ice sheets in the Arctic and associated with sea-level fluctuations. This includes the exposure/inundation of shallow shelves, dramatic changes in water-exchange and circulation systems, and direct effects of ice sheets on sedimentary environments (Smith et al., 2003). Some important progresses on the late Quaternary paleoceanography and paleoclimate were obtained in the past decade. Darby and Zimmerman (2008) summarized the six ice-rafted detritus (IRD) events in the

Foundation items: The National Basic Research Program of China under contract No. G2007CB815903; the National Natural Science Foundation of China under contract No. 41030859; Chinese IPY Program (2007-2009); China Geological Survey project H[2011]01-14-04.

*Corresponding author, E-mail: rjwang@tongji.edu.cn

Arctic during the last glacial interval, corresponding to the timing of the Innuitian and Laurentide ice sheet calving events. Whether there were older IRD events during the late Quaternary is still unclear. Light oxygen and carbon isotope excursions of planktonic *Neogloboquadrina pachyderma* (sin.) (Nps) in the late Quaternary Arctic Ocean were interpreted as higher temperature (Hillaire-Marcel et al., 2004), or ice melt water input (Darby et al., 2006; Polyak et al., 2004, 2007; Andrews and Dunhill, 2004; Poore et al., 1999) and/or enhanced rates of sea ice formation resulting in the production and sinking of isotopically light brines (Hillaire-Marcel and de Vernal, 2008), respectively, which is being yet disputed. Whether organic carbon changes in the Arctic sedimentary records could indicate sea surface productivity (Schubert et al., 2001) or redox conditions at the seafloor (Gobeil et al., 2001) during the glacial and interglacial cycles need more investigations. The purpose of this study is to contrast the late Quaternary glacial/interglacial environmental changes based on the coarse IRD, stable oxygen and carbon isotopes of planktonic Nps and biogenic components in Core M03 token from the Chukchi Basin during the Second Chinese National Arctic Expedition cruise.

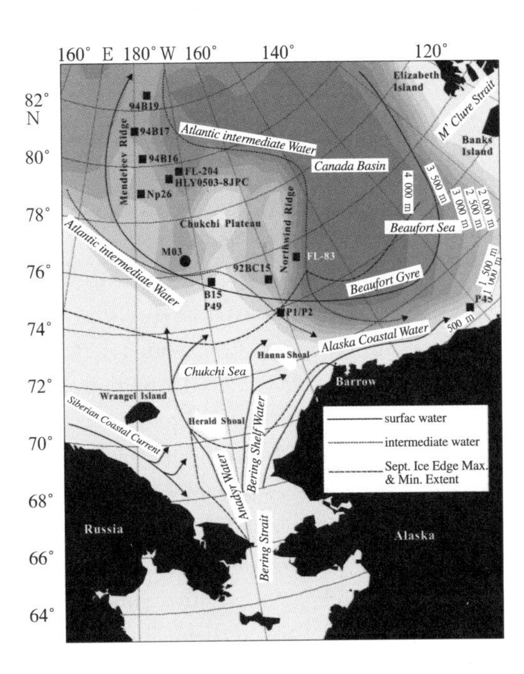

Fig.1. Locations of Core M03 and other cores in the western Arctic Ocean. Core FL 204 and FL 83 are cited from Bischof et al. (1996); Core NP26 and P1/P2 from Polyak et al. (2004 and 2007); Core 92BC15 from Darby and Zimmerman (2008); Core 94B16, 94B17 and 94B19 from Poore et al. (1999); Core P45 from Andrews and Dunhill (2004); Core B15 and P49 form Hillaire-Marcel et al. (2004); Core HLY0503-8JPC from Adler et al. (2009). Ocean currents and sea ice extent are modified after Grebmeier et al. (2006).

2 Materials and methods

The gravity core of M03 (76°32′13″N, 171°55′52″W, 2 300 m water depth) was recovered from the Chukchi Basin, western Arctic Ocean during the Second Chinese National Arctic Expedition cruise (Fig. 1) (Zhang, 2003). A total of 174 samples are taken from the core in 2-cm interval. The sediments show clear cycles for color and lithological feature. Brownish-yellow silty clay occurs at the depths of 0–28 cm, 110–180 cm and 310–347 cm, and gray silty clay occurs at the depths of 28–110 cm and 180–310 cm (Fig. 2).

Foraminiferal abundance and coarse fraction (greater than 154 μm and greater than 250 μm) contents in Core M03 are analyzed. 10–15 g dry sample is wet rinsed through an Φ63 μm sieve. The being greater than 63 μm fraction is dried and weighed. The being greater than 63 μm fraction is dry rinsed through sieves of Φ154 and Φ250 μm, successively, and each fraction is weighed separately. The foraminifers in the being greater than 154 μm fraction are picked out and statistically counted under the microscope. Finally, the coarse fraction (greater than 154 μm and greater than 250 μm) contents are calculated by removing the weight of foraminifers (Wang et al., 2010). Mineralogical and petrological components of each coarse fraction (>250 μm) sample are identified and counted statistically more than 200 grains, then calculating their abundances and percentages. Stable oxygen and carbon isotope analyses are performed on 10–15 shells of planktic foraminiferal Nps. All specimens are prepared and collected on the basis of the standard Micropaleontological methods and measured in a Finnigan MAT252 mass spectrometer. The precisions in Nps-δ^{18}O and -δ^{13}C are 0.08‰ and 0.06‰, respectively.

Biogenic carbonate, opal, total organic carbon and nitrogen content in the core M03 are also measured. Total carbon (TC) and nitrogen in the sediments are measured with an organic element analyzer (EA1110, Carlo-Erba). Total organic carbon (TOC') is also measured after removing carbonate from the bulk sediments with 1 mol/L HCl (Stax and Stein,

1993). The analytic precisions of organic elements are 0.3%. The absolute TOC content is calculated according to the following equation: $TOC\%=(12-TC\%)/(12-TOC'\%)\times TOC'\%$, where TOC' is the total organic carbon content removed carbonate. Biogenic opal measures for the sediments are performed following the methods described by Mortlock and Froelich (1989). Calcium carbonate ($CaCO_3$) contents are determined using the gasometric techniques (Jones and Kaiteris, 1983) based on analytical procedure as below: the dried sediments are grinded and reacted with rationed rare hydrochloric acid, and then the CO_2 gas volumes are measured. The absolute $CaCO_3$ content is calculated according to the following equation: $CaCO_3\%=V/(22.4\times 103)\times 100/M$, where V is the CO_2 gas volume (ml), M is the sediment mass (g). The contribution of lithogenic matter is calculated following the equation (Kawahata et al., 1998): Lithogenic% = 100%–Carbonate%–Opal%–($TOC\%\times 1.8$).

3 Stratigraphic framework

Brownish-yellow and gray cycles of sediment color in the Arctic Ocean are considered to represent the interglacial and glacial cycles (Jakobsson et al., 2000; Löwemark et al., 2008). The brownish-yellow sediments have abundant biomass and reflect interglacial environment of high productivity from the enhanced Atlantic water and bottom water with strong oxidability, while the gray sediments mirror the strong reduction of biomass in the glacial environment with extended ice cover, together with the weakened effects from the Atlantic water and bottom water (Backman et al., 2004; Polyak et al., 2004). Sediment colors in the core M03 clearly vary with depth. The brownish-yellow intervals correspond to the high foraminiferal abundance and IRD contents, the phases of the two

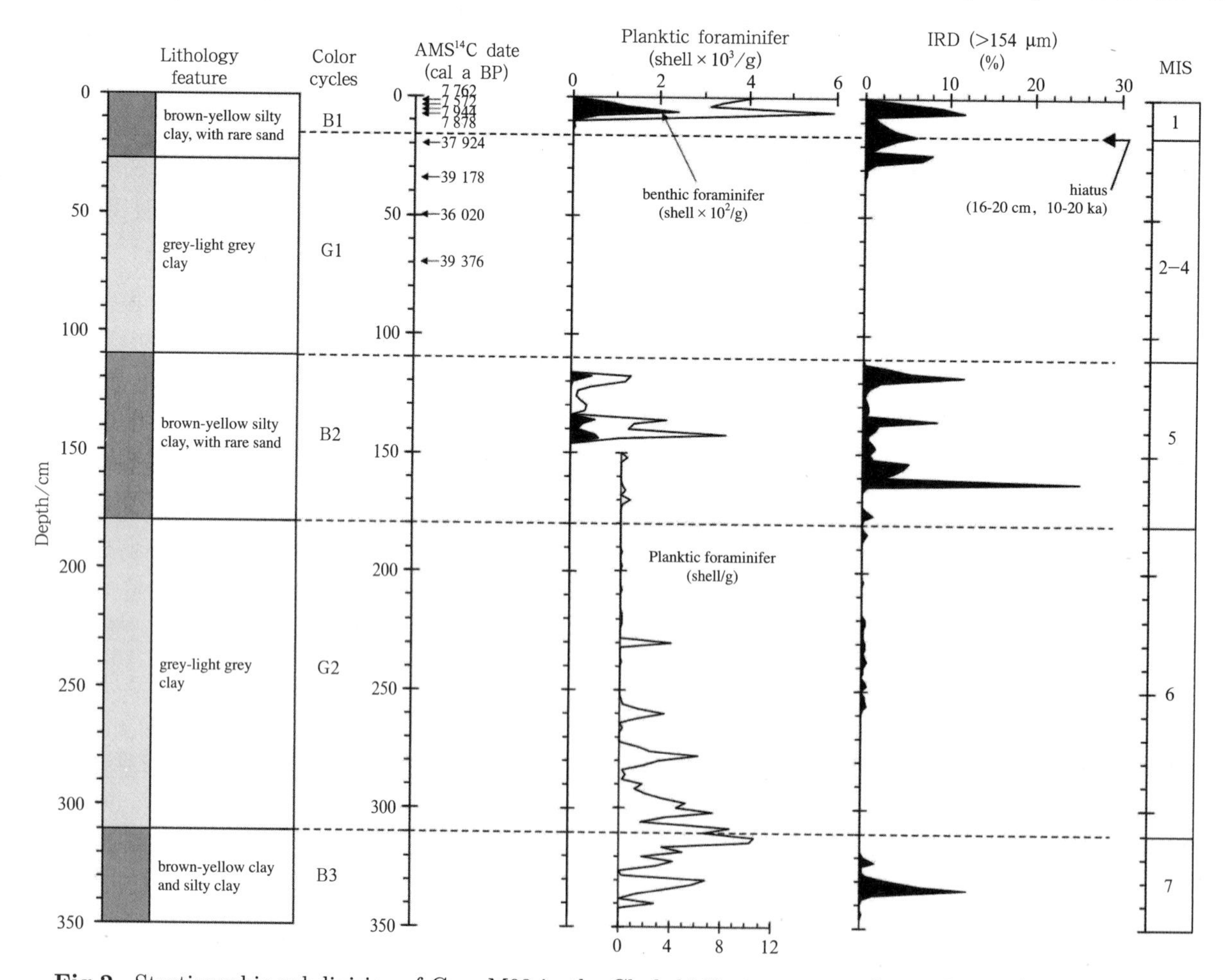

Fig.2. Stratigraphic subdivision of Core M03 in the Chukchi Basin, western Arctic Ocean (after Wang et al., 2010). B and G layers in color cycles show brown-yellow and grey-light colors of sediments, respectively. Curve of Planktonic Foraminifer (shell/g) from depth 150 to 350 cm is enlarged partial view. MIS denotes marine isotope stages.

proxies are slightly dislocated, indicating an increased productivity after the massive ice discharge. The gray intervals correspond to the low foraminiferal abundance and low IRD contents, suggesting a restricted productivity caused by the sea ice cover (Wang et al., 2010). IRD in the Arctic Ocean is a common sediment component. High or low IRD percentages are widely used to indicate the amounts of terrigeneous ice rafted deposits, correlating to the cold or warm climatic change (Bischof and Darby, 1997; Bischof et al., 1996). A large amount of IRD usually occurred during the deglaciation and is often used as a tool for core stratigraphy and regional correlation in the Arctic Ocean (Darby and Zimmerman, 2008; Phillips and Grantz, 2001). The IRD contents of the core M03 show three intervals of high content, the first and second intervals correspond to Marine Isotope Stage (MIS) 1-3 and MIS 5, respectively. The third high IRD content interval occurs at depth below 310 cm, which can be related to MIS 7. Consequently, the integrated core stratigraphy of the core M03 can be established, based upon the combination of sediment lithology and color cycles, AMS^{14}C dating data with foraminiferal abundance and IRD (>154 μm) content (Fig. 2).

4 Results

4.1 *IRD and its component changes*

The IRD (>154 μm) contents of Core M03 vary up to 25%, with an average of 1% (Fig. 3). IRD peak contents of 12%, 6%, 8%, 12%, 9%, 25% and 13% occurred at 6, 16, 24, 118, 136, 162 and 334 cm, respectively. The IRD content is less than 2% at the other layers. The IRD (>250 μm) contents of Core M03 vary up to 11%, with an average of 0.7%. Both the being greater than 154 μm and being greater than 250 μm IRD curves vary similarly at the core (Fig. 3).

Mineralogical and petrological components of the IRD (>250 μm) are changed evidently with the core depth (Fig. 4). Their maximum, minimum and average values are shown in Table 1. Quartz grains arrived at their peaks at 0–30, 110–170 and 320–340 cm,

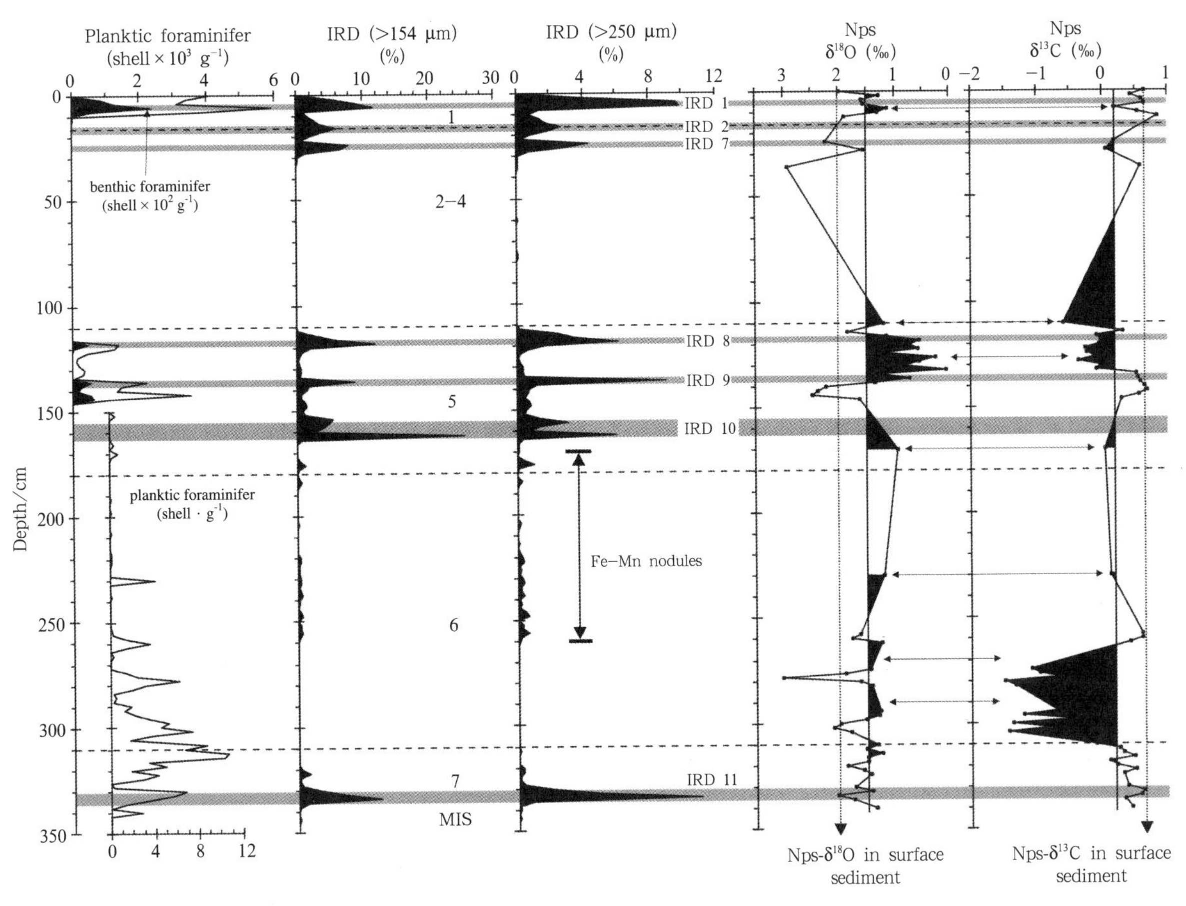

Fig.3. Down-core variations of planktic and benthic foraminifers, IRD and Fe-Mn nodules, Nps-δ^{18}O and -δ^{13}C in Core M03. Curve of Planktonic Foraminifer (shell·g^{-1}) from depth 150 to 350 cm is enlarged partial view. MIS denotes marine isotope stages. IRD shows ice-rafted detritus. Vertical arrows present the layer of Fe-Mn nodules. Horizontal arrows indicate light excursions in δ^{18}O and δ^{13}C of Nps.

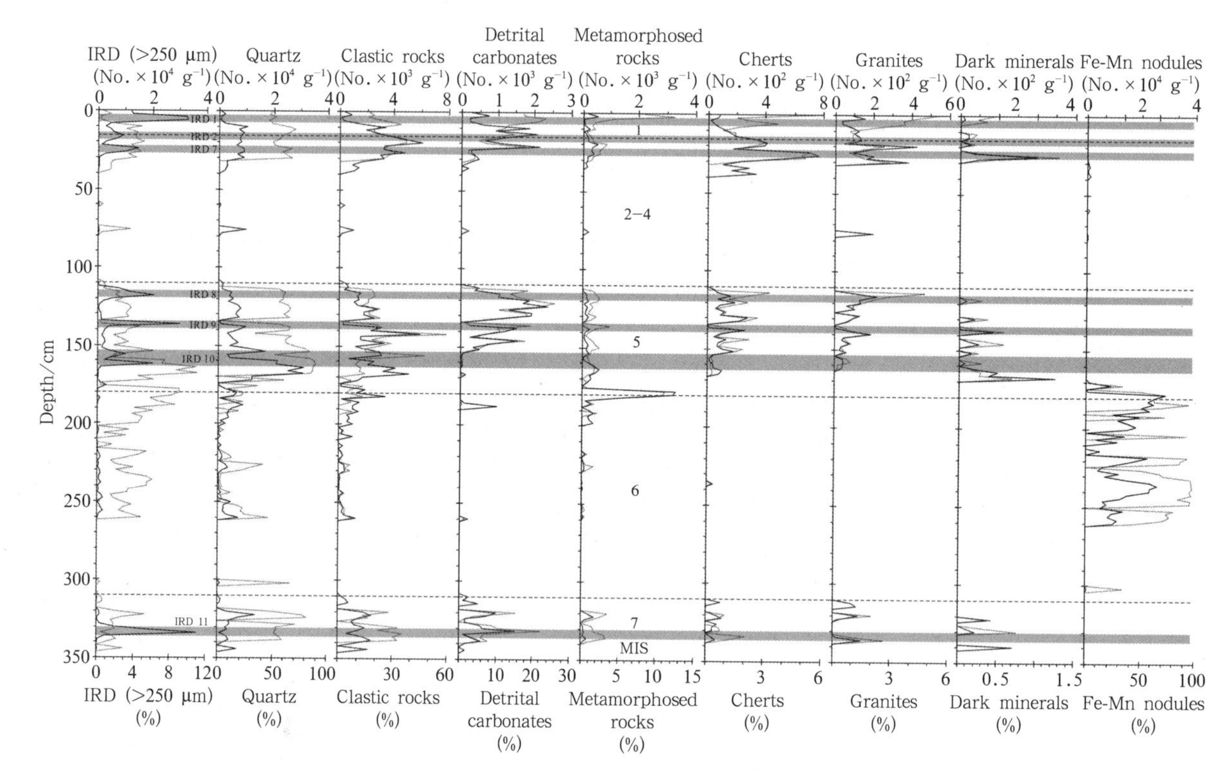

Fig.4. Down-core variations of the mineralogical and petrological components of the IRD (>250 μm) and Fe-Mn nodules in Core M03. Real lines show relative percentages of the IRD components. Dotted lines indicate absolute numbers of the IRD components per gram. MIS denotes marine isotope stages. IRD shows ice-rafted detritus.

Table 1. Abundance and percentage of the IRD (>250 μm) components and Fe-Mn nodules in Core M03

Variable	Maximum		Minimum		Average	
	Abundance/g	Percentage (%)	Abundance/g	Percentage (%)	Abundance/g	Percentage (%)
Quartz	31 250	88.9	0	0	3 211	21.9
Clastic rocks	6 098	59.2	0	0	906	7.3
Detrital carbonates	2 378	25.6	0	0	257	3.0
Metamorphosed rocks	3 333	12.1	0	0	119	0.8
Cherts	764	5.9	0	0	49	0.5
Granites	426	5.5	0	0	29	0.4
Dark minerals	250	1.3	0	0	8	0.1
Fe-Mn nodules	22 000	97.5	0	0	2 489	13.3

decreased at 170–260 cm and occurred scarcely at 30–110 and 260–320 cm. Clastic rocks varied similarly to those of quartz grains, but in quantitatively, the former is less than the later. Detrital carbonate increased at 0–30, 110–150 and 310–340 cm, and appeared scarcely at 30–110 and 150–310 cm. Metamorphosed rocks, cherts, granites and dark minerals were less components. Fe-Mn nodules prevailed at 170–260 cm, although they were not be transported by the ice-raft, but formed in situ (Adler et al., 2009).

4.2 *Variabilities of the Nps-$\delta^{18}O$ and -$\delta^{13}C$*

The planktonic Nps-δ^{18}O in Core M03 altered from 0.05‰ to 3.02‰, with an average value of 1.48‰ and core-top value of 2.00‰(Fig. 3). Compared with the core-top data, other Nps-δ^{18}O values during the MIS 1 are lighter. There are two heavier values of Nps-δ^{18}O during the MIS 2 to 4, while most of the Nps-δ^{18}O during the MIS 5 is lighter, except the heavier values between the IRD 9 and IRD 10. Majority of the Nps-δ^{18}O values during the early MIS 6 and MIS 7 are also lighter.

The Nps-δ^{13}C values in Core M03 fluctuate between −1.49‰ and 0.86‰, with an average value of 0.04‰ and 0.65‰ in the core-top sediment (Fig. 3). Overwhelming majority of the Nps-δ^{13}C values is lighter than the core-top data, except the heavier Nps-δ^{13}C values during the early MIS 1 and between the IRD 9 and IRD 10. The curves of Nps-$\delta^{13}C$ and -$\delta^{18}O$ show a nearly negative correlation in Core M03.

4.3 *Biogenic component variations*

Biogenic $CaCO_3$ and opal contents in the marine sediments are normally used to indicate the variations in calcareous and siliceous microorganism productivities in the upper water column, respectively, while a total organic carbon content is used as a proxy of total productivity. The $CaCO_3$ vary up to 8% and is absent at most depths of Core M03. High $CaCO_3$ layers just correspond to high foraminiferal abundance and IRD peaks, during the MIS 7, 5 and 1 (Fig. 5). The biogenic opal alters from 0.5% to 2%, with an average value of 1.3%. The opal increases slightly from MIS 7 to MIS 6, but there is a relatively low value during the early and late MIS 5 with a valley of 0.46% and 0.8%, respectively. There is a relatively higher opal content for MIS 4-2, but decrease gradually from MIS 2 to early MIS 1. The TOC fluctuates between 0.1% to 0.7%, with an average content of 0.4%. The TOC increases from 0.4% during the MIS 7 to the highest 0.7% during the early MIS 6, and then keeps higher till the late MIS 6. The TOC content arrives at its lowest value of 0.11% during the early MIS 5 and holds at a lower value during the whole MIS 5, with an average of 0.22%. There are higher value of 0.45% from MIS 4 to MIS 2, and relatively lower content during the early Holocene.

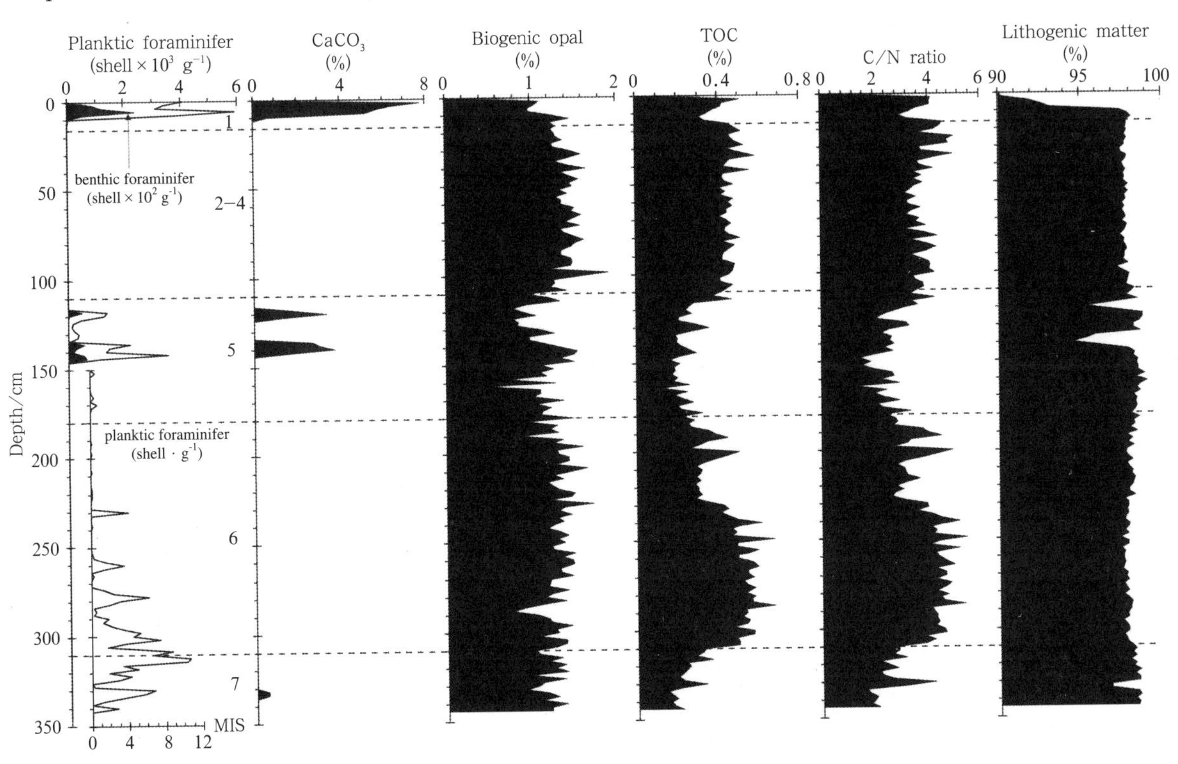

Fig.5. Down-core variations of planktic and benthic foraminifers, biogenic and lithogenic components in Core M03. Curve of Planktic Foraminifer (shell·g^{-1}) from depth 150 to 350 cm is enlarged partial view. MIS denotes marine isotope stages.

4.4 *C/N ratio and lithogenic matter alterations*

The C/N ratio fluctuates between 1.2 and 5.5 with a mean value of 3.5 in Core M3, similar to its TOC alteration. The C/N ratio lowers during the MIS 7, increases up to the highest value of 5.5 during the early MIS 6, and the higher value does not decrease until the late MIS 6. The lowest C/N ratio of 1.2 occurs at the early MIS 5 and keeps a lower value during the whole MIS 5, then it rises up to about 4.0 from the MIS 4 to MIS 2 and drops again to 3.0 during the early Holocene. The lithogenic component varies between 90% to 99%, with a mean of 97% (Fig. 5). There are only several relatively lower contents, such as 96%, 94% to 95% and 90% to 93%, during the late MIS 7, MIS 5 and 1, respectively. Generally higher values of 97% to 98% keep for the other periods.

5 Discussion

5.1 *IRD events and their provenance*

The late Quaternary ice drift investigations in the western Arctic Ocean indicate that the relatively low coarse fraction in the sediments during the Holocene suggests the low amount of icebergs, whereas the high coarse fraction occurred in the old sediments, demonstrating the high amount of icebergs in the Arctic Ocean (Bischof and Darby, 1997). The spatial distribution of IRD is controlled by the Beaufort Gyre and large amounts of IRD originate from the coastal area of the Beaufort Sea (Phillips and Grantz, 2001) (Fig. 1). During glacial periods, the sea surface was covered by thick sea ice and icebergs, and the lower sea level, extensive ice shelves and the weakened Beaufort Gyre made it difficult to transport the icebergs into the open ocean. In this case, small amounts of IRD were deposited in the Chukchi Basin, which was far from the Beaufort Sea during glacial periods. The decreased current speed and the lowered sea level slowed down or even stopped the ice melting and thus the IRD deposition. During the warming deglacial and interglacial periods, the rising sea level led to ice shelf collapse, and the recovering current speed easily brought the icebergs into the open water of the Arctic Ocean, as a consequence, more IRD were presented in the post-glacial/interglacial sediments (Spielhagen et al., 2004). The highest IRD (greater than 154 μm and 250 μm) contents of Core M03 occurred during MIS 1, MIS 3, MIS 5 and late MIS 7 (Fig. 3), which suggests that, along with the warming climate, the rafting ice was transported into the Chukchi Basin and unloaded the IRD to the seafloor (Wang et al., 2010). The increasing IRD (> 250 μm) deposits of the Core FL-83 and FL-204 in the western Arctic Ocean during the late Pleistocene show that the vast icebergs occurred in this region (Bischof et al., 1996). The high IRD (> 250 μm) deposits of the Core Np26 on the Mendeleev Ridge during the deglacial and interglacial periods indicate that the IRD mostly occurred in these intervals (Polyak et al., 2004). These results are in agreement with the Core M03 record.

The investigations of IRD events in the Arctic during the last glacial interval and the timing of the Innuitian and Laurentide ice sheet calving events show that the IRD deposits not only mark the provenance of the coarse sediments, but also reveal the history of iceberg drift and ice sheet activity (Darby and Zimmerman, 2008). The terrigeneous detritus carried by calved icebergs were transported into the Arctic Amerasian Basin through the Beaufort Gyre (Stokes et al., 2005; Sellén et al., 2008). The six IRD events, IRD 1-IRD 6, of Core 92BC15 in the Northwind Basin over the past 30 ka were recognized (Fig. 1). The IRD 1-IRD 3 appeared in an age extent of 8–10 ka, 13–15 ka and 16–17.5 ka, respectively. But the ages of IRD 4-IRD 6 are uncertain (Darby and Zimmerman, 2008). Seven IRD events can be identified from the Core M03 (Fig. 3). They occurred at the MIS 1, MIS 3, MIS 5 and MIS 7. According to the AMS^{14}C dating, the age of the first peak at around 6 cm is around 8 ka, which can be related to the wide spread northern hemisphere 8.2 ka cooling (Alley et al., 1997; Kurek et al., 2004; Rohling and Pälike, 2005), this IRD event was during the warming after the 8.2 cold event. The second IRD content peak at around 16 cm can be related to Heinrich Event 0 at around 12 ka, as discussed before. The age of the third IRD event at around 24 cm is about 38 ka, which can correspond to Heinrich Event 4 (Hemming, 2004). The IRD events 3 to 6 in Core 92BC15 are not appeared in Core M03 probably ascribed to the sedimentary hiatus (Wang et al., 2010).

Comparisons of IRD (>250 μm) components between Core FL83 and FL04 and M03 indicate that these cores have almost same percentages of quartz and clastic rocks (Table 2). But detrital carbonates and metamorphosed rocks in Core M03 are lesser than those in Core FL83 and FL04 (Bischof et al., 1996), which is ascribed to location of Core M03 in the Beaufort Gyre margin, depositing low amount of detrital carbonates and metamorphosed rocks. The triple-cores obtain nearly percentages of cherts, granites and dark minerals. Fe-Mn nodules in Core M03 occurred in the MIS 6, similarly to those of Core HLY0503-8JPC on the Mendeleev Ridge (Adler et al., 2009).

Although both sea ice and icebergs can carry and transport some coarse IRD, the sea ice mostly contributed to the being less than 250 μm fraction, whereas the icebergs dominantly contributed to the coarse IRD (>250 μm) (Phillips and Grantz, 2001; Darby and Zimmerman, 2008). Thus, the coarse IRD (>250 μm) deposits of Core M03 show the contribution of the icebergs. They were transported into the Beaufort Sea through the M'Clure Strait Ice Stream, Canada Arctic Archipelago, and along with the Beaufort Gyre drifted to the Chukchi Basin (Wang et al., 2010). The evidences for huge ice grounding and eros-

Table 2. Comparison of the IRD (>250 μm) components and Fe-Mn nodules in three cores from the western Arctic Ocean

Variable	Core		
	FL83[1]	FL204[1]	M03
Number of samples	48	36	174
Number of grains	20 969	19 947	1 149 583
Quartz(%)	46.0	54.9	44.5
Clastic rocks(%)	11.6	7.7	12.0
Detrital carbonates(%)	19.2	23.3	3.1
Metamorphosed rocks(%)	17.8	11.2	1.7
Cherts(%)	3.5	0.5	0.6
Granites(%)	0.3	0.3	0.3
Dark minerals(%)	0.1	0.1	0.1
Fe-Mn nodules(%)	–	–	37.7

Note: 1) Bischof et al. (1996).

ion at the water depth to ~700 m on the Chukchi Borderland during late Pleistocene support this point (Jakobsson et al., 2005; Polyak et al., 2007).

5.2 *Sea ice formation rate recorded in the Nps-δ^{18}O and -δ^{13}C*

Most of the Nps-δ^{18}O and -δ^{13}C in Core M03 is evident lighter than those in the core-top sediment. Light excursions of the Nps-δ^{18}O and -δ^{13}C occurred during the MIS 6 (three times), MIS 5 (twice), between MIS 5/4 boundary (once), and MIS 1 (once) (Wang et al., 2009). The light Nps-δ^{18}O and -δ^{13}C values indicate the fresh water events or the release of isotopically light brines is being yet disputed. Some researchers suggested that the light excursions of Nps-δ^{18}O and -δ^{13}C in the Chukchi Sea (Core P1/P2) and Mendeleev Ridge (Core Np26, 94B16, 94B17 and 94B19) during the last deglacial period indicated the ice melt water events, relating to the melt water/iceberg drainage of the Laurentide ice sheet in the Northern America (Darby et al., 2006; Polyak et al., 2004, 2007; Poore et al., 1999). The downcutting and incision across the Chukchi shelf, offshore NW Alaska during the deglaciation and consequent base level rise implies that the glacial melt water was the most likely source for the increased discharge (Hill et al., 2007), connecting with the melt water/iceberg drainage of the Alaska ice sheet (Spielhagen, 2001). Modeling of Arctic freshwater forcing find that the largest combined melt water/iceberg discharge from the North American ice sheet directed into the Arctic Ocean was via the Mackenzie River basin, consequentially triggering the Younger Dryas cold event (Tarasov and Peltier, 2005). The late Pleistocene light Nps-δ^{18}O and -δ^{13}C in the Mendeleev Ridge record was interpreted as the pooling of freshwater in the Amerasian basin, possibly related to an extended glaciation in arctic North America (Polyak et al., 2004, 2007). The distinct low Nps-δ^{18}O probably recorded the glacial Lake Agassiz outburst flood into the Arctic Ocean via the Mackenzie River delta (Andrews and Dunhill, 2004).

The Nps-δ^{18}O value in the Chukchi Sea (Core B15 and P49) at ca. 9–7 ka BP is 1.0‰ light than that of the core-top's suggest ~3°C warmer than today (~1°C, present SST) in the upper North Atlantic water mass, thus likely a higher inflow rate of this water mass during the early Holocene (Hillaire-Marcel et al., 2004). The 0.9‰-light of Nps-δ^{18}O (Core M03) during the early Holocene is close to those of Core B15 and P49 in the Chukchi Basin, which also suggests a nearly 3°C warmer than today for the upper North Atlantic water mass in the Chukchi Basin (~1°C, present SST). However, increasing annual sea ice cover months during the early Holocene are estimated from dinoflagellate cyst assemblages in the Chukchi Sea (Core B15), which is consistent with the concentrated sea ice cover from climatic modeling in the western Arctic Ocean, indicating the decoupling between surface-water conditions and halocline and reversal thermocline of the North Atlantic water mass (Hillaire-Marcel et al., 2004; de Vernal et al., 2005; Fisher et al., 2006). Based on the studies between Nps-δ^{18}O and -δ^{13}C and surface salinity and sea ice cover in the North Atlantic during the last glacial period, Hillaire-Marcel and de Vernal (2008) suggested that the large amplitude light excursions recorded in Nps-δ^{18}O and -δ^{13}C values during the Heinrich events 1 correspond to the extensive sea ice cover as reconstructed from dinocysts, and do not seem unequivocally linked to low-salinity pulses and deepening halocline. They interpreted this large amplitude light excursions of Nps-δ^{18}O and -δ^{13}C values in the Arctic Ocean as a result of sea ice formation process, unrelated to the hypothesis of higher temperatures of the upper North Atlantic water mass in the deep habitat of Nps (Hillaire-Marcel and de Vernal, 2008).

During the glacial and interglacial cycles, the isotopic fractionation process associated with sea ice production in the high latitude seas affects the ^{18}O-salinity relationship of the oceanic deep water mass (Cooper et al., 2005). Although the dinocyst assemblages of the Core M03 in the Chukchi Basin have not been investigated, evident dislocation between light Nps-δ^{18}O and -δ^{13}C excursions and foraminiferal abundance and IRD peaks implies the sea ice-formation influence (Fig. 3). High planktonic foraminiferal abundance in the Arctic Ocean is a proxy of abundant inflow of the warm Atlantic water mass into the Arctic Ocean (Hebbeln and Wefer, 1991; Wang et al., 2009), and their increasing abundances appearing in the Arctic and subarctic marine sediments over the last 130 ka were used to indicate the injective events of the Atlantic water mass (Hald et al., 2001). Investigation for relationship between distribution of Nps-δ^{18}O and -δ^{13}C in the surface sediments and modern temperature in the western Arctic Ocean indicate that there is a clear temperature front in 72°N in summer, north of which the temperature steeply drops at −1 to −1.5°C, with a little vertical difference in temperature, not exceeding 1°C (Xiao et al., 2006). Sequentially, the temperature effect (1°C≈0.26‰ δ^{18}O) cannot decipher this large amplitude light excursions of Nps-δ^{18}O and -δ^{13}C values in Core M03.

Thus, seven light excursions of Nps-δ^{18}O and -δ^{13}C in the core M03 could respond to enhanced rates of sea ice formation resulting in the production and sinking of isotopically light brines, being irrelevant to the warm Atlantic water and freshwater inputs, in respect that light Nps-δ^{18}O and -δ^{13}C values are dislocated with the planktonic foraminiferal abundance and IRD peaks, implying that the reduced warm Atlantic water and shelf water were carried into the Arctic Ocean (Wang et al., 2009).

5.3 *Sea surface productivity*

Investigations of biogenic TOC and opal, chlorophyll-a, benthic biomass and siliceous microfossil abundances in the surface sediments in the western Arctic Ocean show that they all emerge in a high-to-low distribution trend, along 170°W section from the Chukchi shelf to slope and ultimately to deep basin, reflecting the pattern of high-to-low sea surface productivity (Grebmeier et al., 2006; Wang et al., 2007; Hao and Long, 2007; Dunton et al., 2005; Chen et al., 2001). But calcareous microfossil abundances appear in a low to high distribution trend, from the Chukchi shelf to deep basin, representing a high calcareous microorganism productivity in the high latitude off shelf where is influenced by the Atlantic intermediate water (Fig. 1) (Wang et al., 2007; Chen et al., 2001; Meng et al., 2001). The North of 75°N and the Canadian Basin covered by perennial sea ice emerge in low productivity and suspended biomass, and the degradation in the water column results in reduced particulate organic carbon (POC) export (Carmack and Wassmann, 2006). POC export flux and export productivity at upper depth of 50 m decline from 6 to 3 mmol/(m^2·d) (Moran et al., 2005) and from 0.6 to 0.2 g/(m^2·a) from the Chukchi shelf margin to deep basin, respectively (Anderson et al., 2003). Seasonal primary productivity and POC export flux in the western Arctic Ocean are higher in summer than in spring and higher in the shelf and slope than in the deep basin (Moran et al., 2005; Hill and Cota, 2002). Variations of $CaCO_3$ and foraminiferal abundance in Core M03 indicate that calcareous plankton increased during the MIS 7, 5 and 1, and decreased during the MIS 6 and MIS 4 to 2 (Fig. 5), demonstrating that enhanced and reduced calcareous plankton productivity resulted from incremental and diminishing input of the Atlantic water during the interglacial and glacial periods, respectively (Wang and Xiao, 2009; Hebbeln and Wefer, 1991; Hald et al., 2001). However, in contrary to this, biogenic TOC and opal varied in a reverse trend with the former, decreased and increased during the interglacial and glacial periods (Fig. 5), individually (Wang and Xiao, 2009). Does this suggest that the surface productivity during the glacial periods was higher than that one during the interglacial periods? The source analyses of organic carbon in the Arctic Ocean sediments (terrigenous vs marine) exhibit an interglacial higher content of marine organic matter and biogenic opal probably from the much open-water condition and a glacial lower content of marine organic matter from the more or less closed sea ice cover (Schubert and Stein, 1996). Likewise, nutrient and productivity variations in the Arctic Ocean since the last deglaciation demonstrate an enhanced Holocene nutrient utilization and production due to a diminishing ice cover and possible lower pCO2 and reduced nutrient utilization and productivity during the last glacial maximum (LGM) due to the relative high pCO_2 in the ice cover surface waters (Schubert et al., 2001). But the glacial higher TOC and opal contents in Core M03 are obviously inconsistent with the above. The IRD peaks corresponding to most low TOC and opal values during the interglacial periods probably imply the IRD dilution

(Fig. 5) (Wang and Xiao, 2009). The C/N ratio does not go up during the interglacial periods unless more IRD deposits together with terrigenous organic matter (Stein and Fahl, 2000).

Could the different environment conditions subsist in the glacial and interglacial cycles in the Chukchi Basin? Recent organic carbon flux study document that the metabolism of organic carbon, together with dissolved oxygen (O_2) diffusion in surface sediments, produce varied redox conditions in different depth in the sediment of the western Arctic Ocean deep basin (Gobeil et al., 2001). Before the arrival of a pulse of organic carbon at the seafloor, the sediment on the seabed is oxic. When a pulse of organic carbon is mixed into the surface sediments, pore water O_2 is consumed and oxic-anoxic boundary rises towards the water interface. As the reactive organic carbon is consumed, the oxic-anoxic boundary can move downward again due to unrelenting O_2 diffusion (Gobeil et al., 2001). Therefore, low TOC and opal contents in Core M03 during the interglacial intervals are probably attributed to their degradation, dissolution and O_2-rich conditions at the seafloor.

6 Conclusions

Late Quaternary environment of the western Arctic Ocean is revealed based on the quantitative analyses of foraminiferal abundances and IRD events, Nps-$\delta^{18}O$ and -$\delta^{13}C$, biogenic and non-biogenic components in Core M03 from the Chukchi Basin.

Seven IRD events appeared at MIS 7, 5, 3 and 1, respectively. Low IRD deposition occurred during the glacial times when more extended ice cover and weakened Beaufort Gyre, while the open water condition and the intensified Beaufort Gyre favored the IRD deposition during interglacial periods. Therefore, the IRD events not only indicate the provenance of coarser detritus and ice export events, but also reflect the shift histories of the Beaufort Gyre and North American ice sheet.

Seven light Nps-$\delta^{18}O$ and -$\delta^{13}C$ excursions, together with the low planktonic foraminiferal abundances and IRDs, could respond to enhanced rates of sea ice formation resulting in the production and sinking of isotopically light brines, being irrelevant to the warm Atlantic water and freshwater inputs, while the heavy Nps-$\delta^{18}O$ and -$\delta^{13}C$ reflect the lessened Arctic freshwater and Pacific water, and well-ventilated surface water from the continental shelf and halocline water into the Arctic Ocean.

Variations of $CaCO_3$ content and planktonic foraminiferal abundance during the interglacial and glacial periods can demonstrate the incremental or diminishing input of the Atlantic water, while the TOC and opal contents increased and decreased during the glacial and interglacial periods, respectively, which could be related to the TOC degradation, opal dissolution and redox conditions of interface between the bottom water and sediments.

Acknowledgements

The authors would like to thank two anonymous referees for reviewing the manuscript, and their comments and criticisms greatly improved this presentation. This work is part of the project "Second Chinese National Arctic Research Expedition" (or CHINARE-2003) supported by the Ministry of Finance of China and organized by the Chinese Arctic and Antarctic Administration (CAA), with participants from various Chinese institutions. The participants in the joint work are from the institutions (e.g., PRIC, FIO, SIO, Tongji University, etc.). Han Yibing and Li Xiuzhu in the joint work are appreciated for the work on core recovering process.

References

Adler R E, Polyak L, D. Ortiz J D, et al. 2009. Sediment record from the western Arctic Ocean with an improved Late Quaternary age resolution: HOTRAX core HLY0503-8JPC, Mendeleev Ridge. Global and Planetary Change, 68: 18–29

Alley R B, Mayewski P A, Sowers T, et al. 1997. Holocene climatic instability: A prominent, widespread event 8200 yr ago. Geology, 25: 483–486

Anderson L G, Jones E P, Swift J H. 2003. Export productivity in the central Arctic evaluated from phosphate deficits. J Geoph Res, 108(C6): 3199, doi: 10.1029/2001JC001057

Andrews J T, Dunhill G. 2004. Early to mid-Holocene Atlantic water influx and deglacial meltwater events, Beaufort Sea slope, Arctic Ocean. Quat Res, 61: 14–21

Backman J, Jakobsson M, Løvlie R, et al. 2004. Is the central Arctic Ocean a sediment starved basin? Quat Sci Rev, 23: 1435–1454

Bischof J F, Clark D L, Vincent J S. 1996. Origin of ice-rafted debris: Pleistocene paleoceanography in the western Arctic Ocean. Paleoceanography, 11: 743–756

Bischof J F, Darby D A. 1997. Mid-to Late Pleistocene ice drift in the Western Arctic Ocean: Evidence for a different circulation in the past. Science, 277: 74–78

Carmack E, Wassmann P. 2006. Food webs and physical-biological coupling on pan-Arctic shelves: Unifying concepts and comprehensive perspectives. Progr Oceanogr, 71: 446–477

Chen Liqi. 2003. Marine Environment and Air-sea Interaction in the Arctic Ocean (in Chinese). Beijing: China Ocean Press, 1–339

Chen Ronghua, Meng Yi, Hua Di, et al. 2001. Calcareous and siliceous microorganisms in surface sediments of Chukchi and Bering Seas (in Chinese). Marine Geology and Quaternary Geology, 21(4): 25–30

Cooper L W, Benner R, McClelland J W, et al. 2005. Linkages among runoff, dissolved organic carbon, and the stable oxygen isotope composition of seawater and other water mass indicators in the Arctic Ocean. J Geoph Res, 110: G02013, doi: 10.1029/2005JG000031

Darby D A, Polyak L, Bauch H A. 2006. Past glacial and interglacial conditions in the Arctic Ocean and marginal seas—a review. Progr Oceanogr, 71: 129–144

Darby D A, Zimmerman P. 2008. Ice-rafted detritus events in the Arctic during the last glacial interval and the timing of the Innuitian and Laurentide ice sheet calving events. Polar Res, 27(2): 114–127

de Vernal A, Hillaire-Marcel C, Darby D A. 2005. Variability of sea ice cover in the Chukchi Sea (western Arctic Ocean) during the Holocene. Paleoceanography, 20: PA4018, doi: 10.1029/2005PA001157

Dunton K H, Goodall J L, Schonberg S V, et al. 2005. Multi-decadal synthesis of benthic-pelagic coupling in the western arctic: Role of cross-shelf advective processes. Deep-Sea Res II, 52: 3462–3477

Fisher D, Dyke A, Koemer R, et al. 2006. Natural variability of Arctic sea ice over the Holocene. EOS, 87(28): 273–280

Gobeil C, Sundby B, Macdonald R W, et al. 2001. Recent change in organic carbon flux to Arctic Ocean deep basins: Evidence from acid volatile sulfide, manganese and rhenium discord in sediments. Geophy Res Lett, 28(9): 1743–1746

Grebmeier J M, Cooper L W, Feder H M, et al. 2006. Ecosystem dynamics of the Pacific-influenced Northern Bering and Chukchi Seas in the Amerasian Arctic. Progr Oceanogr, 71: 331–361

Hald M, Dokken T, Mikalsen G. 2001. Abrupt climatic change during the last interglacial-glacial cycle in the polar North Atlantic. Mar Geol, 176: 121–137

Hao Yu, Long Jiangping. 2007. Biogeochemical characteristics of organic carbon in surface sediments from the Chukchi Sea (in Chinese). Advances in Marine Science, 25(1): 63–72

Hebbeln D, Wefer G. 1991. Effects of ice coverage and ice-rafted material on sedimentation in the Fram Strait. Nature, 350: 409–411

Hemming S R. 2004. Heinrich events: massive late Pleistocene detritus layers of the North Atlantic and their global climate imprint. Rev Geophys, 42: RG1005, doi: 10.1029/2003RG000128

Hill V, Cota G. 2002. Spatial patterns of primary production on the shelf, slope and basin of the Western Arctic in 2002. Deep-Sea Res II, 52: 3344–3354

Hill J C, Driscoll N W, Brigham-Grette J, et al. 2007. New evidence for high discharge to the Chukchi shelf since the Last Glacial Maximum. Quat Res, 68: 271–279

Hillaire-Marcel C, de Vernal A. 2008. Stable isotope clue to episodic sea ice formation in the glacial North Atlantic. Earth and Planet Sci Lett, 268: 143–150

Hillaire-Marcel C, de Vernal A, Polyak L, et al. 2004. Size-dependent isotopic composition of planktic foraminifers from Chukchi Sea vs. NW Atlantic sediments- implications for the Holocene paleoceanography of the western Arctic. Quat Sci Rev, 23: 245–260

Jakobsson M, Gardner J V, Vogt P R, et al. 2005. Multibeam bathymetric and sediment profiler evidence for ice grounding on the Chukchi Borderland, Arctic Ocean. Quat Res, 63: 150–160

Jakobsson M, Løvlie R, Al-Hanbali H, et al. 2000. Manganese and color cycle in Arctic Ocean sediments constrain Pleistocene chronology. Geology, 28: 23–26

Jones A, Kaiteris P. 1983. A vacuum gasometic technique for rapid and precise analysis of calcium carbonate in sediments and soils. J Sediment Petrol, 53: 655–660

Kawahata H, Suzuki A, Ahagon N. 1998. Biogenic sediments in the West Caroline Basin, the western equatorial Pacific during the last 330,000 years. Mar Geol, 149: 155–176

Kurek J, Cwynar L C, Spear R W. 2004. The 8200 cal yr BP cooling event in eastern North America and the utility of midge analysis for Holocene temperature reconstructions. Quat Sci Rev, 23: 627–639

Löwemark L, Jakobsson M, Mörth M, et al. 2008. Arctic Ocean manganese contents and sediment colour cycles. Polar Res, 27(2): 105–113

Meng Yi, Chen Ronghua, Zheng Yulong. 2001. Foraminifera in the surface sediments of the Bering and Chukchi Seas and their sedimentary environment (in Chinese). Acta Oceanologica Sinica, 23(6): 85–93

Moran S B, Kelly R P, Hagstrom K, et al. 2005. Seasonal changes in POC export flux in the Chukchi Sea and implications for water column-benthic coupling in Arctic shelves. Deep-Sea Res II, 52: 3427–3451

Moritz R E, Bitz C M, Steig E J. 2002. Dynamics of Recent Climate Change in the Arctic. Science, 297: 1497–1502

Mortlock R A, Froelich P N. 1989. A simple method for the rapid determination of biogenic opal in the pelagic marine sediments. Deep Sea Res, 36(9): 1415–1426

Phillips R L, Grantz A. 2001. Regional variations in provenance and abundance of ice-rafted clasts in Arctic Ocean sediments: implications for the configuration of late Quaternary oceanic and atmospheric circulation in the Arctic. Mar Geol, 172: 91–115

Polyak L, Curry W B, Darby D A, et al. 2004. Contrasting glacial/interglacial regimes in the western Arctic Ocean as exemplified by a sedimentary record from the Mendeleev Ridge. Palaeogeogr Palaeoclimatol Palaeoecol, 203: 73–93

Polyak L, Darby D, Bischof J, et al. 2007. Stratigraphic constraints on late Pleistocene glacial erosion and deglaciation of the Chukchi margin, Arctic Ocean. Quat Res, 67: 234–245

Poore R Z, Osterman L, Curry W B, et al. 1999. Late Pleistocene and Holocene meltwater events in the western Arctic Ocean. Geology, 27(8): 759–762

Rohling E J, Pälike H. 2005. Centennial-scale climate cooling with a sudden cold event 8200 yrs ago. Nature, 434: 975–979

Schubert C J, Stein R. 1996. Deposition of organic carbon in Arctic Ocean sediments: terrigenous supply vs marine productivity. Organic Geochemistry, 24(4): 421–436

Schubert C J, Stein R, Calvert S E. 2001. Tracking nutrient and productivity variations over the last deglaciation in the Arctic Ocean. Paleoceanography, 16(2): 199–211

Sellén E, Jakobsson M, Backman J. 2008. Sedimentary regimes in Arctic's Amerasian and Eurasian Basins: Clues to differences in sedimentation rates. Glob Planet Change, 61: 275–284

Smith L M, Miller G H, Otto-Bliesner B, et al. 2003. Sensitivity of the Northern Hemisphere climate system to extreme changes in Holocene Arctic sea ice. Quat Sci Rev, 22: 645–658

Spielhagen R. 2001. Enigmatic Arctic ice sheets. Nature, 410: 427–428

Spielhagen R, Baumann K, Erlenkeuser H, et al. 2004. Arctic Ocean deep-sea record of northern Eurasian ice sheet history. Quat Sci Rev, 23: 1455–1483

Stax R, Stein R. 1993. Long-term changes in the accumulation of organic carbon in Neogene sediments, Ontong Java Plateau. In: Berger W H, Mayer L W, et al., eds. Proceeding of the ODP, Scientific Results, 130: 573–579

Stein R, Fahl K. 2000. Holocene accumulation of organic carbon at the Laptev Sea continental margin (Arctic Ocean): sources, pathways, and sinks. Geo-Mar Lett, 20: 27–36

Stokes C R, Clark C D, Darby D A, et al. 2005. Late Pleistocene ice export events into the Arctic Ocean from the M'Clure Strait Ice Stream, Canadian Arctic Archipelago. Glob Planet Change, 49: 139–162

Tarasov L, Peltier W R. 2005. Arctic freshwater forcing of the Younger Dryas cold reversal. Nature, 435: 662–665

Wang Rujian, Xiao Wenshen. 2009. Late Quaternary biogenic sediments and their paleoceanographic implications in the Chukchi Basin, western Arctic Ocean (in Chinese). Chinese Journal of Polar Research, 21(4): 255–264

Wang Rujian, Xiao Wenshen, Cheng Xinrong, et al. 2009. Sea ice formation rates recorded in planktonic foraminiferal oxygen and carbon isotopes in the western Arctic Ocean during the late Quaternary (in Chinese). Advance in Earth Science, 24(6): 643–651

Wang Rujian, Xiao Wenshen, Li Wenao, et al. 2010. Late Quaternary ice-rafted detritus events in the Chukchi Basin, western Arctic Ocean. Chinese Science Bulletin, 55(4-5): 432–440

Wang Rujian, Xiao Wenshen, Xiang Fei, et al. 2007. Distribution pattern of biogenic components in surface sediments of the western Arctic Ocean and their paleoceanographic implications (in Chinese). Marine Geology and Quaternary Geology, 27(6): 61–71

Xiao Wenshen, Wang Rujian, Cheng Xinrong, et al. 2006. Relationship between water properties and planktonic foraminiferal stable isotopes from surface sediments in the western Arctic Ocean (in Chinese). Acta Micropalaeontologica Sinica, 23(4): 361–369

Zhang Zhanhai. 2003. Report of the Second Chinese National Arctic Expedition (in Chinese). Beijing: China Ocean Press, 1–229

(该文刊于《Acta Oceanologica Sinica》2012年31卷1期)

Heat flow pattern, base of methane hydrates stability zones and BSRs in Shenhu Area, northern South China Sea

ZHANG Yi[1,2*], HE Lijuan[1], WANG Jiyang[1], XU Xing[3], SHA Zhibing[3], GONG Yuehua[3], WANG Hongbing[3], LIANG Jinqiang[3]

[1] Institute of Geology and Geophysics, Chinese Academy of Science, Beijing 100029, China

[2] Graduate University of the Chinese Academy of Sciences, Beijing 100049, China

[3] Guangzhou Marine Geological Survey, Guangzhou, Guangdong 510760, China

Abstract

Using the collected 433 heat flow values, we estimated the bases of methane hydrate stability zone (BHSZ), in northern South China Sea (NSCS). Through comparing BHSZs with the depths of bottom simulating reflectors (BSRs), in Shenhu Area (SA), we found that there are big differences between them. In the north of SA, where the water depth is shallow, many slumps developed and the sedimentation rate is high, it appears great negative difference (as large as −192%). However, to the southeast of SA, where the water depth is deeper, sedimentation rate is relatively low and uplift basement topography exists, it changes to positive difference (as large as +45%). The differences change so great, which haven't been observed in other places of the world. After considering the errors from the process of heat flow measurement, the BSR depth, the relationship of thermal conductivity with the sediments depth, and the fluid flow activities, we conclude that the difference should be not caused by these errors. Such big disagreement may be due to the misunderstanding of BSR. The deviant "BSRs" could represent the paleo-BSRs or just gas-bearing sediment layers, such as unconformities or the specific strata where have different permeability, which are not hydrate-related BSRs.

Key words: methane hydrate, BSR, base of methane hydrate stability zone, slump, heat flow

1 Introduction

Gas hydrate is an important geologic agent. From studying the gas hydrate system, we may know even more about the geological setting, such as heat flow, fluid flow, and sedimentation (Ruppel and Kinoshita, 2000; Davis et al., 1990). The methane hydrate stability zone (HSZ), where the conditions are often satisfied methane hydrate forming or existing stably in the sediments, are mainly controlled by the temperature and the pressure conditions. When the temperature and pressure conditions are known, it can get the depth of the base of methane hydrate stability zone (BHSZ) (Rao, 1999), since the equation of hydrate-water-gas is already in well described (Sloan, 1998; Dickens and Quinby-Hunt, 1994).

Despite significant advances in geochemical and geophysical techniques for detecting the presence of gas hydrate and defining its distribution in offshore continental margins, the primary method for these tasks, remains the observation of the BSRs on seismic reflection sections with frequencies below a few hundred meters (Haacke et al., 2007; Berndt et al., 2004; Shipley et al., 1979). Results from seismic studies and scientific drillings during the last decade have indicated that the BSR is in many areas primarily due to free gas beneath the gas hydrate stability zone and to a smaller degree to gas hydrate in the sediments above the BSR (Wood and Ruppel, 2000; Holbrook et al., 1996; MacKay et al., 1994).

BSRs seem generally coincident with the BHSZs at many gas hydrate localities [e.g., Cascadia: Singh et al. (1993) and Miller et al. (1991); Chile triple junction: Bangs et al. (1993); offshore Peru: Pecher et al. (1996); Blake Ridge: Holbrook et al. (1996) and Collett and Ladd (2000)]. Even at the cold vents of northern Cascadian margin, where should have active fluid flow, the BSRs and the BHSZs are consistent (inferred from the measured heat flow and BSR heat

Foundation item: The National Natural Science Foundation of China under contract No. 40774033; 863 Program under contract No. 2006AA09A203-05; 973 Program under contract No. 2009CB219503.

*Correspondence author, E-mail: zhangyi@mail.iggcas.ac.cn

flow) (Riedel et al., 2006). However, some disagreements between BSRs and BHSZs (or, BSR heat flow and measured heat flow) also have been discovered (e.g., Talukder et al., 2007; Shyu et al., 2006; Lucazeau et al., 2004; Vanneste et al., 2003; Grevemeyer and Villinger, 2001; Kaul et al., 2000; Xu and Ruppel, 1999; Ruppel, 1997; Townend, 1997). Shyu et al. (2006) found obvious difference between BSRs and BHSZs at Southwest Taiwan Basin. Most of they suggested the main factors leading to the discrepancy were parameters' uncertainties, such as measurement uncertainties of heat flow, sedimentation, salinity of seawater, gas components and fluid flow, etc.

In the past decade, many investigations have been carried out in the NSCS; especially the successful drilling in last year (in SA in 18 April –11 June of 2007) which had gained the methane hydrate samples has proved that there exist methane hydrate deposits in NSCS. In the present study, we compared the depths of BSRs and BHSZs in the SA, NSCS. The results suggested there were greater differences between them than in other places world wide. It is noteworthy that, these differences show spatial distribution and relationship with sedimentation rates and basement topography. We found that the differences between BSRs and BHSZs should not be caused only by the parameter errors, but may also be due to the misunderstanding of "BSR".

2 Geological setting

The South China Sea (SCS) is one of the largest marginal seas in the western Pacific. It has undergone the interactions of the Eurasian, Australian, and Pacific plates. It developed an extensional passive northern margin, where does the study area (SA) locate. It is generally believed that the basins (such as SA) in the northern margin of SCS evolved as a result of the Paleocene-Oligocene crustal extension and rifting processes forming the SCS Basin (He et al., 2001).

SA is between Xisha Trough and Dongsha Islands, where is in the process of the tectonic subsidence since the middle Miocene. In the northern of SA, where the Quaternary sedimentation rate is high, many slump sediments and debris flows developed and it has depression basement topography; but in the southeastern of SA, where Quaternary sedimentation rate is relatively low and an uplift basement topography exist. Caused by the different sedimentation rates and the thermal refraction effects of basement structure, the heat flows at the southern SA (about 80–90 mW/m^2) are larger than the northern SA (about 70–80 mW/m^2). Many normal faults, most of which developed before Oligocene by the tectonic activity at most parts of the area. And there are also some diapirs have been found, which are often related with the hydrate systems. The results of gas hydrate drilling expedition at SA have proved that the high content methane hydrate exists just above the BHSZ, is at the area where has enough methane gas accumulation below the BSR, which is often related with both the gas passages and methane recycling mechanism.

3 Heat flow

As heat flow is a direct "window" for understanding the thermal state of the margin sea, many geoscientists have drew the attention to heat flow studies (Yuan et al., 2009; Mi et al., 2009; Shi et al., 2003; He et al., 2001; Nissen et al., 1995; Rao and Li, 1991; Ru and Pigott, 1986). Especially, recently years, lots of heat flow values have been measured when carried the survey of gas hydrate and petroleum (Mi et al., 2009; Yuan et al., 2009; Xu et al., 2006). Here we present the heat flow pattern map using 433 heat flow values, which are collected from the published data and recent heat flow measurements [Fig. 1 and Fig. 2, the detail of recent heat flow measurement see Xu et al. (2006)].

The thermal regime of margin sea may be influenced by many factors, such as the tectonic activities (faulting, magmatism, subsidense or uplift and sedimentaion), the stretch of the lithosphere, the shape of high velocity zone, and the mantle flow activity blow the OCT. The map shows there are highest heat flow (about 110 mW/m^2) in the ocean crust area of SCS and lowest heat flow (about 40 mW/m^2) in the Manila Trench at the eastern of the map. It is worth noting that there is an abnormal high heat flow along the slope of the NSCS, where has thinner crust (as OCT area), active faulting and frequent Cenozoic magmanism after the spreading of SCS. And the relatively low heat flow values in some basins are controlled by the high subsidence and sedimentation rate.

4 BHSZ

The gas hydrate phase and P-T equations are used to calculate the BHSZ in the marine environment. The area enclosed between the phase boundary curve and geothermal gradient curve is the area where P-T conditions are favorable for the formation of gas hydrates. In the phase diagram the intersection of the hydrothermal gradient curve with the phase bound-

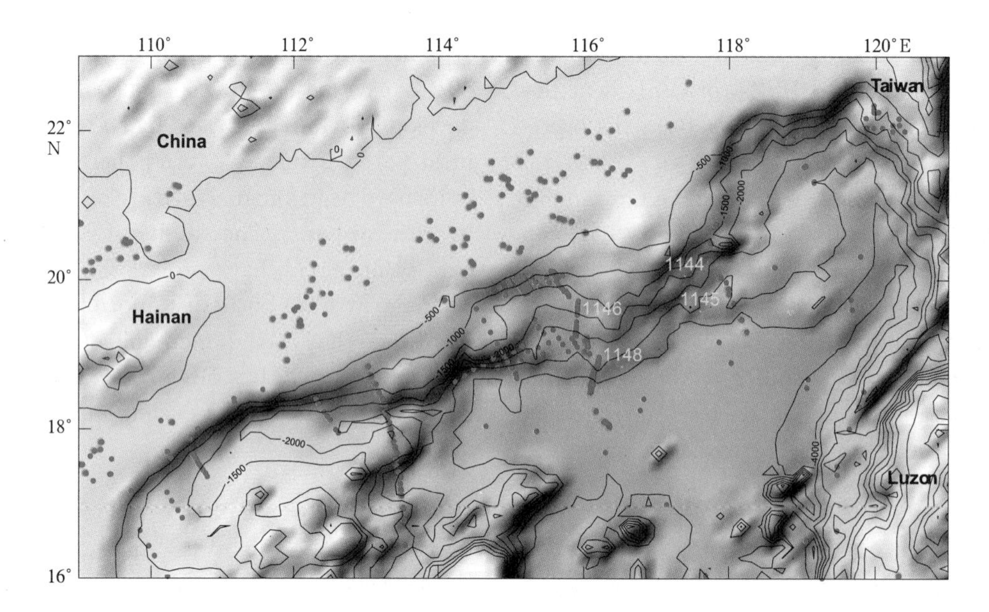

Fig.1. The red points are the measured sites of heat flow data, the background is the bathymetry of the northern South China Sea, and 1144, 1146, 1145 and 1148 are the ODP184 sites.

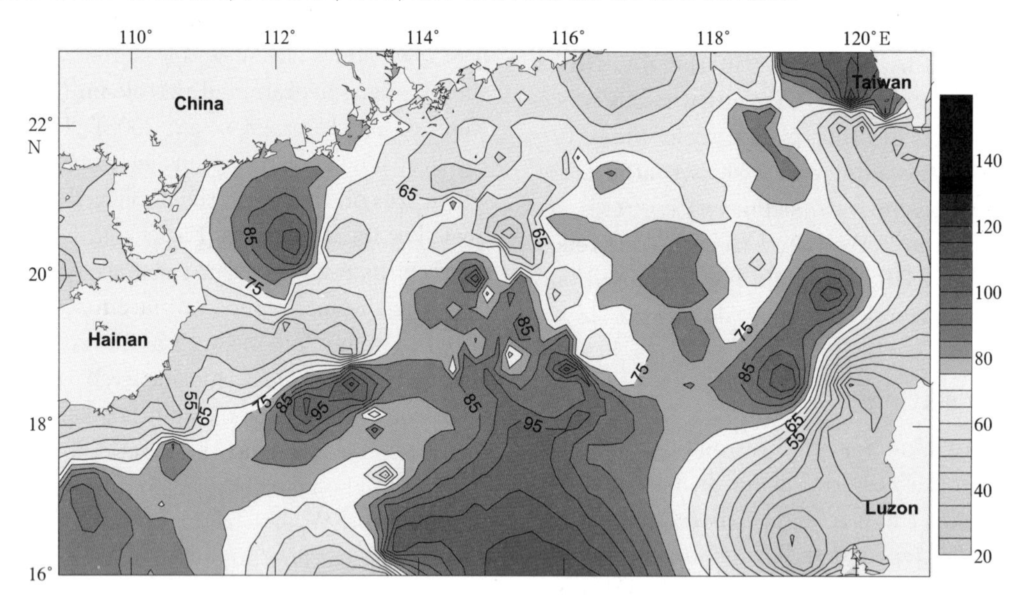

Fig.2. The contour of heat flow distribution in northern of South China Sea. The isolines are at interval as 5 mW/m^2.

ary curve corresponds BHSZ, which is the maximum depth required for the stable existence of gas hydrates. Thus, we can determine the temperature (t_z) at the BHSZ from the intersection point of the phase boundary curve with the geothermal gradient curve in the sediments (Rao, 1999).

According to the core analysis results of 2007 gas hydrate drilling expedition at SA, the gas components are mainly methane (about 99.8%) and the salinity is between 34.5–35.5, thus we used the equation given by (Dickens and Quinby-Hunt, 1994). There are lots of measured heat flows in NSCS (He et al., 2001). The relationship between the thermal conductivity and the depth is very important for the calculation, since it can vary widely in marine sediments (Minshull et al., 1994). Through analyzing the thermal conductivity data of each bore of ODP184 (Wang et al., 2000), which are near the study area and have the similar geological setting, we get the best fitting equation:

$$k = 0.001\,6Z + 0.866\,5, \tag{1}$$

where k and Z are thermal conductivity and depth respectively.

The process of computing basically follows the procedure of (Rao, 1999). Figure 3a shows the distribution of BHSZ in the NSCS, which is generally NE trend along the continental slope. And the depths of BHSZs are less than 400 mbsf, which should be the maximum depth methane hydrate can develop and depend strongly both on the geothermal gradient and bathymetry. Generally, it shows that the BHSZs around the Manila Trench and Tainan Basin are much deeper than other regions.

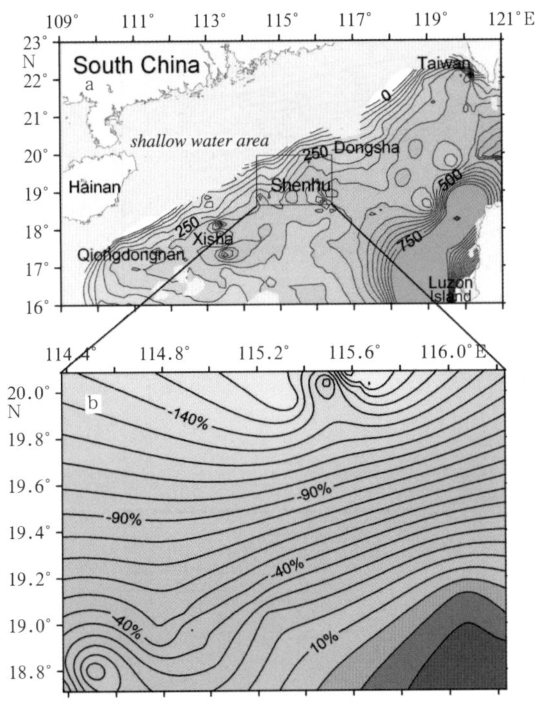

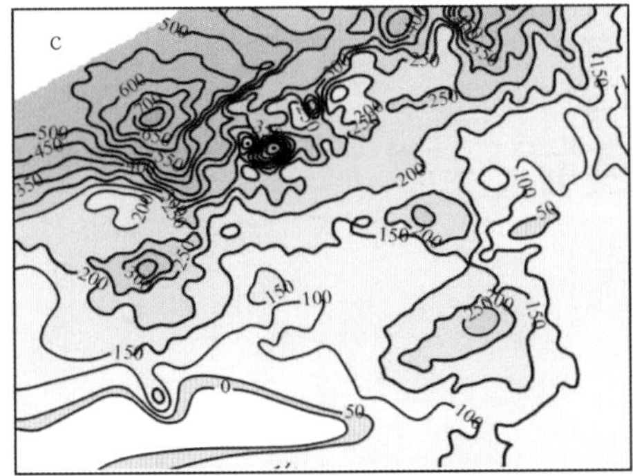

Fig.3. a. The distribution of BHSZ in the northern South China Sea; shallow water area is the water depth less than 500 m. b. The distribution of E_{BSR} in Shenhu Area. c. The distribution of the thickness of Quaternary sediments in Shenhu Area.

5 BSRs

Since 1998, the geological and geophysical investigations for gas hydrate in the northern slope of SCS have been carried out and the occurrence of gas hydrate has been confirmed by the drilling in SA in 18 April–11 June of 2007.

The multichannel 2D seismic data we used here is from the Guangzhou Marine Geological Survey (GMGS, Fig.4a and b). It has been given the interpretation of BSRs from the seismic reflection data by GMGS. The BSRs are widely distributed, where at the fast tectonic-sedimentation area and the slow tectonic-sedimentation area are both having recognized BSRs. Depth to BSRs can be determined with Two-way travel times (TWTs) by the depth-time relationship (Wang et al., 2005):

$$Z = 250t^2 + 832.15t \quad (0 \leqslant t \leqslant 1\mathrm{s}),$$
$$Z = 162.33t^2 + 1\,206.7t - 294.88 \quad (1\mathrm{s} < t \leqslant 2\mathrm{s}). \quad (2)$$

The depths of BSRs are between 150–640 mbsf. The BSRs depth at the southeastern of SA are between 250–340 mbsf; however, there are abnormal depths (400–640 mbsf) at the northern SA, where has the shallower water. And the patterns of BSRs distribution are very different from the BHSZs (Fig. 5). In addition, the BSR has the characters of typical BSR: (a) it emulates the shape of the ocean floor; (b) it can cut transversely across stratigraphic reflectors; and (c) it has an opposite polarity to the ocean bottom reflector and strong amplitude below the BSR (Fig.4a and b). Thus they are unlike the Opal A/CT phase transition, which doesn't have the opposite polarity to the ocean bottom reflector (Berndt et al., 2004).

For convenience in discussion the discrepancy between theoretical BHSZ and the BSR, we define the error as:

$$E_{\mathrm{BSR}} = [(Z_{\mathrm{BHSZ}} - Z_{\mathrm{BSR}})/Z_{\mathrm{BHSZ}}] \times 100\%, \quad (3)$$

where Z_{BHSZ} and Z_{BSR} are the depth of BHSZ and BSR respectively.

We get the time-depth conversion of the BSR and BSR depths by means of a velocity-depth function. The statistical results indicate that (Fig. 3b), in the SA, the depth range of BSRs is 150–640 mbsf; while the depth range of BHSZs is 148–518 mbsf. In the southeastern of SA, where the water depth is deeper, the sedimentation rate is relatively slow and an uplift basement topography exist, BSR depth is between 250–340 mbsf but BHSZ depth is between 360–520 mbsf, leading to the E_{BSR} is between 10%–45% (Fig. 4). In the other place of SA, BSRs are deeper than

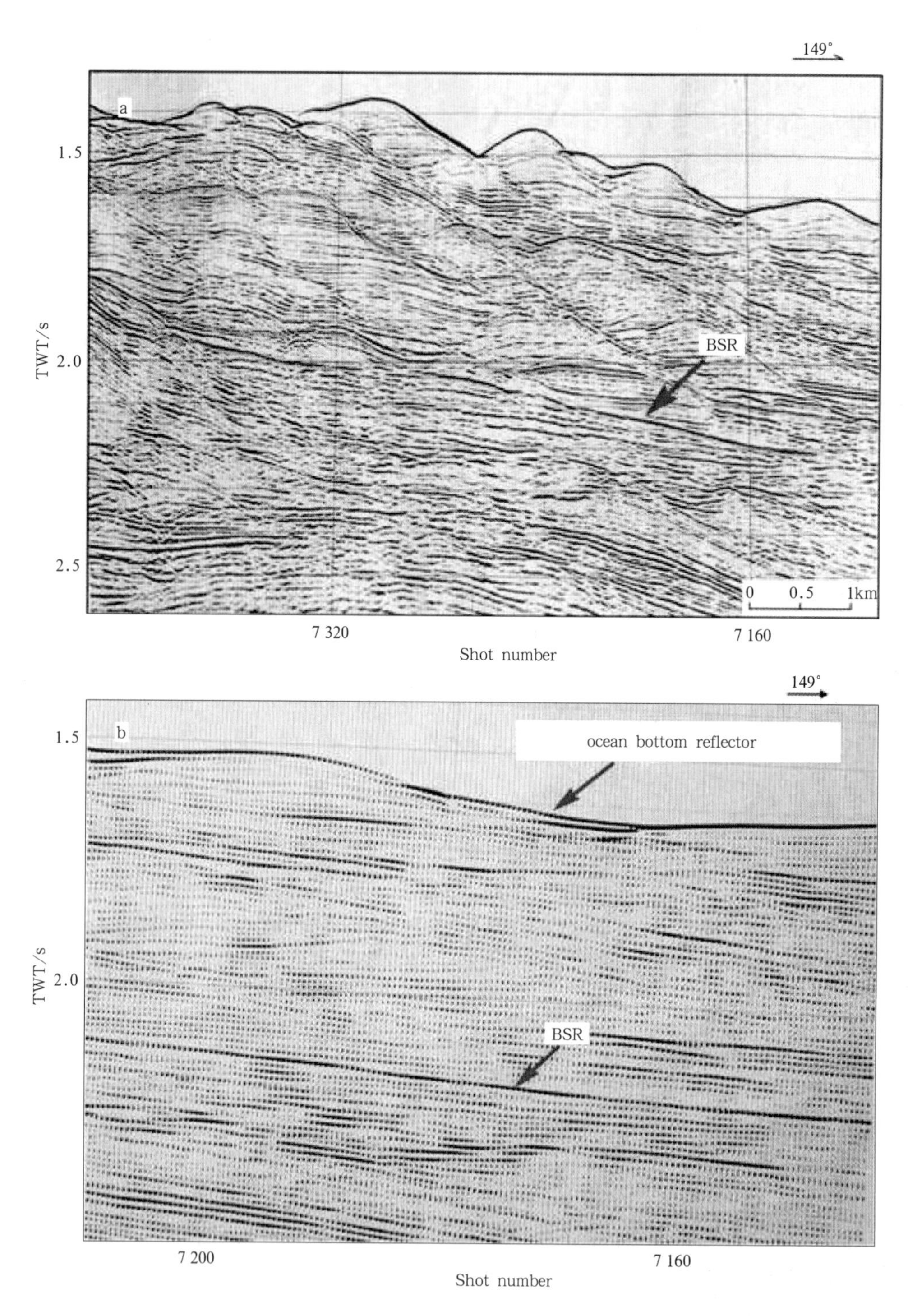

Fig.4. a. One of the seismic profiles in the northern SA; b. the waveform graph of the (a).

BHSZs. Especially in the northern of SA, where the water depth is shallow and the sedimentation rate is fast, the BSRs depth is mostly between 400–600 mbsf, however, the BHSZs depth is between 180–250 mbsf, it illustrates great negative difference, and the E_{BSR} is between –192% and –100%. Through comparing, it is found that: (a) the depths of BSRs and BHSZs are uncorrelated and have great discrepancy; due to the pressure, the BHSZs depths mainly increase with the increasing of water depth; however, some of the BSRs depths changing trend are opposite to the bathymetry, which is irrational (Fig. 3); (b) the distribution of E_{BSR} correlates with thickness of Quaternary sediments or sedimentation rates (Fig. 3c).

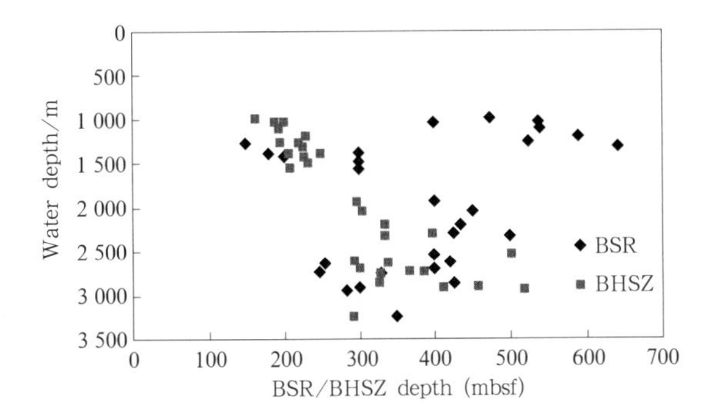

Fig.5. The comparison of BSRs and BHSZs depth with water depth at Shenhu Area.

6 Analysis and discussion

In the process of estimating the BHSZ, we consider the velocity/depth relationship of seismic reflection data, seafloor temperature, the average thermal conductivity, pressure model, and gas composition [detail discussion at He et al. (2009)], etc. These parameters' uncertainties can make inevitable errors. But many researchers have pointed out that these factors have relative less effect on results and the total effects of these parameters together may cause errors no more than 30% (Ganguly et al., 2000; Kaul et al., 2000; Townend, 1997; Ashi and Taira, 1993; Yamano et al., 1982). In addition, the fluid flow may also be able to cause the change of methane hydrate stability zone (Ruppel and Kinoshita, 2000; Xu and Ruppel, 1999), has significant influence on the active continental margins. However, the temperature-depth curves of ODP184, which are near the study area, show good linear relations and suggest no fast fluid flow activity at the quasi-passive margin (NSCS) (Wang et al., 2000). Therefore, we think such big disagreement between BSR and BHSZ at northern of SA can not be explained by parameter errors. The error source may be from the misunderstanding of "BSR".

Xu and Ruppel (1999) suggested BSR and BHSZ may have three relations: (a) If BSR is as a maker between hydrate bearing sediments above and sediments lacking hydrate below, BSR may occur within the hydrate stability zone, thus BSR is shallower than BHSZ and may has positive E_{BSR}. (b) If BSR marks the top of free gas zone and the methane gas supply is not enough, the free gas may be separated from the HSZ by intervening sediment layer. The BSR is deeper than BHSZ and cause negative E_{BSR}. (c) When the methane gas supply is enough, the top of free gas zone coincides with the bottom of hydrate occur zone, thus BSR is consistent with BHSZ. When there is no enough methane gas supply, the free gas may be separated from the HSZ by intervening sediment layer. The BSR may be far away from the BHSZ.

He et al., (2009) used the Xu and Ruppel (1999)'s model to explain the discrepancy of BSR heat flow and probe measured heat flow. However, Xu and Ruppel (1999)'s model requires the upward migration of dissolved methane in high concentrations as to supersaturate the pore water, there is no thorough consideration of the liquid-methane solubility below the hydrate stability zone (which actually prevents the style of upward migration they assume), and there is no downward movement of the solid hydrate trapped in pore space. And the model of hydrate and BSR formation presented by Davie and Buffet (2001) and further refined by Haacke et al. (2008) provides a discussion of hydrate-related BSRs, which suggest that the top of the gas layer must be adjacent or very close to the base of the hydrate layer. However, the E_{BSR} at northern SA are so big, which can not easily explained by the model of Xu and Ruppel (1999).

According to the results of the 2007 gas hydrate drilling expendition, the BHSZs and the actual BSRs at northern SA are just between 170–242 mbsf, which coincide well with each other. And there also got gas hydrate samples at the depth close to BHSZ in several drills. In turn, it suggests the other abnormal deep "BSRs" maybe just misunderstand of other reflections. The recognized BSR may be paleo-BSR or just gas-bearing sediment layer, such as unconformity or the specific strata which has different permeability. Honarpour et al. (1986) concluded that gas in very low concentrations has an effective permeability three orders of magnitude less than water. Foucher et al. (2002) studied the double-BSRs at the Nankai slope. They suggested that the shallow BSRs are normal BSRs, however, the deep BSRs are paleo-BSRs, which are caused by the seafloor temperature rising or tectonic uplift. They estimated the persistent time for the paleo-BSRs to be reflective, which is in the order of several thousand years. Therefore, the super deep BSRs at SA can also be paleo-BSRs, which are caused mainly by the fast sedimentation. However, at northern of SCS, in the scenario of the entire margin subsided and the water depth increased at Quaternary, the BHSZs migrated downward comparing to seafloor and the free gas was absorbed to form gas hydrate and there was no enough free gas at the BHSZs depth to concentrate as BSRs.

According to the study of Pecher et al. (2001),

the regional unconformity or the special sediment sequence, which has the abhorrent permeability to the strata up it or down it, can accumulate more gas than ordinary strata and form the reflection liking BSR. It also can be caused by superposition effects: on the one hand, due to the drastic sedimentation, the gas has no time to concentrate; and the rapid sedimentation has less thermal enthalpy comparing to the slow sedimentation, and the in-situ methanogenesis is not active, thus there is no sufficient free gas to accumulate and migrate vertically and the top of free gas zone is deeper than BHSZ; on the other hand, at a step of the gas hydrate system evolution following the sedimentation, the free gas was sealed and subsided in contrast with the BHSZ depth.

Why the distribution patterns of E_{BSR} are different in northern and southern SA? The whole slope of NSCS belongs to rift tectonic regime. During Quaternary, the northern depression developed many slumps and slope fans, where the thickness of new sediments has up to 700 m; however, due to the uplift structure of southern SA, it accepted less sedimentation (50–100 m) and the sedimentation absented at some area during this time. Caused by the different sedimentation rates and the thermal refraction effects of basement structure, the heat flow at the southern SA (about 80–90 $\mathrm{mW/m^2}$) is larger than the northern SA (about 70–80 $\mathrm{mW/m^2}$). It further leads to different quantity of methanogenesis, accumulation and different migration velocities of gas hydrate system following the sediments burial at different area. Thus, it maybe develops different depths of paleo-BSRs or gas-bearing sequence. For the gradually changing of the tectonics, sedimentations and thermal response at the SA, the E_{BSR} changes regular. We suggest that, the basic geological factor, which caused the gradually changing of the distribution of E_{BSR} at SA, maybe the ununiform subsiding, rapid sedimentation and thermal response at different structure parts of the NSCS.

The quality of the seismic data is also a vital factor for giving the interpretation of the reflections; however, in this paper we focus much more on the compare of the BHSZs and the possible BSRs. Through this procedure, it can roughly distinguish the real BSRs or other BSR-like reflections.

7 Conclusions

There is big disagreement between BSRs and BHSZs, in the SA, NSCS. Through comparing the BSRs depth with BHSZs depth, we conclude that the differences between BSRs and BHSZs at northern SA should mainly not be caused by the parameter errors, but may be due to misunderstanding of "BSRs". The recognized abnormal "BSRs" may be paleo-BSRs or just gas-bearing sediment layers, such as unconformities or the specific strata which have different permeabilities related with different tectonic and sedimentation. At the northern SA, the fast and thick sediments leads to that: the generated gas is too difficult to transport vertically and accumulate, the gas flux at the BHSZ depth is not enough to produ ce the obvious BSR, but abnormal "BSRs" appear at the deeper sequence. At the southeastern SA, as it sits at basement uplift and has thin sediments, the long time generated gas can accumulate stably and persistently. Hence, there may be enough gas to satisfy BSR forming at the depth of BHSZ. And the BSRs coincide with the BHSZs, which are the ordinary BSRs.

References

Ashi J, Taira A. 1993. Thermal structure of the Nankai accretionary prism as inferred from the distribution of gas hydrate BSRs. Geol Soc Am Spec Pap, 273: 137–149

Bangs N, Sawyer D, Golovchenko X. 1993. Free gas at the base of the gas hydrate zone in the vicinity of the Chile triple junction. Geology, 21(10): 905–908

Berndt C, Bünz S, Clayton T, et al. 2004. Seismic character of bottom simulating reflectors: examples from the mid-Norwegian margin. Marine and Petroleum Geology, 21(6): 723–733

Davis E E, Hyndman R D, Villinger H. 1990. Rates of fluid expulsion across the northern Cascadia accretionary prism: Constraints from new heat flow and multichannel seismic reflection data. Journal of Geophysical Research, 95(B6): 8869–8889

Davie M K, Buffett B A. 2001. A numerical model for the formation of gas hydrate below the seafloor. Journal of Geophysical Research-Solid Earth, 106(B1): 497–514

Dickens G R, Quinby-Hunt M S. 1994. Methane hydrate stability in seawater. Geophysical Research Letters, 21(19): 2115–2118

Foucher J P, Nouze H, Henry. 2002. Observation and tentative interpretation of a double BSR on the Nankai slope. Marine Geology, 187(1-2): 161–175

Ganguly N, Spence G D, Chapman N R, et al. 2000. Heat flow variations from bottom simulating reflectors on the Cascadia margin. Marine Geology, 164(1-2): 53–68

Grevemeyer I, Villinger H. 2001. Gas hydrate stability and the assessment of heat flow through continental margins. Geophysical Journal International, 145(3): 647–660

Haacke R R, Westbrook G K, Hyndman R D. 2007. Gas hydrate, fluid flow and free gas: Formation of the bottom-simulating reflector. Earth and Planetary Science Letters, 261(3-4): 407–420

Haacke R R, Westbrook G K, Riley M S. 2008. Controls on the formation and stability of gas hydrate-related bottom-simulating reflectors (BSRs): A case study from the west Svalbard continental slope. J Geophys Res, 113(B05104): 148–227

He Lijuan, Wang Jiyang, Xu Xing, et al. 2009. Disparity between measured and BSR heat flow in the Xisha Trough of the South China Sea and its implications for the methane hydrate. Journal of Asian Earth Sciences, 34: 771–780

He Lijuan, Wang Kelin, Xiong Liangping. 2001. Heat flow and thermal history of the South China Sea. Physics of the Earth and Planetary Interiors, 126(3-4): 211–220

Holbrook W S, Hoskins H, Wood W T, et al. 1996. Methane hydrate and free gas on the blake ridge from vertical seismic profiling. Science, 273(5283): 1840–1843

Honarpour M, Koederitz L, Harvey A H. 1986. Relative permeability of petroleum reservoirs. Boca Raton, FL: CRC Press

Kaul N, Rosenberger A, Villinger H. 2000. Comparison of measured and BSR-derived heat flow values, Makran accretionary prism, Pakistan. Marine Geology, 164(1-2): 37–51

Lucazeau F, Brigaud F, Bouroullec J L. 2004. High-resolution heat flow density in the lower Congo basin. Geochemistry Geophysics Geosystems, 5

MacKay M, Jarrard R, Westbrook G, et al. 1994. Origin of bottom simulating reflectors: Geophysical evidence from the Cascadia accretionary prism. Geology, 22: 459–462

Miller J, Lee. M, von Huene R. 1991. An analysis of a seismic reflection from the base of a gas hydrate zone, offshore Peru. Aapg Bulletin, 75(5): 910–924

Mi Lijun, Yuan Yusong, Zhang Gongcheng, et al. 2009. Characteristics and genesis of geothermal field in deep-water area of the northern South China Sea. Acta Petrolei Sinica (in Chinese), 30(1): 27–32

Minshull T A, Singh S C, Westbrook G K. 1994. Seismic velocity structure at a gas hydrate reflector, offshore western Colombia, from full waveform inversion. Journal of Geophysical Research, 99(B3): 4

Nissen S S, Hayes D E, Yao B. 1995. Gravity heat flow, and seismic constraints on the processes of crustal extension: Northern margin of the South China Sea. Journal of Geophysical Research, 100 (B11): 22447–22483

Pecher I, Minshull T, Singh S, et al. 1996. Velocity structure of a bottom simulating reflector offshore Peru: Results from full waveform inversion. Earth and Planetary Science Letters, 139(3-4): 459–469

Pecher I A, Kukowski N, Huebscher C, et al. 2001. The link between bottom-simulating reflections and methane flux into the gas hydrate stability zone-new evidence from Lima Basin, Peru Margin. Earth and Planetary Science Letters, 185(3-4): 343–354

Rao Y H. 1999. C-program for the calculation of gas hydrate stability zone thickness. Computers & Geosciences, 25(6): 705–707

Rao Chuntao, Li Pinglu. 1991. Heat flow of Pearl River Mouth Basin. China Offshore Oil and Gas (Geology) (in Chinese), 5(6): 7–18

Riedel M, Novosel I, Spence G D, et al. 2006. Geophysical and geochemical signatures associated with gas hydrate-related venting in the northern Cascadia margin. Bulletin of the Geological Society of America, 118(1-2): 23–38

Ru K, Pigott J D. 1986. Episodic rifting and subsidence in the South China Sea. American Association of Petroleum Geologists Bulletin, 70(9): 1136–1155

Ruppel C. 1997. Anomalously cold temperatures observed at the base of the gas hydrate stability zone on the US Atlantic passive margin. Geology, 25(8): 699–702

Ruppel C, Kinoshita M. 2000. Fluid, methane, and energy flux in an active margin gas hydrate province, offshore Costa Rica. Earth and Planetary Science Letters, 179(1): 153–165

Shi Xiaobin, Qiu Xuelin, Xia Kanyuan, et al. 2003. Characteristics of surface heat flow in the South China Sea. Journal of Asian Earth Sciences, 22: 265–277

Shipley T H, Houston M H, Buffler R T, et al. 1979. Seismic evidence for widespread possible gas hydrate horizons on continental slopes and rises. AAPG Bulletin, 63(12): 2204–2213

Shyu C T, Chen Y J, Chiang S T, et al. 2006. Heat flow measurements over bottom simulating reflectors, offshore southwestern Taiwan. Terrestrial Atmospheric and Oceanic Sciences, 17(4): 845–869

Singh S, Minshull T, Spence G. 1993. Velocity Structure of a Gas Hydrate Reflector. Science, 260(5105): 204–207

Song Haibin, Geng Jianhua, Wang H K, et al. 2001. A preliminary study of gas hydrate in Dongsha region north of South China Sea. Chin J Geophys, 44: 687–695

Talukder A, Bialas J, Klaeschen D, et al. 2007. High-resolution, deep tow, multichannel seismic and sidescan sonar survey of the submarine mounds and associated BSR off Nicaragua pacific margin. Marine Geology, 241(1-4): 33–43

Townend J. 1997. Estimates of conductive heat flow through bottom-simulating reflectors on the Hikurangi and southwest Fiordland continental margins, New Zealand. Marine Geology, 141(1-4): 209–220

Vanneste M, Poort J, De Batist M, et al. 2003. Atypical heat-flow near gas hydrate irregularities and cold seeps in the Baikal Rift Zone. Marine and Petroleum Geology, 19(10): 1257–1274

Wang H B, Liang J, Gong Y H. 2005. Estimation of the heat flow in the northern of the South China Sea based on the seismic data of gas hydrate. Geoscience (in Chinese), 19(1): 67–73

Wang P X, Prell W L, Blum P. 2000. Proc. ODP. Init Repts. v184: College Station TX (Ocean Drilling Program)

Wood W T, Ruppel C. 2000. Seismic and thermal investigations of the Blake Ridge gas hydrate area: A synthesis. Proceedings of the Ocean Drilling Program. Scientific results, 164: 253–264

Xu W Y, Ruppel C. 1999. Predicting the occurrence, distribution, and evolution of methane gas hydrate in porous marine sediments. Journal of Geophysical Research-Solid Earth, 104(B3): 5081–5095

Yamano M, Uyeda S, Aoki Y, et al. 1982. Estimates of heat flow derived from gas hydrates. Geology, 10(7): 339–343

Yuan Y, Zhu W, Mi L, et al. 2009. “Uniform geothermal gradient” and heat flow in the Qiongdongnan and Pearl River Mouth Basins of the South China Sea. Marine and Petroleum Geology, 26: 1152–1162

(该文刊于《Acta Oceanologica Sinica》2011年30卷1期)

Distribution characteristics of seamount cobalt-rich ferromanganese crusts and the determination of the size of areas for exploration and exploitation

HE Gaowen[1*], MA Weilin[2], SONG Chengbing[3], YANG Shengxiong[1], ZHU Benduo[1], YAO Huiqiang[1], JIANG Xunxiong[4], CHENG Yongshou[5]

[1] Guangzhou Marine Geological Survey, Guangzhou 510075, China

[2] Second Institute of Oceanography, State Ocean Administration, Hangzhou 310012, China

[3] China Ocean Mineral Resources R & D Association, Beijing 100860, China

[4] Beijing General Research Institute of Mining & Metallurgy, Beijing 100070, China

[5] National Marine Information Center, Tianjin 300171, China

Abstract

In 2001, the International Seabed Authority (ISBA) initiated the consideration relating to the Regulations for Prospecting and Exploration for Hydrothermal Polymetallic Sulphides and Cobalt-rich Ferromanganese Crusts in the Area at its 7th session. Since then, the consideration of the Regulations has been mainly focused on the size of areas to be allocated for exploration and exploitation of the crusts. This paper, based on the investigation data and the analysis of the distribution characteristics of the crusts, suggests a model for determining the size of areas for exploration and exploitation of the crusts, taking into account various factors such as production scale, crust thickness and grade, mineable area proportion, recovery efficiency, exploration venture, and so on. Through the modeling, the paper suggests that the exploration area (the area covered by each application for approval of a plan of work for exploration of cobalt-rich crusts) shall be 4 856 km^2 and the exploitation area (the mine site area) shall be 1 214 km^2, for 20 years of 1 million wet tonnes annual production.

Key words: cobalt-rich ferromanganese crusts, exploration and exploitation area, seamounts, regulation on exploration

1 Introduction

Cobalt-rich crusts are another kind of seafloor solid resource known by mankind after the discovery of polymetallic nodules. The crusts occur on the surfaces of seamounts with depths ranging from 800 m to 3 000 m, enriched in Co, Ni, Pt, REE, etc. The average cobalt content of cobalt-rich crusts is up to 0.8%–1.2%, which is about four times higher than that of polymetallic nodules and about tens of times higher than primary cobalt deposit on land. According to the estimated data by Andree and Gramberg (2002), the potential cobalt-rich crusts on the global seafloor is about 21 billion tonnes. The enrichment areas of cobalt-rich crusts are mainly discovered in the north-equatorial Pacific region (Hein, 2002), including the international seabed area and exclusive economic zones of some countries (Fig. 1).

In the beginnings of 1980s, many countries, including United States, Germany, British, France, Former Soviet Union, Japan, started to investigate the cobalt-rich crusts resources (Halbach, 1984; Halbach and Puteanus, 1984; Hein et al., 1985; Yamazaki and Sharma, 1998). The survey areas are focused on the seamounts in the equatorial Pacific Ocean. In 1990s, China began to investigate cobalt-rich crusts and collected a great deal of samples and data. Based on the results of China' s investigation, the authors of this paper have studied the distribution characteristics of the cobalt-rich crusts.

Foundation item: China International Seabed Area R & D Program under contract No. DYXM-115-01-1

*Correspondence author, E-mail: hgw@hydz.cn

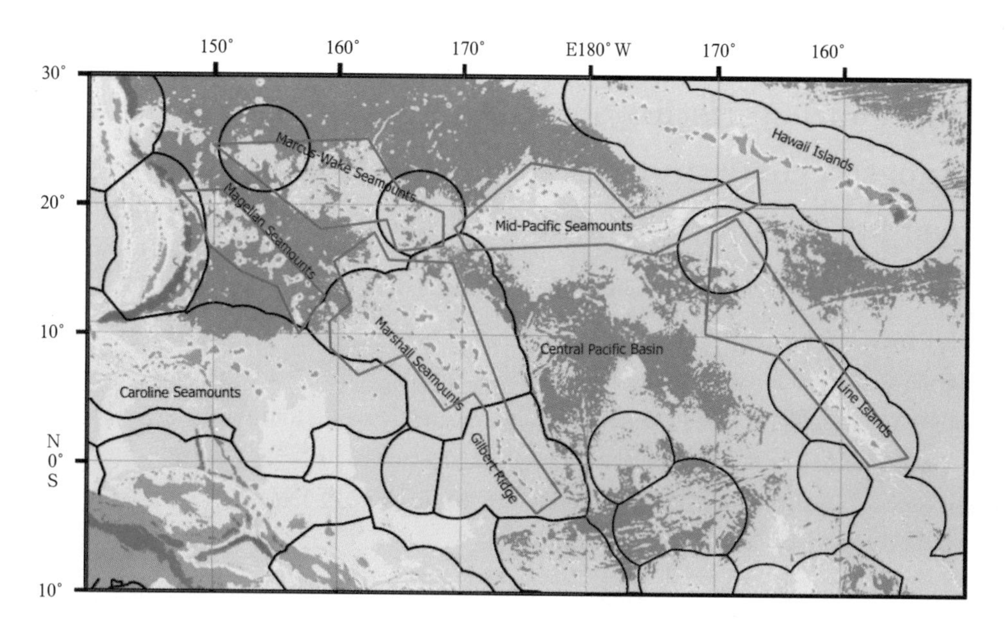

Fig.1. Distribution of seamounts and ferromanganese crusts enrichment zone in north-equatorial Pacific Ocean (red solid line shows crusts enrichment zone and black solid line shows the range of exclusive economic zone).

According to the "United Nations Convention on the Law of the Sea", the Area and its resources are the common heritage of mankind. Like the exploration and exploitation of polymetallic nodules, the exploration and mining of cobalt-rich crusts should also be carried out within the legal framework of the Convention. Since the consideration relating to the Regulations for Prospecting and Exploration for Hydrothermal Polymetallic Sulphides and Cobalt-rich Ferromanganese Crusts in the Area initiated by the International Seabed Authority in 2001, the size of areas for exploration and exploitation has been debated for a long time. "Draft regulations on prospecting and exploration for polymetallic sulphides and cobalt-rich ferromanganese crusts in the Area" (ISBA/10/C/WP.1) (International Seabed Authority Council, 2004) issued by ISBA in the tenth session in 2004, specifies that the size of area for exploration is not more than 100 blocks (10 000 km^2), and after the relinquishment, up to 25 blocks (2 500 km^2) shall be allocated to and retained by the contractor. However, according to the "Draft regulations on prospecting and exploration for cobalt-rich crusts in the Area" (ISBA/16/C/WP.2) issued by ISBA in the sixteenth session in 2010 (International Seabed Authority Council, 2010), the mine site was modified to be 2 000 km^2, and after the relinquishment, 500 km^2 is left for the contractor's mining. The authors of this paper believe that the size, 500 km^2, is too small to supply enough resources for a 20-year mine site with 1 million wet tonnes annual production. It is believed that the modification of the mine site ignored many factors existing in the practical operation. Therefore, the mining size in the draft regulation should be revised. Based on the investigation data and research, this paper suggests certain factors influencing the size of the mine site for consideration of the size, and proposes some parameters for modifying the mine site model, and finally give the suggestion for the size of areas for both exploration and exploitation.

2 Distribution characteristics of seamount cobalt-rich crusts

2.1 *Type of cobalt-rich crusts*

Cobalt-rich crusts (short for the crusts) can be divided into three categories based on their thickness: thin film, with thickness in the range of 0.1–0.5 cm; film, the thickness within the range of 0.5–1.0 cm, and the crust of which thickness larger than 1.0 cm.

On the other hand, the crusts can be divided into three groups according to their shapes: plate-like crusts, gravel-like crusts, and cobalt nodules. The plate-like crusts can be further divided into three subgroups based on their thickness: thick layer crusts (≥6 cm), middle-thick layer crusts (4–6 cm) and thin layer crusts (<4 cm). The gravel-like crusts can also be further divided into three subgroups based on their diameters: larger gravel (≥6 cm), coarse gravel (3–6 cm) and medium gravel (<3 cm).

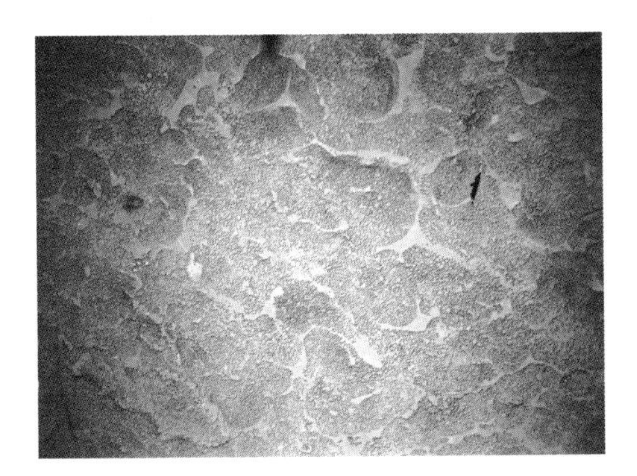

Fig.2. Surface morphological features of crust.

The surface morphological features of cobalt-rich crusts are various.The most common features are: smooth-like, fine sand- and coarse sand-like, knot-like, worm-like, groove-like, honeycomb-like and so on (Fig. 2).

2.2 *Type of seamounts*

Seamounts are mainly formed by the seafloor volcanism. With the motion of plate and under the weathering, denudation, subsidence, erosion and collapse, the seamounts have complex morphology. Based on the morphology, these investigated seamounts can be divided into two categories: guyots (flat-topped seamounts) and conical seamounts. The differences between these two categories are that the dimension of flat-topped seamounts are relative larger than that of conical seamounts and the guyots have larger flat platform while the conical seamounts have no or little flat form. The proportion of flat platform for a guyot is large than ten percent of the total surface area of the seamount, and the proportion of flat platform for the conical seamount is less than 10% of the total surface area of the seamount.

A guyot consists of two large geographic units: the flat platform and steep flank. The depth of the summit flat platform is in the range of 1 500–2 400 m, and the root of the seamount is always in the range of 4 500–5 500 m. The top terrains of guyots are flat and the depth is increasing from the center to the surround with a maximum increase of 300 m, and the average slope is less than 2°. The flank extends from the summit outer rim to the root of the seamount with depth about 4 500–5 500 m and connecting to the sea basin. The gradient for the slope is within the range of 12–30°, the maximum depth difference is up to 4 000 m. The slope occurs as steep in the upper part and relative smooth in the lower part. Some guyots have obvious slope bands. The same slope bands surround the seamounts suggests that the topography is obviously controlled by the water depth. Large scale ridges are formed on the flank, with elevation difference is about 500–1 000 m.

The conical seamounts have little dimension, with peak or form small summit terrain, or form spire shape. The depth of summit terrain or the spire ranges from 1 200 to 2 500 m. Some seamounts have two peaks or one peak and one flat, forming complex geographic unit. The summit terrain of conical seamount commonly with the elevation difference in the range of 100–300 m, and mean slope is no more than 2° and with complex topography. The slope extends from the summit rim to the root of the seamount with depth about 4 200–5 000 m and the slope is within the range of 10–25°. The topography of the flank is also steep in the upper part and relatively gently in the lower part. There exists obvious different topography in the different direction of the seamounts, and depth controlling on the topography is not notable. Some seamounts have ridges on the flank, with an elevation difference of about 200–5 000 m.

The crusts occur mainly on the slope of a seamount with a water depth shallower than 3 000 m (Fig. 3). If the mining devices can be operated in the area where the slope is less than 20° in the future, the area with depth shallower than 3 000 m and slope less than 20° is suggested as the mine site. Table 1 shows the statistics results on the area and slope of seamount surface in different depth ranges and slope less than 20° from nine seamounts. The average proportion of areas with slope less than 20° is 75.35%.

2.3 *Distribution pattern of different kinds of crusts*

The distribution pattern of different kinds of crusts on different seamounts and on different parts of a seamount is different. The statistics for different kinds of crusts on all sample stations from 11 seamounts within five seamount areas were made

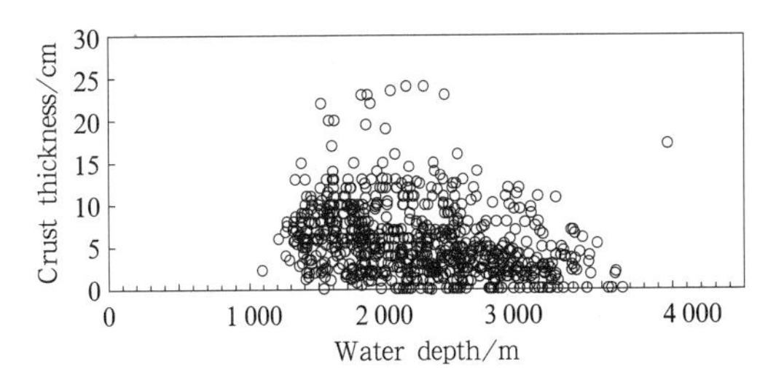

Fig.3. Relationship between crust thickness and water depth.

Table 1. Statistics on the area and slope within the depth range from nine seamounts

Seamount No.	Depth range/m	Size/km^2	The size of area where slope less than 20°	The percent of area where slope less than 20°
1	1 500–3 000	1 264.3	811.5	64.2
2	1 600–3 000	1 463.9	856.1	58.4
3	1 500–3 000	1 555.5	1 060.2	68.1
4	1 600–3 000	1 712.7	1 265.0	73.8
5	1 600–3 000	2 068.5	1 537.7	74.3
6	summit–3 000	675.7	514.0	76.1
7	summit–3 000	1 533.6	1 168.8	76.3
8	1 900–2 500	1 422.9	1 340.1	94.2
9	summit–3 000	1 896.2	1 759.5	92.8
Total		13 593.3	10 312.9	75.35

(Fig.4), and based on the statistics results, the occurrences of plate-like crusts is dominate (about more than 60%) in all sample stations, and the occurrence of gravel-like crusts is secondly and the occurrence of cobalt nodules is the lowest.

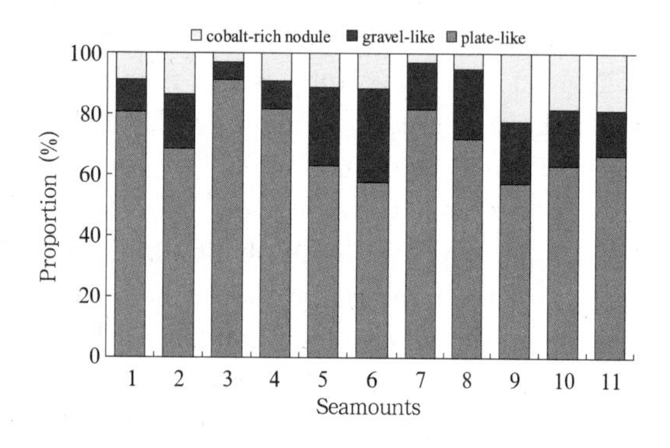

Fig.4. Station proportion for the occurrences of crust type on the 11 seamounts.

The investigation shows that the plate-like crusts occurs not only on the summit margin, but also on the steep side, especially on the summit margin and ridges which are the bulge parts on topography where thick plate-like crusts could form. The gravel-like crusts and cobalt nodules dominantly distribute on the summit terrain, seamount slope and ridge with flat topography, they can appear alone and also can be co-occurrence with plate-like crusts. The depth for crust occurrence has a large range from 1 650 m (the summit margin) to 3 550 m (the seamount slope). According to the interpretation of the near bottom video data (Fig. 5), the crust coverage within the depth range of 1 600–2 000 m is relatively higher, and the next is the depth range of 2 000–2 600 m, while the crust coverage within the depth range of 3 400–3 600 m on the rise area is likely higher, too. Fig. 4. Station proportion for the occurrences of crust type on the 11 seamounts.

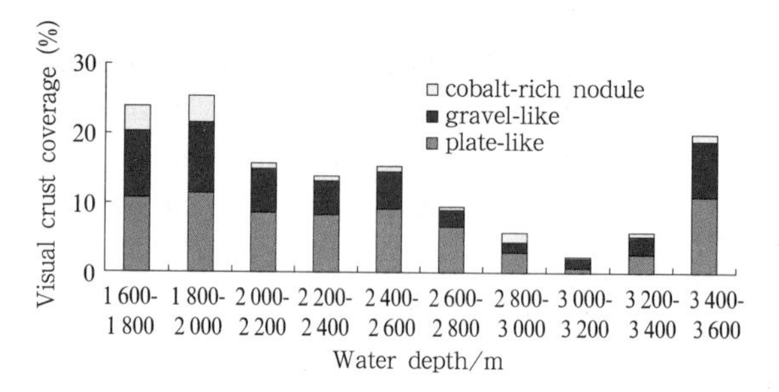

Fig.5. Visual average crust coverage within different depth range on one seamount.

2.4 *Sub-bottom structure of seamount and distribution of crusts*

The results from synchronous application of sub-bottom profiling and video-recording on the several guyots in the Pacific indicate that the obvious relationship exists between the seamount sub-bottom structure and the Fe-Mn crusts distribution (He et al., 2005).

Figures 6 and 7 show two sections (local) of the sub-bottom profile and their interpretative results, which acquired during the video-recording survey. These data were compared with the seismic profile and Ocean Drilling Project (ODP) data (Bergersen, 1995; Janet and Isabella, 1995; Abrams et al., 1992). The revealed sub-bottom structure can be divided into two layers, layer I and layer II from upper to lower (Fig. 8). Layer I is sediment composed of foraminifer ooze, layer II is substrate with bio-clasts limestone located upper and volcanic edifice (include volcaniclastite and basalt) located below, the interface between two faces can be further identified according to the seismic data.

The picture of core that was obtained by sub-bottom drilling is shown in Fig.6. The core sample is about 40 cm in length, Fe-Mn crust layer (with breccia) is about 10 cm, others are bio-clasts limestone, both of them contact closely. Thus, it can be seen

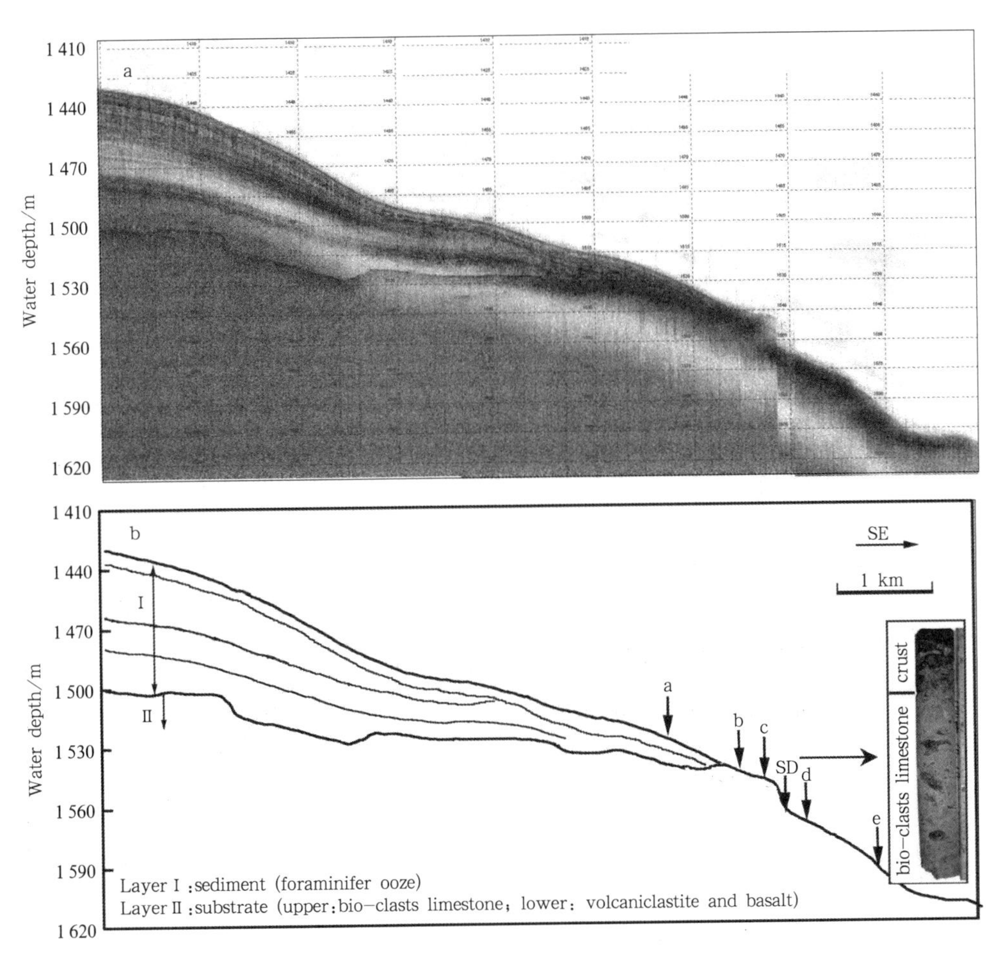

Fig.6. Section A of sub-bottom profile from one video recording site (water depth 1 425–1 620 m, the upper is original profile, the lower is interpreted profile, a–e denote the corresponding picture number in Fig.9, SD denotes the site of deep-sea sub-bottom drilling).

that the substrate should be mainly limestone on the upper flank of seamount.

From the video images (Fig. 9), it can be seen that there is little occurrence of Fe-Mn crusts at the areas with sediment abundant distribution on the summits of seamounts (Fig. 9a), the Fe-Mn crusts begin to appear (Fig. 9b), starting from the nip-out of the sediment. It is the ideal place that the sediment deposit at the flat position on the flanks of guyots, the Fe-Mn crusts do not appear generally, the gravel crusts can be seen occasionally, at the surface of this kind of place (Fig. 9f), but the Fe-Mn crusts usually developed well on the surface of substrate next to the place covered by sediment. Based on the above mentioned results, sketch of distribution model of crusts on seamount was plotted in Fig.10.

2.5 *Crust thickness and its distribution pattern*

According to the statistics of the data obtained from 830 sample sites within Chinese investigated area (Table 2), the thickness of crusts is in the range of 0–24 cm, of which the proportion of the thickness larger than 4 cm is about 60.8%, and within 1–8 cm is about 65% (Fig. 11).

Crust thickness varies widely in spatial. Figure 12 presents a curve which shows the continuous spatially variation of crust thickness from seamount summits to slopes. The sampling intervals range from 1 to 3.16 km, and the crust thickness ranges from 3 to 22 cm.

Table 2. The distribution pattern of crusts in China's investigation areas

Thichness/cm	<1	1–4	4–6	6–8	8–10	10–12	12–14	≥14
The number of sample sites	54	225	128	111	67	57	41	29
The percent of sample site(%)	7.58	31.60	17.98	15.59	9.41	8.01	5.76	4.07

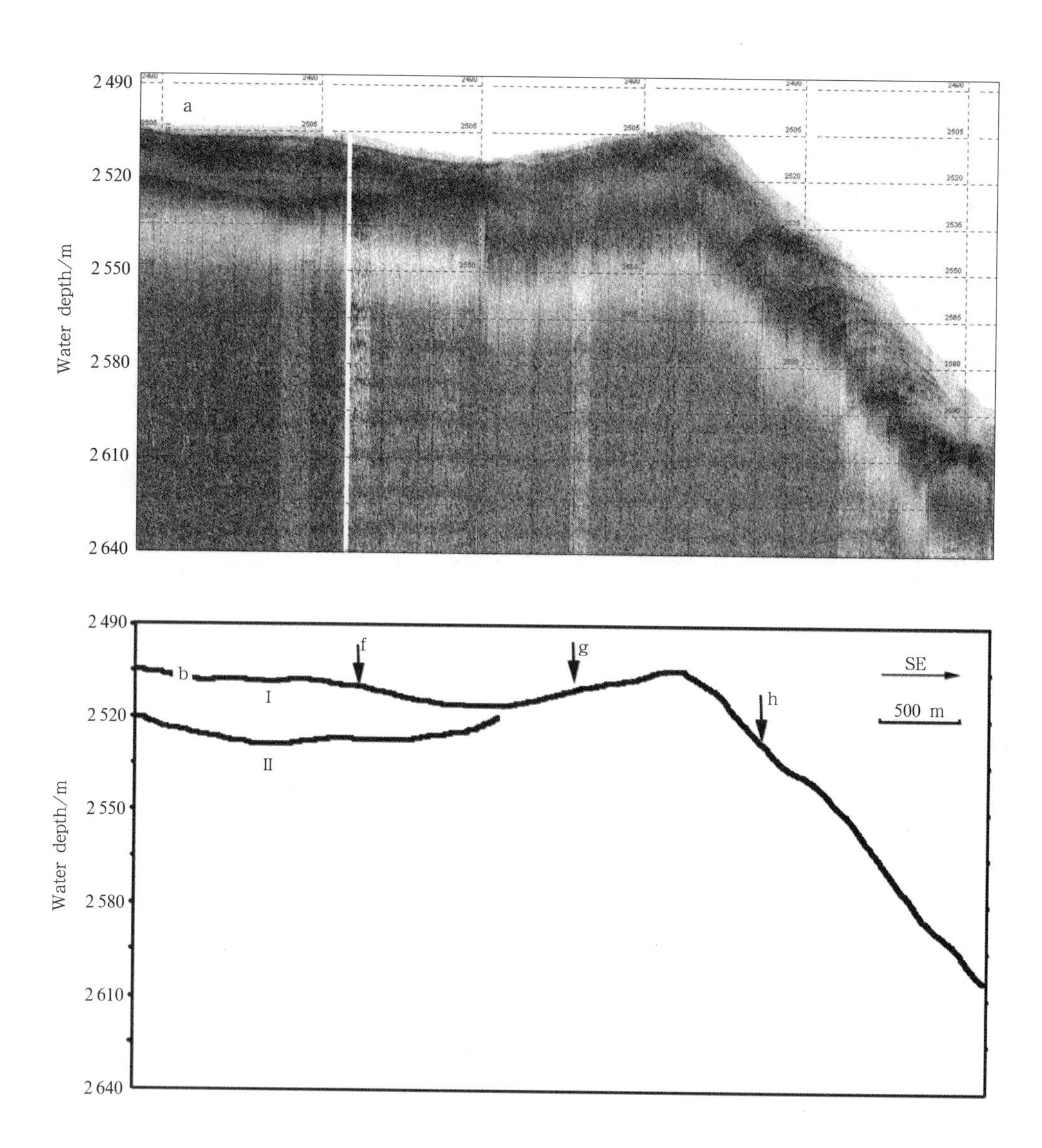

Fig.7. Section B of sub-bottom profile from one video recording site (water depth 2 505–2 610 m, f–h denote the corresponding picture number in Fig.9).

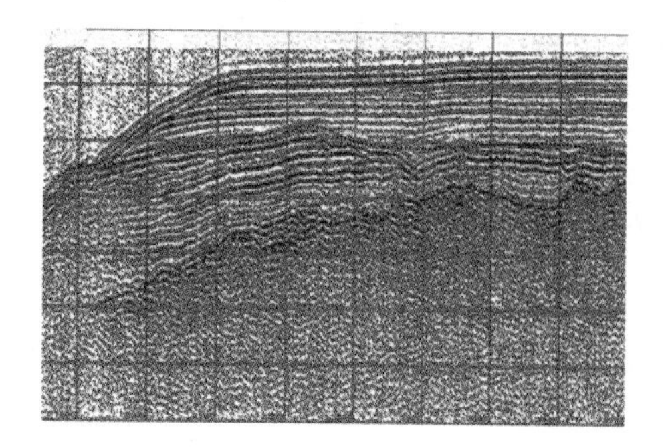

Fig.8. Profile plot of single channel seismic cross seamount (red line shows the interface between basalt and limestone, orange line shows the interface between limestone and sediment).

The maximum thickness difference between two adjacent sites is 12 cm (15 cm–3 cm). Generally, the correlation between crust thickness and depth is negative, and the crust within shallower water would be thicker and within deeper water would be thinner.

There are 1 578 crust thickness data in the International Seabed Authority database, and these data were collected from the water areas shallower than 4 000 m in the global ocean, of which 1 373 crust thickness data were collected from the water area of 37°S–55°N, 140°E–130°W in the Pacific Ocean with the average crust thickness of 2.38 cm. The proportions of the crust thickness more than 4 cm in the two regions are 18% and 19%, respectively.

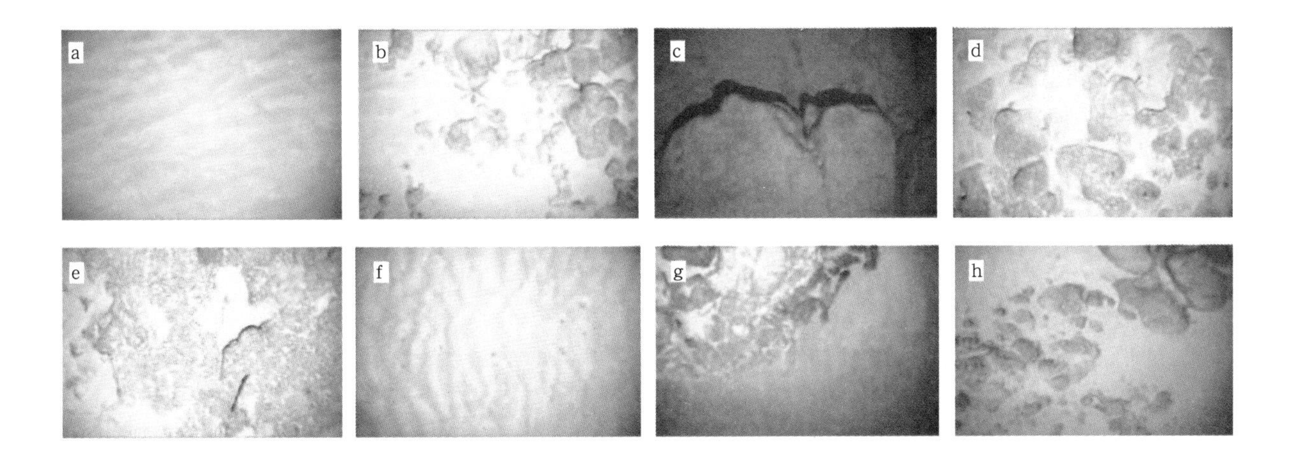

Fig.9. Pictures of special location from one video recording site. a. Sediment, b. gravel-like crust, c. plate-like crust, d. gravel-like and plate-like crust, e. plate-like crust, f. sediment, g. gravel-like and plate-like crust, and h. gravel-like crust.

2.6 *Crust grade and its distribution pattern*

Based on the analysis of the data collected from 602 sample sites in China's investigation area, the mean ore-forming element for Mn, Fe, Co, Ni, Cu are 21.96%, 15.72%, 0.58%, 0.46% and 0.13%, respectively. The crust grades (cobalt content) are mainly in the range of 0.5%–0.7% (Table 6 and Fig. 13), and the proportion of cobalt content in this range is about 58.8%, and the proportion of cobalt content no less than 0.5% is 75%.

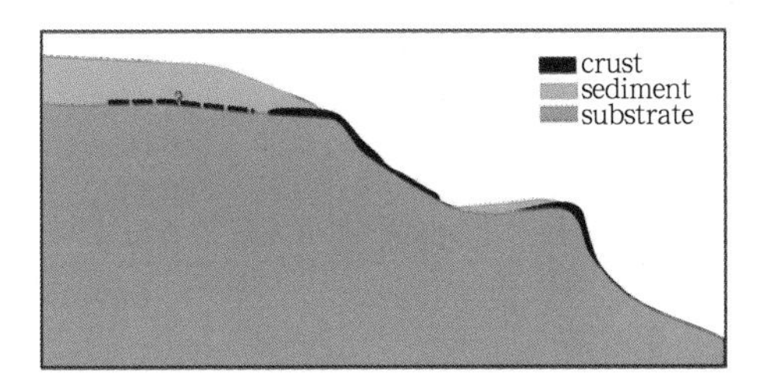

Fig.10. Sketch of distribution model of crusts on seamount.

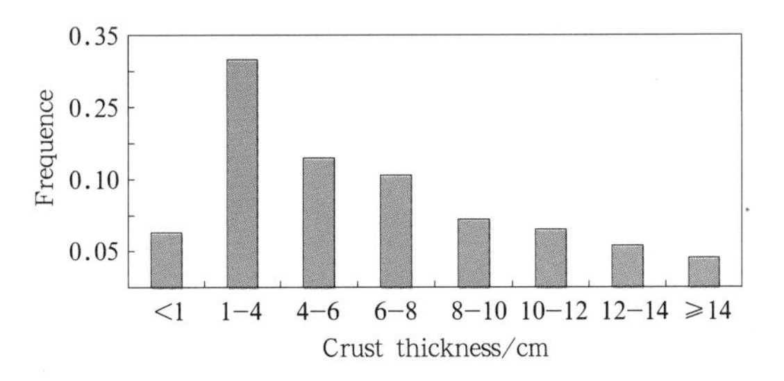

Fig.11. Histogram of crust thickness within China's investigation areas.

Table 3. Crust thickness of the crusts collected on the seamounts above 4 000 m water depth in both global ocean and the Pacific Ocean (ISBA Database)

	Seamounts in global ocean	Pacific Ocean seamount
Max thickness/cm	16.00	16.00
Min thickness/cm	0.02	0.02
Mean thickness/cm	2.31	2.38
Median thickness/cm	1.70	1.85

Table 4. Crust thickness of the crusts collected from the seamounts above 4 000 m water depth in the global ocean (ISBA database)

Thickness/cm	<1	1–4	4–6	6–8	>8
The number of sample sites	470	827	173	68	40
The percent of sample sites to the total sample sites	30	52	11	4	3

Table 5. Crust thickness of the crusts collected from the seamounts above 4 000 m water depth in the Pacific Ocean (ISBA database)

Thickness/cm	<1	1–4	4–6	6–8	>8
The number of sample sites	397	721	159	58	38
The percent of sample sites to the total sample sites	29	52	12	4	3

Table 6. Crust grade distribution in the Chinese investigated area

Grade (%)	<0.3	0.3–0.5	0.5–0.7	0.7–0.9	≥0.9
The number of sample stations	8	142	354	86	12
The percent of sample stations to the total sample stations	1.3	23.6	58.8	14.3	2

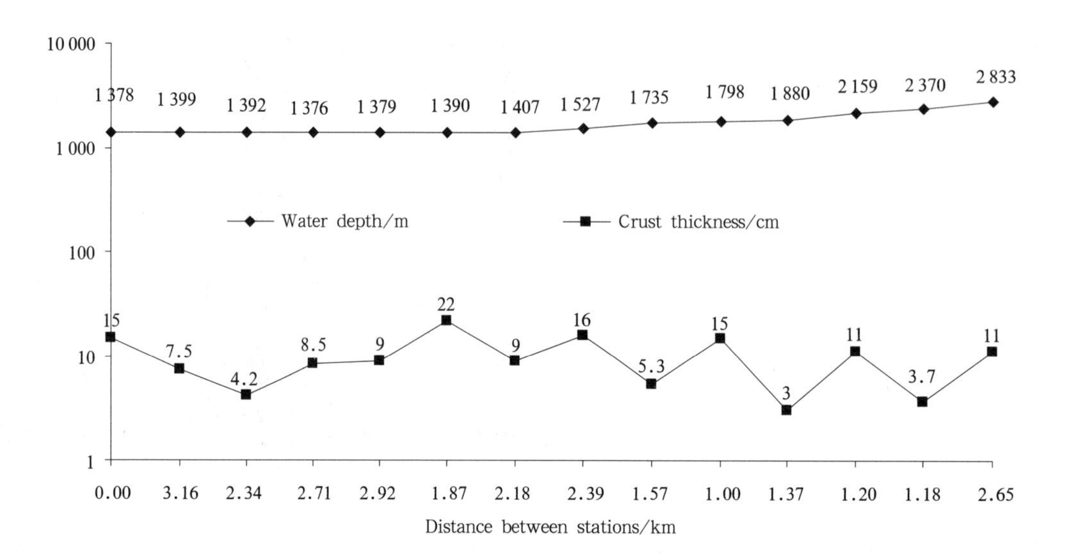

Fig.12. Spatial variation of crust thickness.

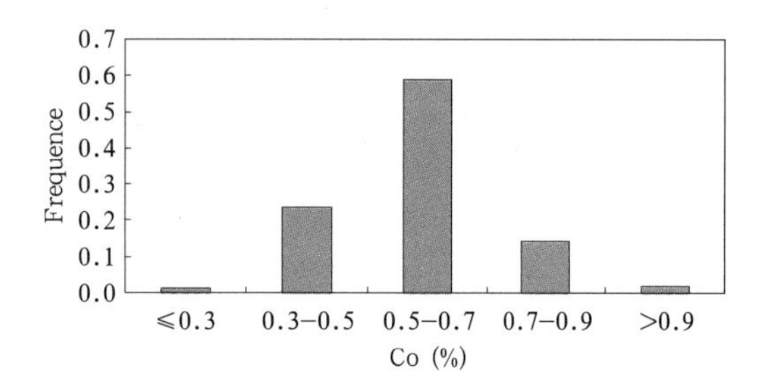

Fig.13. Histogram of crust grade in China's investigation area.

From the analysis of 3 569 crust grade data collected from 1 379 crust sample sites above 4 000 m water depth (from the National Geophysical Data Center Database of the United States), the mean ore-forming elements of Mn, Fe, Co, Ni, Cu are 19.75%, 15.88%, 0.57%, 0.40% and 0.12%, respectively, and the related results were shown in Fig. 14.

Table 7. Main crust ore-forming element content of the crusts collected from global seamounts above 4 000 m water depth (NGDC Database)

	Mn%	Fe%	Co%	Ni%	Cu%
Max	65.20	44.05	3.02	3.15	1.79
Min	0.00	0.00	0.00	0.00	0.00
Mean	19.75	15.88	0.57	0.40	0.12
Median	19.54	16.40	0.52	0.36	0.08

Table 8. Main ore-forming element contents in the crusts collected from Pacific seamounts above 4 000 m water depth (NGDC Database)

	Mn%	Fe%	Co%	Ni%	Cu%
Max	59.68	39.15	3.02	1.44	0.95
Min	0.00	0.00	0.00	0.00	0.00
Mean	22.31	15.50	0.73	0.44	0.09
Median	22.66	16.08	0.69	0.41	0.07

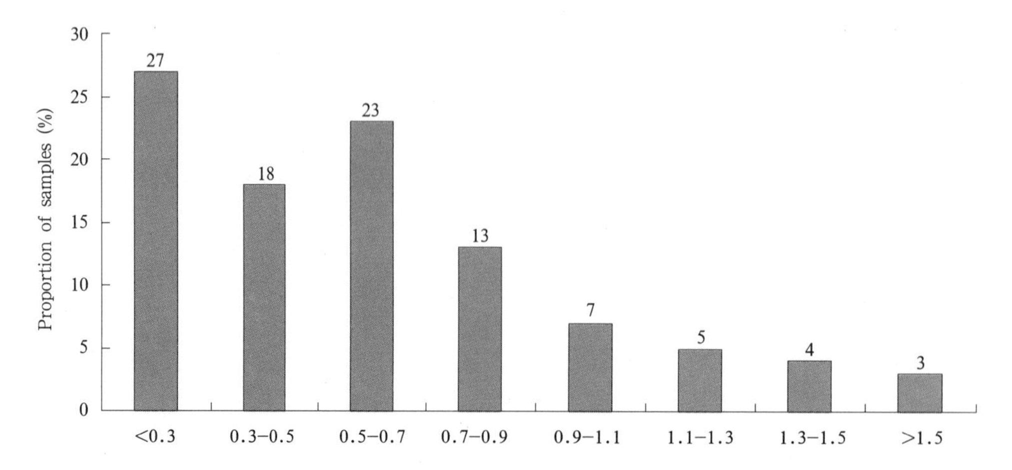

Fig.14. Histogram of crust grade of global ocean seamounts above 4 000 m water depth (NGDC Database).

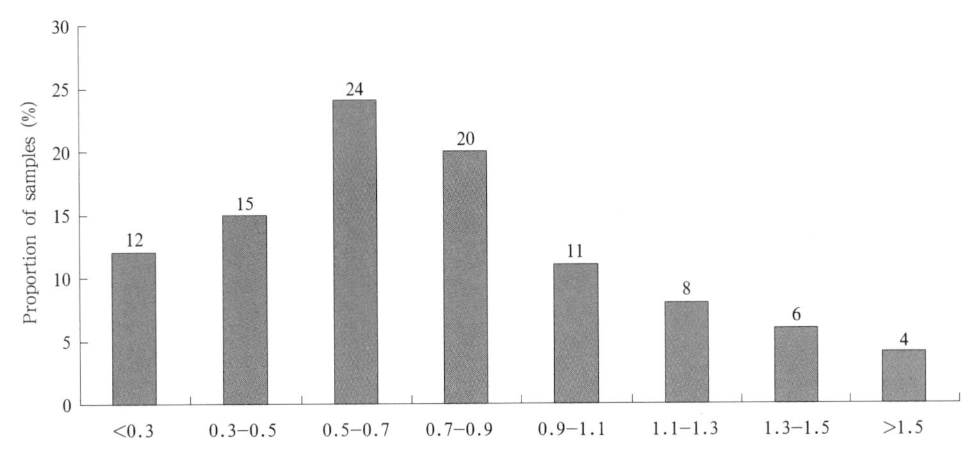

Fig.15. Histogram of crust grade of Pacific Ocean seamounts above 4 000 m water depth (NGDC Database).

In the NGDC database, there are about 556 crust sample sites and 2 019 grade data in the region within 65°S–55°N, 140°E–130°W of Pacific Ocean. Based on these data (Table 8), the mean ore-forming elements of Mn, Fe, Co, Ni, Cu are 22.31%, 15.50%, 0.73%, 0.44% and 0.09%, respectively, and the related results were shown in Fig. 15.

3 Mine site evaluation criteria

The key evaluation factors influencing the crust resources quality are the crust thickness and the grade, while the key factors influencing the mining operation are the slope and water depth.

The related research on the mining operation is rare and the mode for mining operation is still not confirmed and only stay at conceptive mode (Hein, 2002), therefore the future for crust mining is still not clear. So, the slope factor is hard to be considered in the evaluating crust resource in this phase, even the defining of the crust thickness factor and the grade factor is under exploring.

The evaluation criteria for crusts suggested by Hein are that the crust thickness is no less than 4 cm and the mean cobalt content is no less than 0.8% (Hein, 2002). However, in the technical report of ISBA assisted by Hein, the evaluation criteria used in mine site model is that crust mean thickness is 2.5 cm and no specific grade, only with words "high grade" (2006, ISBA/12/3/C Part1). In his paper published in 2009, Hein used the mean net crust thickness of 4 cm again (Hein et al., 2009).

Based on the analysis results of China's investigation cruises and the international published data, we suggest the evaluation criteria as follows:

(1) The cut-off crust grade and thickness in exploration area should be 0.5% and 4 cm, respectively;

(2) The upper limit depth for exploration area should be the upper boundary of crust cover, and the lower limit depth should be different according to different seamount;

(3) The slope should be no more than 20°.

4 Factors influencing the size of mine site and their value determination

The ultimate goal for commercial mining of cobalt-rich crusts is profitable, so the mining scale is the key factor for future commercial development. Based on the research results from home and abroad, there exists non-mineralized zone (where the thickness and grade can not reach the cut-off level described above) and non-mineable zone (such as the seamounts with steep slope and thick sediment cover) in the crust areas. Meanwhile, some ores can not be recovered for the technical limitations within the crust areas. In addition, there exists exploration venture at the beginning of application for the exploration area for limitation on understanding the spatial distribution of crust deposit. Therefore, the main factors influencing the size of mine site area are considered as production scale, crust thickness, grade, mineable area proportion, recovery efficiency, exploration venture, and so on.

4.1 *Production scale (Q)*

There are no consensus on the production scale for cobalt-rich crusts, while the common suggestion is that the production about 1 million wet tonnes per year and mining duration for 20–25 years can obtain certain profit (International Seabed Authority, 2006; Hein et al., 2009; Yamazaki, 2008). So, the production scale used in this paper is that the annual production is 1 million wet tonnes and mining duration for 20 years.

4.2 *Crust thickness factor* (C_1)

The thickness of 4 cm was chosen as the cut-off thickness, where the thickness no less than 4 cm is considered as the mineralized zone. According to our investigation, the proportion of sample stations of which crust thickness no less than 4 cm is 60.8%, so the crust thickness factor is considered as to be 0.6.

4.3 *Crust grade factor* (C_2)

The 0.5% is chosen as the cut-off grade, and where the grade no less than 0.5% is considered as the mineralized zone. The proportion of sample sites of which crust grade no less than 0.5% is 75%, so the crust grade factor is considered as to be 0.75.

4.4 *Mineable area proportion factor* (C_3)

The topography factor is considered in this paper, but the sediment coverage is not considered. Based on the statistics on the area factor of nine seamounts (Table 1), the mean area proportion of where the slope less than 20° is 75.35%, so the mineable area proportion factor is considered as to be 0.75.

4.5 *Recovery efficiency(R)*

It is difficulty to calculate the recovery efficiency without the definition of mining methods and mining technology. The data from Yamazaki (2008) is used in the paper, of which excavation efficiency is 0.7 and pick-up efficiency is 0.87. The recovery efficiency is the result of excavation efficiency multiplying pick-up efficiency, being 0.61.

4.6 *Exploration venture factor (F)*

Cobalt-rich crusts are a kind of sedimentary deposit, and widely occur on the surfaces of the seamounts, but curst thickness and grade (Cobalt content) are variable in different places. Due to limited exploration, it is hard to accurately determine mineralized zones which meet the evaluation criteria. Therefore, there exists exploration risk in the application for mine site. To reduce this kind of risk, it needs to improve the exploration level and increase the exploration work on the one hand, and on the other hand, it needs to enlarge exploration-lease block size which can add the space for choosing as the mine site. Before the application, it is impossible to improve the exploration level and increase exploration work, so the enlarging the exploration-lease block size may be the efficient way to reduce the exploration risk.

The exploration risk may mainly come from the inadequate understanding of the spatial distribution of cobalt-rich crust deposit, which includes the size of ore body (thickness and its distribution in the space), the variance of useable components (Cobalt content) and so on. The more inadequate understanding of the crust deposit, the higher exploration risk is. As the exploration level is improving, the exploration risk is also reducing.

The variation of crusts thickness and grade is expressed as variation coefficient (V) and defined as below:

$$V = \delta / C,$$

where δ is the standard deviation and C is the mean value.

According to coefficient of variation, the distribution uniformity of useable components can be divided into four categories:

uniform distribution: V <40%;

relative uneven distribution: V = 40%–100%;

uneven distribution: V = 100%–150%;

very uneven distribution: V >150%.

We mark the exploration risk coming from the variation of ore body as C_V, and mark the exploration risk coming from the exploration level as C_E. According to different condition, C_V and C_E are assumed to different values (Tables 9 and 10).

Table 9. Ore body variation extent and exploration risk

Distribution uniformity(%)	V	C_V
Uniform distribution	<40	1
Relative uneven distribution	40–100	2
Uneven distribution	100–150	3
Very uneven distribution	>150	4

Table 10. Exploration level and exploration risk

Exploration level	C_E
prospecting stage	6
Gerneral stage	3
Detail Exploration stage	1

Therefore, the total exploration risk can be calculated as:

$$F = 0.5 \times C_V + 0.5 \times C_E.$$

According to the statistics of the crusts data collected from China's investigation areas, the variation co-efficiency for thickness is 76.4% which is considered as the "relative uneven distribution", and the Co variation coefficient is 24% which is considered as the "Uniform distribution"

By choosing 2 and 4 as exploration risk caused by the thickness and exploration level, respectively, the total exploration risk can be calculated as below:

$$F = 0.5 \times 2 + 0.5 \times 6 = 4.$$

Table 11. Variation coefficient of crust thickness and main metal contents of the crusts collected in China's investigated area

	Thickness	Density	Abundance	Water content	Mn	Fe	Co	Ni	Cu
Variation coefficient (%)	76.40	5.71	69.06	15.85	12.52	14.41	24.50	26.49	30.90

5 Calculation of area of mine site model

5.1 *Calculation steps*

The calculating process can be divided into three steps:

The first step is to calculate the mineable area. Based on the thickness of 4 cm, the size for an area where can satisfy an annual production of 1 million wet tonnes crusts during 20 year operation is calculated. This means that the thickness of crust in this area is no less than 4 cm and the crust distribution is continuous. This size of the area is the mineable area, and the crusts within the area can be recovered totlaly.

The second step is to calculate the mining area. It is hard to find a region fully satisfying the conditions in the first step. Generally, there exist some places not satisfying the criteria of thickness or/and the grade, or some places not mineable due to topography constrain in the region. Meanwhile, there exists loss of ores due to the limited mining technology. Therefore, the mineable area that is calculated in the first step should be enlarged to satisfy the necessary resources.

The third step is to calculate the exploration area. Due to the limited exploration level, inadequate understanding of ore body distribution and the amount and quality of the resources, there exists certain exploration risk. It needs to enlarge the area calculated in the second step to reduce the risk of exploration.

The size of the area can be calculated as below:

$$S_1 = Q \times T/(P \times R \times M), \quad (1)$$

$$S_2 = S_1 \times F, \quad (2)$$

where S_1 is the exploitation area (km^2); S_2 is the exploration area (km^2); Q is the annual production of wet crust (t); T is the duration (year); P is the amount of crust in the per square kilometer (t/km^2), P=the mean crust thickness (cm) × wet density (g/cm^3) × 10 000; R is the recovery efficiency; M is the proportion of mineable area, which is determined by the thickness factor, grade factor, and mineable area proportion factor, $M = C_1 \times C_2 \times C_3$; F is the exploration venture factor.

5.2 *Calculation results*

According to the above discussion, we have:

Q=1 000 000, T=20, P=4×2×10 000=80 000, R=0.61, M=0.6×0.75×0.75=0.337 5, F=4.

Substituting these into Eqs (1) and (2), so that:

S_1=1 000 000×20/(80 000×0.61×0.337 5)=1 214 km^2,

S_2=1 214×4=4 856 km^2.

From above calculation, the size of areas for exploration shall be 4 856 km^2 and the size of area for exploitation (the mine site area) shall be 1 214 km^2, for the annual production of 1 million wet tonnes during 20 years mining operation. Table 12 shows the comparison among this study Model (Model Mine Site 3), ISBA model (International Seabed Authority, 2006) (Model Mine site 1) and Hein's Model (Hein et al., 2009) (Model Mine Site 2). From the comparison, it can be seen that Model 2 ignores some factors which exist in the realistic world (such as crust thickness, grade, non-mineable area, recovery efficiency and etc.). In Model 1, only recovery efficiency is considered, resulting in exploitation area too small to satisfy the demand of resources.

6 Conclusions

(1) The crusts distribution is controlled by water depth, topography, sediment and others, the crusts occur mostly on the surface of seamounts above 3 000 m

Table 12. Comparison information of mine site models of crusts

Items	Model mine Site 1	Model mine Site 2	Model mine Site 3	Remarks
Mean crust thickness/cm	2.5	4	4	
Wet bulk density/g·cm^{-3}	1.95	1.95	2	
Wet abundance/kg·m^{-2}	48.75	78	80	
Annual crust production (wet tonnes)	1 000 000	1 000 000	1 000 000	
Ideal area mined in 20 year/km^2	410	260	250	mineable area
Coefficient 1: crust thickness (C_1)			0.6	
Coefficient 2: crust grade (C_2)			0.75	
Coefficient 3: mineable area proportion (C_3)			0.75	
Coefficient 4: recovery efficiency (R)	0.82		0.61	
Area mined in 20 years/km^2	500	260	1 214	mine site area (exploitation area)
Coefficient 5: exploration venture (F)	5	7	4	
Area for exploration/km^2	2 500	1 820	4 856	exploration area

water depth. The summits of guyots are commonly covered by thick sediment, and crusts occur rarely at the surface of sediment on the summits, the thick crusts occur on summit outer-rim region.

(2) Crusts thickness has an obvious spatial variation. The crusts whose thickness exceeds the cut-off thickness (4 cm) account for 60% of the total. The variation of crust grade (Co content) is relatively stable, about 75% of the total crusts whose grade is over the cut-off grade (0.5%).

(3) Based on the precondition of 4 cm of crust thickness (converting to the abundance of 80 kg/m^2 with wet density of 2 g/cm^3), and taking into account the factors such as production scale, crust thickness, grade, mineable area proportion and total recovery efficiency, the exploration area (the area covered by each application) shall be 4 856 km^2 and the exploitation area (mine site area) shall be 1 214 km^2, for the annual production of 1 million wet tonnes during 20 years mining operation.

References

Abrams L J, Larson R L, Shipley T H, et al. 1992. The seismic stratigraphy and sedimentary history of the East Mariana and Pigafetta Basins of the Western Pacific. Proceedings of the Ocean Drilling Program, Scientific Results, 129: 551–569

Andreev S I, Gramberg I S. 2002. Cobalt-rich ores of the world ocean. Ministry of Natural Resources of the Russian Federation and All-Russian Research Institute for Geology and Mineral Resources of the World Ocean, St. Petersburg, 167

Bergersen D D. 1995. Physiography and architecture of Marshall islands guyots drilled during Leg 144: geophysical constraints on platform development. Proceedings of the Ocean Drilling Program, Scientific Results, 144: 561–583

Janet A H, Isabella P S. 1995. Comparison of the origin and evolution of Northwest Pacific Guyots Drilled During Leg 144. Proceedings of the Ocean Drilling Program, Scientific Results, 144: 935–949

Halbach P. 1984. Deep-sea metallic deposits. Ocean Management, 9: 35–60

Halbach P, Puteanus D. 1984. The influence of the carbonate dissolution rate on the growth and composition of Co-rich ferromanganese crusts from Central Pacific seamount areas. Earth and Planetary Science Letters, 68: 73–87

He Gaowen, Liang Donghong, Song Chengbin, et al. 2005. An Effective Method to Determine the Distribution Boundary of Cobalt-Rich Fe-Mn Crusts on a Guyot：Synchronous Application of Sub-bottom Profiling and Deep-Sea Video Recording. Journal of China University of Geosciences, 16(2): 97–102

Hein J R. 2002. Cobalt-rich Ferromanganese Crusts: Global distribution, composition, origin and research activities. International Seabed Authority, ISA Technical Study: No.2

Hein J R, Conrad T A, Dunham R E. 2009. Seamount characteristics and mine-site model applied to exploration- and mining-lease-block selection for cobalt-rich ferromanganese crusts. Marine Georesources & Geotechnology, 27: 160–176

Hein J R, Manheim F T, Schwab W C, et al. 1985. Ferromanganese crusts from Necker ridge, Horizon guyot and S.P.Lee guyot: geological considerations. Marine Geology, 69: 25–54

International Seabed Authority. 2006. Exploration And Mine Site Model Applied to Block Selection For Cobalt-Rich Ferromanganese Crusts and Polymetallic Sulphides (ISBA/12/C/3 Part I)

International Seabed Authority Council. 2004. Draft regulations on prospecting and exploration for polymetallic sulphides and cobalt-rich ferromanganese crusts in the Area (ISBA/10/C/WP.1). Tenth session. Kingston, Jamaica, 24 May-4 June 2004

International Seabed Authority Council. 2010. Regulations on prospecting and exploration for cobalt-rich ferromanganese crusts in the Area(ISBA/16/C/WP.2), Sixteenth session. Kingston, Jamaica, 26 April-7 May 2010

Yamazaki T. 2008. Model mining units of the 20th century and the economies (production requirements, area requirements and vertical integration). Technical paper for ISA Workshop on Polymetallic Nodule Mining Technology Current Status and Challenges Ahead, Feb. 18-22, 2008, Chennai, India

Yamazaki T, Sharma R. 1998. Distribution characteristics of co-rich manganese deposits on a seamount in the central Pacific Ocean. Marine Georesources & Geotechnology, 16: 283–305

(该文刊于《Acta Oceanologica Sinica》2011年30卷3期)